全球工程前沿
2024

中国工程院全球工程前沿项目组　著

中国教育出版传媒集团
高等教育出版社·北京

内容提要

自2017年以来，中国工程院连续组织开展“全球工程前沿”重大咨询研究项目，旨在按年度分析全球工程研究前沿和工程开发前沿，研判全球工程科技演进变化趋势。本书为2024年度全球工程前沿研究项目研究成果，以数据分析为基础，以专家研判为核心，遵从定量分析与定性研究相结合、数据挖掘与专家论证相佐证、工程研究前沿与工程开发前沿并重的原则，凝练获得92个工程研究前沿和92个工程开发前沿，并重点解读29个工程研究前沿和29个工程开发前沿。报告由两部分组成：第一部分对研究采用的方法进行说明；第二部分包括机械与运载工程，信息与电子工程，化工、冶金与材料工程，能源与矿业工程，土木、水利与建筑工程，环境与轻纺工程，农业，医药卫生和工程管理9个领域报告，对每个领域的工程研究前沿和工程开发前沿进行描述和分析，并对重点前沿进行详细解读。

本书适合各相关领域的科研人员、工程技术人员、高校师生以及政府相关部门的公务员阅读。

图书在版编目（CIP）数据

全球工程前沿. 2024 / 中国工程院全球工程前沿项目组著. -- 北京：高等教育出版社，2025. 3.
ISBN 978-7-04-063928-5

Ⅰ. TB

中国国家版本馆CIP数据核字第2025EK4230号

全球工程前沿2024
QUANQIU GONGCHENG QIANYAN 2024

策划编辑 张 冉　　责任编辑 张 冉　　封面设计 张 志
版式设计 董思含 于 婕　　责任印制 刁 毅

出版发行 高等教育出版社
社 址 北京市西城区德外大街4号
邮政编码 100120
印 刷 涿州市京南印刷厂
开 本 889 mm×1194 mm 1/16
印 张 18.5
字 数 490千字
购书热线 010-58581118
咨询电话 400-810-0598

网 址 http://www.hep.edu.cn
http://www.hep.com.cn
网上订购 http://www.hepmall.com.cn
http://www.hepmall.com
http://www.hepmall.cn

版 次 2025年3月第1版
印 次 2025年3月第1次印刷
定 价 150.00元

物 料 号 63928-00

目录

前　言

工程科技是改变世界的重要力量，工程前沿代表工程科技未来创新发展的重要方向。当今时代，世界之变、时代之变、历史之变正以前所未有的方式展开，新一轮科技革命和产业变革持续深入演进，人类社会面临前所未有的挑战。前瞻把握世界科技发展动向，准确识变、科学应变、主动求变，已成为各国的共同选择。

为研判工程科技前沿发展趋势，敏锐抓住科技革命新方向，中国工程院作为国家工程科技界最高荣誉性、咨询性学术机构，自2017年起开展全球工程前沿研究项目，每年研判并发布全球近百项工程研究前沿和工程开发前沿，以期发挥学术引领作用，积极引导工程科技和产业创新发展。

2024年度全球工程前沿研究项目依托中国工程院9个学部及中国工程院《工程》系列期刊开展研究工作。研究以数据分析为基础，以专家研判为核心，遵从定量分析与定性研究相结合、数据挖掘与专家论证相佐证、工程研究前沿与工程开发前沿并重的原则，凝练获得92个工程研究前沿和92个工程开发前沿，并重点解读29个工程研究前沿和29个工程开发前沿。

为提高前沿研判的科学性，在前七年实践经验的基础上，2024年度的研究工作继续在研究最初阶段完善技术体系，明确九大领域的技术边界和结构，梳理各分支技术之间的关联关系；继续在重点前沿解读过程中利用发展路线图工具，研判重点工程前沿未来5~10年的发展方向和趋势。

本书为2024年度全球工程前沿研究项目的成果，由两部分组成：第一章主要说明研究采用的数据和研究方法；第二章至第十章为机械与运载工程，信息与电子工程，化工、冶金与材料工程，能源与矿业工程，土木、水利与建筑工程，环境与轻纺工程，农业，医药卫生和工程管理9个领域报告，分别描述与分析各领域工程研究前沿和工程开发前沿概况，并对重点前沿进行详细解读。

工程前沿研判是一项复杂且有挑战性的工作。八年来，项目研究聚焦全球工程科技发展的热点和难点，将前沿研究、学术论坛与期刊建设紧密结合，相互促进，逐步探索出一条别具特色的研究路径。工程前沿研究得到了来自我国工程科技界各领域、各机构近千位院士和专家的支持，在此向所有指导工程前沿研究的院士、参与工程前沿研究的专家表示感谢！

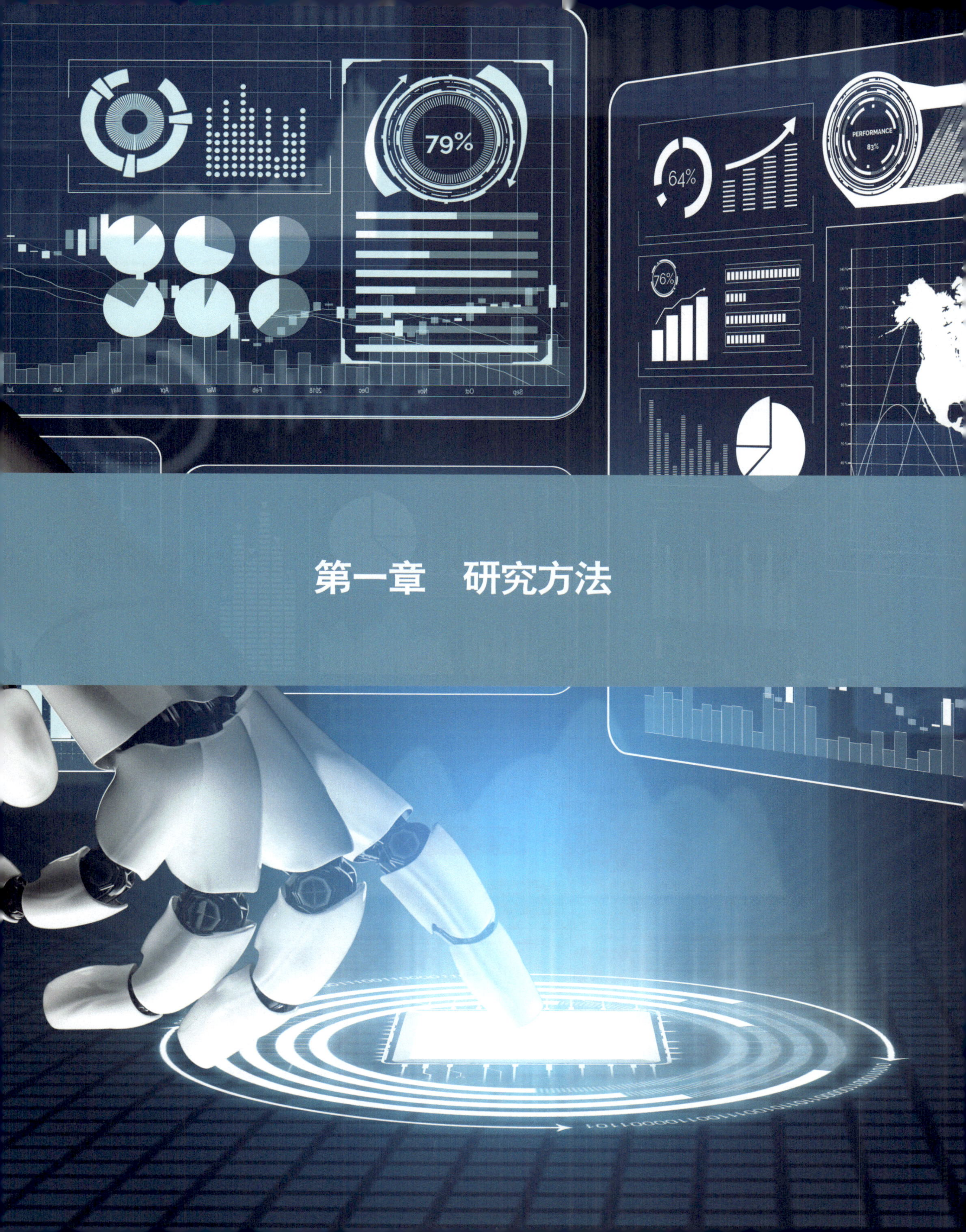

第一章　研究方法

工程是人类借助科学技术改造世界的实践活动。工程前沿指具有前瞻性、先导性和探索性，对工程科技未来发展有重大影响和引领作用的关键方向，是培育新质生产力的重要指引。根据前沿所处的创新阶段，工程前沿可分为侧重理论探索的工程研究前沿和侧重实践应用的工程开发前沿。

2024 年度全球工程前沿研究采用专家与数据多轮交互、迭代遴选研判的方法，通过专家研判与数据分析深度融合，在 9 个领域共遴选出 92 个工程研究前沿和 92 个工程开发前沿，并重点解读 29 个工程研究前沿和 29 个工程开发前沿。各领域前沿数量分布如表 1.1 所示。

工程前沿研究进程包括四个阶段：数据挖掘、数据分析、专家遴选和专家解读。在数据挖掘阶段，通过对高影响力期刊和会议论文进行共被引聚类分析获得文献聚类主题，对高影响力专利进行共词聚类获得备选工程开发热点。在数据分析阶段，由文献情报专家对各前沿热点的论文与专利数据进行分析，识别前沿的特征。在专家遴选阶段，通过领域专家问卷调查、专家研讨、专家修正等方式确定最终工程前沿，并绘制重点前沿方向的技术路线图。在专家解读阶段，邀请各工程前沿领域的权威专家，对前沿的研究现状、发展趋势和发展重点进行深入解读。研究实施流程如图 1.1 所示，其中绿色部分以数据分析为主，紫色部

表 1.1　9 个领域前沿数量分布

领域	工程研究前沿 / 个	工程开发前沿 / 个
机械与运载工程	10	10
信息与电子工程	10	10
化工、冶金与材料工程	10	10
能源与矿业工程	12	12
土木、水利和建筑工程	10	10
环境与轻纺工程	10	10
农业	10	10
医药卫生	10	10
工程管理	10	10
合计	92	92

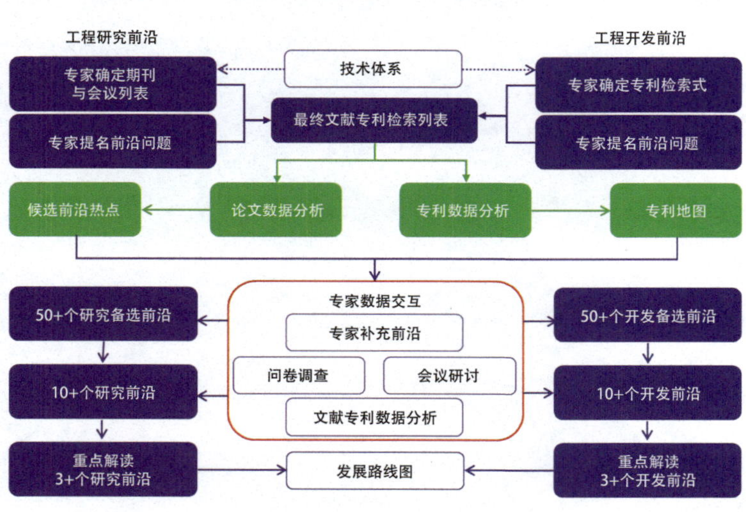

图 1.1　全球工程前沿研究流程

分以专家研判为主，红色方框为专家与数据多轮深度交互的过程。

1.1 工程研究前沿遴选

工程研究前沿遴选包括两种途径：一是基于 Web of Science 数据库 SCI 期刊论文和会议论文数据，经数据挖掘聚类形成工程研究前沿主题；二是通过专家提名，提出工程研究前沿问题。以上结果经过专家研判论证、提炼得到备选工程研究前沿，再经过问卷调查和多轮专家研讨，遴选得出 9 个领域 92 个工程研究前沿。

1.1.1 论文数据获取与预处理

首先构建中国工程院 9 个学部领域技术体系与 Web of Science 学科的映射关系，获得每个领域对应的学术期刊和学术会议列表。经领域专家审核与修订后，确定本年度重点分析的 9 个领域共计 12 758 本学术期刊和 62 407 个学术会议。此外，针对 82 种综合性国际学术期刊，采用单篇文章归类的方法，即根据文章参考文献的主要归属学科来确定相关期刊中单篇文章的研究领域。

针对每个领域的期刊论文和会议论文，参照 Web of Science 高被引论文确定方法，综合考虑期刊论文和会议论文差别、出版年等因素，筛选出 2018—2023 年期间发表的被引频次位于前 10% 的高影响力论文（截至 2024 年 1 月），作为研究前沿分析的基础数据集。各领域数据源概况如表 1.2 所示。

表 1.2 各领域数据源概况

序号	领域	期刊 / 本	会议 / 个	高影响力论文 / 篇
1	机械与运载工程	550	3 669	118 453
2	信息与电子工程	1 013	26 833	234 742
3	化工、冶金与材料工程	1 242	5 258	324 743
4	能源与矿业工程	950	3 076	167 219
5	土木、水利和建筑工程	398	1 666	108 120
6	环境与轻纺工程	1 372	1 765	261 369
7	农业	1 492	1 468	201 850
8	医药卫生	4 909	16 860	532 119
9	工程管理	832	1 812	64 041

1.1.2 论文主题挖掘

基于基础数据集，利用共被引方法对高影响力论文进行聚类分析，获得每个领域的前沿聚类主题，每个聚类主题由一定数量的核心论文组成。其中，2018—2023 年出版的期刊论文和会议论文，按照核心论文数量、总被引频次、平均出版年、常被引论文占比依次筛选，每个领域获得 35 个不相似的文献聚类主题；2022—2023 年出版的期刊论文和会议论文，按照核心论文数量、总被引频次、常被引论文占比依次筛选，每个领域获得 25 个不相似的文献聚类主题。以上聚类分析中，如果各领域聚类主题有交叉，则递补不交叉的聚类主题，对于没有聚类主题覆盖的学科，按照关键词进行定制检索和挖掘，最终筛选得到 9 个领域 734 个备选研究热点（包括相似和不相似主题），如表 1.3 所示。

表 1.3 各领域文献聚类结果

序号	领域	聚类主题 / 个	核心论文 / 篇	备选研究热点 / 个
1	机械与运载工程	12 459	49 999	100
2	信息与电子工程	22 820	100 842	71
3	化工、冶金与材料工程	30 028	122 356	63
4	能源与矿业工程	16 846	70 664	87
5	土木、水利和建筑工程	11 160	46 162	117
6	环境与轻纺工程	25 695	102 451	90
7	农业	19 546	75 991	78
8	医药卫生	50 251	209 881	64
9	工程管理	6 176	23 543	64

1.1.3 研究前沿确定与解读

与论文数据处理挖掘同步，领域专家基于专业背景知识，并结合其他综合性科技情报信息，如科技动态、科技政策、新闻报道等进行分析判断，提出工程研究前沿问题，并将其融入前沿确定的每个阶段。

在数据对接阶段，图书情报专家将领域专家提出的研究前沿问题转化为检索式，作为初始数据源的重要组成部分；在数据分析阶段，针对没有文献聚类主题覆盖的学科，领域专家提供关键词、代表性论文或代表性期刊，用于定制检索和挖掘；在专家研判阶段，领域专家对照文献聚类结果查漏补缺，对于未出现在数据挖掘结果中而专家认为重要的前沿进行第二轮提名，图书情报专家提供数据支撑。最终，领域专家对数据挖掘和专家提名的工程研究前沿素材进行归并、修订和提炼，而后经过问卷调查和多轮会议研讨，每个领域遴选出 10 余个工程研究前沿。

工程研究前沿确定后，各领域依据发展前景、受关注度选取 3（或 4）个重点研究前沿，邀请前沿方向的权威专家从国家和机构布局、合作网络、发展趋势、研发重点等角度详细解读前沿。

1.2 工程开发前沿遴选

工程开发前沿遴选同样包括两种途径：一是基于 Derwent Innovation 专利检索平台，对 9 个领域 53 个学科组中被引频次位于各学科组前 10 000 的高影响力专利家族进行文本聚类，获得 53 张专利地图，领域专家从专利地图中解读出备选工程开发前沿；二是通过专家提名，提出工程开发前沿问题。在这两种途径获得的备选开发前沿基础上，通过多轮专家研讨和问卷调查，最终遴选产生 9 个领域 92 个工程开发前沿。

1.2.1 专利数据获取与预处理

在数据对接阶段，基于 Derwent Innovation 专利数据库，采用德温特世界专利索引（DWPI）手工代码、《国际专利分类表》（IPC 分类）、美国专利局分类体系（UC）等专利分类号和特定的技术关键词，初步构建 9 个领域 53 个学科组的专利数据检索范围及检索策略。领域专家对专利检索式删减、增补和完善，并提名备选前沿主题，图书情报专家将其转化为专利检索式。以上两部分检索式整合后确定 53 个学科组的专利检索式，在 2018—2023 年"DWPI 和 DPCI（德温特专利引文索引）专利集合"中检索（专利引用时间截至 2024 年 1 月），进而获得相应学科的专利文献。最后对检索得到的百万量级专利文献根据"年均被引频次"和"技术覆盖宽度"指标进行筛选，综合评估得到每个学科前 10 000 个专利家族。

1.2.2 专利主题挖掘

在前面形成的专利家族数据基础上，针对 9 个领域 53 个学科组被引频次位于前 10 000 的高影响力专利家族，开展专利文本语义相似度分析，基于 DWPI 标题和 DWPI 摘要字段进行主题聚类，获得 53 张能快速直观呈现工程开发技术分布的 ThemeScape 专利地图，以关键词的形式展现所聚集专利的总体技术信息。

领域专家在图书情报专家的辅助下，从专利地图中提炼技术开发前沿、归并相似前沿、确定开发前沿名称，得到每个学科组的备选工程开发前沿。同时，为避免遗漏新兴的或交叉的前沿，领域专家重视专利地图中低频次、关联性较低的离群技术点的研判。

1.2.3 开发前沿确定与解读

在专利数据处理与挖掘的同时，领域专家基于专业背景知识，并结合其他综合情报信息，如产业动态、科技政策、新闻报道等进行分析判断，提出开发前沿问题，并将其融入前沿确定的每个阶段。

在数据对接阶段，图书情报专家将领域专家提出的开发前沿问题转化为专利检索式，作为基础数据集的重要组成部分；在数据分析阶段，领域专家开展第二轮前沿提名，补充数据挖掘中淹没的专利量少、影响力尚未显现的新兴技术点；在专家研判阶段，领域专家研读高影响力专利，图书情报专家辅助领域专家从"高峰""蓝海"和"孤岛"等多角度解读专利地图。最终，领域专家对专利地图解读结果与专家提名前沿进行归并、修订和提炼，得到备选工程开发前沿，而后通过问卷调查或多轮专题研讨，遴选出每个领域 10 余个工程开发前沿。

工程开发前沿确定后，各领域依据发展前景、受关注度选取 3（或 4 个）重点开发前沿，邀请前沿方向的权威专家从国家和机构布局、合作网络、发展趋势、研发重点等角度详细解读前沿。

1.3 发展路线图

技术路线图是描绘技术未来发展趋势的重要工具。为强化工程前沿的学术引领作用，在本年度研究中，各领域深入分析重点工程研究前沿和重点工程开发前沿的发展方向、发展重点和发展趋势，以可视化的方式绘制该前沿未来 5~10 年的发展路线图。

1.4 术语解释

文献（论文）：包括 Web of Science 中经过同行评议的公开发布的研究性期刊论文、综述和会议论文。

高影响力论文：指被引频次在同出版年、同学科论文中排名前 10% 的论文。

文献聚类主题：对高影响力论文进行共被引聚类分析获得的一系列主题和关键词的组合。

核心论文：根据研究前沿的获取方式不同，核心论文有两种含义——如果是来自数据挖掘经专家修正的前沿，核心论文为高影响力论文；如果是来自专家提名的前沿，核心论文为按主题检索被引频次排前 10% 的论文。

论文比例：某个国家或机构参与的核心论文数量占全部国家或机构产出核心论文数量的比例。

施引核心论文：指引用核心论文的文献。

被引频次：指某篇论文被 Web of Science 核心合集收录的所有论文引用的次数。

平均出版年：指对文献聚类主题中所有文献的出版年取平均数。

常被引论文：指引文速度排名前 10% 的论文。

引文速度：是一定时间内衡量累计被引频次增长速度的指标。在本研究中，每一篇文献的引文速度是从发表的月份开始，记录每个月的累计被引频次。

高影响力专利：每个学科依据 DPCI 年均被引频次排前 10 000 的 DWPI 专利家族。

核心专利：根据开发前沿的获取方式不同，核心专利有两种含义——如果是来自专利地图的前沿，核心专利指高影响力专利；如果是来自专家提名的前沿，核心专利指按主题检索的全部专利。

专利比例：某个国家（作为专利优先权国家）或机构参与的核心专利数量占全部国家或机构产出核心专利数量的比例。

ThemeScape 专利地图：基于 Derwent Innovation 中的 DWPI 增值专利信息，通过分析专利文献中的语义相似度，将相关技术的专利聚集在一起，并以地图形式可视化展现，是形象反映某一行业或技术领域整体面貌的主题全景图。

技术覆盖宽度：指每个 DWPI 专利家族覆盖的 DWPI 分类的数量。该指标可以体现专利的领域交叉广度。

中国工程院学部专业划分标准体系：按照《中国工程院院士增选学部专业划分标准（试行）》确定，包含机械与运载工程，信息与电子工程，化工、冶金与材料工程，能源与矿业工程，土木、水利与建筑工程，环境与轻纺工程，农业，医药卫生，工程管理共 9 个学部 53 个专业学科。

第二章　机械与运载工程前沿

2.1 工程研究前沿

2.1.1 Top 10 工程研究前沿发展态势

机械与运载工程领域 Top 10 工程研究热点涉及机械工程、船舶与海洋工程、航空宇航科学技术、兵器科学与技术、动力及电气设备工程与技术、交通运输工程等学科方向（表 2.1）。其中，属于传统研究深化的有：船舶数字孪生系统、海洋漂浮式光伏发电、4D 打印的形状记忆聚合物智能结构、多频全球导航卫星系统精确定位方法、微型超级电容器、基于纤维素气凝胶的摩擦纳米发电机。新兴前沿则包括：基于深度图像的场景解析、快速超分辨超声成像、相变储能、多尺度复合材料能量吸收结构。2018—2023 年，各前沿相关的核心论文发表情况见表 2.2。

（1）船舶数字孪生系统

船舶数字孪生系统是指基于数字孪生构建的新型智能船舶系统，其核心是通过构建与物理船舶同步映射的虚拟船舶模型，并借助物理船舶与虚拟船舶模型的虚实数据交互，实现模型与数据共同驱动的各类应用。借助数字孪生跨时空的特性，船舶数字孪生系统可以更快、更全、更优地监控、分析、预测、优化、控制物理船舶。船舶数字孪生系统相关技术包括船舶全要素感知技术、虚拟船舶模型构建与迭代技术、船舶孪生数据处理与管理技术、智能化船舶应用开发与服务技术、虚实船舶通信交互技术等。围绕船舶全生命周期，目前相关研究主要集中在数字孪生驱动的船舶设计、建造、故障预测与健康管理、运营管理等。未来具体的技术发展趋势包括基于数字孪生的船舶设计建造一体化、基于数字孪生的船舶虚实融合试验、多学科船舶数字孪生模型精准构建与同步演化、船岸虚实平行运维管控等。

表 2.1　机械与运载工程领域 Top 10 工程研究前沿

序号	工程研究前沿	核心论文数	被引频次	篇均被引频次	平均出版年
1	船舶数字孪生系统	23	589	25.61	2020.3
2	海洋漂浮式光伏发电	16	826	51.62	2020.4
3	基于深度图像的场景解析	15	494	32.93	2022.1
4	4D 打印的形状记忆聚合物智能结构	4	204	51.00	2022.0
5	多频全球导航卫星系统精确定位方法	36	1 608	44.67	2020.7
6	快速超分辨超声成像	10	1 069	106.90	2019.4
7	相变储能	30	1 166	38.87	2021.6
8	多尺度复合材料能量吸收结构	8	262	32.75	2022.4
9	微型超级电容器	148	31 289	211.41	2019.4
10	基于纤维素气凝胶的摩擦纳米发电机	31	2 708	87.35	2020.6

表 2.2 机械与运载工程领域 Top 10 工程研究前沿核心论文逐年发表数

序号	工程研究前沿	2018	2019	2020	2021	2022	2023
1	船舶数字孪生系统	6	2	2	6	6	1
2	海洋漂浮式光伏发电	2	2	5	2	4	1
3	基于深度图像的场景解析	0	0	1	3	4	7
4	4D 打印的形状记忆聚合物智能结构	0	0	0	0	4	0
5	多频全球导航卫星系统精确定位方法	0	5	11	9	11	0
6	快速超分辨超声成像	3	2	3	2	0	0
7	相变储能	0	0	3	11	12	4
8	多尺度复合材料能量吸收结构	0	0	0	0	5	3
9	微型超级电容器	40	44	39	18	5	2
10	基于纤维素气凝胶的摩擦纳米发电机	4	6	5	4	8	4

（2）海洋漂浮式光伏发电

海洋漂浮式光伏发电主要是指搭载光伏组件的浮体系统在海洋环境下进行太阳能捕获与转化。与传统漂浮太阳能发电类似，其系统组成主要包括浮体结构、光伏组件、连接器、系泊系统、锚固系统、海底电缆等。这种漂浮式光伏发电系统可以利用水域面积，避免占用陆地资源，并且可以利用水的冷却作用提高光伏发电效率。但是海洋环境恶劣，对漂浮式光伏结构的可靠性和耐用性提出了新的挑战，漂浮太阳能发电系统需要进行优化升级。

目前该领域的主要研究方向包括：① 海洋漂浮式光伏发电系统的结构设计优化；② 海洋漂浮式光伏发电系统的环境影响评估；③ 海洋漂浮式光伏发电系统效率提升；④ 海洋漂浮式光伏发电系统的集成技术研究。该领域未来的发展方向是将海洋漂浮式光伏与海水淡化、养殖和制氢等产业结合，与海洋风力发电装置结合建设大规模海上发电站或能源岛。具体的技术发展趋势包括浮式平台的轻量化和智能化、功能一体化设计和环境友好型设计等。

（3）基于深度图像的场景解析

基于深度图像的场景解析主要是指基于深度图像及其对应的 RGB 图像，对图像中的每个像素进行类别标签分配，从而实现对整个场景的全面解析。其典型应用是自动驾驶和机器人导航领域的道路环境的语义分割。仅基于 RGB 图像的场景解析方法在具有相似物体或复杂背景的场景中往往表现不佳，而深度图像包含了更多的位置和轮廓信息，赋予算法更强的上下文解读能力，从而实现更精细的场景解析。

目前该领域的技术方向主要围绕神经网络结构和学习技巧两方面展开，主要的网络结构包括编码器—解码器（encoder-decoder）网络结构、孪生网络结构、长短时记忆网络结构等。常用的学习技巧包括注意力机制、深度显著性图引导分割、使用跨模态互补信息、使用跨层级互补信息等。结合视觉大模型的先验知识和弱监督学习的数据优势是该领域未来的发展方向。具体的技术发展趋势包括基于视觉大模型的语义分割修正技术、基于先验知识的弱监督语义分割技术、基于剪枝的网络轻量化技术、基于增量学习的语义分割技术、基于时域关联性的视频语义分割技术等。

（4）4D 打印的形状记忆聚合物智能结构

4D 打印的形状记忆聚合物（shape memory polymers, SMP）智能结构是一种结合了 3D 打印和智能材料技术的具有形状记忆功能的结构，能够在特定的外部刺激（如温度、光照、磁场、电流、化学溶液等）下实现形状、性质变化和功能转换。4D 打印通过利用形状记忆效应，在 3D 打印过程中引入时间维度，使得打印出的结构能够在使用过程中动态调整和适应环境变化，从而实现复杂的自我修复、自我组装和自适应等功能。这种技术可以应用于航空航天、电子封装、智能纺织、软体机器人和生物医学等领域。

目前该领域的主要研究方向包括 SMP 材料研发优化、4D 打印技术优化、多功能智能结构集成、新型智能结构开发、接触 / 非接触式变形驱动设计等。该领域近年来的新型智能结构主要有泊松比可调结构、受自然生物启发的仿生结构、折纸 / 铰链结构等。随着材料科学和打印技术的进步，由于结合了 SMP 智能材料的可编程变形优势和 3D 打印的多材料可定制化复杂结构制造优势，4D 打印的 SMP 智能结构的未来发展趋势主要包括具有高机械性能和快速响应的 SMP 材料与结构、多材料联合打印、4D 打印理论模型建立、智能结构在多物理场耦合作用下的变形仿真、4D 打印专用软硬件开发等。

（5）多频全球导航卫星系统精确定位方法

多频全球导航卫星系统（global navigation satellite system，GNSS）定位是指利用 GPS/GLONASS/ 北斗 /Galileo 多个卫星系统多个频段的导航信号进行定位的技术。精密单点定位（precise point positioning，PPP）为核心，网络实时动态（real-time kinematic，RTK）定位和 PPP-RTK 是当前最高技术水平。尽管与传统单一卫星定位系统相比，多频 GNSS 具有定位精度高、抗干扰能力强、信号覆盖广的优势，但面对未来更为复杂多变的工作环境，需要结合新的技术和需求发展，在关键的低轨星座、增强受限、低成本终端、智慧交通等领域完成能力提升。

目前该领域的主要技术方向包括低轨星座增强、地基增强设施受限、低成本应用终端和室内外无缝服务等场景下的高精度定位技术等。具体的技术发展趋势包括：广域稀疏地基基站大尺度 / 长基线约束下的快速高精度定位方法，基于低轨星座导航信号增强、复杂时空碎片化观测数据的 GNSS 定位性能提升算法，融合智能手机等操作终端特性的低成本平台高精度定位算法，面向室内外全景无缝定位覆盖的异构异质 GNSS/ 多传感器数据融合技术等。

（6）快速超分辨超声成像

超声成像是利用超声波扫描人体或者材料内部结构，通过接收和处理反射信号来获得内部组成的图像。超声成像具有出色的空间分辨率（亚毫米）和时间分辨率（数十帧每秒），广泛应用于工业无损检测、临床疾病的诊断和治疗等领域。但是，由于衍射效应的存在，超声成像的空间分辨率受限于超声波的波长。虽然可以通过提高超声频率来减小波长，从而提高空间分辨率，但同时也会导致衰减增大，不可避免地引起穿透深度的减小。

快速超分辨超声成像突破了传统超声衍射极限，在将超声成像的空间分辨率提高一个数量级的同时，保持了超声成像的穿透深度与视野，突破了超声成像在分辨率和穿透力之间的经典矛盾。目前该领域的主要技术方向包括超声微泡分辨定位成像技术、声学结构照明超分辨率重建技术、原子力超声显微镜及基于超材料的深亚波长超声成像等。未来，该领域将向可相变微泡理论、声学结构光照理论、波数域超快超声成像处理、高帧率超声成像数据采集等方向发展。具体的技术发展趋势包括实时 3D/4D 超分辨率超声成像，无造影超分辨率超声成像等。

（7）相变储能

相变储能是利用材料发生相变时的吸热与放热实现对热能的存储和利用，与目前广泛应用的显热储能（例如水蓄热、熔盐储能等）相比，其具有储热密度高、吸放热温度恒定等优势。相变储能技术在诸多领域具有重要应用前景，包括：在军用/民用电子设备中对关键电子元器件进行被动式热防护和热管理；在建筑、地外建造等领域能够维持或降低室内温度波动，以及通过蓄冷/蓄热实现建筑节能；在电力与工业领域，规模化的相变储能能够实现电网的削峰填谷以及工业领域的高温余热回收等，助力实现“双碳”目标。

目前该领域的主要研究方向包括高性能相变材料、循环稳定性、储换热系统等。具体的发展趋势包括：调节储能材料的相变点，发展适用于不同应用场景且兼具超高储热密度、低毒、低成本的相变材料；通过循环稳定性研究，实现相变材料的长寿命应用；强化相变材料在充放热过程中的换热，发展适用于相变材料的大规模储热与换热装备。

（8）多尺度复合材料能量吸收结构

多尺度复合材料能量吸收结构旨在通过跨尺度的材料设计与结构优化，显著提升结构在冲击、碰撞等极端环境下的能量耗散能力，是当前材料科学与工程领域的热点之一。这类结构融合了微观材料分布、介观结构构型和宏观几何形态的创新，形成了一种高效、轻质的能量吸收体系。当前，该领域的研究聚焦于多物理场耦合耗能机制、多尺度材料–结构的功能优化，以及高性能复合材料的开发制备等。

高效吸能复合材料结构（energy absorbing composite structures，EACS）的主要技术方向包括高精度模拟及优化算法、材料多尺度特性精细调控、生物启发的多尺度结构设计、多层次材料–结构复合体系的研发、先进制造（纳米级增材制造技术、真空辅助技术等）等关键技术。未来，该领域将向更加智能化、自适应、环境友好及高效能的方向发展，包括力学超构材料设计，基于仿生学的自适应结构设计，智能响应材料的应用，纳米增强、生物基等新型高性能复合材料的开发，以及先进制造技术等，实现能量吸收性能的最大化，从而满足航空航天、交通运输、安全防护等领域对高性能能量吸收结构的迫切需求。

（9）微型超级电容器

微型超级电容器是一种新型电化学能量存储装置，采用微纳米级的材料和结构设计，具备高功率密度、可集成化和稳定的特性。与传统电池相比，微型超级电容器能够提供快速充电所需的峰值功率、高效的能量转换和长效持续的能量供给，是为下一代高集成化、微型化设备提供快速充放电和长循环寿命的能量存储解决方案。

目前该领域的主要研究方向包括高能量密度电极材料的设计与制备、大规模阵列化电极制备方法探索、电极与电解质界面工程与电解质优化、高集成化结构优化、微型化设备的应用开发等。技术发展趋势集中在多功能集成设计以满足微型化集成化需求、一体化自供电集成微系统开发、利用柔性电极材料和先进纳米技术推动柔性与可穿戴技术的应用，以及应用机器学习和人工智能技术实现能源智能化与自主控制等方向。微型超级电容器因其高功率密度特性，在为物联网设备提供峰值功率、快速充电的可穿戴电子设备、长期稳定运行的植入式医疗设备，以及电动车辆瞬时能量回收和辅助加速等应用领域具有巨大的应用潜力。

（10）基于纤维素气凝胶的摩擦纳米发电机

摩擦纳米发电机能够方便地将低频、低强度机械能转化为电能，并且结构简单可靠，在能量收集、人机交互、可穿戴电子、医疗电子等领域具有广阔的应用前景。然而，当前摩擦纳米发电机主要采用传统聚合物和金属材料制备，无法实现生物降解，易造成环境污染。近年来，可降解、可再生的纤维素材料受到高度关注。其中，纤维素气凝胶因孔隙率高、密度低、比表面积大、形变恢复能力强等突出优点，成为极具潜力的摩擦纳米发电材料。但是，基于纤维素气凝胶的摩擦纳米发电机从实验室走向应用依然面临严峻挑战。当前纤维素气凝胶的结构及孔径尚未得到有效控制，由于制备工艺的约束，往往不能完全满足纳米发电机的各项性能要求，已报道的材料改性研究只能改善部分指标。此外，高温、高湿等恶劣环境下的稳定性依然难以保障。未来该领域的主要发展方向包括：① 新型纤维素气凝胶的研究及改性；② 面向应用场景的器件结构设计与优化；③ 基于纤维素气凝胶的多功能器件集成；④ 基于纤维素气凝胶的可植入式摩擦纳米发电器件及系统；⑤ 纤维素基纳米发电机规模化制备工艺及装备。

2.1.2 Top 3 工程研究前沿重点解读

2.1.2.1 船舶数字孪生系统

迈入 21 世纪，船舶数字化、智能化、网络化转型逐渐成为全球船舶工业发展的重要趋势。随着云计算、物联网、大数据、人工智能等新一代信息技术的发展与成熟，船舶工业迎来转型发展的新机遇。以转型升级为目标，各国相继出台政策推动智能船舶发展。其中，船舶数字孪生系统作为推动船舶工业信息物理融合、助力实现智能船舶的有效手段，在近五年得到越来越多的关注、研究与应用。船舶数字孪生系统的本质是在数字世界构建与物理船舶完整映射、精准同步的数字虚拟船舶，从而突破物理世界的时空局限，达到更好地分析、优化、增强物理船舶的目的。

船舶数字孪生系统自概念提出至今，经历了理论框架研究、局部应用探索、深化技术攻关的过程，并开始逐步进入体系能力建设阶段。在早期的理论框架研究中，形成了数字孪生船舶全生命周期管控理论、运行机制、关键技术体系、各阶段应用框架等理论性成果。在理论指导下，数字孪生在船体结构、承压结构、推进系统、热力系统等关键系统的应用探索得以开展，并主要针对设计、建造或运维中的特定环节。随着应用探索的深入，具体技术需求愈发凸显，如复杂结构多源数据感知与融合技术、多学科耦合模型构建与迭代技术、船岸可靠数据传输与同步技术等，相关研究正在逐步开展。为形成贯穿船舶全生命周期的数字研发体系，基于数字孪生的船舶设计制造一体化技术、虚实融合试验技术、模型数据一体化管控技术等体系能力建设正在规划中。

未来，对于船舶数字孪生系统，一方面需要在关键环节、关键部件上突破并验证传感、模型、数据、通信等方面的关键技术，从而在整船层面实现技术验证；另一方面，需要对数字孪生驱动的设计、试验、制造、运营的具体功能技术开展研究与验证，并建设流程贯穿的一体化数字研发体系。

该前沿中核心论文发表量最多的国家是中国，篇均被引频次排名靠前的国家包括希腊、新加坡和德国（表 2.3）。在核心论文主要产出国家中，中国与波兰的合作是最多的（图 2.1）。核心论文发文量排在第一的机构是斯特拉斯克莱德大学，篇均被引频次排在前三的机构是上海交通大学、南洋理工大学和雅典国家技术大学（表 2.4）。在核心论文的主要产出机构中，中国海洋大学、奥波莱技术大学和河北工业大学之间合作最多（图 2.2）。施引核心论文数排名第一的国家是中国（表 2.5），施引核心论文数排名前三的机构是上海交通大学、哈尔滨工业大学和大连海事大学（表 2.6）。图 2.3 为“船舶数字孪生系统”工程研究前沿的发展路线。

表 2.3　“船舶数字孪生系统”工程研究前沿中核心论文的主要产出国家

序号	国家	核心论文数	论文比例 /%	被引频次	篇均被引频次	平均出版年
1	中国	7	30.43	214	30.57	2020.4
2	德国	4	17.39	159	39.75	2019.2
3	波兰	4	17.39	88	22.00	2021.8
4	韩国	4	17.39	75	18.75	2021.0
5	英国	4	17.39	61	15.25	2021.8
6	希腊	2	8.70	96	48.00	2019.0
7	新加坡	2	8.70	96	48.00	2019.0
8	日本	2	8.70	64	32.00	2020.0
9	丹麦	2	8.70	25	12.50	2021.5
10	荷兰	1	4.35	16	16.00	2022.0

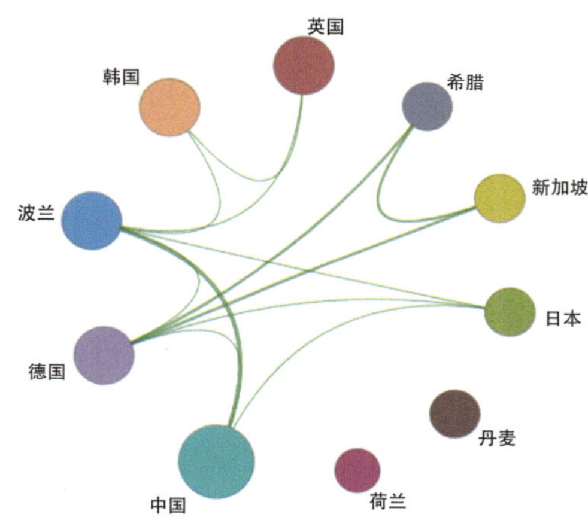

图 2.1　“船舶数字孪生系统”工程研究前沿主要国家间的合作网络

表 2.4　“船舶数字孪生系统”工程研究前沿中核心论文的主要产出机构

序号	机构	核心论文数	论文比例 /%	被引频次	篇均被引频次	平均出版年
1	斯特拉斯克莱德大学	4	17.39	61	15.25	2021.8
2	中国海洋大学	3	13.04	89	29.67	2021.3
3	南洋理工大学	2	8.70	96	48.00	2019.0
4	雅典国家技术大学	2	8.70	96	48.00	2019.0
5	杜伊斯堡 – 埃森大学	2	8.70	91	45.50	2018.0
6	河北工业大学	2	8.70	69	34.50	2021.5
7	奥波莱技术大学	2	8.70	69	34.50	2021.5
8	首尔大学	2	8.70	36	18.00	2021.0
9	丹麦技术大学	2	8.70	25	12.50	2021.5
10	上海交通大学	1	4.35	60	60.00	2018.0

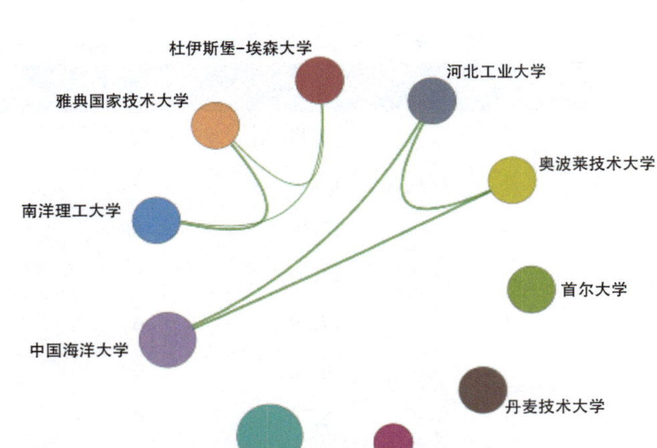

图 2.2 “船舶数字孪生系统”工程研究前沿主要机构间的合作网络

表 2.5 “船舶数字孪生系统”工程研究前沿中施引核心论文的主要产出国家

序号	国家	施引核心论文数	施引核心论文比例 /%	平均施引年
1	中国	208	50.61	2021.8
2	韩国	38	9.25	2022.0
3	日本	26	6.33	2021.5
4	英国	25	6.08	2022.0
5	挪威	22	5.35	2021.8
6	德国	18	4.38	2020.0
7	波兰	18	4.38	2022.5
8	新加坡	16	3.89	2021.3
9	美国	16	3.89	2021.6
10	印度	13	3.16	2021.7

表 2.6 “船舶数字孪生系统”工程研究前沿中施引核心论文的主要产出机构

序号	机构	施引核心论文数	施引核心论文比例 /%	平均施引年
1	上海交通大学	38	20.11	2021.3
2	哈尔滨工业大学	27	14.29	2021.1
3	大连海事大学	21	11.11	2021.9
4	斯特拉斯克莱德大学	18	9.52	2021.9
5	首尔大学	16	8.47	2021.9
6	南洋理工大学	13	6.88	2020.9
7	武汉科技大学	12	6.35	2021.8
8	中国海洋大学	12	6.35	2022.6
9	国防科技大学	11	5.82	2022.1
10	广岛大学	11	5.82	2021.4

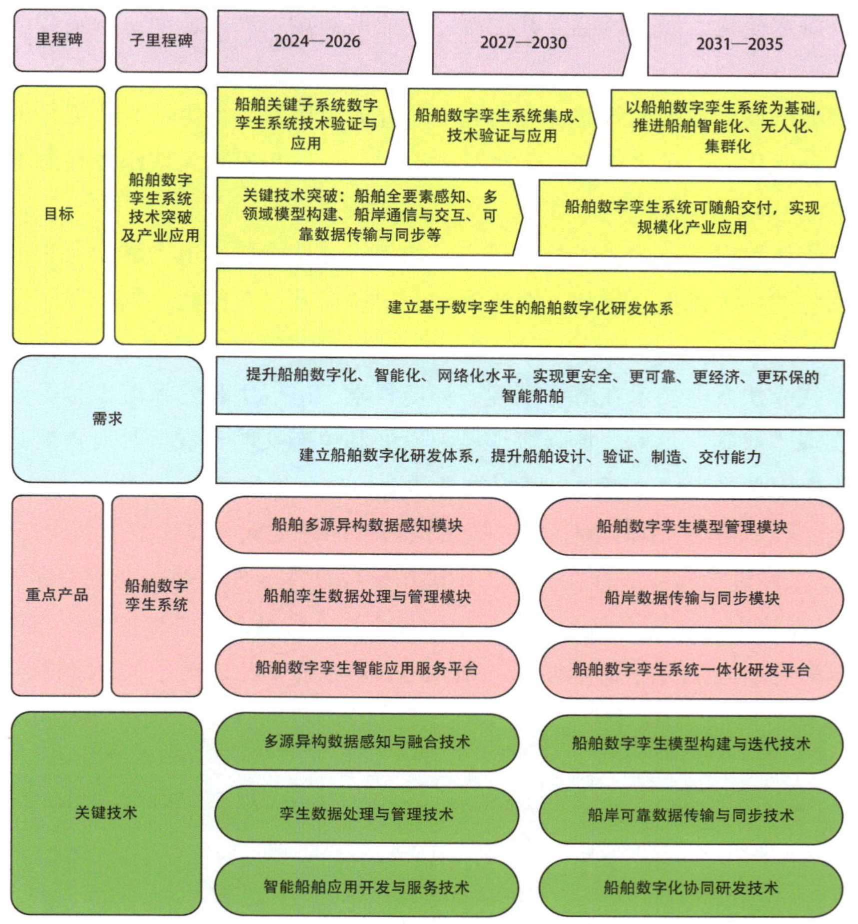

图 2.3 “船舶数字孪生系统”工程研究前沿的发展路线

2.1.2.2 海洋漂浮式光伏发电

随着“双碳”目标的提出，我国正在构建以新能源为主体的新型电力系统，并积极推进新能源相关产业发展。基于太阳能资源的广泛分布和光伏发电的应用灵活性，近年来，我国光伏发电产业取得了快速发展。目前我国光伏项目主要集中于陆地，但陆地光伏需要占用大量的土地面积；我国沿海地区土地资源紧缺，海洋漂浮式光伏具有不占用土地资源，容量空间巨大，可与海上风电、储能、海产养殖等产业相结合的特点，对克服陆地光伏的问题极具优势，已成为我国沿海地区光伏电站的发展趋势。

为了在恶劣多变的海洋环境下生存，海洋漂浮式光伏发电系统的结构设计、水动力响应和结构响应以及光伏组件的性能研究成为当前海洋漂浮式光伏领域的研究热点。我国在海洋漂浮式光伏发电领域的研究发展迅速，相关研究主要分为以下四个方面：

一是海洋漂浮式光伏发电系统的结构形式研究。参考内陆水体浮动光伏系统，提出了多种结构形式的漂浮式光伏发电装置，如半潜平台式、多模块浮子式、柔性膜式等。基于多模块浮体阵列结构形式和材料的优化设计、新型连接件设计等为该方向的发展趋势。

二是海洋漂浮式光伏发电系统的海洋环境影响评估。研究人员评估了系统对海洋生物、水质、海流等的影响，并制定了相应的环境保护措施。建立综合环境评价体系，促进海洋漂浮式光伏与海洋环境的和谐共生，与海洋渔业、海水淡化、海上风电等其他海洋产业的协调发展，从而实现资源的循环利用，是该方向的发展趋势。

三是海洋漂浮式光伏发电系统的效率提升研究。研究人员对海洋环境下光伏组件的生存性和发电效率进行实验测试、评估和优化。通过水冷却、光跟踪等技术，进一步提高光伏组件在海上的发电效率是该方向的发展趋势。

四是海洋漂浮式光伏发电系统的集成技术研究。如何将光伏组件、电力转换、集电线路等关键部件高效集成，是该领域面临的一大挑战。优化子系统的配合协调以及与其他海上新能源装置集成发电，是该方向的发展趋势。

总之，海洋漂浮式光伏发电技术在海洋工程、环境科学、电气工程、系统工程等多学科领域具有重要研究价值，对我国实现“双碳”目标、加强海洋经济发展和生态文明建设等具有重要意义。未来，该领域的技术突破和产业化应用必将为构建海洋强国提供新的动力。

该前沿中核心论文的主要产出国家中，核心论文数最多的是挪威，篇均被引频次排名前三的是意大利、中国和瑞典（表 2.7）。西班牙与挪威存在合作，中国与瑞典存在合作，德国与意大利、加拿大这两个国家存在合作（图 2.4）。在核心论文的主要产出机构中，核心论文数最多的是挪威国家石油公司，篇均被引频次排在前两位的是卡塔尼亚大学与意大利 Koine Multimedia 公司（表 2.8）。意大利 Koine Multimedia 公司

表 2.7　“海洋漂浮式光伏发电”工程研究前沿中核心论文的主要产出国家

序号	国家	核心论文数	论文比例 /%	被引频次	篇均被引频次	平均出版年
1	挪威	4	25.00	164	41.00	2020.8
2	意大利	3	18.75	229	76.33	2020.3
3	伊朗	2	12.50	110	55.00	2020.0
4	德国	2	12.50	71	35.50	2021.0
5	西班牙	2	12.50	36	18.00	2022.5
6	中国	1	6.25	67	67.00	2019.0
7	瑞典	1	6.25	67	67.00	2019.0
8	巴西	1	6.25	64	64.00	2018.0
9	美国	1	6.25	64	64.00	2020.0
10	加拿大	1	6.25	57	57.00	2020.0

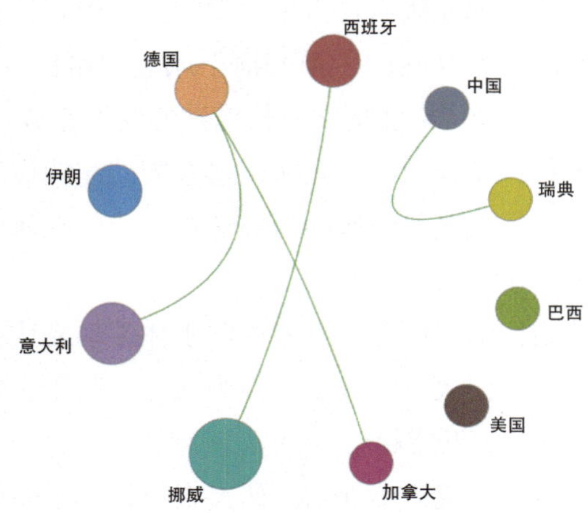

图 2.4　“海洋漂浮式光伏发电”工程研究前沿主要国家间的合作网络

与卡塔尼亚大学、阿米尔卡比尔理工大学与德黑兰大学、梅拉达伦大学与山东大学存在合作（图 2.5）。施引核心论文发文量排名第一的国家是中国（表 2.9）。施引核心论文的主要产出机构中，论文数排名前三的是华北电力大学、山东大学和卡塔尼亚大学（表 2.10）。图 2.6 为“海洋漂浮式光伏发电”工程研究前沿的发展路线。

表 2.8　“海洋漂浮式光伏发电”工程研究前沿中核心论文的主要产出机构

序号	机构	核心论文数	论文比例 /%	被引频次	篇均被引频次	平均出版年
1	挪威国家石油公司	2	12.50	114	57.00	2020.0
2	欧盟委员会	2	12.50	83	41.50	2021.5
3	卡塔尼亚大学	1	6.25	146	146.00	2018.0
4	意大利 Koine Multimedia 公司	1	6.25	146	146.00	2018.0
5	阿米尔卡比尔理工大学	1	6.25	81	81.00	2019.0
6	德黑兰大学	1	6.25	81	81.00	2019.0
7	梅拉达伦大学	1	6.25	67	67.00	2019.0
8	山东大学	1	6.25	67	67.00	2019.0
9	伊塔茹巴联邦大学	1	6.25	64	64.00	2018.0
10	科罗拉多矿业大学	1	6.25	64	64.00	2020.0

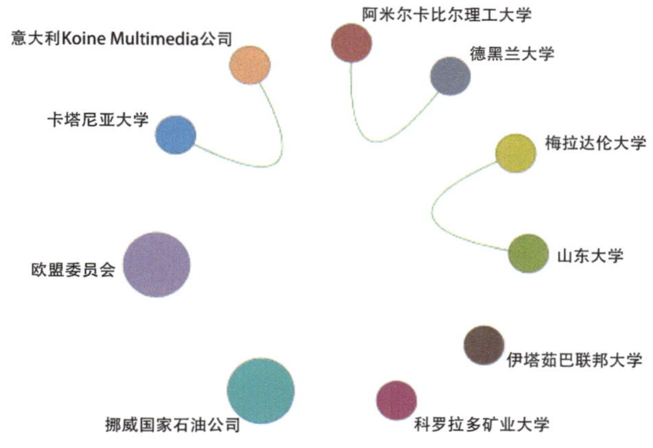

图 2.5　“海洋漂浮式光伏发电”工程研究前沿主要机构间的合作网络

表 2.9　“海洋漂浮式光伏发电”工程研究前沿中施引核心论文的主要产出国家

序号	国家	施引核心论文数	施引核心论文比例 /%	平均施引年
1	中国	95	27.14	2021.9
2	印度	40	11.43	2021.5
3	意大利	36	10.29	2021.8
4	英国	30	8.57	2021.9
5	美国	28	8.00	2021.2
6	西班牙	25	7.14	2022.3
7	巴西	22	6.29	2021.4
8	伊朗	22	6.29	2021.4
9	韩国	18	5.14	2021.6
10	新加坡	17	4.86	2021.7

表 2.10 “海洋漂浮式光伏发电”工程研究前沿中施引核心论文的主要产出机构

序号	机构	施引核心论文数	施引核心论文比例 /%	平均施引年
1	华北电力大学	11	11.11	2021.3
2	山东大学	11	11.11	2021.5
3	卡塔尼亚大学	11	11.11	2021.5
4	塞得港大学	10	10.10	2022.3
5	德黑兰大学	9	9.09	2021.1
6	中国科学院	9	9.09	2021.7
7	新加坡国立大学	8	8.08	2021.2
8	里约热内卢联邦大学	8	8.08	2021.1
9	欧盟委员会	8	8.08	2022.1
10	那不勒斯费德里克二世大学	7	7.07	2021.4

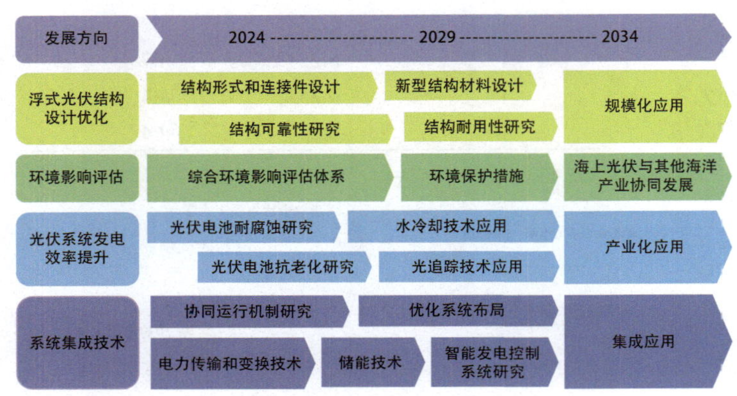

图 2.6 “海洋漂浮式光伏发电”工程研究前沿的发展路线

2.1.2.3 基于深度图像的场景解析

随着自动驾驶和机器人导航技术在 AI 2.0 时代的蓬勃发展，在长尾场景下的安全隐患成为这类技术大范围落地的最大障碍。这类安全隐患很大一部分是由感知失效或感知偏差导致的，利用先进的感知技术降低感知偏差、减少感知失效，对于提高自动驾驶系统决策的准确性、减少自动驾驶事故等方面具有重要意义。在众多感知技术中，场景解析技术凭借其对整个场景的稠密预测，成为最常用的自动驾驶感知方法之一。由于深度相机兼具成本低和信息量大的优点，基于深度图像的场景解析技术成为最具发展潜力的场景解析技术之一。自 2013 年首次提出使用深度图像进行场景解析以来，随着深度相机、图形处理单元等硬件设备的迅速发展，以及神经网络等 AI 基础算法性能的大幅提升，基于深度图像的场景解析技术的精度和稳定性都得到了显著提高，成为感知领域的热门技术。

为了应对高质量数据的稀缺性、现实环境的多样性、计算资源的有限性等问题，提高弱标注或无标注数据的利用率、增强跨域过程中兼顾记忆力和泛化性的能力、网络结构轻量化和提高时域信息关联能力已成为当前基于深度图像的场景解析领域的研究热点。相关研究主要分为以下三个方面：

一是数据方面，通过利用更容易获取的弱标注数据实现训练数据的极大扩容。基于视觉大模型的预分割技术、基于显著性检测的图像预处理技术等为该方面的发展趋势。

二是神经网络结构方面，通过 encoder-decoder、孪生网络、长短时记忆网络等神经网络结构实现对 RGB-D 图像的有效特征提取和上下文关联，生成对抗网络结构、多分支网络结构等为该方面的发展趋势。

三是多模态信息利用方面，通过使用跨模态互补信息、使用跨层级互补信息实现对场景图像上下文更深层次的理解。基于深度 – 色彩通道关联的深度图像修正技术、高层语义特征引导的语义分割技术等是该方面的发展趋势。

总之，基于深度图像的场景解析技术在深度传感器技术、人工智能、空间感知等多学科领域具有重要研究价值，对保障自动驾驶道路安全、提高机器人作业感知能力等方面具有重要的实际意义。

该前沿中核心论文的主要产出国家中，核心论文发表量排在第一位的是中国，篇均被引频次排在第一位的是德国（表 2.11），中国与新加坡存在合作（图 2.7）。在核心论文的主要产出机构中，核心论文发文量排在第一位的是浙江科技大学，篇均被引频次排在前两位的是宁波大学和伊尔梅瑙工业大学（表 2.12），

表 2.11　“基于深度图像的场景解析”工程研究前沿中核心论文的主要产出国家

序号	国家	核心论文数	论文比例 /%	被引频次	篇均被引频次	平均出版年
1	中国	14	93.33	431	30.79	2022.2
2	新加坡	4	26.67	43	10.75	2023.0
3	德国	1	6.67	63	63.00	2021.0

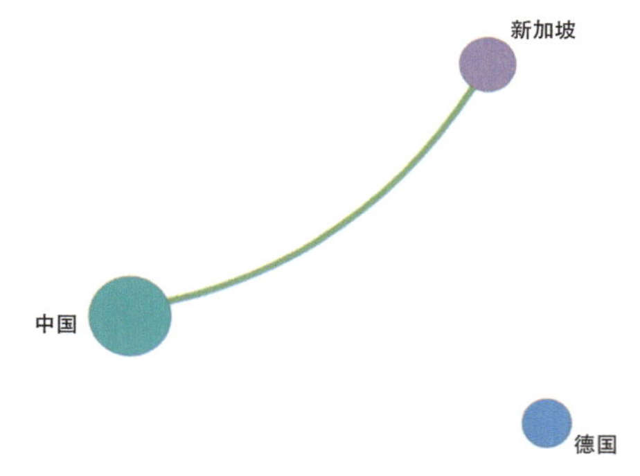

图 2.7　“基于深度图像的场景解析”工程研究前沿主要国家间的合作网络

表 2.12　“基于深度图像的场景解析”工程研究前沿中核心论文的主要产出机构

序号	机构	核心论文数	论文比例 /%	被引频次	篇均被引频次	平均出版年
1	浙江科技大学	12	80.00	375	31.25	2022.4
2	浙江大学	9	60.00	285	31.67	2022.4
3	南洋理工大学	4	26.67	43	10.75	2023.0
4	宁波大学	1	6.67	68	68.00	2021.0
5	伊尔梅瑙工业大学	1	6.67	63	63.00	2021.0
6	香港中文大学	1	6.67	51	51.00	2020.0
7	澳门科技大学	1	6.67	51	51.00	2020.0
8	深圳大学	1	6.67	51	51.00	2020.0
9	南京工业大学	1	6.67	10	10.00	2023.0
10	南开大学	1	6.67	5	5.00	2022.0

浙江大学与浙江科技大学存在最多合作（图 2.8）。施引核心论文的主要产出国家中，发文量排名第一的是中国（表 2.13）。施引核心论文的主要产出机构中，发文量排名前三的是浙江科技大学、浙江大学和宁波大学（表 2.14）。图 2.9 为“基于深度图像的场景解析”工程研究前沿的发展路线。

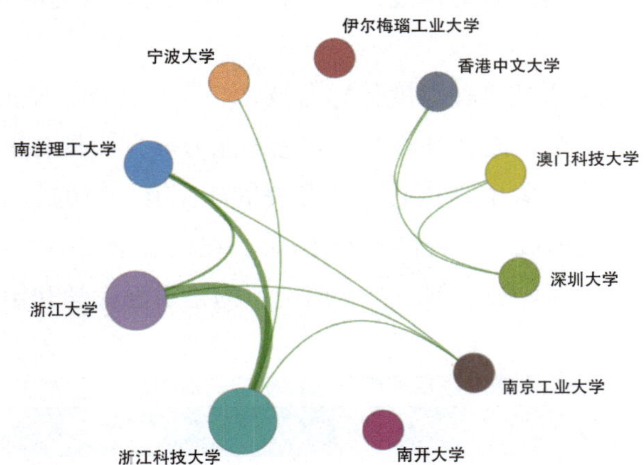

图 2.8　“基于深度图像的场景解析”工程研究前沿主要机构间的合作网络

表 2.13　“基于深度图像的场景解析”工程研究前沿中施引核心论文的主要产出国家

序号	国家	施引核心论文数	施引核心论文比例 /%	平均施引年
1	中国	231	64.53	2022.1
2	美国	28	7.82	2022.0
3	伊朗	18	5.03	2021.9
4	新加坡	18	5.03	2022.8
5	沙特阿拉伯	11	3.07	2021.9
6	澳大利亚	11	3.07	2021.5
7	德国	10	2.79	2022.5
8	英国	9	2.51	2022.4
9	韩国	8	2.23	2022.1
10	加拿大	7	1.96	2022.4

表 2.14　“基于深度图像的场景解析”工程研究前沿中施引核心论文的主要产出机构

序号	机构	施引核心论文数	施引核心论文比例 /%	平均施引年
1	浙江科技大学	75	30.61	2022.0
2	浙江大学	67	27.35	2021.9
3	宁波大学	22	8.98	2021.7
4	中国科学院	16	6.53	2022.2
5	南洋理工大学	16	6.53	2023.0
6	清华大学	9	3.67	2022.7
7	东北大学	8	3.27	2022.8
8	上海交通大学	8	3.27	2021.0
9	华盛顿大学	8	3.27	2021.8
10	温州大学	8	3.27	2021.5

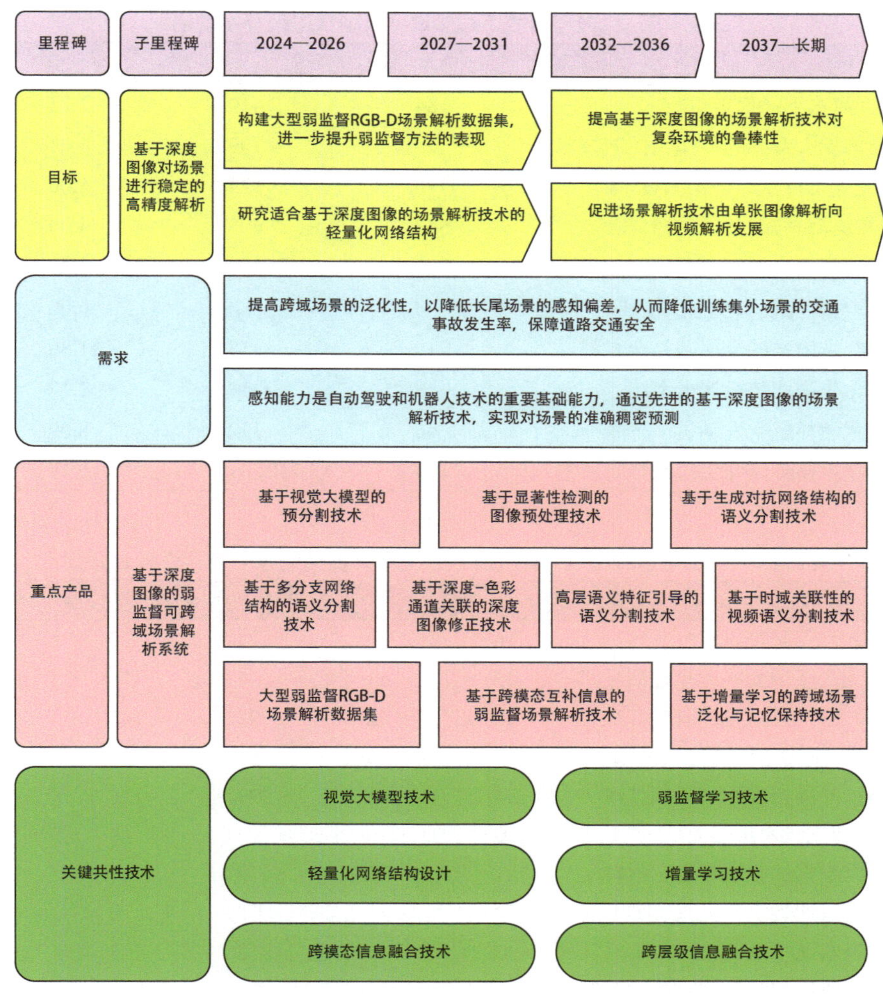

图 2.9　“基于深度图像的场景解析”工程研究前沿的发展路线

2.2　工程开发前沿

2.2.1　Top 10 工程开发前沿发展态势

机械与运载工程领域的 Top 10 工程开发前沿涉及机械工程、船舶与海洋工程、航空宇航科学技术、兵器科学与技术、动力及电气设备工程与技术、交通运输工程等学科方向（表 2.15）。其中，属于传统研究深入的有：深远海水下通信定位技术、低空无人飞行器综合探测技术、无人舰艇集群感知与协同控制技术、具身智能技术机器人、氢燃料航空发动机。新兴前沿则包括：海空协同异构无人系统的一体化控制技术、基于图像特征的高精度距离识别技术、连续陶瓷纤维增强的金属基复合材料、模块化先进武装机器人系统、临近空间高超声速滑翔弹头跳跃弹道预测。各开发前沿涉及的核心专利 2018—2023 年公开情况见表 2.16，海空协同异构无人系统的一体化控制技术、低空无人飞行器综合探测技术、基于图像特征的高精度距离识别技术是近年来专利公开量增速最显著的方向。

表 2.15　机械与运载工程领域 Top 10 工程开发前沿

序号	工程开发前沿	公开量	被引数	平均被引数	平均公开年
1	深远海水下通信定位技术	184	410	2.23	2021.3
2	海空协同异构无人系统的一体化控制技术	728	4 709	6.47	2021.7
3	低空无人飞行器综合探测技术	776	3 924	5.06	2021.4
4	无人舰艇集群感知与协同控制技术	543	7 603	14.00	2021.4
5	基于图像特征的高精度距离识别技术	725	3 258	4.49	2021.6
6	具身智能技术机器人	4	0	0.00	2022.8
7	连续陶瓷纤维增强的金属基复合材料	10	118	11.80	2020.7
8	模块化先进武装机器人系统	8	17	2.12	2021.1
9	氢燃料航空发动机	46	372	8.09	2021.5
10	临近空间高超声速滑翔弹头跳跃弹道预测	199	1 231	6.19	2020.8

表 2.16　机械与运载工程领域 Top 10 工程开发前沿核心专利逐年公开量

序号	工程开发前沿	2018	2019	2020	2021	2022	2023
1	深远海水下通信定位技术	16	16	24	29	42	57
2	海空协同异构无人系统的一体化控制技术	35	51	54	115	203	270
3	低空无人飞行器综合探测技术	57	62	82	145	184	246
4	无人舰艇集群感知与协同控制技术	35	49	66	98	111	184
5	基于图像特征的高精度距离识别技术	24	42	93	123	202	241
6	具身智能技术机器人	0	0	0	0	1	3
7	连续陶瓷纤维增强的金属基复合材料	1	2	0	4	2	1
8	模块化先进武装机器人系统	2	0	1	0	2	3
9	氢燃料航空发动机	5	6	1	3	13	18
10	临近空间高超声速滑翔弹头跳跃弹道预测	28	24	25	42	35	45

（1）深远海水下通信定位技术

深远海水下通信定位技术主要是对工作水域深度大于 1 000 m、工作范围大于 10 km 的水下自主航行器、载人航行器等目标物进行可靠通信和定位。由于声波是目前已知的唯一能够在水下进行远距离传播的信息载体，水声通信定位是目前主流远距离水下通信定位方式。主要技术手段包括长基线定位网络、超短基线定位系统、远程水声通信技术等。但水声通信存在远距离传播过程中信号能量衰减快、多途信道结构复杂和保密性差等问题。多源异构信号互补、高速率大带宽信号通信、高精度低时延定位是深远海水下通信定位的重要研究方向。

目前该领域主要技术方向包括声光电多源异构通信定位技术、量子通信人工智能新兴技术融合、声学及惯导组合定位技术、水下通信定位一体化技术等。以声学为主、光电为辅，同时融合量子、人工智能等新兴技术的通信定位方式是该领域未来的发展方向。具体的技术发展趋势包括基于带内全双工的低带宽占用率水声通信技术、基于正交时频空调制的抗多途多普勒效应通信技术、基于深度学习的水下通信组网系统智能调控技术、基于深度学习的声光电量子等多源异构信号融合技术和惯性导航与长短基线协同定位技术等。

（2）海空协同异构无人系统的一体化控制技术

海空协同异构无人系统的一体化控制技术是指在作业任务或场景中，将无人机、无人船艇、水下潜器等异构无人系统有机连接起来，以环境感知、目标探测、跟踪识别、跨域通信、智能决策、自主控制、合作博弈等核心技术为支撑，实现异构系统在时间、空间、模式等多维度上的信息共享与协同控制。在风浪流等环境载荷扰动和立体空间条件约束影响下，海空协同异构无人系统需要维持稳定的通信链路、具备自抗扰的协同控制能力。

为有效应对复杂动态作业环境，该领域主要研究方向逐步形成，涵盖了海空跨域通信、多源数据融合感知、海空无人协同控制等系列无人系统关键技术。未来，海空协同异构无人系统的一体化控制技术将进一步聚焦于低时延跨域组网通信技术，以切实增强复杂跨域场景下的信息感知与融合能力；在多域耦合和异构动力学约束下，更加注重弹性自主决策能力的发展，以应对多变环境强干扰挑战；融合临近空间无人平台视野广阔、驻空持久、效费比高的优势，构建“陆海空天”一体化协同控制平台，实现跨域异构信息的有效中继和实时遥感态势感知能力的提升，全面提高海空异构无人系统跨域协同能力，有望在海洋经济发展、海洋权益维护、海上安全保障等方面发挥更为关键的作用。

（3）低空无人飞行器综合探测技术

近年来，低空无人飞行器因其灵活性、机动性、易操控等优点，给社会各领域带来了巨大便捷，但同时也对公共安全和国家安全造成了严重威胁。全球各国均相继着手研制反无人机系统，而如何实现低空无人飞行器的高效准确探测是该系统发挥功效的关键。针对当前主流低空无人飞行器的目标特性，已经形成了雷达探测、光电探测、射频探测、声学探测等主要探测手段。然而，复杂背景下的无人机探测，特别是无人机的识别问题，仍然是现阶段雷达探测的难点；射频探测难以应对保持无线电静默状态或使用非常规频段的无人机；声波探测受环境噪声干扰严重，且探测距离非常有限；光电探测易受天气影响，且难以分辨较远处的飞行目标。为满足复杂环境下的高效识别与对抗需求，未来低空无人飞行器综合探测技术的发展方向已基本明确：① 基于深度学习的多源异构传感器融合探测；② 多位点组网探测与识别；③ 移动跟踪探测与察打一体化集成；④ 大规模无人机集群探测、识别、跟踪和对抗。

（4）无人舰艇集群感知与协同控制技术

无人舰艇集群感知与协同控制技术通过多种传感器和通信网络，获取并分析环境信息，设计控制策略，开发软硬件系统，完成广域全天候高强度任务，广泛应用于海洋设施巡检、海上应急搜救和海洋战略通道巡逻预警等领域。尽管已有一些理论研究成果，但仍面临数据低质性、弱相关，目标识不全、辨不清，无人舰艇走不直、控不稳等核心难题。无人舰艇集群在复杂海洋环境中难以实现广域监视，感知实体关系信息时获取难度大，数据稀疏且残缺。任务场景中单平台感知能力弱、多平台信息差异大，知识图谱理解层次低，语义信息缺失。执行任务时，复杂水域中的波浪干扰会导致横摇、纵摇和偏航，影响航迹跟踪的精确性和安全性，同时高威胁目标多、风浪流急、障碍物分布广泛，容易造成协同失效、个体冲突和航行失稳。

该领域的主要研究方向包括无人舰艇集群多源异构低质信息深度融合、复杂海洋场景三维重建与目标识别、协同控制与对抗博弈等。未来，无人舰艇集群感知与协同将趋向集群智能化，并与无人机、无人潜航器等跨域协同，实现多维度战场态势感知和博弈决策，并确保复杂海洋环境和对抗条件下的可靠性与安全性。

（5）基于图像特征的高精度距离识别技术

基于图像特征的高精度距离识别技术是利用目标图像中的特征信息分析来获取目标距离、深度和定位的技术，它是计算机视觉和机器学习领域的一个重要分支，应用于精密机器测量、机械手高精度运动定位与控制、交通建筑变形沉降等地质灾害实时检测、飞船对接、危险环境的机械手自动化作业引导、目标在空间的高精度定位等。

目前该领域主要技术方向包括：① 算法优化，进一步提升图像特征提取和匹配算法的效率与准确性；② 多传感器融合，将图像测距与其他传感器数据（如雷达、超声波）结合，提高测距精度和鲁棒性；③ 恶劣环境下的图像处理和测距技术，解决恶劣环境下干扰影响问题。基于图像特征的高精度测距技术具有广阔的应用前景和巨大的市场潜力。随着计算机视觉、图像处理技术和深度学习等技术的不断进步，该技术将在更多领域得到应用，包括智能交通、智能精密制造、机器人高精度应用等领域，极大地提升这些领域的自动化和智能化水平。

（6）具身智能技术机器人

具身智能技术机器人是指通过将人工智能算法与实体机器人系统相结合，使机器人能够在现实世界中进行感知、学习、推理和行动的智能体。这种机器人不仅具备传统 AI 系统的认知能力，还能够与物理环境进行交互，从而实现更加自然、灵活的智能行为。这一技术融合了多领域的前沿研究，旨在创建能够自主适应和应对复杂环境的机器人系统。其主要技术方向包括多模态感知与融合、运动控制与规划、人机交互、深度学习与强化学习，以及知识表示与推理。作为人工智能技术应用的最佳载体，具身智能技术机器人已成为国际机器人前沿研究的热点，未来发展将聚焦于：提升机器人的自主学习能力，使其能够独立探索环境并将经验迁移至新任务；增强社会化智能，促进机器人更好地融入人类社会；提高应变和创新能力，以应对未知情况；同时加强伦理和安全性考量，确保机器人行为符合社会规范和道德标准。具身智能技术的进步不仅推动了机器人学科的发展，还拓展了机器人在各领域的应用前景。它正在重塑人机关系，为制造业、医疗、教育等行业带来创新机遇和全新挑战，有望引领下一代智能化革命。

（7）连续陶瓷纤维增强的金属基复合材料

连续陶瓷纤维增强的金属基复合材料是指将连续陶瓷纤维作为增强体嵌入金属基体中的一类复合材料，可显著提升纯金属材料的力学性能、耐蚀性和耐磨性。这类材料起源于连续碳纤维增强铝基复合材料，其纤维种类扩展到氧化铝纤维、碳化硅纤维等，金属基扩展到钛合金、镁合金等，新材料的引入对纤维 – 金属界面相容性与连续纤维预制体制备工艺提出要求。目前国内外研究主要聚焦于以下领域：纤维表面涂层处理与包覆丝材制备；纤维排布设计与多尺度、多物理场仿真优化；金属基体复合工艺改进与先进制造技术结合等。

未来的研究前沿方向包括：纤维排布设计及结构拓扑优化、纤维 – 金属界面性能调控、复杂连续纤维预制体增材制造、金属基体复合过程数值模拟和通道规划、低成本大尺寸复合材料构件短流程制造、服役环境下性能演变、控制及评估等方面。具有“刺激 – 响应”特性的智能构件设计与高精度、高效率的多材料整体制备与成形技术也越来越受到关注。

（8）模块化先进武装机器人系统

先进武装机器人系统主要是指由运动平台和任务载荷构成的、用于执行特殊作战任务的一类机器人系统。运动平台可分为地面、空中、水面、水下等多种构型样式。任务载荷包括感知、侦察、打击、引导等类型。该系统可通过远程遥控或自主操控方式进行控制，具有运动方式灵活、载荷选择类型多、能代替人类在恶劣危险环境下高效执行任务、减少伤亡等特点，是未来无人作战系统中的基础性装备。

由于平台运行介质、目标类型与特性变化等未来作战环境复杂性的增加，对运动平台运动性能和任务载荷精密化、智能化提出了更高的要求。目前该领域的主要技术方向包括高性能运动平台模块化驱动传动机构、以任务载荷为中心的构型设计、插入式模块化任务载荷设计与精密控制、运动环境感知与目标识别、数据链传输延迟补偿控制、集成化能源动力模块设计、高效人机交互等。具体技术发展趋势包括跨介质运动平台可变构型驱动机构优化、运动平台与任务载荷智能化高精度协同和集成安全控制、运动平台与任务载荷自主决策、智能任务规划与多机高性能协同技术等。

（9）氢燃料航空发动机

氢燃料航空发动机是一种利用氢气作为燃料并通过化学反应转化为机械能的航空发动机，大致分为氢燃料涡轮发动机和氢燃料电池发动机。其旨在推动飞行器运行，同时减少温室气体和其他污染物的排放。由于液氢燃料具有零碳排放、低温存储、易于制备等优点，氢燃料发动机在军用和民用航空装备领域展现出广阔的应用前景。与传统航空发动机相比，氢燃料航空发动机不仅在减少碳排放方面具有明显优势，还具备良好的启动性能、低燃料消耗和高单位功率等特性。

目前该领域的主要技术方向包括氢燃料的储存和运输、高效燃烧技术、先进材料开发、智能控制与检测技术等，以解决氢工质循环、氢燃烧、氢控制、氢损伤等领域所面临的问题。随着全球对可持续发展的重视和相关技术的突破与成熟，未来氢燃料航空发动机的效率、安全性和可靠性将不断提升，氢燃料航空将成为航空业的重要发展方向，并将推动我国实现“双碳”目标。

（10）临近空间高超声速滑翔弹头跳跃弹道预测

临近空间高超声速滑翔弹头跳跃弹道预测旨在通过数学建模、仿真分析和实时跟踪等手段，预测高超声速滑翔弹头在临近空间（20~100 km 高度）内无动力滑翔过程中的高速飞行航迹。该类弹头在空气动力作用和伺服控制机构的综合作用下，以跳跃变轨迹方式在临近空间飞行，呈现出强大的机动能力和突防性能，致使常规手段难以拦截。典型滑翔弹头跳跃弹道是在钱学森提出的助推滑翔弹道理论和类似于水漂弹道的桑格尔弹道基础上发展而来的。高超声速滑翔弹头在临近空间跳跃式飞行，气动参数具有随机不确定性，弹道由跳跃和滑翔相互交叉构成。

目前该领域的主要技术方向包括高超声速滑翔弹头的气动力特性精确分析，基于运动规律认知、控制模式辨识、作战意图推断的轨迹预测方法，基于声光电的高分辨率传感测量元器件及测量滤波技术，基于人工智能和神经网络多源数据融合技术及快速处理智能算法等。该领域未来的发展趋势包括建立复杂飞行空域环境下高超声速滑翔弹头精准的动力学模型，包括升力、阻力系数等气动参数和控制率气动导数的精确计算；发展高精度敏感元器件技术以获取精确弹头飞行数据，研究飞行数据在线分析和处理方法，开发高精度弹道轨迹模拟和深度学习优化算法等，实现实时跳跃弹道精准预测，为开发高超声速目标的反导系统提供关键技术和理论基础。

2.2.2　Top 3 工程开发前沿重点解读

2.2.2.1　深远海水下通信定位技术

随着深海探测、深海调查、深海资源开发等人类海洋活动愈加频繁，实时掌控深海航行器及其他水下工作平台的运行状态至关重要。高精度、低时延的深远海水下通信定位技术对增强深远海工作平台稳定性，保障深远海工作安全，提高深远海探测及资源开发工作效率具有重要意义。由于电磁波、光波等陆地环境主要通信信号在水下衰减严重，而低频率、高功率的声波可在水下传播数千公里，声波是实现水下远程无线通信的最佳手段。但在远距离传播过程中，水声信号衰落、复杂的多途信道结构、声波的全向传播等物理因素会导致通信速率降低、定位精度变差、保密性和隐蔽性不佳等问题。传感器和人工智能（AI）技术的进步推动深远海水下通信定位技术向多种水下通信技术的集成发展。利用 AI、大数据等技术实现智能化和自主化，同时实现水下通信定位技术的标准化和规范化，从而提高传输速率、提高工作距离、降低误码率、提升定位精度等。

为了增强深远海水下通信的稳定性，提高深远海水下定位精度，声光电多源异构通信定位技术、量子通信人工智能新兴技术融合、声学及惯导组合定位技术等已成为水下通信定位领域的研究热点。我国关于水下无人救援机器人的研究起步较晚，但近年来发展迅速。主要技术发展方向包括多源异构通信定位技术融合，基于高级调制技术 [如正交频分复用（OFDM）、多输入多输出（MIMO）]、编码技术优化，网络化发展，提升声学通信速率和距离；基于高功率激光器和光学接收技术，实现长距离光学通信，探索新型频段和调制技术的无线电通信，研究量子密钥分发，磁感应信号传播特性，形成以声学为主、光电为辅，同时融合量子、人工智能等新兴技术的通信定位方式；基于带内全双工水声通信技术和抗多途多普勒效应通信技术，提高水下通信传输速率和距离，提高定位精度；基于空基的北斗导航系统和水面水下长短基线协同定位技术，进行水下通信组网系统智能调控，实现水下通信定位智能化与自主化。总之，深远海水下通信定位技术在深海资源勘探、水下工程实施、海洋环境监测、国防安全、智慧海洋建设和应急救援等领域具有重大产业化推广和技术应用拓展价值，对保障我国海洋资源勘探安全、维护我国海上国防安全、内河湖泊水域救援等具有重要的实际意义。

目前，该前沿中核心专利产出数量排名第一的国家是中国，平均被引数排名第一的国家是美国（表 2.17）。

表 2.17 “深远海水下通信定位技术”工程开发前沿中核心专利的主要产出国家

序号	国家	公开量	公开量比例 /%	被引数	被引数比例 /%	平均被引数
1	中国	149	80.98	312	76.10	2.09
2	日本	14	7.61	10	2.44	0.71
3	美国	8	4.35	68	16.59	8.50
4	韩国	5	2.72	4	0.98	0.80
5	印度	2	1.09	0	0.00	0.00
6	荷兰	1	0.54	7	1.71	7.00
7	加拿大	1	0.54	6	1.46	6.00
8	沙特阿拉伯	1	0.54	2	0.49	2.00
9	意大利	1	0.54	1	0.24	1.00
10	挪威	1	0.54	0	0.00	0.00

核心专利的主要产出国家之间暂无合作。核心专利产出数量较多的机构是中国船舶重工集团公司、国家深海基地管理中心、中国科学院声学研究所和哈尔滨工程大学（表 2.18）。核心专利的主要产出机构中，国家深海基地管理中心与长春理工大学存在合作（图 2.10）。图 2.11 为“深远海水下通信定位技术”工程开发前沿的发展路线。

表 2.18 “深远海水下通信定位技术”工程开发前沿中核心专利的主要产出机构

序号	机构	公开量	公开量比例 /%	被引数	被引数比例 /%	平均被引数
1	中国船舶重工集团公司	8	4.35	15	3.66	1.88
2	国家深海基地管理中心	6	3.26	37	9.02	6.17
3	中国科学院声学研究所	6	3.26	34	8.29	5.67
4	哈尔滨工程大学	6	3.26	13	3.17	2.17
5	浙江大学	4	2.17	17	4.15	4.25
6	长春理工大学	3	1.63	6	1.46	2.00
7	日本海洋研究开发机构	3	1.63	3	0.73	1.00
8	天津大学	3	1.63	3	0.73	1.00
9	齐鲁工业大学（山东省科学院）	3	1.63	2	0.49	0.67
10	三亚深海科学与工程研究所	3	1.63	2	0.49	0.67

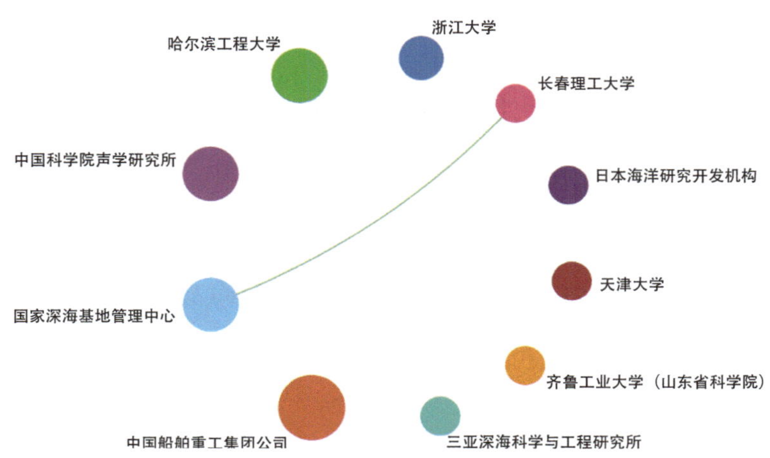

图 2.10 “深远海水下通信定位技术”工程开发前沿主要机构间的合作网络

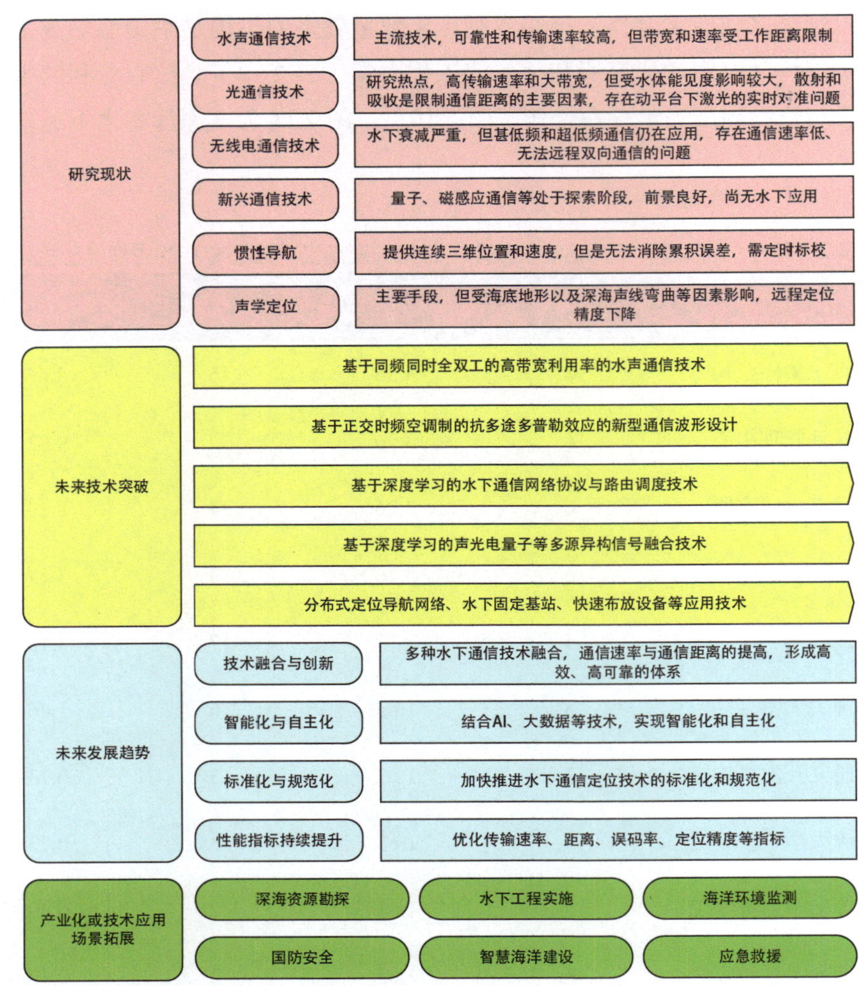

图 2.11 “深远海水下通信定位技术”工程开发前沿的发展路线

2.2.2.2 海空协同异构无人系统的一体化控制技术

海空协同异构无人系统的一体化控制技术处于当前海洋科技与军事应用的研究前沿，代表了智能无人系统发展的关键方向。随着无人系统的广泛应用、计算机、通信和分布式控制技术与海洋科学的交叉融合渗透发展，以美国为代表的国外海洋强国大力发展无人机、无人艇、水下潜器等跨域异构无人装备，并持续推动无人系统执行任务由单域单体向单域集群，再向跨域协同的增效方向转变。海空协同异构无人系统的一体化控制技术是智能无人系统形成颠覆性能力的核心技术。与同构无人系统单域协同相比，海空协同异构无人系统拥有优势互补、全方位联动等新技术特点，在大幅提升无人系统功能的同时，能够不断扩大应用范围。加强海空协同异构无人系统的一体化控制技术研究，充分发挥异构无人系统多域动态互补优势，对服务社会经济发展和保障国家安全具有重要的战略意义。

海空协同异构无人系统的一体化控制是面向科学前沿的多学科交叉技术，涵盖了控制理论、人工智能、信息论与通信工程、博弈论等多领域，相关研究主要分为三个方面：一是跨域多节点自组网通信–计算一体化技术，研究异构无人系统高可靠低时延的跨域组网通信理论，设计异构数据跨层级互联共享机制，建立基于人工智能和云边协同的通信基础设施，为复杂的环境扰动和空间约束下的决策与控制提供保障；二是多域耦合和异构动力学约束下的弹性决策，阐明环境、任务目标、海空异构平台间耦合作用，研究跨域异构动力学约束下的任务调度与动态规划，建立强鲁棒、高弹性的任务决策体系，实现基于群体智能演化的无人决策系统自主学习换代，提升协同效能；三是强异质动力学特性的海空无人系统一体化协同控制，结合实时反馈与调整机制构建一体化控制模型，统一与适配不同跨域航行器的动力学特性，探索人机多模态交互控制规律，为不同平台之间的高效协同提供支持。总之，海空协同异构无人系统一体化控制技术的不断发展，对保障我国海上活动安全、开发深海资源与发展海洋经济等具有重要的实际意义

目前，该前沿中核心专利产出数量排名第一的国家是中国，平均被引数排名第一的国家是以色列（表 2.19）。核心专利的主要产出国家之间未见合作。核心专利产出数量较多的机构为南京航空航天大学、国防科技大学和北京航空航天大学（表 2.20）。核心专利主要产出机构中，西北工业大学与西安电子科技大学、南京航空航天大学与中国电子科技集团公司存在合作（图 2.12）。图 2.13 为“海空协同异构无人系统的一体化控制技术”工程开发前沿的发展路线。

表 2.19 “海空协同异构无人系统的一体化控制技术”工程开发前沿中核心专利的主要产出国家

序号	国家	公开量	公开量比例 /%	被引数	被引数比例 /%	平均被引数
1	中国	675	92.72	3 536	75.09	5.24
2	美国	36	4.95	822	17.46	22.83
3	韩国	2	0.27	12	0.25	6.00
4	日本	2	0.27	10	0.21	5.00
5	俄罗斯	2	0.27	1	0.02	0.50
6	印度	2	0.27	0	0.00	0.00
7	以色列	1	0.14	64	1.36	64.00
8	智利	1	0.14	25	0.53	25.00
9	荷兰	1	0.14	6	0.13	6.00
10	澳大利亚	1	0.14	0	0.00	0.00

表 2.20 “海空协同异构无人系统的一体化控制技术”工程开发前沿中核心专利的主要产出机构

序号	机构	公开量	公开量比例 /%	被引数	被引数比例 /%	平均被引数
1	南京航空航天大学	37	5.08	244	5.18	6.59
2	国防科技大学	28	3.85	126	2.68	4.50
3	北京航空航天大学	24	3.30	149	3.16	6.21
4	西北工业大学	20	2.75	86	1.83	4.30
5	中国电子科技集团公司	16	2.20	44	0.93	2.75
6	合肥工业大学	15	2.06	220	4.67	14.67
7	国家电网有限公司	15	2.06	87	1.85	5.80
8	北京理工大学	15	2.06	56	1.19	3.73
9	大连海事大学	13	1.79	84	1.78	6.46
10	西安电子科技大学	12	1.65	63	1.34	5.25

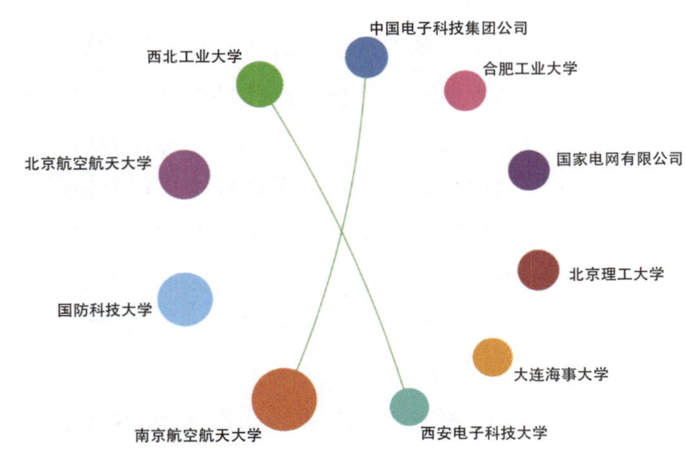

图 2.12 “海空协同异构无人系统的一体化控制技术”工程开发前沿主要机构间的合作网络

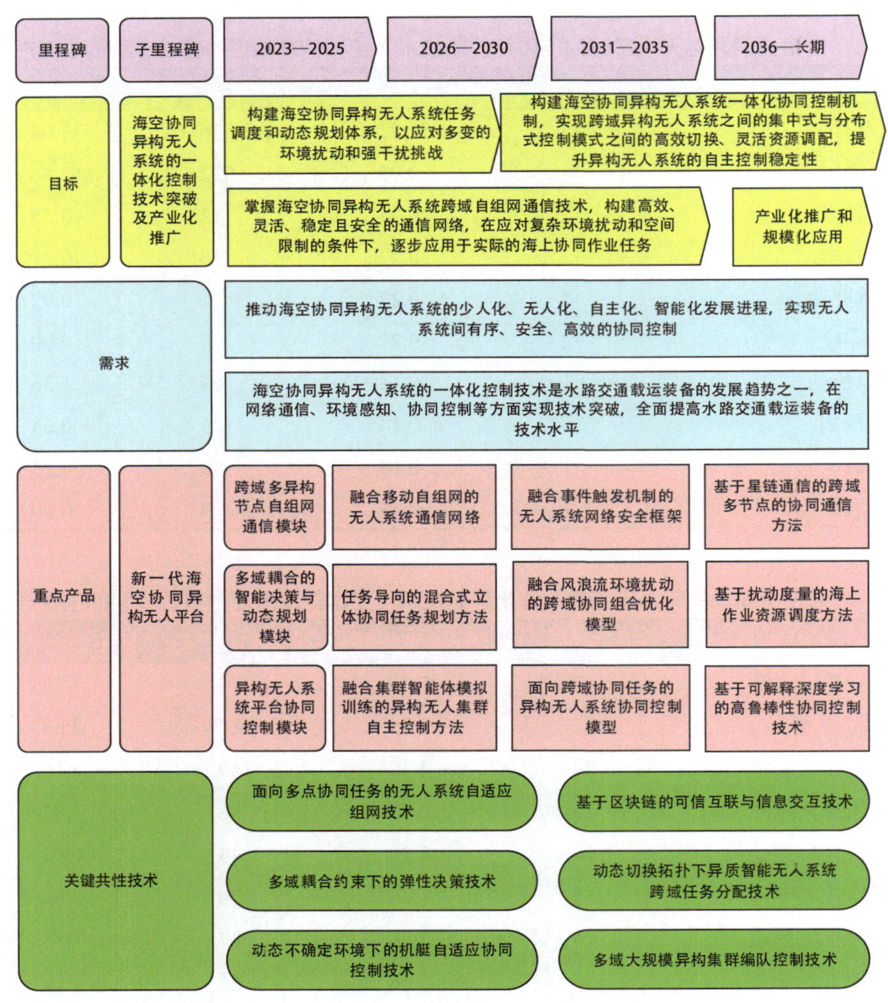

图 2.13 “海空协同异构无人系统的一体化控制技术”工程开发前沿的发展路线

2.2.2.3　低空无人飞行器综合探测技术

近年来，低空无人飞行器因其灵活性、机动性、易操控等优点，给社会各领域带来了巨大便捷，但同时也对公共安全和国家安全造成了严重威胁。全球各国均相继着手研制反无人机系统，而如何实现低空无人飞行器的高效准确探测是该系统发挥功效的关键。当前，低空无人飞行器多由轻型非导体材料构成，飞行时电动机或旋翼的转动会产生频率在 0.3~20 kHz 范围内的特定声信号，以无线电进行通信。针对这些目标特性，已经形成了雷达探测、光电探测、射频探测、声学探测等低空无人飞行器探测手段，然而这些探测方式都存在各种各样的问题，低空无人飞行器综合探测技术逐渐受到高度关注。

当前，在杂波抑制、微多普勒信号特征提取等方面已取得一定进展，但复杂背景下的无人机探测，特别是无人机的识别问题，仍然是现阶段雷达探测的难点。通过射频进行无人机探测和识别是较为有效的方法，但其致命问题在于难以探测保持无线电静默状态或使用非常规频段的无人机。在声波探测方面，尽管近年来无人机在各种环境下的音频数据正在快速扩充，但在闹市区等复杂环境下，该方法的效果仍然不够理想。此外，其探测距离非常有限。光电探测易受天气影响，且难以分辨较远处的飞行目标。随着高清 / 超高清摄像机的出现，虽然拉长了探测距离，但同时也增大了该方法的计算量。

为满足复杂环境下的高效识别与对抗需求，未来低空无人飞行器综合探测技术的发展方向已基本明确。① 多源异构传感器融合探测：将远距离探测的雷达和无线电频谱探测技术与近距离探测的光电和声波探测技术相结合，利用深度学习从多源异构数据中提取复杂特征。② 多位点组网探测：通过网络融合各节点探测器获取的信息，进行协同探测与综合识别，弥补单一节点获取信息不充分、存在盲区、容错率低等缺陷。③ 移动与跟踪探测：将机载与车载探测器相结合，近距离抵近目标以获得高质量的目标信息，为执行复杂任务奠定数据基础，同时便于实现探测打击装置一体化集成。④ 大规模无人机集群探测与跟踪：当前研究基本停留在反制少量无人机层面，然而大规模无人机集群的运用已经成为必然趋势，如何实现大规模无人机集群的探测、识别、跟踪和对抗，是目前亟待突破的重点方向。

目前，该前沿中核心专利产出数量排名第一的国家是中国，平均被引数排名第一的国家是美国（表 2.21）。

表 2.21　“低空无人飞行器综合探测技术”工程开发前沿中核心专利的主要产出国家

序号	国家	公开量	公开量比例 /%	被引数	被引数比例 /%	平均被引数
1	中国	737	94.97	3 052	77.78	4.14
2	韩国	15	1.93	109	2.78	7.27
3	美国	13	1.68	752	19.16	57.85
4	日本	3	0.39	5	0.13	1.67
5	俄罗斯	2	0.26	0	0.00	0.00
6	瑞典	1	0.13	3	0.08	3.00
7	土耳其	1	0.13	3	0.08	3.00
8	保加利亚	1	0.13	0	0.00	0.00
9	加拿大	1	0.13	0	0.00	0.00
10	印度	1	0.13	0	0.00	0.00

核心专利的主要产出国家之间未见合作。核心专利产出数量排名前三的机构是北京航空航天大学、南京航空航天大学和中国电子科技集团公司（图 2.22）。核心专利的主要产出机构中，北京航空航天大学与中国航空工业集团公司沈阳飞机设计研究所、国家电网有限公司与武汉大学存在合作（图 2.14）。图 2.15 为“低空无人飞行器综合探测技术”工程开发前沿的发展路线。

表 2.22 “低空无人飞行器综合探测技术”工程开发前沿中核心专利的主要产出机构

序号	机构	公开量	公开量比例 /%	被引数	被引数比例 /%	平均被引数
1	北京航空航天大学	22	2.84	157	4.00	7.14
2	南京航空航天大学	20	2.58	38	0.97	1.90
3	中国电子科技集团公司	18	2.32	43	1.10	2.39
4	国家电网有限公司	14	1.80	24	0.61	1.71
5	华南农业大学	11	1.42	62	1.58	5.64
6	西北工业大学	11	1.42	54	1.38	4.91
7	中国航空工业集团公司沈阳飞机设计研究所	9	1.16	102	2.60	11.33
8	武汉大学	9	1.16	19	0.48	2.11
9	浙江大学	8	1.03	55	1.40	6.88
10	哈尔滨工业大学	7	0.90	106	2.70	15.14

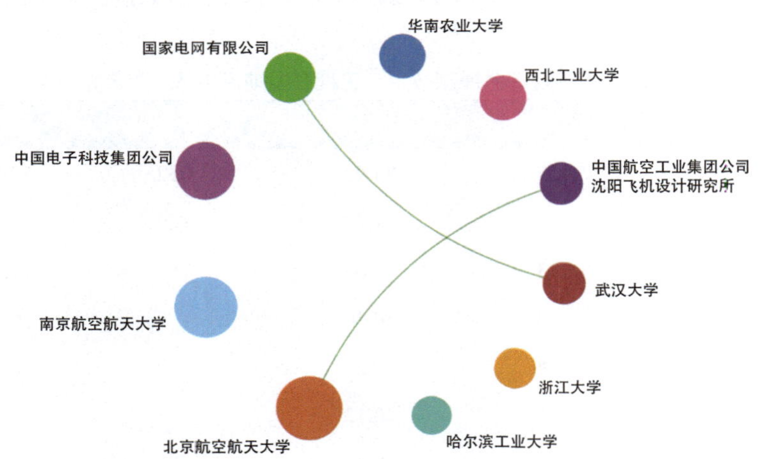

图 2.14 “低空无人飞行器综合探测技术”工程开发前沿主要机构间的合作网络

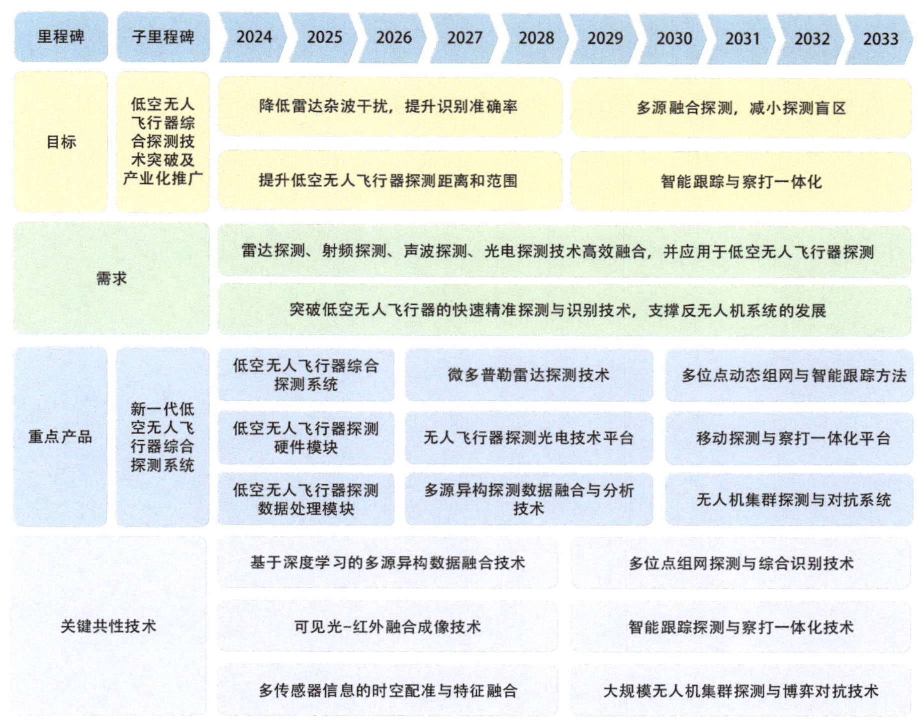

图 2.15　“低空无人飞行器综合探测技术”工程开发前沿的发展路线

领域课题组成员

课题组组长：李培根　郭东明

院士专家组：

尤　政　丁　汉　徐　青　严新平　刘怡昕　黄崇祺　徐芑南　何怡刚　刘友梅

工作组：

史铁林　夏　奇　龙　胡　刘智勇　梁健强　裴　植　周长春　李　勇　李　恒　李　坤　何　鹏

郭胜锋　王振民　金祖权　封　伟　张　旭　谢　超　王新云　郝雪龙　田艳红　徐敏义　王任衡

张　晖　黄永安　李进华　曲荣海　郭家杰　苑伟政　吴林志　赵　伟　陶　波　陶　飞　杨树明

朱继宏　黄崇祺　张树有　王从思　钱林茂　汪爱英　张振宇　何清波　王开云　邱丽荣　李杰华

孙　剑　陈玉丽　袁成清　刘海涛　陈华伟　黄传真　侯淑娟　王同敏　李涵雄　何洪文　袁慎芳

朱苗勇　闫永达　王立平　于靖军　王新云　王时龙　袁　伟　郭为忠　李隆球　魏振忠　赵立东

詹　梅　王树青　刘友梅　梅德庆　熊蔡华　黄云辉

执笔组：

陶　飞　刘蔚然　赵西增　司　言　吴甲民　杨　磊　黄攀峰　居冰峰　罗小兵　黄其柏　汤自荣
孙　博　廖广兰　陈德山　马　勇　张海涛　胡驸龙　刘晓军　闫春泽　范大鹏　李　箐　李仁府
史铁林　夏　奇　龙　胡　刘智勇　陈惜曦

第三章　信息与电子工程前沿

3.1 工程研究前沿

3.1.1 Top 10 工程研究前沿发展态势

信息与电子工程领域 Top 10 工程研究前沿见表 3.1，涉及电子科学与技术、光学工程与技术、仪器科学与技术、信息与通信工程、计算机科学与技术、控制科学与技术等学科方向。其中，“低空信息网络体系与通感一体技术”为数据挖掘前沿，其余均为专家提名前沿。各前沿涉及的核心论文 2018—2023 年发表情况见表 3.2。

（1）具身智能基础理论与方法

具身智能基础理论与方法是指物理形态与外部环境交互中实现智能闭环的理论方法。具身智能强调认知受智能体的感知与动作协同影响，本质上是实现形态、行为、感知与学习的集成增效。具身智能基础理论与方法包括具身感知、具身交互协作、具身大模型、行为学习等。具身智能与现有人工智能研究的范式不同，其最大特点在于强调“主动性”，即充分利用形态的特点实现主动控制、主动感知与主动学习，这不仅显著降低了数据获取、数据标注、模型学习等的难度，也为节能增效、绿色计算等提供了有益思路。其研究方向包括智能机器人、自动驾驶、人机交互、具身大模型等。目前，具身智能研究已成为人工智能与机器人发展的重要推动力。未来，随着具身智能对多模态融合感知、自监督自主学习、长期持续学习等研究的推动，将建立更符合物理规律的世界大模型，具身智能也将朝着仿生智能/类人智能的方向深入发展。

（2）晶圆级系统大芯片理论与设计

晶圆级系统大芯片理论与设计是指领域专用软硬件协同的复杂系统设计基础理论和晶圆级高密度集成

表 3.1 信息与电子工程领域 Top 10 工程研究前沿

序号	工程研究前沿	核心论文数	被引频次	篇均被引频次	平均出版年
1	具身智能基础理论与方法	270	22 309	82.63	2019.9
2	晶圆级系统大芯片理论与设计	141*	4 547	32.25	2021.4
3	低空信息网络体系与通感一体技术	63	5 377	85.35	2021.7
4	多模态感知认知智能理论	117	11 893	101.65	2020.4
5	超高灵敏度跨尺度缺陷检测技术	88	5 027	57.12	2020.1
6	数据和物理规律驱动的智能科学计算	62	12 916	208.32	2021.4
7	大规模卫星集群分布式规划与智能协同控制	61*	504	8.26	2021.6
8	超大规模集成光计算芯片	20	1 793	89.65	2020.5
9	全光深度计算成像理论与方法	44	6 219	141.34	2020.2
10	基于人工智能的语义通信理论与技术	29	3 283	113.21	2021.9

* 全部检出论文数。

表 3.2 信息与电子工程领域 Top 10 工程研究前沿核心论文逐年发表数

序号	工程研究前沿	2018	2019	2020	2021	2022	2023
1	具身智能基础理论与方法	62	57	57	49	27	18
2	晶圆级系统大芯片理论与设计	10	8	17	29	41	36
3	低空信息网络体系与通感一体技术	3	2	1	17	23	17
4	多模态感知认知智能理论	17	21	22	22	23	12
5	超高灵敏度跨尺度缺陷检测技术	16	19	17	17	14	5
6	数据和物理规律驱动的智能科学计算	1	2	9	21	17	12
7	大规模卫星集群分布式规划与智能协同控制	6	4	3	7	14	27
8	超大规模集成光计算芯片	2	4	5	1	6	2
9	全光深度计算成像理论与方法	5	9	12	8	8	2
10	基于人工智能的语义通信理论与技术	1	1	1	5	10	11

的设计方法，以及在此基础上应用系统与晶圆级芯片的高效映射和部署方案。晶圆级系统大芯片是基于晶圆级高密度集成工艺创新和软硬件协同结构创新实现的面向特定领域专用的信息系统物理形态。具备超高集成密度与超灵活功能部署的晶圆级系统大芯片通常具有超高的功能密度。晶圆级系统大芯片摆脱了传统微电子技术对先进制程的依赖，可通过异构异质集成、多光罩拼接和晶圆级键合等方式实现系统摩尔定律的延续，并通过软件定义体系结构赋能集成电路设计与应用全流程，实现多应用场景垂直整合和随阅历数据的自我演化。目前，晶圆级系统大芯片理论与设计的研究成果保持着高速迭代，并快速渗透到云计算、超算、智算等大型信息系统基础设施中。

晶圆级系统大芯片理论与设计为提升信息系统性能、效能与处理能力提供了理论基础，其主要研究方向包括领域专用软硬件协同架构和晶圆级集成工艺。领域专用软硬件协同架构是指面向领域应用共性特征，在计算系统设计和运行全流程中，通过统一的描述和工具对软件架构与硬件架构进行集成开发，跨越软硬件界面进行系统优化，确保软硬件协同工作与高效交互，实现更高的系统性能和效率的计算架构设计范式。晶圆级集成工艺基于先进集成技术与微电子理论，研究晶圆级键合、跨尺度高精度集成等工艺技术，设计晶圆级系统大芯片的硬件系统。

晶圆级系统大芯片理论与设计未来发展仍需解决可靠性设计与测试、应用部署优化、生成式晶上互连网络、系统广义鲁棒性技术四方面问题。首先，晶圆级系统大芯片需要更可靠的设计与测试技术来保障硬件系统的生产良率和运行可靠性。其次，应用部署优化技术亟须进一步优化，以实现复杂应用到硬件系统的高效映射。再次，晶上互连网络的生成式结构可为未来智能计算系统提供晶圆级系统大芯片底座。最后，晶圆级系统大芯片的系统广义鲁棒性技术可为未来信息系统基础设施新形态提供安全支撑。

（3）低空信息网络体系与通感一体技术

低空信息网络体系与通感一体技术是指利用地面通信系统、卫星定位与导航系统等，构建一个动态、灵活、高效的无线通信与信息服务网络，为低空无人机、载人飞行器等提供通信、定位、导航、监管等综合服务，是赋能低空经济应用场景的重要基础设施。基于地面基站的大规模天线阵列，可将通信与雷达感知功能结合，实现通感一体，同时提供高速率、低延迟的通信服务，以及对被动物体的实时感知、检测与定位服务。依托规模部署的移动通信网络，通感一体可助力提供泛在的高性能通信和感知服务。

低空信息网络体系与通感一体技术可分为两大类，即通信辅助感知和感知辅助通信。通信辅助感知，旨在利用通信系统提供的信号、传播时延与方向等传输的信息和网络资源，支持感知任务的执行，通过波形设计、信号传输、信息共享等方案设计，实现低成本、高效率的泛在感知，其又可细分为单站通感和多站协作通感。感知辅助通信，旨在将通过感知获取的环境信息（如速度、时延、角度等）反馈给通信系统，辅助通信网络进行动态调整、通信资源分配与调度优化、干扰管理等，实现通信性能提升。

低空信息网络体系与通感一体技术的未来发展方向包括空口与波形、架构与组网、协作与融合等方面。首先，通过通感融合波形设计，实现一体化无线空口，有效提升频谱效率，最大化资源利用率。其次，原生的一体化架构将助力通信和感知功能按需开启，并实现全局组网，提供连续无缝的低空信息服务。最后，多频段、多节点、多模态的深度协作将融合多维数据，通过对多源数据的联合处理与优化，进一步提升系统性能。

（4）多模态感知认知智能理论

多模态感知认知智能理论是指整合多种感知渠道（如视觉、听觉、触觉、文本等）信息，实现对环境或对象的全面理解与解析，模拟人类多维感知与认知机制的智能计算范式，实现机器对视觉、听觉、触觉等多模态数据的协同理解与推理。

多模态感知智能主要依托深度学习、数据融合和模式识别技术，处理和分析不同模态的数据，研究多模态数据表示、跨模态信息融合、模态间关联挖掘、多模态任务联合优化等，以提升感知系统的准确性和鲁棒性。多模态认知智能主要以多模态数据的协同处理与融合为核心，研究跨模态表示学习、跨模态生成和多模态协同等核心问题。例如，在自动驾驶领域，通过结合摄像头、雷达和激光雷达的数据，可以更精准地识别和预测周围环境中的动态物体等。

多模态感知智能的研究趋势包括：发展更强大的大规模多模态预训练模型，以实现更广泛的应用场景覆盖；提升实时数据处理能力，满足复杂环境下的即时响应需求；注重数据的同步与异构融合，提升系统的整体感知能力和适应性。多模态认知智能将逐步朝着深度神经网络与认知科学深度融合的方向演进，致力于突破模态间的语义鸿沟，实现更接近人类认知水平的智能系统，为自然语言理解、视觉问答、跨模态检索等任务提供重要的理论基础与技术支撑。

（5）超高灵敏度跨尺度缺陷检测技术

人工智能的飞速发展促使全球先进半导体芯片的需求持续旺盛，推动制程工艺节点迈入 20 Å（2 nm）时代，技术竞争态势进一步加剧。伴随更小关键尺度制造而来的是，表面形变、裂纹、缺损、晶错等缺陷尺度也步入极微小范畴。半导体缺陷检测面临更大的挑战，特别是晶圆级缺陷检测，尺寸跨度已达 10^7~10^8，漏检、错检、检测效率等问题愈加突出，市场亟需超高灵敏度跨尺度缺陷检测新技术。除芯片制造领域外，大口径超精密光学元件、大型超精密机械结构件等的缺陷检测同样对超高灵敏度跨尺度检测技术有着迫切需求。

超高灵敏度跨尺度缺陷检测技术的主要研究方向包括：① 高灵敏度缺陷检测原理创新与设备开发。通过创新测量原理与改进仪器设计，开发具有超高分辨力和超高灵敏度的检测仪器，实现对更微小尺度缺陷的超高灵敏度精准检测。② 大测量范围快速检测技术。设计具有大测量范围快速检测的新方法，研发高速扫描和数据处理系统，实现高吞吐量快速缺陷检测。③ 数据驱动的智能检测。开发基于深度学习技术的先进缺陷检测算法，通过改进网络结构，优化算法和数据处理方法，提升缺陷识别、检测的精度与效率。④ 缺陷成因分析与建模。基于超高灵敏度缺陷检测技术，探究缺陷形成的物理机制，并预测其对器件性能的潜在影响，为高精度加工工艺设计和改进提供理论支撑。

目前，该技术正朝着更高灵敏度、更高分辨力、更高检测速度、更智能、更低成本的方向持续发展。先进光子学、计算成像、超表面、量子传感等前沿技术的出现，有望进一步提升缺陷检测灵敏度、分辨力与效率，为超高灵敏度跨尺度缺陷检测提供新的发展契机。随着全球高端制造业的不断深入发展，超高灵敏度跨尺度缺陷检测技术将在下一代芯片制造、精密元件加工等高端制造领域中扮演更加关键的角色。

（6）数据和物理规律驱动的智能科学计算

数据和物理规律驱动的智能科学计算是一种将人工智能技术、科学计算方法与物理规律深度融合，以此推动科学研究和技术应用的新兴研究范式。图灵奖得主、关系型数据库的奠基人 Jim Gray 在 2007 年提出科学研究的四大范式，即第一范式（物理实验）、第二范式（理论分析）、第三范式（科学计算，以仿真为代表）和第四范式（数据密集型科学，以人工智能为代表）。然而，数据和物理规律驱动的智能科学计算并非仅仅是现有四大范式的简单叠加，而是一次深度整合与创新，构建了一种面向未来的全新研究范式。该范式革新了科学研究和计算中的多个关键环节。① 问题定义：从现有科学数据中挖掘潜在科学问题，明确研究目标，例如识别材料性能的改进空间。② 知识提取与嵌入：利用神经网络等人工智能技术从数据中提取物理规律（如密度泛函理论）或将物理规律嵌入神经网络。③ 假设提出：借助生成模型提出新颖的科学假设，从而扩展研究边界，例如在药物研发中预测新的活性化合物。④ 实验验证：构建自动化实验验证流程，例如通过具身机器人将数据模型与物理测试无缝连接。⑤ 结果报告与可解释性：通过实验结果的可视化、自然语言生成技术以及模型可解释性工具，揭示对结果具有关键预测作用的模式和规律。⑥ 专家反馈与进化：引入专家经验和领域知识，建立反馈机制，持续优化模型与假设。

数据和物理规律驱动的智能科学计算的未来发展呈现以下三个主要趋势。首先，跨学科融合解决关键科学问题。为应对复杂科学挑战，跨学科融合变得尤为重要。通过与各领域专家深度合作，能够总结出大量物理规律和专家知识，进而揭示潜在科学问题。其次，基础设施建设与数据平台搭建。随着各学科领域数据的迅速积累，如何有效地收集、处理、存储和共享这些数据成为科研中的关键问题。未来需要构建跨学科的高效数据平台，以整合不同来源的数据，从而提升科研效率。最后，四轮驱动的科学计算自进化系统。当前数据驱动的科学计算面临物理机制缺失、领域知识不足以及设计依赖专家经验等问题。未来研究将聚焦于“数据 – 物理 – 知识 – 创新”四轮驱动的科学计算自进化系统，通过结合机器学习、物理规律与专家知识，推动模型的自我学习和优化。这种自进化机制能够提升计算精度，并推动创新理论的生成和应用。

（7）大规模卫星集群分布式规划与智能协同控制

大规模卫星集群分布式规划与智能协同控制是指在不依赖集中式控制节点的分布式通信环境下，对大规模星座集群进行自组织协同任务规划、任务分配和姿态轨道控制的技术领域。该技术摆脱了对地面站等单一集中式管控节点的依赖，通过对卫星平台的实时感知、邻域交互、自主协商与自主控制等能力的充分利用，可实现去中心化条件下的自组织协同运行与作业，具有鲁棒性强、响应速度快、运营成本低等优点，在生产成本、弹性抗毁、在轨重构等方面具有显著优势。

随着卫星生产、制造、发射技术的进步以及商业航天的蓬勃发展，大规模卫星集群正逐渐成为执行航天任务的全新范式，分布式规划与智能协同控制为其高效自主运行提供了理论与方法基础。主要研究方向包括星群分布式协同任务规划与星群智能协同控制。其中，星群分布式协同任务规划针对大规模遥感星群规模庞大、协同模式多、通信间歇多变、任务动态猝发等复杂性特征，研究面向多种场景混合驱动的多主体群体智能决策、分布式任务调度等方法与技术，实现对遥感观测任务的高效协同与快速响应。星群智能协同控制是指通过智能技术实现多个卫星或航天器之间的姿态、轨道等的协同作业，进而优化整体性能和任务执行效率。国内外对星群智能协同控制的研究正在不断深入，旨在突破自主协同完成复杂任务、学习经验数据提升系统性能、自主认知应对复杂环境等技术难题。

中心节点与全局信息的缺失在理论方面给分布式规划与智能协同控制带来挑战。此外，考虑到卫星平台物理特性、空间通信环境、动态不确定的任务需求等限制条件，大规模卫星集群分布式规划与智能协同控制在工程实践方面也存在难题。目前，研究的前沿主要集中在以下四个方面：① 分布式规划与智能协同控制体系架构设计，包括动态主节点的选取机制、星群分层分组策略，旨在为大规模星群规划与控制提供工程实施框架；② 去中心化的分布式自主协同决策理论方法，包括分布式决策问题建模、模型有效性分析、自主协同决策算法设计、收敛性分析与保证等，为大规模卫星集群任务规划提供理论基础；③ 基于生物群体智能和前沿智能技术的大规模集群协同控制方法，以实现仅依赖邻居通信的分布式自组织协同控制；④ 基于大模型等先进人工智能技术的协同控制理论与方法，利用大模型强大的学习和推理能力进行智能决策，以实现控制系统能对外部变化的快速响应，提升系统的鲁棒性和适应性。

（8）超大规模集成光计算芯片

超大规模集成光计算芯片是采用光作为信息处理的基本载体，基于光学单元构建大规模集成光学芯片，通过必要的光学操作实现信息处理或数据运算的新型计算体系。其能够发挥光的高带宽、低延迟、低能耗、并行性等优势，具备高计算密度、小型化和稳定性等优点，适合处理人工智能、组合优化等复杂特定任务，是新型计算架构的重要发展方向。

主要研究方向包括基于片上 M-Z 干涉仪网状结构、片上微环谐振器权重组、片上衍射元表面以及其他片上光学元件（如多模干涉仪、三维集成波导）等不同架构的光计算芯片，这些光计算芯片各具优缺点。目前，光计算芯片的应用尚不如电子器件广泛，大多数研究仍集中于处理简单数据集，实际应用场景仍然较少。

目前，光计算的发展面临算力不足、功能受限、动态计算困难、训练效率低下等挑战，其实用化进程受到制约。未来，光计算将以光电智能混合计算架构为主，需深入探索以下方向：① 开发高效的光电混合并行计算架构；② 提高光计算芯片的大规模集成度和扩展性；③ 实现光学非线性激活和动态重构；④ 开发光计算专用算法、编码方案及计算理论；⑤ 加强光电系统混合设计、集成和封测能力；⑥ 拓展并明确可以彰显集成光计算优越性的应用场景。最终目标是实现超大规模、高算力、低功耗、可重构的光计算芯片，以满足人工智能新时代下的复杂计算任务需求。此外，探索全光架构的集成光计算技术也需要协同并行。

（9）全光深度计算成像理论与方法

作为下一代光电成像技术，计算成像的本质是在传统成像中引入信息技术，经过信息编码和解译计算，可突破传统光学成像的极限。计算成像经历了从浅到深、从零散技术突破到系统理论构建的发展阶段。目前，随着计算能力的提升和人工智能技术的发展，计算成像已步入系统理论和方法的发展阶段。

直观理解，全光深度计算成像一般指利用光与物质的相互作用，将网络计算过程映射到光平台上，以完成特定的计算成像任务，其特点是用光计算取代传统的电子计算。光信息处理本质上是大规模并行运算的结果，符合深度学习运算模型的特性。光学系统相比于电子系统拥有更高的带宽，以“光速”进行计算的光学设备拥有更短的响应时间，并且光学设备作为一种被动运算器件，具备并行运算、低功耗、高速响应等优势。

从另一个层面理解，全光深度计算成像的“全光”表示包含了强度、相位、光谱、偏振等的全光场信息，是从低维到高维信息的组合。要发挥“全光”的作用，需要我们从原来对光谱、偏振等单一维度的研究走向对多维成像范式的深度挖掘。这一过程需要多维光场传输与探测新理论支持，同时会涌现人工智能光学系统设计、仿生元视觉探测器、低成本超大口径遥感相机、极端环境下清晰成像等大量计算成像方法。

全光深度计算成像在构建新型智能计算系统方面前景广阔，将促进光子新计算范式的发展，引领计算成像走向更高效、更智能的未来。

（10）基于人工智能的语义通信理论与技术

语义通信是指从信源中提取语义信息并编码，通过有噪信道传输，并在信宿通过译码还原语义信息的通信方式。语义通信并不要求译码序列与编码序列在比特级上严格匹配，仅要求信宿恢复的语义信息与信源发送的语义信息含义一致，这将大大提升传输效率。语义通信技术深度融合了通信与人工智能技术，变革了通信系统的设计范式，以“先理解，后通信”理念为指导，通过智能化信息处理手段，从原始信息中提取与通信语义相关的信息并传输，从而显著降低通信数据量，有效提升通信效率和可靠性。研究成果表明，语义通信技术实现了通信效率的显著提升，目前在特定场景下，其效率能够达到现有语法通信方法的 5 倍以上，但其完全的性能潜力仍有待进一步挖掘，有望为低信噪比通信、抗干扰通信、多模态 / 跨模态通信、智简通信等提供全新的技术手段。

经典意义上的信道容量极限，已经成为制约通信传输与网络性能提升的技术瓶颈。从语义角度拓展香农信息理论，建立基于人工智能的语义通信理论与技术体系，是未来信息通信领域的研究重点。主要研究方向包括语义信息度量、语义知识库构建、语义编码传输等基础理论与核心方法。语义信息度量是语义信息理论的基础，涵盖语义通信的数学理论和语义的数学表征问题；语义知识库是不同于语法通信的重要标志，是一种可为数据信息提供相关语义知识描述的、结构化的且具备记忆能力的知识网络模型；语义编码传输是指利用神经网络或变换编码等方法，从信源序列中提取语义特征，并将其映射为信道中的传输符号，通过高效的语义表征传输，实现传输性能的提升。

目前，基于人工智能的语义通信理论与技术研究涉及多个方面，主要解决以下难题：① 多模态信源语义信息的高效表征；② 在通信环境及语义任务需求高动态变化下语义信息的弹性压缩；③ 在收发端语义知识库协同关联且动态变化下语义信息的协同传输与整体优化；④ 面向语义信息识别、提取和重建计算需求的自主可控芯片研发等。

3.1.2 Top 3 工程研究前沿重点解读

3.1.2.1 具身智能基础理论与方法

具身智能涉及形态、动作、感知与学习等多个方面，具有很强的交叉性与前沿性。同时，具身智能强调智能体在与物理世界交互过程中持续学习，这对智能体的本体结构与计算模型都提出了巨大挑战。近年来，各国学者从不同方向和维度出发，开展了深入的研究。研究进展主要体现在关键技术与系统载体两个维度。

在关键技术维度，以强化学习为代表的动作学习方法依然是具身智能领域最基础的学习工具。目前关注的焦点是如何提升强化学习的扩展性和多任务学习处理能力，尤其是通过大量异构任务来增强其在具身智能领域的基础作用。这一方向的主要研究机构包括 OpenAI、DeepMind、麻省理工学院等。

以强化学习为基础，智能体的具身形态智能近年得到充分关注，逐步成为研究热点，这方面的研究工作重点聚焦于如何综合利用本体形态的特点卸载计算资源（即用身体替代脑的部分计算功能）、如何实现本体形态的自主发育与进化（从而实现结构的自动设计）等。但目前工作大都停留在仿真验证阶段。这一方向的主要研究机构包括斯坦福大学、加州大学伯克利分校、卡内基梅隆大学、清华大学等。

与此同时，具身感知作为具身智能与环境交互的通道，在基于多模态传感器的实时感知交互、多模态具身基础模型的数据采集及预训练等方向受到了广泛关注。目前，利用视觉传感器、大面积触觉皮肤和精细感知视触觉传感器等完成具身智能体与环境的实时交互，面临着传感器集成难、模态集成难等问题。借助相关传感器和仿真方法采集生成数据，进而完成具身多模态基础模型的预训练，仍处于初始发展阶段。这一方向的主要研究机构包括麻省理工学院、斯坦福大学、清华大学、北京大学、上海交通大学、北京邮电大学等。

此外，具身智能研究与机器人操作、导航的结合日益密切。近年来的重要趋势是引入语言引导的主动感知。例如，视觉语言导航、视觉语义导航、视觉语言操作、具身问答等新型模型得到长足发展，已在多类实际物理环境中得到验证。目前关注的焦点在于对学习场景的泛化能力，而对场景动态能力的考察不足。这一方向的主要研究机构包括麻省理工学院、佐治亚理工学院、悉尼科技大学、上海交通大学、清华大学、北京大学、字节跳动等。

在系统载体维度，包括软体机器人、人形机器人和具身大模型三个方面，具体情况如下：

1）软体机器人的特点在于其柔软、灵活、安全和适应性强。身体的柔顺性有助于简化其作为具身智能载体在复杂环境中完成所需任务的控制。主要研究方向包括软体智能材料、软体机器人的形态设计、驱动控制、感知交互、软体机器人与环境的全耦合相互作用建模等。这一方向的主要研究机构包括麻省理工学院、哈佛大学、清华大学、华中科技大学、SRT 公司等。

2）人形机器人旨在模仿人类外观和行为，以适应人类社会场景并辅助完成人类各类活动，但目前在全身运动操控算法、主动环境感知、人机交互能力等方面存在诸多不足，有待进一步突破与提升。主要研究方向包括多模态融合感知操作、人机情感识别交互等。这一方向的主要研究机构包括特斯拉公司、波士顿动力公司、卡内基梅隆大学、浙江大学等。

3）具身大模型旨在结合大模型的强大认知能力与具身智能的物理交互能力，使智能体能够更好地理解和适应复杂现实环境，从而实现更加智能、灵活的行为决策和任务执行。目前的研究焦点包括模型的泛化能力提升、智能体与物理世界的交互机制、大模型幻觉问题等。这一方向的主要研究机构包括谷歌、微软、华为、百度、字节跳动、清华大学等。

“具身智能基础理论与方法”工程研究前沿中核心论文的主要产出国家见表 3.3。美国的核心论文数排名第一，占比为 31.48%；中国仅次于美国，占比为 23.70%，平均出版时间较美国晚一年半。在排名前十的核心论文产出机构中，4 家来自美国，4 家来自中国（表 3.4）。主要产出国家之间的合作较为密切（图 3.1）；机构间的合作主要在美国的 4 家机构之间以及中国的 2 家机构之间进行（图 3.2）。在施引核心论文方面，中国领先，约占 40%，第二名是美国，其余国家的占比均低于 10%（表 3.5）；在施引核心论文的主要产出机构中，除排名第七的佐治亚理工学院和第八的新加坡国立大学外，其余均来自中国，体现了中国科研机构对该前沿的高度关注（表 3.6）。

具身智能基础理论与方法未来 5~10 年的重点发展方向（图 3.3）如下：

1）具身协同：当前，人工智能技术正在向通用智能迈进。普遍观点认为，具身智能也是面向通用智能的重要途径。然而，具身智能与物理实体密切相关，必须依赖本体形态与结构。因此，未来一个重要方向是协同不同形态、能力的具身智能体，以实现认知涌现与集群增效。

2）具身学习：智能的核心本质在于持续学习。当前，具身智能的研究受大模型等的影响，对数据、算力仍有较高要求。这与通过物理交互实现持续能力提升的范式仍有差距。因此，应着力探索如何利用具身形态与行为实现持续的自主学习。

表 3.3　“具身智能基础理论与方法”工程研究前沿中核心论文的主要产出国家

序号	国家	核心论文数	论文比例 /%	被引频次	篇均被引频次	平均出版年
1	美国	85	31.48	7 766	91.36	2019.7
2	中国	64	23.70	5 871	91.73	2021.1
3	英国	39	14.44	3 456	88.62	2020.1
4	意大利	32	11.85	2 599	81.22	2019.2
5	德国	26	9.63	1 807	69.50	2019.8
6	法国	16	5.93	1 050	65.62	2019.6
7	澳大利亚	15	5.56	1 069	71.27	2020.3
8	新加坡	14	5.19	1 008	72.00	2019.7
9	西班牙	13	4.81	979	75.31	2019.2
10	瑞士	11	4.07	1 071	97.36	2019.9

表 3.4　“具身智能基础理论与方法”工程研究前沿中核心论文的主要产出机构

序号	机构	核心论文数	论文比例 /%	被引频次	篇均被引频次	平均出版年
1	渤海大学	9	3.33	1 188	132.00	2022.2
2	麻省理工学院	8	2.96	1 198	149.75	2019.4
3	新加坡国立大学	8	2.96	420	52.50	2020.4
4	广东工业大学	7	2.59	1 162	166.00	2021.6
5	卡内基梅隆大学	7	2.59	765	109.29	2019.6
6	华南理工大学	7	2.59	582	83.14	2021.7
7	意大利技术研究院	6	2.22	371	61.83	2019.0
8	康奈尔大学	6	2.22	322	53.67	2019.7
9	加州大学圣迭戈分校	5	1.85	874	174.80	2020.2
10	中国科学院	5	1.85	863	172.60	2019.4

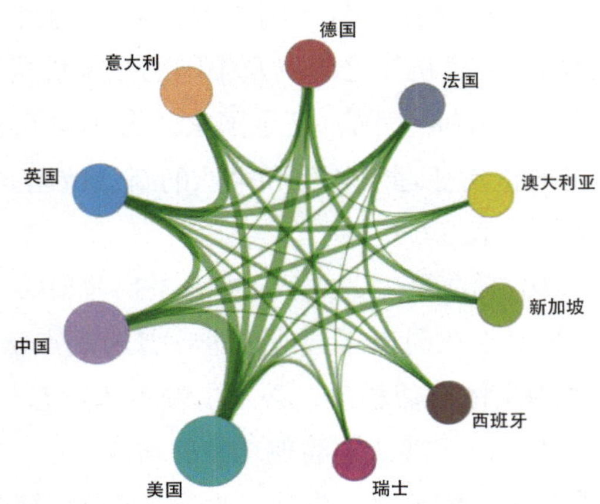

图 3.1　“具身智能基础理论与方法”工程研究前沿主要国家间的合作网络

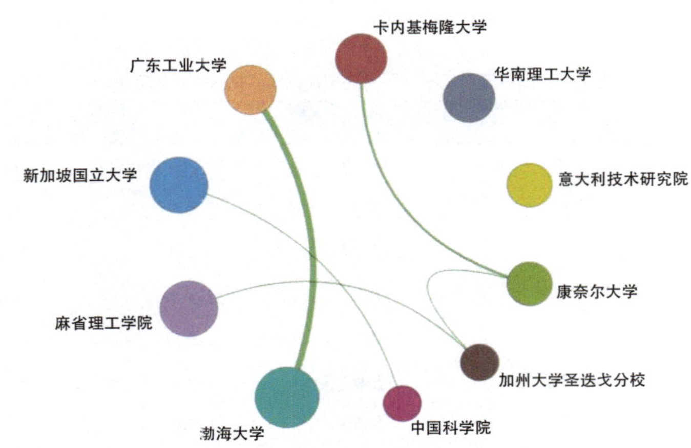

图 3.2　“具身智能基础理论与方法”工程研究前沿主要机构间的合作网络

表 3.5　“具身智能基础理论与方法”工程研究前沿中施引核心论文的主要产出国家

序号	国家	施引核心论文数	施引核心论文比例 /%	平均施引年
1	中国	7 708	40.06	2022.3
2	美国	3 465	18.01	2022.0
3	英国	1 513	7.86	2022.0
4	德国	1 264	6.57	2022.0
5	意大利	1 205	6.26	2021.9
6	韩国	877	4.56	2022.2
7	日本	748	3.89	2022.0
8	澳大利亚	641	3.33	2022.0
9	西班牙	626	3.25	2022.0
10	加拿大	621	3.23	2022.1

表 3.6 “具身智能基础理论与方法”工程研究前沿中施引核心论文的主要产出机构

序号	机构	施引核心论文数	施引核心论文比例 /%	平均施引年
1	中国科学院	631	20.45	2022.0
2	清华大学	288	9.33	2022.4
3	浙江大学	284	9.20	2022.3
4	哈尔滨工业大学	276	8.94	2022.3
5	东北大学	256	8.30	2022.5
6	上海交通大学	233	7.55	2022.3
7	佐治亚理工学院	230	7.45	2021.5
8	新加坡国立大学	227	7.36	2021.8
9	渤海大学	224	7.26	2022.5
10	华南理工大学	222	7.19	2022.3

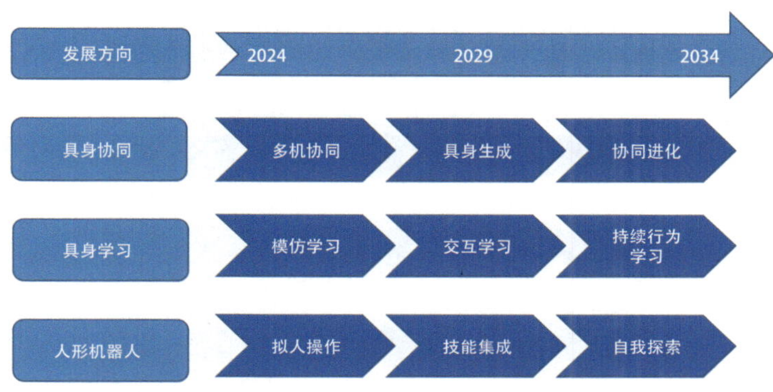

图 3.3 “具身智能基础理论与方法”工程研究前沿的发展路线

3）人形机器人：具身人形机器人将重新定义人机关系。当前，虽然人形机器人的感知、动作等基础能力有所增强，但多模态感知与运动策略生成及控制的紧耦合性弱，导致机器人环境适应性和灵巧操作能力方面存在不足。因此，应进一步探索研制感知 / 导航、运动控制、抓取 / 操作等具身技能一体化集成的人形机器人。

3.1.2.2 晶圆级系统大芯片理论与设计

晶圆级系统大芯片通过采用领域专用软硬件协同系统架构设计和晶圆级高密度集成方法的联合创新结构，实现领域内复杂应用到晶圆级系统大芯片硬件的映射，具有功能密度大、能效能重高、应用部署灵活等优点。然而，由于目前晶圆级系统大芯片资源规模大、结构复杂，且高度依赖先进集成工艺能力，芯粒之间功能协同难度大，晶圆级系统大芯片理论与设计亟须在理论架构和工艺实现两方面取得突破。

首先，在理论架构方面，主要呈现两大趋势。一是体系架构设计与应用任务深度融合。传统面向全领域应用的通算算力占比自 2016 年（95%）起逐步下降，预计到 2030 年将降至 30% 以下；而面向人工智能应用的智算算力占比则从 2016 年的 3% 迅速攀升，预计到 2030 年将达到 70% 以上。智能算力系统的体系架构设计一直与机器学习算法的演进紧密绑定并深度融合。二是软硬件协同，包括协同设计、协同仿真、协同运行与协同评估等。相比于通用计算系统软硬件解耦实现面向全领域计算一切可计算问题、专用计算系统软硬件一体实现面向专门应用最大限度提升性能与效能，软硬件协同在保持系统灵活性的基础上可实现计算综合能力的大幅提升。

其次，在工艺实现方面，一个重要的发展方向是晶圆级硅基板设计与实现工艺，旨在解决晶圆级互连硅基板的制备难题，进而提升异构集成系统的设计空间；另一个发展方向是高密度高精度集成工艺，需先突破异构异质芯粒到晶圆级硅基板的高密度键合工艺以及高密度晶圆级供电和散热工艺，再通过跨尺度高精度集成工艺实现晶圆、供电、散热等微系统到系统的可靠组装。这一方向的主要研究机构包括加州大学洛杉矶分校、伊利诺伊大学、台湾积体电路制造股份有限公司、清华大学、中国科学院微电子研究所、法国原子能委员会电子与信息技术实验室（CEA-Leti）等。

“晶圆级系统大芯片理论与设计”工程研究前沿中核心论文的主要产出国家见表 3.7。美国的核心论文数排名第一，占比约为 45%，论文平均出版年较早；中国仅次于美国，论文占比约为 29%，处于快速追赶状态，平均出版时间较美国晚近一年。中国与多个国家保持合作，欧洲的德国、英国、瑞士之间相互合作较为密切（图 3.4）。在排名前十的核心论文产出机构中，5 家来自美国，4 家来自中国，1 家来自韩国（表 3.8）。

表 3.7 “晶圆级系统大芯片理论与设计”工程研究前沿中核心论文的主要产出国家

序号	国家	核心论文数	论文比例 /%	被引频次	篇均被引频次	平均出版年
1	美国	63	44.68	2 882	45.75	2020.9
2	中国	41	29.08	1 218	29.71	2021.8
3	韩国	15	10.64	1 239	82.60	2021.0
4	瑞士	8	5.67	966	120.75	2022.4
5	德国	7	4.96	896	128.00	2021.4
6	英国	4	2.84	882	220.50	2022.2
7	比利时	4	2.84	304	76.00	2022.2
8	新加坡	4	2.84	235	58.75	2022.5
9	加拿大	4	2.84	15	3.75	2021.2
10	印度	3	2.13	61	20.33	2022.3

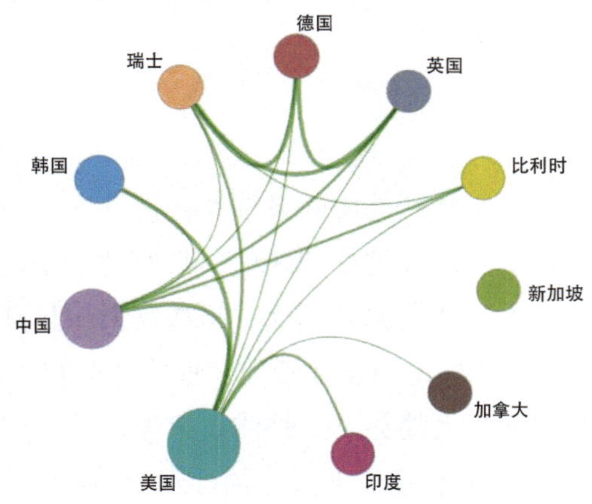

图 3.4 “晶圆级系统大芯片理论与设计”工程研究前沿主要国家间的合作网络

在机构合作方面，除美国两家机构有合作关系外，其他机构之间鲜少合作（图3.5）。在施引核心论文方面，中国遥遥领先，施引核心论文数接近总数的一半，第二名是美国，其余国家的占比均低于 10%（表3.9）；在排名前十的施引核心论文产出机构中，除排名第五的新加坡国立大学外，其余均来自中国，体现了中国科研机构对该前沿的高度关注（表3.10）。

在过去 5 年中，晶圆级系统大芯片理论与设计取得了诸多研究成果。然而，从整个领域的发展进程看，其应用与研究仍处于起步阶段，存在众多亟待解决的瓶颈问题。该领域未来 5~10 年的重点发展方向（图 3.6）如下：

1）领域专用软硬件协同架构。晶圆级系统大芯片具有计算 / 存储资源大规模、高密度集成，以及异构资源间低时延、大带宽传输能力等显著特征与优势，能够为适配不同应用的计算架构构建提供广阔的探索空间，但也给领域专用软硬件协同架构的设计和优化带来巨大挑战。

2）生成式晶上互连网络技术。高密度、强可塑的晶上互连网络对晶圆级系统芯片的功能、性能和效能至关重要。生成式晶上互连网络不仅要实现远超现有连接网络的高密度、大规模，还要实现高灵活和强可塑。因此，未来必须开展自适应晶上网络拓扑生成机制、生成式网络的多维容错机制、自适应网络演化

表 3.8 “晶圆级系统大芯片理论与设计”工程研究前沿中核心论文的主要产出机构

序号	机构	核心论文数	论文比例 /%	被引频次	篇均被引频次	平均出版年
1	加州大学洛杉矶分校	14	9.93	1 030	73.57	2020.5
2	复旦大学	6	4.26	179	29.83	2022.0
3	加州大学圣迭戈分校	6	4.26	122	20.33	2020.8
4	北京大学	5	3.55	303	60.60	2021.4
5	中国科学院	5	3.55	207	41.40	2021.8
6	伊利诺伊大学	5	3.55	127	25.40	2020.4
7	Cerebras Systems 公司	5	3.55	23	4.60	2021.4
8	宾夕法尼亚州立大学	4	2.84	76	19.00	2022.2
9	韩国科学技术院	4	2.84	46	11.50	2022.2
10	之江实验室	4	2.84	4	1.00	2023.0

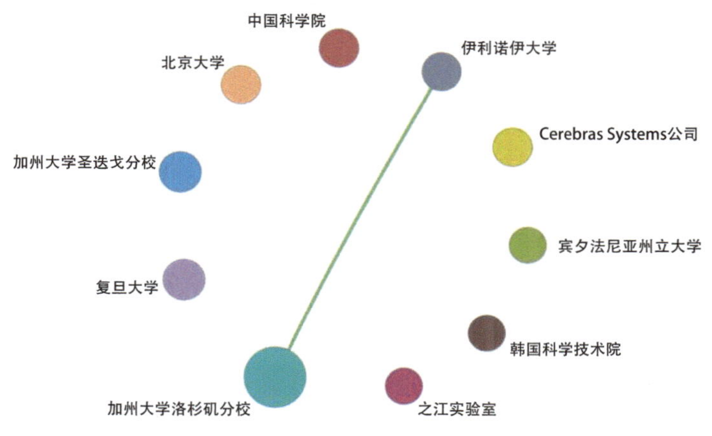

图 3.5 “晶圆级系统大芯片理论与设计”工程研究前沿主要机构间的合作网络

表 3.9 “晶圆级系统大芯片理论与设计”工程研究前沿中施引核心论文的主要产出国家

序号	国家	施引核心论文数	施引核心论文比例 /%	平均施引年
1	中国	2 334	49.48	2022.3
2	美国	796	16.88	2022.2
3	韩国	413	8.76	2022.2
4	德国	204	4.32	2022.5
5	新加坡	194	4.11	2022.3
6	日本	163	3.46	2022.2
7	英国	158	3.35	2022.4
8	印度	140	2.97	2022.6
9	法国	117	2.48	2022.2
10	加拿大	107	2.27	2022.2

表 3.10 “晶圆级系统大芯片理论与设计”工程研究前沿中施引核心论文的主要产出机构

序号	机构	施引核心论文数	施引核心论文比例 /%	平均施引年
1	中国科学院	410	29.10	2022.3
2	清华大学	161	11.43	2022.4
3	浙江大学	120	8.52	2022.6
4	复旦大学	108	7.67	2022.4
5	新加坡国立大学	107	7.59	2022.3
6	北京大学	102	7.24	2022.3
7	南京大学	96	6.81	2022.2
8	上海交通大学	85	6.03	2022.4
9	华中科技大学	77	5.46	2022.4
10	电子科技大学	76	5.39	2022.4

机制等关键技术研究，以实现应用服务可软件定义，支撑晶圆级系统芯片的自演化。

3）晶圆级系统芯片可靠性设计与测试。由于高密度的集成架构和高动态的应用结构，晶圆级系统芯片在运行前的可靠性设计与测试及运行时的可靠性保障至关重要。未来研究方向包括晶圆级基板可靠性设计技术、跨尺度高精度高可靠集成技术、晶圆级高可靠供电散热技术、晶圆级可靠性测试与自调节技术等。

4）软件工具开发与应用部署优化。晶圆级系统大芯片大规模、高密度集成资源的多样化组合与应用任务的适配是 NP 难问题。为充分发挥晶圆级大芯片的优势，实现应用任务在晶圆级大芯片上的部署优化，未来研究重点包括：① 晶圆级系统大芯片大规模、高密度集成资源建模与池化方法；② 晶圆级系统大芯片支持资源组合和变化的管理调度策略；③ 充分利用晶圆级系统大芯片带宽优势实现任务图合理切分方法；④ 面向晶圆级系统大芯片异构资源的代码自动生成方法。

5）系统广义鲁棒性技术。随着面向不同领域应用晶圆级系统芯片的不断增多，不确定物理失效导致

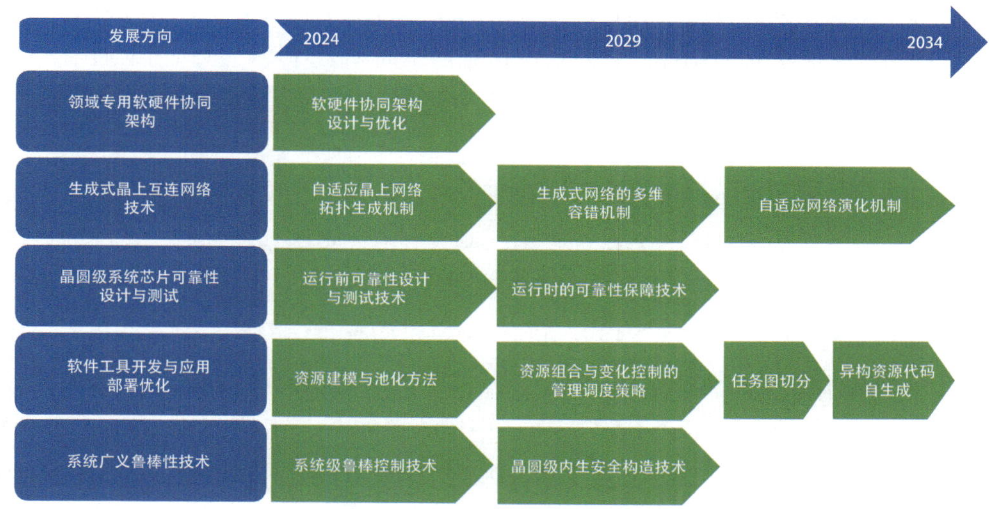

图 3.6 “晶圆级系统大芯片理论与设计”工程研究前沿的发展路线

的系统鲁棒性问题、继承自异质异构芯粒的安全问题以及由分离制造导致的安全问题将更加严重，晶圆级系统芯片的广义鲁棒性控制技术也必然会引起更多关注。未来研究方向包括如何基于不可信芯粒从系统级构建安全架构并保持系统高性能。晶圆级系统安全芯片架构和硬件防御技术将成为研究重点，包括如何构建内生安全构造结构、如何在安全属性下进行软硬件协同优化等。

3.1.2.3 低空信息网络体系与通感一体技术

低空信息网络体系与通感一体技术是构建未来空域智能化基础设施的核心技术，其旨在通过通信与感知的深度融合，提升低空空域的智能化管理能力和服务水平。早期低空信息网络研究主要集中在军事和应急通信场景，重点研究低空无人机群和地面网络等多元异构节点间协作，提供动态、可靠的通信网络接入。随着研究不断推进，从早期单一通信功能到具备基础感知能力的无人机网络，再到如今追求通感算智融合、资源共享的智能网络体系，低空信息网络正在经历从分散化到一体化、从单功能到多任务协同的变革。近年来，随着通感一体技术的突破，通过具有大规模天线阵列的地面基站系统提供低空空域的通信和感知服务成为低空信息网络研究的重点，中国各级政府先后出台的低空经济发展规划更是将该方向的发展推向高潮，全球移动通信设备制造商和中国运营商则启动了数百基站规模的 5G-A 通感一体低空经济场景的外场试点，并进一步将通感一体技术的应用场景拓展到海面和江河航路监管、地面交通系统监管、桥梁微形变检测等场景。

低空信息网络体系与通感一体技术的研究方向包括通信辅助感知和感知辅助通信。一是对于通信辅助感知，通信系统不仅承担信息传输的任务，还通过共享其信号特性（如传播时延、方向信息、信号强度等），辅助感知任务的执行，从而实现低成本且高效的泛在感知。针对低空信息网络具有覆盖范围大、目标及环境变化快的网络特性，利用现有通信基础设施来增强感知系统能力，可确保大范围、实时环境感知。进一步，从单站通感拓展至多站协作通感，通过多个通信节点的协作，共享信息和资源，可增强感知范围和精度。二是对于感知辅助通信，侧重通过感知系统获取的环境信息（如目标速度、位置、时延、角度等）来辅助通信系统的运行，以优化频谱分配、调整信号发射功率、管理干扰源等，从而提升通信质量，减少通信中断与干扰，实现通信资源优化与调度。针对低空信息网络高动态环境，感知辅助通信不仅能够改进通信性能，还能够提升网络自适应能力，通过动态感知环境变化和目标行为，实时调整通信策略，以实现更加高效、可靠、鲁棒的通信服务。

“低空信息网络体系与通感一体技术”工程研究前沿中核心论文的主要产出国家见表 3.11。中国的核心论文数排名第一，占比约为 78%，其次为美国，澳大利亚、英国紧随其后，英国的篇均被引频次最高。中国与英国、澳大利亚、美国、德国之间有着紧密合作（图 3.7）。在排名前十的核心论文产出机构中，有 7 家来自口国（表 3.12）；伦敦大学学院与其中 7 家机构有合作关系，南方科技大学和悉尼科技大学分别与其中 6 家和 5 家机构有合作关系，新南威尔士大学、上海交通大学和北京理工大学则分别与其中 4 家有合作关系（图 3.8）。在施引核心论文方面，中国排名第一，占比为 48.24%，英国和美国不相上下（表 3.13）；在排名前十的施引核心论文产出机构中，9 家来自中国，体现了中国科研机构对该前沿的高度关注（表 3.14）。

表 3.11　“低空信息网络体系与通感一体技术”工程研究前沿中核心论文的主要产出国家

序号	国家	核心论文数	论文比例 /%	被引频次	篇均被引频次	平均出版年
1	中国	49	77.78	4 268	87.10	2021.7
2	美国	17	26.98	1 571	92.41	2021.6
3	澳大利亚	14	22.22	1 340	95.71	2021.6
4	英国	12	19.05	1 855	154.58	2021.9
5	德国	7	11.11	643	91.86	2022.0
6	法国	5	7.94	298	59.60	2021.8
7	加拿大	4	6.35	345	86.25	2022.2
8	芬兰	4	6.35	324	81.00	2021.0
9	阿联酋	3	4.76	177	59.00	2022.3
10	新加坡	3	4.76	174	58.00	2022.0

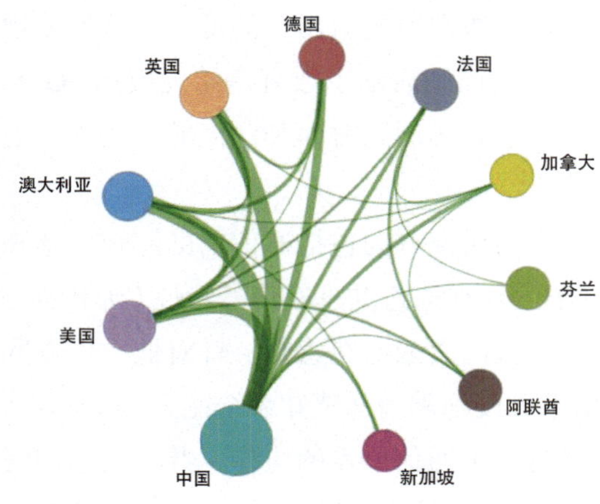

图 3.7　“低空信息网络体系与通感一体技术”工程研究前沿主要国家间的合作网络

表 3.12　“低空信息网络体系与通感一体技术”工程研究前沿中核心论文的主要产出机构

序号	机构	核心论文数	论文比例 /%	被引频次	篇均被引频次	平均出版年
1	北京邮电大学	9	14.29	918	102.00	2021.7
2	南方科技大学	8	12.70	937	117.12	2022.1
3	新南威尔士大学	8	12.70	648	81.00	2021.6
4	伦敦大学学院	7	11.11	1 053	150.43	2022.1
5	大连理工大学	5	7.94	783	156.60	2021.0
6	悉尼科技大学	5	7.94	734	146.80	2020.6
7	浙江大学	5	7.94	677	135.40	2021.6
8	上海交通大学	5	7.94	355	71.00	2022.4
9	北京理工大学	4	6.35	287	71.75	2022.2
10	澳门大学	4	6.35	263	65.75	2022.5

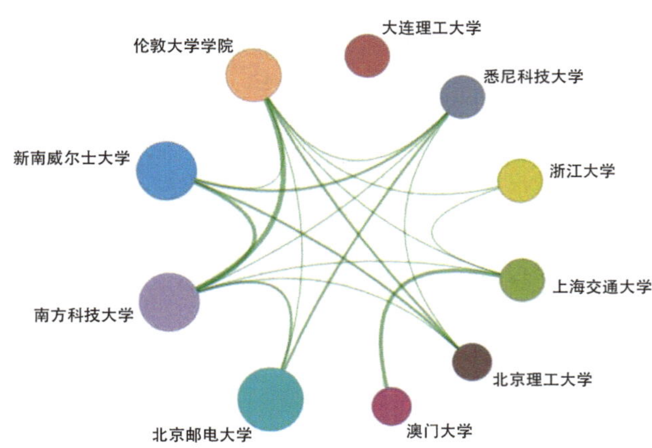

图 3.8　“低空信息网络体系与通感一体技术”工程研究前沿主要机构间的合作网络

表 3.13　“低空信息网络体系与通感一体技术”工程研究前沿中施引核心论文的主要产出国家

序号	国家	施引核心论文数	施引核心论文比例 /%	平均施引年
1	中国	2 073	48.24	2022.6
2	英国	416	9.68	2022.5
3	美国	414	9.63	2022.4
4	加拿大	221	5.14	2022.5
5	澳大利亚	215	5.00	2022.3
6	韩国	209	4.86	2022.6
7	德国	201	4.68	2022.6
8	新加坡	167	3.89	2022.7
9	印度	137	3.19	2022.5
10	意大利	136	3.16	2022.6

表 3.14 “低空信息网络体系与通感一体技术”工程研究前沿中施引核心论文的主要产出机构

序号	机构	施引核心论文数	施引核心论文比例 /%	平均施引年
1	北京邮电大学	249	17.88	2022.7
2	东南大学	199	14.29	2022.6
3	电子科技大学	143	10.27	2022.7
4	西安电子科技大学	127	9.12	2022.6
5	浙江大学	116	8.33	2022.9
6	南方科技大学	105	7.54	2022.7
7	北京理工大学	104	7.47	2022.6
8	南洋理工大学	95	6.82	2022.7
9	上海交通大学	89	6.39	2022.7
10	清华大学	84	6.03	2022.5

低空信息网络体系与通感一体技术未来 5~10 年的重点发展方向（图 3.9）如下：

1）空口与波形：在无线通信系统的空口实现感知功能是发展通感一体技术的重要基础。在发展初期，通信与感知波形相对独立，通过时分、频分或者空分等方式实现通信和感知功能。未来，将逐步向一体化空口演进，通信与感知将使用一体化波形，实现深度融合，从而进一步提高频谱利用率，增强感知与通信的整体性能。

2）架构与组网：网络架构和多站组网是低空信息网络与通感一体的重要发展方向。未来，在已有通信网络架构上，可进行叠加式和外挂式感知网元设计，并在重点区域完成局域组网，以提供低空信息服务。远期将通过一体化原生设计，实现通信与感知深度融合的内生架构，进一步完成全域组网，形成无缝覆盖的低空信息网络。

3）协作与融合：多维度协作和信息深度融合对于实现高性能低空信息网络与通感一体至关重要。可从多频段协作、多节点协作、多模态协作等单一维度，进行局部信息的数据级融合。随着技术的进一步发展，未来将实现多频、多点、多模等多维度深度融合，实现信息的特征提取与融合，进一步提升全局性能。

图 3.9 “低空信息网络体系与通感一体技术”工程研究前沿的发展路线

3.2 工程开发前沿

3.2.1 Top 10 工程开发前沿发展态势

信息与电子工程领域 Top 10 工程开发前沿见表 3.15，涉及电子科学与技术、光学工程与技术、仪器科学与技术、信息与通信工程、计算机科学与技术、控制科学与技术等学科方向。其中，“领域大模型智能计算技术”“基于新型非易失性存储器的高性能存算一体芯片”“工业超分辨光学显微镜”为数据挖掘 & 专家提名前沿，其余为专家提名前沿。各开发前沿涉及的核心专利 2018—2023 年公开情况见表 3.16。

（1）空天地海一体化智能遥感监测技术

空天地海一体化智能遥感监测技术是指集成空基、天基、地基、海基等多种观测平台，以及光学、雷达、超声等多种遥感成像与非成像探测体制载荷，结合人工智能、信息处理、大数据等多种技术，

表 3.15 信息与电子工程领域 Top 10 工程开发前沿

序号	工程开发前沿	公开量	被引数	平均被引数	平均公开年
1	空天地海一体化智能遥感监测技术	955	4 065	4.26	2021.0
2	异质集成晶圆级键合技术	561	2 042	3.64	2021.0
3	领域大模型智能计算技术	938	5 843	6.23	2021.3
4	大尺寸高精度超构表面器件设计、制造与检测	864	4 254	4.92	2020.8
5	基于新型非易失性存储器的高性能存算一体芯片	794	6 333	7.98	2020.8
6	医用微纳机器人精准操控技术	689	6 676	9.69	2020.6
7	工业超分辨光学显微镜	179	682	3.81	2020.5
8	基于混合建模的数字孪生系统	969	4 864	5.02	2021.5
9	人工智能安全测试评估技术	1 568	6 517	4.16	2021.4
10	星云算网融合技术	218	1 991	9.13	2021.4

表 3.16 信息与电子工程领域 Top 10 工程开发前沿核心专利逐年公开量

序号	工程开发前沿	2018	2019	2020	2021	2022	2023
1	空天地海一体化智能遥感监测技术	111	113	142	156	205	228
2	异质集成晶圆级键合技术	45	72	99	92	106	147
3	领域大模型智能计算技术	49	68	147	225	214	235
4	大尺寸高精度超构表面器件设计、制造与检测	79	97	152	234	201	101
5	基于新型非易失性存储器的高性能存算一体芯片	78	153	107	134	144	178
6	医用微纳机器人精准操控技术	93	103	131	129	124	109
7	工业超分辨光学显微镜	25	33	32	28	35	26
8	基于混合建模的数字孪生系统	42	73	114	178	301	261
9	人工智能安全测试评估技术	83	139	207	265	333	541
10	星云算网融合技术	16	23	19	28	70	62

对关注对象进行全空域、全时域、多维度、多粒度、高精度监测探测，实现信息获取协同化、信息处理自动化与服务应用智能化的相关技术，已广泛应用于国民经济建设与国家安全各个领域。该技术打破了遥感观测数据的信息孤岛，克服了单一传感与探测体制在时空覆盖性、响应时间、观测颗粒度、精度等方面的局限，同时借助多源数据的一体化智能信息处理与应用，从传统的依赖专家经验的人工解译转向依托智能技术的自主推理，使用户与系统不再受“人在回路”和个体认知差异的制约，实现从信息获取到动态响应的全流程、全方位智能化支持。其既具备常态化周期监测中的全域态势感知能力，又能实现自然灾害、极端天气、区域冲突等突发事件的触发式即时响应，为国防安全、侦察监视、资源勘探、灾害预警、生态保护等军民领域提供实时且精准的信息保障，是支撑体系聚能、系统赋能、应用释能的核心技术。

主要技术方向包括：① 多域多模遥感数据获取——利用光学、雷达、超声等成像与非成像探测体制，获取空、天、地、海高质量多源数据；② 多源数据信息挖掘与融合处理——对不同平台和传感器获取的异构数据进行规整化处理，挖掘海量数据间的关联关系和多层次特征，建立监测环境全时空多维度高阶立体化表征模型，结合多模态嵌入、语义解析、知识图谱等技术实现多源数据一体化融合处理；③ 面向任务的多源异构资源一体化分配——系统性整合手段孤立、时空分散的探测资源，构建跨域、跨源、跨模态的任务节点网络，实现面向任务的全域资源精确调控与动态调度，提升对任务的响应效率和执行能力；④ 全域多维数据产品自主生成——依托大模型生成、因果推理等技术构建自学习决策模型，实现从支撑信息分析到自主推理的智能化升级，提供复杂场景下数据产品自主生成、智能决策与高精度推演。

21 世纪以来，中国在遥感技术领域取得长足发展，逐步构建起多平台协同、多模态融合的遥感监测系统，涵盖了卫星、无（有）人机、地面传感器和海基平台等多域多维探测手段，实现了从低分辨率到高分辨率、从广域覆盖到精准洞察的多层次感知能力，特别是人工智能技术已渗透到遥感监测信息获取、处理、应用等的各个层次，进一步推动了遥感监测技术的发展。未来，空天地海一体化智能遥感监测技术发展将致力于实现从独立观测到多域协同、从局部洞察到全域洞悉、从被动采集到动态响应、从人工分析解译到智能推理认知的跨越。通过现实世界中全域物理信息和动态变化的实时数字化映射，构建出一张全球“活的”探测图、一个“泛在”物理场、一组“推理”演化数，为复杂环境下的实时监测、应急响应、预测分析、综合决策提供全面保障。

（2）异质集成晶圆级键合技术

异质集成晶圆级键合技术是指在半导体制造过程中，通过特定的 W2W、D2W、HB & TSV 等工艺，将不同材质或特性的晶圆材料直接键合在一起的技术。在当今信息爆炸的时代，数据处理能力和传输速度的需求日益增长，传统的单一材料芯片已经难以满足需求。异质集成晶圆级键合技术可将具有不同物理特性和功能的材料进行高精度、高强度连接，从而允许在单个芯片上集成多种功能，如计算、传感、通信等，极大地提高芯片功能密度和性能，实现芯片性能的飞跃。由此，不仅促进了高性能计算、高速通信、智能传感等领域的快速发展，也为新型电子产品的研发提供了新的可能。主要技术方向包括直接键合、金属间键合、共晶键合、聚合物键合等。该技术正朝着更高精度（亚微米）、更低成本、更大规模（多颗粒、系统级）生产的方向发展。此外，随着新材料（如二维材料、超宽禁带半导体等）的不断发现和应用，异质集成技术的应用范围将进一步扩大，有望在未来的信息技术领域发挥更加重要的作用。

（3）领域大模型智能计算技术

领域大模型智能计算技术是指在特定专业领域内应用大模型，使其同时具备通用知识与特定领域专业知识的智能计算技术，以实现大模型赋能千行百业，推动产业持续创新和发展。随着ChatGPT、Sora、文心一言、通义千问等基于大模型技术的“杀手级”应用出现，大模型技术在医疗、金融、法律、政务、科学研究等垂直领域的渗透持续深入。

主要技术方向包括领域预训练、领域微调、知识库检索增强、幻觉评估与消除等。① 领域预训练是指在通用大模型的基础上，通过构建高质量领域语料库对其进行领域预训练，使大模型具备领域专业知识；② 领域微调是针对专业领域特定任务，通过指令微调、参数高效微调、强化微调等方法，使领域大模型更好、更高效地完成专业领域任务；③ 知识库检索增强是面向领域专业知识缺失、滞后等问题，通过构建外部知识库检索增强大模型在专业领域的性能；④ 幻觉评估与消除是针对大模型幻觉问题，以检索增强、一致性评估等方法，评估与消除大模型幻觉，避免大模型在开放世界中生成不可靠甚至有害的内容。

随着领域大模型应用的推进，在提升领域大模型专业知识能力、时效性、幻觉消除等方面，需要深入研究高效高质量的外部工具、外部知识库调用等检索增强技术；在大模型服务的可接入性、高效性、实时性等方面，需要深入研究大模型结构轻量化设计、智能计算软硬件协同优化设计等；同时，随着发展需求的变化，领域大模型也将朝着更加智能、更具可解释性的方向发展，这就需要深入研究基于思维树，甚至超越推理树等的大模型高效微调技术。

（4）大尺寸高精度超构表面器件设计、制造与检测

如何人工操控光是光学领域的核心问题之一。光学超构表面（metasurface，又称超表面）是一种以周期或准周期形式排列的具有亚波长尺度的平面人工电磁结构。超构表面具有在亚波长厚度范围内对光波的相位、振幅和偏振状态进行调控的能力，可突破现有光学器件的局限，在超分辨成像、虚拟现实显示、全息术、涡旋光场产生、非线性光学、衍射光学神经网络、光电探测与光传感等领域具有重大应用潜力。因此，超构表面也被视为“21世纪影响人类的十大科技突破”之一，受到全世界的广泛关注。

自2011年超构表面被实验验证以来，相关研究已取得极大进展。然而，阻碍光学超构表面从实验室走向产业应用的关键瓶颈在于如何实现大尺寸高精度超构表面的设计、制造与检测。在器件设计方面，机器学习技术已在超构表面的设计与优化中得到广泛应用。光学拓扑、连续束缚态、光学奇异点等概念也在光学超构表面领域获得实验验证，未来有望推动超构表面进一步发展。在超构表面制造方面，依托成熟的半导体制程技术，现已开发出多种超构表面微纳加工技术，如电子束曝光、离子束曝光、激光直写、纳米压印等。但现有技术存在加工速度慢、成本高、加工一致性有限等不足，不能满足超构表面的大规模制造需求。开发具有高加工精度、大加工尺寸、快速、低成本、可适用于不同材料体系的新型超构表面加工与检测技术，是推动超构表面发展与工程化的关键核心技术。

（5）基于新型非易失性存储器的高性能存算一体芯片

基于新型非易失性存储器的高性能存算一体芯片是指将计算功能融入新型存储器件中，并通过规模化集成与其他电路元件实现高度融合。该技术旨在打破传统冯·诺依曼存储和计算分离的计算架构，突破现有系统的功耗墙瓶颈。作为底层根技术的存储器，现有高速动态随机存储器（DRAM）和传统非易失性闪存凭借制造成本低等优势占据主流存储市场，但DRAM的易失性和传统闪存的低速限制了存算一体架构的发展。部分新兴存储技术如阻变式存储器（RRAM）在高速与非易失特性之间实现了一定程度的平衡，

但仍面临器件稳定性等方面的挑战。而通过材料和机制创新，新型非易失性闪存在兼具低功耗和多比特存储的基础上实现了速度的突破，为构建高性能存算一体芯片提供了重要支撑。这类芯片有望重塑未来计算体系，全面释放系统能效潜力。

主要技术方向包括存储介质优化、计算架构创新、精度与能效提升、算法与软件协同等。① 存储介质优化：一方面通过研发更低功耗、更快读写速度和更好耐久性的非易失性存储材料来提升器件和芯片性能，另一方面发展三维集成工艺，将多层存储单元垂直堆叠，增加存储密度和计算并行度，提高芯片能效和算力；② 计算架构创新：通过借鉴生物大脑的神经元和突触结构，设计出更接近人脑信息处理方式的存算一体架构，实现高度并行、自适应和低功耗的计算，适用于人工智能、认知计算等领域；③ 精度与能效提升：主要通过优化存储单元的读写精度、计算电路的设计以及算法的改进等，减少计算误差，提高计算结果的准确性，同时从器件、电路到架构等多个层面进行低功耗设计，降低系统能耗；④ 算法与软件协同：针对存算一体芯片的特点，开发专门的计算算法和数据存储格式，充分发挥存算一体架构的优势，建立完善的软件生态系统，包括编译器、开发工具、操作系统、应用程序等，推动存算一体技术的广泛应用。

基于新型非易失性存储器的高性能存算一体芯片正朝着多维度蓬勃发展。在技术层面，精度与能效持续提升，集成度不断提高，多算法适配与可编程性增强，以满足各类复杂场景需求。在应用层面，在边缘计算场景中加速普及，并逐步向大算力通用计算领域进军。产业发展态势迅猛，企业竞争愈发激烈，生态系统逐步完善，产学研合作也日益紧密。与此同时，安全可靠性备受重视，可靠性设计持续优化，安全防护功能不断强化，全方位保障芯片在各场景下的稳定、安全运行。

（6）医用微纳机器人精准操控技术

微纳机器人是功能尺寸或特征尺寸在亚毫米级以下的机器人，分为微纳操作机器人和微纳游动机器人。医用微纳机器人旨在面向生物医学研究和临床应用，在体外和体内环境中实现精准驱控、微纳操控、靶向递药等操作任务。

主要技术方向包括：① 细胞操控，通过微纳机器人对细胞进行多特征检测、辅助克隆、细胞微环境构建等；② 血管疏通，利用微纳机器人尺寸小的优势，驱控其进入其他手术器械难以抵达的微血管疏通血栓；③ 靶向递药，利用微纳机器人装载药物分子，通过外场（磁场、化学场、光场等）驱控微纳机器人集群向体内病灶靶向运动，抵达病灶后释放药物治疗疾病（肿瘤等）。

微纳机器人在医疗领域的研究越来越广泛，具有巨大的发展潜力和应用前景，有望大幅推动精准医疗发展。但目前医用微纳机器人的性能还有待提升。首先，微纳机器人需具有良好的生物相容性，面向体内治疗需发展微纳机器人回收技术或机器人自身具有生物降解特性。其次，微纳机器人在实时定位和显微视觉伺服控制方面仍面临挑战，需紧密结合医疗领域的最新影像技术和新型成像设备。最后，微纳机器人靶向递药效果需从多方面加以验证，同时要加快从大动物实验到临床实验的进程。

（7）工业超分辨光学显微镜

工业超分辨光学显微镜克服了传统光学显微技术的局限性，能够超越传统光学衍射极限，实现纳米级分辨率，为人类带来更精细的微观世界观察能力。与经典显微镜的有限分辨率不同，工业超分辨光学显微镜利用物理和化学方法，极大地提高了成像分辨率和细节捕捉能力，从而可观察到更细微的生物结构和材料特征。目前，工业超分辨光学显微镜的主要技术方向包括结构光照明显微镜（SIM）、受激发射损耗显微镜（STED）、光敏定位显微镜（PALM）和随机光学重建显微镜（STORM）等，其核心在于通过特定的照明模式和图像处理算法提高成像分辨率。

工业超分辨光学显微镜正朝着更快速、更深入、更大视野、更多维度的方向发展。例如，结合自适应光学和多光子激发技术，可以提高成像深度。同时，通过深度学习和算法优化，超分辨技术在多维度复用方面展现出巨大潜力。目前，快速光束扫描仪的应用使 STED 成为最快的超分辨率成像技术之一，这是因为它在图像采集后不需要进行数据处理。STORM 可与 AX/AR 共聚焦显微镜结合使用，配备有新的重建的扫描头，分辨率为 8K × 8K，具有超快共振扫描功能和世界上最大的 25 mm 视野，减小了对标本的光毒性，并使对标本的破坏程度降至最低。此外，使用近场扫描光学显微镜、超透镜、微球透镜等超分辨成像技术，可以使更多倏逝波参与成像，这也是技术发展的热点方向。随着技术的不断进步，工业超分辨光学显微镜将在生物医药、材料科学、矿物质纳米光学观测、半导体芯片检测、石墨烯 CVD 检测等领域发挥越来越重要的作用，成为推动工业精密检测和科学研究的重要工具。

（8）基于混合建模的数字孪生系统

基于混合建模的数字孪生系统是指结合数据驱动和物理机理的建模，充分发挥机理仿真的可解释性和泛化能力以及数据驱动模型的灵活性和可学习性，创建一个与物理实体或系统相映射的数字化镜像。这种系统能够实时更新，反映物理实体的全生命周期过程，并支持物理对象生命周期各项活动的决策。

近年来，该领域的主要研究方向包括：① 智能数据管理与语义建模——数据是数字孪生的实现底座，针对前端传感器收集的海量异构数据，研究数据的语义建模、清洗、标注和组织技术，结合知识图谱和 AI 算法，实现数据与物理机理之间的语义关联；② 嵌入物理机理的生成式模型增强——研究融合物理对象运行机理的 AI 算法，通过生成符合真实物理信息的数据填补数据缺口，提升数字孪生系统的泛化能力和模拟质量；③ 跨模态、尺度模型融合技术——整合多要素、多维度、多领域机理生成数据及 AI 生成数据，融合微观和宏观的多方面机理模型，打造复杂系统级数字孪生体，推动数字孪生体由静态描述向动态分析演进；④ 模型修正技术——基于实际运行数据持续修正模型参数，涵盖数据模型实时修正、机理模型实时修正技术，确保数字孪生模型的精度和迭代优化。

从大方向上看，以下几个方面有待进一步探索：① 自主式智能——数字孪生体可以通过孪生体间的连接主动从相关孪生节点获取有价值信息，以进行智能决策，而无须通知其物理实体；② 集成化与协同化——数字孪生系统将从单一领域向多领域集成方向发展，加大数据集成深度，借助物联网（IoT）平台的跨领域数据集成能力，将整个物理对象生命周期中生成的数据集成在一起；③ 实时性与互动性——在部署模式上，数字孪生系统将结合本地渲染与云渲染两种模式，以满足不同用户的需求，提高实时互动性；④ 安全与隐私保护——随着数字孪生技术的发展，数据安全和隐私问题需要得到充分保障，特别是在处理大量敏感数据时。

（9）人工智能安全测试评估技术

人工智能安全测试评估技术聚焦于在复杂应用环境中对人工智能系统的功能性、安全性、鲁棒性和可靠性进行全面评估，以确保其在多场景、多任务中的安全可控性。该技术覆盖从算法层到系统层的多维评估内容，重点测试人工智能系统在复杂环境中的潜在脆弱性、攻击面和风险点，通过测试、检测、模拟和优化等手段，提升其整体安全性。人工智能安全测试评估技术在国防、金融、医疗、自动驾驶、工业制造等领域具有广泛的应用前景。

主要技术方向包括：① 安全漏洞发现与修复——利用静态分析、动态分析和符号执行等方法，检测算法层与代码层可能存在的安全缺陷，并提供自动化修复建议；② 鲁棒性评估——基于对抗样本生成、环境扰动模拟和多模态数据扩展等技术，测试人工智能系统对输入异常或环境变化的敏感性；③ 信任度验证——采用解释性算法分析人工智能模型的决策过程及行为逻辑，验证其对关键任务的可靠性和一致性；④ 动态风险监测——通过构建仿真环境和引入实时监控模块，捕捉人工智能系统在运行过程中可能出现的异常行为或偏差。

未来发展方向包括：① 多模态融合评估技术——针对语音、图像、文本等多模态任务，构建跨模态的安全性评估框架；② 对抗防护技术——研究应对对抗攻击的高效检测和防御方法，确保人工智能系统在恶意攻击下的鲁棒性；③ 标准化测试与工具开发——推动建立统一的人工智能安全评估指标体系与测试流程，并开发高效、自动化的测试评估工具；④ 复杂场景仿真与测试——加强针对智能体在动态、不确定环境中的行为仿真与测试能力，以应对未来应用需求的多样性和复杂性。

随着人工智能技术的深度应用与普及，其安全测试评估技术将逐步形成标准化体系，为人工智能技术的可信、可控发展提供有力支撑。

（10）星云算网融合技术

星云算网融合技术通过天基云及组网技术将具备计算、传输、存储能力的星上节点构成虚拟单元及资源池，提供统一基础设施服务，以支持数据的星上处理、存储以及业务的星上部署。其关键技术包括：① 网算存一体的多级云化技术——实现星算网络中的多类异构计算架构的统一抽象和虚拟化，屏蔽空间网络和地面网络在基础设施上的异构性以及空间资源的差异性，实现对全局数据的动态高效存储和海量算力的实时处理；② 跨层协作的编排调度技术——通过网络层、传输层和应用层的协作演进，将数据和算力按照用户行为及需求进行动态路由、调度和编排，屏蔽星地高速相对运动导致的拓扑动态性，实现大尺度异构网络的资源高效利用，确保星算网络服务的高效性和可靠性；③ 异构网络的动态组网及管控技术——面向大时空尺度广域覆盖和泛在接入场景，兼顾异构网络、多样业务、动态组网等方面，需要网络支持异构核心网组网、支持跨协议协同、支持移动性管理和业务连续性、支持在广域泛在场景下快速组网和按需部署；④ 异构网络端到端服务供给技术——研究异构网络端到端服务框架，覆盖接入网、核心网、业务平面、管理平面等多个域，实现服务质量（QoS）、网络切片等保障技术，提出高效的服务管理方法和机制。

随着低轨星座巨型化和在轨实时业务的多样化发展，对星上算力和天基地基算网联动的需求日益迫切。星云算网融合技术的发展方向在于更加高效、智能和协同，从而突破地形地貌的限制，提高业务服务的时效性，实现全球全域覆盖和泛在连接，使能全时全域新型服务。

3.2.2 Top 3 工程开发前沿重点解读

3.2.2.1 空天地海一体化智能遥感监测技术

空天地海一体化智能遥感监测技术的发展历程，是从单一探测向多域协同、从被动响应向自主认知、从对地物对象观测向对人类活动监测的演进过程。一方面，早期遥感技术以发展传感器、较大尺度观测为主，主要满足基础地理信息需求。随着监测任务对精细化、精准化的要求不断提高，遥感探测逐步向微观尺度推进。空间分辨率从亚米级到厘米级，时间分辨率从小时级提升至亚秒级，光谱分辨率扩展为超光谱范围，逐步实现从广域覆盖到细节捕捉的全面监测。然而，仅依赖单源探测手段追求探测精度，已难以满足日益增长的全方位监测任务需求。科研人员通过整合空、天、地、海多平台探测手段，结合光学、合成孔径雷达（SAR）、超声等多模态探测体制，进一步拓展了遥感监测的信息感知维度。另一方面，多样化任务需求推动了遥感监测技术应用模式的变革，探测应用的工作流从“任务—需求—探测—数据”的被动响应向“数据—需求—探测—数据”的自主认知演变，通过整合和分析历史数据与实时监测数据，将全模态、全时空数据优化为“全域图”，形成常态观测与触发感知的动态切换机制，实现多重时空覆盖和探测维度下数据产品的一体化应用。然而，在光学、SAR、高光谱等多源数据量指数级爆炸的背景下，空、天、地、海“各自为战”式的遥感监测体制与传统的信息处理技术，难以实现对碎片化探测资源的机制性整合，无法实现对高价值稀疏信息的有机提炼，严重限制其在复杂场景下的应用效能。科研人员结合人工智能技术，发展出了遥感时空智能技术，改变了传统人为解译和以数据驱动的监督学习范式，建立了面向空天地海的多领域遥感产品的交互桥梁，极大地提升了遥感监测技术的应用效能。

“空天地海一体化智能遥感监测技术”工程开发前沿中核心专利的主要产出国家和机构分别见表 3.17 和表 3.18。从国家层面看，中国在专利公开量上遥遥领先，但在平均被引数方面仅排名第五。美国和韩国的专利公开量分列第二、三位，其中美国的平均被引数位列第二，凸显其技术质量与影响力。沙特阿拉伯、以色列和瑞士虽然专利公开量少，但平均被引数分别位列第一、第三和第四，研究质量较高。从机构层面看，国家电网有限公司专利产出最多。LG 电子公司虽仅公开 10 件专利，但其平均被引数最高，体现出高质量专利的国际竞争力。由图 3.10 和图 3.11 可以看出，在国家和机构合作方面，全球范围内合作较为有限。国际合作网络以美国为核心，连接以色列和印度等国。机构间合作主要集中在中国电子科技集团和中国科学院空天信息创新研究院。

“空天地海一体化智能遥感监测技术”工程开发前沿的发展路线如图 3.12 所示。未来 5~10 年，该技术将迎来关键发展阶段。依托不断涌现的新型多模遥感探测体制，构造全域覆盖的泛在化数据立方体，实现高精度、多维度数据获取和监测环境全面数字化、解析化表示。同时，基于样本自适应挖掘的深度学习架构，构建生成式遥感大模型，解决异构数据的特征关联和高效整合难题，并构建动态数字孪生体将环境变化映射到虚拟空间，实现信息的实时共享与联动应用。在此基础上，通过领域特化的知识图谱推演，提

表 3.17　“空天地海一体化智能遥感监测技术”工程开发前沿中核心专利的主要产出国家

序号	国家	公开量	公开量比例 /%	被引数	被引数比例 /%	平均被引数
1	中国	817	85.55	3 317	81.60	4.06
2	美国	55	5.76	490	12.05	8.91
3	韩国	53	5.55	143	3.52	2.70
4	印度	9	0.94	32	0.79	3.56
5	澳大利亚	5	0.52	17	0.42	3.40
6	以色列	3	0.31	23	0.57	7.67
7	瑞士	2	0.21	13	0.32	6.50
8	俄罗斯	2	0.21	5	0.12	2.50
9	法国	2	0.21	3	0.07	1.50
10	沙特阿拉伯	1	0.10	10	0.25	10.00

表 3.18 “空天地海一体化智能遥感监测技术”工程开发前沿中核心专利的主要产出机构

序号	机构	公开量	公开量比例 /%	被引数	被引数比例 /%	平均被引数
1	国家电网有限公司	31	3.25	146	3.59	4.71
2	百度集团股份有限公司	15	1.57	61	1.50	4.07
3	中国科学院空天信息创新研究院	14	1.47	56	1.38	4.00
4	中国电子科技集团	14	1.47	52	1.28	3.71
5	LG 电子公司	10	1.05	91	2.24	9.10
6	航天恒星科技有限公司	10	1.05	49	1.21	4.90
7	武汉大学	10	1.05	39	0.96	3.90
8	北京理工大学	10	1.05	31	0.76	3.10
9	广东电网有限责任公司	9	0.94	24	0.59	2.67
10	中国平安保险（集团）股份有限公司	9	0.94	15	0.37	1.67

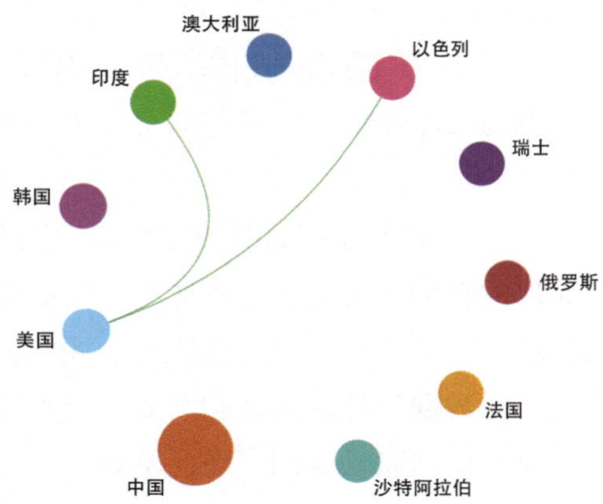

图 3.10 “空天地海一体化智能遥感监测技术”工程开发前沿主要国家间的合作网络

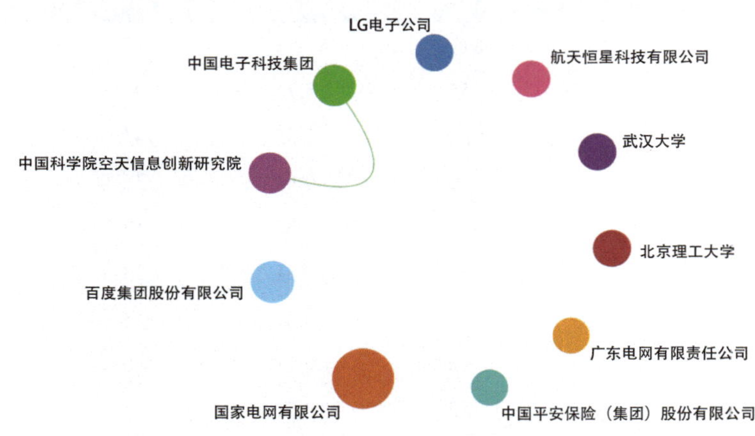

图 3.11 “空天地海一体化智能遥感监测技术”工程开发前沿主要机构间的合作网络

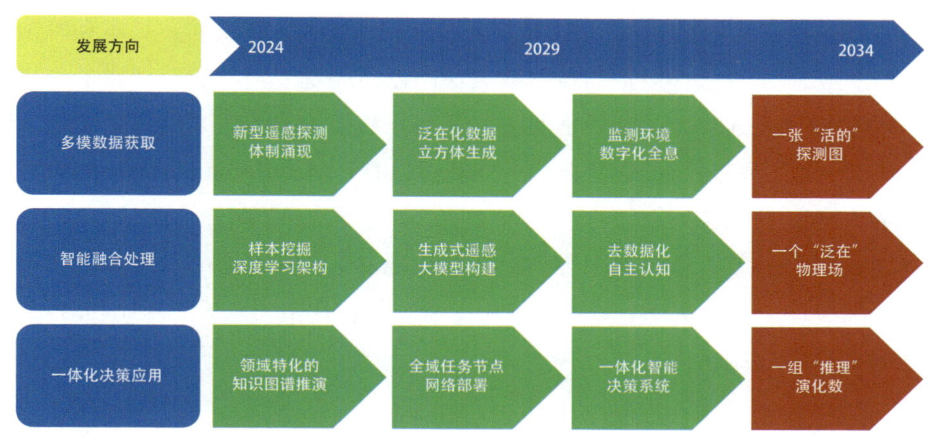

图 3.12 “空天地海一体化智能遥感监测技术”工程开发前沿的发展路线

升高精度、自主化、无监督决策能力，部署面向任务的全域节点网络，为全局资源调度的智能决策提供技术支撑，最终将搭建集成数据获取、智能处理和决策应用一体化的遥感监测系统，实现从“静态数据下的事件响应”向“动态数据下的智能调度”转型，迈向“去数据化”的智能遥感监测新时代，在环境资源规划、现代城市治理、国防态势感知、公共安全保障、低空经济发展等领域提供更高效的解决方案与支撑平台。

3.2.2.2　异质集成晶圆级键合技术

20世纪末以来，随着纳米技术和微加工技术的进步，异质集成晶圆级键合技术得到了迅速发展。2016 年，日本索尼公司公开报道了基于 Cu/SiO_2 混合键合技术的背面照明互补金属氧化物半导体器件（CMOS）图像传感器 IMX260，该传感器被应用于三星手机 Galaxy S7。针对异质晶体管 / 芯片高密度集成难题，2018 年，美国 Teledyne 等公开报道了基于晶圆级 Cu/SiO_2 混合键合技术实现的 250 nm InP HBT 与 Si CMOS 的异质集成，并演示了高性能毫米波集成电路。台湾积体电路制造股份有限公司推出了三维芯片堆叠技术的集成片上系统（SOIC）方案，该方案平台应用于 N7-on-N7、N5-on-N5、Logic-on-DTC 等，以提升计算带宽与电源优化；同时期，武汉新芯集成电路股份有限公司推出了基于高密度混合键合 W2W 与 C2W 的晶圆级异构集成系列平台，为传感器、存储与算力提升提供了更多选项。

近年来，随着各主要工艺厂商的异质集成方案逐渐成熟，英特尔、AMD、苹果、NVIDIA 等公司相继推出了异质集成产品方案，并获得了市场的广泛认可。从最初的实验探索到现在的商业化应用，异质集成技术经历了从简单结构到复杂系统、从低效手工操作到高效自动化生产的转变。未来，随着 5G、物联网、人工智能等新兴领域的快速发展，对高性能、多功能集成芯片的需求将更加迫切，这将推动异质集成技术向更精细、更高效的方向发展。

目前，全球范围内有许多研究机构和企业在进行异质集成技术的研究与开发工作。美国、日本、欧洲等地的一些顶尖大学和科研机构，如麻省理工学院、东京大学、德国弗劳恩霍夫研究所等，在该领域处于领先地位。与此同时，中国也加大了对该技术的研发投入，一些知名企业和高校如华为、清华大学等也在积极布局相关研究。

“异质集成晶圆级键合技术”工程开发前沿中核心专利的主要产出国家见表 3.19。中国专利公开量约占总数的 60%，但平均被引数仅排名第八。美国以 20.86% 的占比处于第二位。日本和韩国也有一席之地。荷兰、比利时和以色列虽总量较低，但平均被引数表现出色，展现了较高的专利质量与技术价值。该前沿核心专利的三要产出机构见表 3.20，中国科学院上海微系统与信息技术研究所、中国电子科技集团和台湾积体电路制造股份有限公司位列公开量三甲；从平均被引数看，Monolithic 3D 公司和台湾积体电路制造股份有限公司显著领先，IBM 公司位列第三。

异质集成技术涉及材料科学、微纳加工等多个学科领域，是芯片制造的一项关键技术，对信息技术的发展具有重要意义。图 3.13 显示，美国、日本与法国三者互相合作密切，荷兰与比利时之间也有交流合作，其他国家对外交流合作有待加强。

表 3.19 “异质集成晶圆级键合技术”工程开发前沿中核心专利的主要产出国家

序号	国家	公开量	公开量比例 /%	被引数	被引数比例 /%	平均被引数
1	中国	334	59.54	942	46.13	2.82
2	美国	117	20.86	720	35.26	6.15
3	日本	59	10.52	198	9.70	3.36
4	韩国	34	6.06	57	2.79	1.68
5	新加坡	5	0.89	33	1.62	6.60
6	德国	4	0.71	15	0.73	3.75
7	比利时	3	0.53	46	2.25	15.33
8	以色列	3	0.53	30	1.47	10.00
9	法国	2	0.36	5	0.24	2.50
10	荷兰	1	0.18	46	2.25	46.00

表 3.20 “异质集成晶圆级键合技术”工程开发前沿中核心专利的主要产出机构

序号	机构	公开量	公开量比例 /%	被引数	被引数比例 /%	平均被引数
1	中国科学院上海微系统与信息技术研究所	35	6.24	121	5.93	3.46
2	中国电子科技集团	35	6.24	101	4.95	2.89
3	台湾积体电路制造股份有限公司	32	5.70	306	14.99	9.56
4	IBM 公司	24	4.28	134	6.56	5.58
5	英特尔公司	11	1.96	44	2.15	4.00
6	Monolithic 3D 公司	10	1.78	128	6.27	12.80
7	西安电子科技大学	10	1.78	38	1.86	3.80
8	通富微电子股份有限公司	10	1.78	15	0.73	1.50
9	富士胶片株式会社	9	1.60	31	1.52	3.44
10	中国科学院微电子研究所	9	1.60	8	0.39	0.89

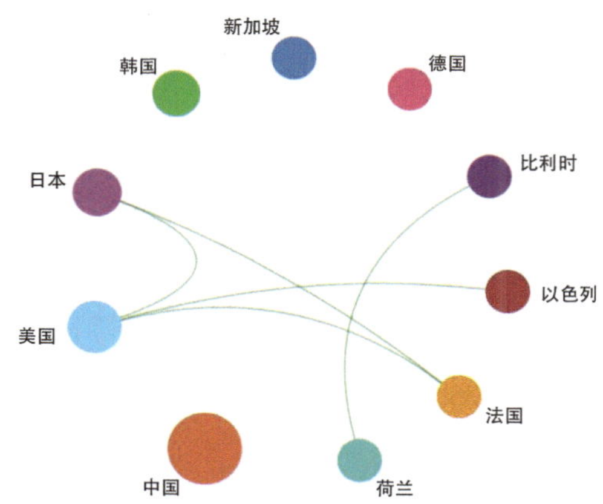

图 3.13 “异质集成晶圆级键合技术”工程开发前沿主要国家间的合作网络

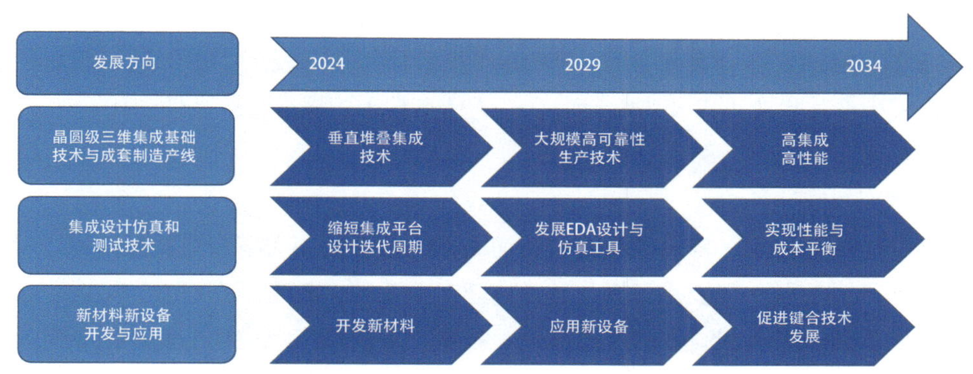

图 3.14 “异质集成晶圆级键合技术”工程开发前沿的发展路线

“异质集成晶圆级键合技术”未来 5~10 年的重点发展方向（图 3.14）如下：

（1）晶圆级三维集成基础技术和成套制造产线

1）垂直堆叠集成技术：包括高密度微尺寸硅通孔技术、背面供电技术、纳米级键合间距混合键合技术（特别是芯片到晶圆的键合技术），通过在垂直方向上堆叠不同功能和更多层的芯片，实现更高的集成度和性能。

2）大规模高可靠性生产技术：提高键合精度和一致性，确保大规模生产中的高良品率；开发高效的自动化生产线，降低生产成本，提高生产效率。

（2）集成设计仿真和测试技术

1）异质集成系统体系的热、应力、电磁、信号、压降、静电放电（ESD）防护等方向的联合设计与仿真优化技术，有助于提升集成平台的设计迭代周期和可靠性。

2）发展电子设计自动化（EDA）设计与仿真工具，如实现多芯片、跨制程、不同物理场的设计仿真文件互通，为联合设计仿真优化（DTCO）提供支持。

3）晶圆级集成系统需在单芯片测试、集成后测试、封装终端测试前做好测试设计，并诊断相应芯片和三维互连问题。通过快速测试和筛选，评价系统性能和成本平衡。

（3）新材料新设备的开发与应用

1）工艺新材料：针对异质集成系统中不同介质材料热膨胀系数差异大导致的应力问题，开发具有高键合强度的界面材料；同时，为应对日益提高的功耗密度带来的散热挑战，开发高导热系数的新型填充材料和界面材料。

2）工艺新设备：① 关键工艺设备——用于实现高精度 D2W 键合集成的新型键合设备；用于实现 Die 间高深宽比填充和极高选择比的平坦化设备、晶边处理设备、应力调整设备等。② 检测设备——异质集成翘曲变形、应力检测分析设备；高深宽比 TSV 的无损三维检测技术；快速的表面形貌检测、建模技术，以预测 / 优化键合工艺参数。

预计在未来 5~10 年内，随着上述重点发展方向的突破，异质集成晶圆级键合技术将在高性能计算、量子信息处理、生物医疗设备等领域展现巨大的应用潜力。特别是在量子计算机、神经形态计算等前沿科技领域，有望成为推动领域快速发展的核心技术之一。同时，随着技术成熟度的提高和成本的降低，其在消费电子产品中的应用也将越来越广泛，为人们的生活带来更多便利。

总之，异质集成晶圆级键合技术在未来 5~10 年里将保持快速发展态势，通过新材料应用、三维集成技术突破、大规模生产技术改进以及跨学科融合，为信息技术领域带来革命性变化。

3.2.2.3 领域大模型智能计算技术

领域大模型智能计算技术以特定专业领域为切入点，结合通用大模型与领域知识，旨在解决特定领域的复杂问题，推动行业发展。其核心目标是通过构建专业化的大模型，在医疗、金融、法律、政务、科学研究等领域，提供智能、专业和高效的计算。这一技术在大模型广泛应用的基础上，针对垂直领域的需求进行了深度优化，以实现通用知识与领域专业知识的有机结合，从而满足行业多样化需求。领域大模型智能计算技术在产业智能化和行业创新中的作用愈发显著。

在医疗诊断、智能投顾、法规解读、政务咨询、科研数据分析等场景中，领域大模型智能计算技术展现出推动数字化转型和智能化创新的巨大潜力。在金融领域，彭博社发布了 BloombergGPT，这是一款拥有 500 亿参数的金融大语言模型。该模型利用大量金融数据进行训练，在金融任务上表现出色，同时在通用场景中也具备竞争力。在医疗领域，谷歌公司推出定制大语言模型 Med-PaLM 2，旨在为医学问题提供高质量答案，该模型在美国医师执照考试（USMLE）中取得专家级表现。在法律领域，初创公司 Equall.ai 推出 SaulLM 大模型，利用大模型有效解释和处理法律文本。Kelvin Legal 推出 KL3M，该模型是一个使用法律相关数据从头训练的大语言模型，能够为法律专业人士提供量身定制的 AI 解决方案。在国防安全领域，美国 Scale AI 公司与美国军方合作推出 Defense Llama，该模型基于 Llama 3 大模型微调，以适应战斗规划和情报行动等特殊任务中的生成式人工智能需求。该模型能够理解军事学说、国际人道法，以及与美国国防部冲突规则和人工智能伦理原则相符的相关政策。

中国该领域相关研究主要由企业和高校开展。在互联网企业中，百度推出文心一言系列大模型，涵盖了电力、金融、航天、新闻媒体、城市治理、影视、能源、汽车、医疗保险、制造业、人文社科等领域。阿里的通义千问系列大模型同样支持医疗、法律等多个垂直领域。华为的盘古大模型系列为自然科学领域提供智能辅助，例如与中国科学院上海药物研究所联合推出药物分子大模型，旨在实现针对小分子药物的全流程人工智能辅助设计；面向气象分析预测领域，盘古气象大模型综合考虑多种因素，提供准确的天气预报。在教育行业方面，知乎的知海图 AI、网易有道的子曰、昆仑万维的天工、好未来的 MathGPT 等大模型均为中小学教学提供大模型智能支持。

“领域大模型智能计算技术”工程开发前沿中核心专利的主要产出国家和机构分别见表 3.21 和表 3.22。中国是该领域专利公开量最多的国家，约占总数的 55%，日本以 19.62% 的占比位列第二，而美国则以 18.76% 的占比紧随其后。排名前十的核心专利主要产出机构中，6 家来自中国。日本大一商会株式会社位居第一，百度集团股份有限公司和腾讯科技（深圳）有限公司分列第二、三位。英特尔公司专利公开量位于中游，但平均被引数远超其他机构。

从国家层面来看，美国与大多数国家开展了合作。在美国的牵引下，加拿大、荷兰和法国之间的合作较为密切；中国、英国和沙特阿拉伯则主要与美国开展合作（图 3.15）。由此可见，全球范围内各国之间的合作还不够密切，仍需进一步加强科研合作、技术交流和项目合作，推动该技术的发展和应用。

从机构层面来看，全球范围内各大 AI 企业之间的深度合作较少，合作更多来自 AI 企业与垂直领域企业、跨国企业内部合作以及产业链上下游协同。亟须在全球范围内形成领域大模型的合作生态，通过开放标准、

表 3.21 “领域大模型智能计算技术”工程开发前沿中核心专利的主要产出国家

序号	国家	公开量	公开量比例 /%	被引数	被引数比例 /%	平均被引数
1	中国	514	54.80	2 833	48.49	5.51
2	日本	184	19.62	256	4.38	1.39
3	美国	176	18.76	2 175	37.22	12.36
4	韩国	16	1.71	48	0.82	3.00
5	英国	15	1.60	158	2.70	10.53
6	荷兰	13	1.39	228	3.90	17.54
7	加拿大	6	0.64	16	0.27	2.67
8	德国	5	0.53	41	0.70	8.20
9	沙特阿拉伯	3	0.32	35	0.60	11.67
10	法国	3	0.32	34	0.58	11.33

表 3.22 “领域大模型智能计算技术”工程开发前沿中核心专利的主要产出机构

序号	机构	公开量	公开量比例 /%	被引数	被引数比例 /%	平均被引数
1	大一商会株式会社	146	15.57	57	0.98	0.39
2	百度集团股份有限公司	77	8.21	354	6.06	4.60
3	腾讯科技（深圳）有限公司	47	5.01	548	9.38	11.66
4	谷歌公司	31	3.30	304	5.20	9.81
5	华为技术有限公司	16	1.71	70	1.20	4.38
6	英特尔公司	13	1.39	329	5.63	25.31
7	富士通集团	13	1.39	120	2.05	9.23
8	网易（杭州）网络有限公司	8	0.85	68	1.16	8.50
9	北京字跳网络技术有限公司	8	0.85	55	0.94	6.88
10	中国平安保险（集团）股份有限公司	8	0.85	27	0.46	3.38

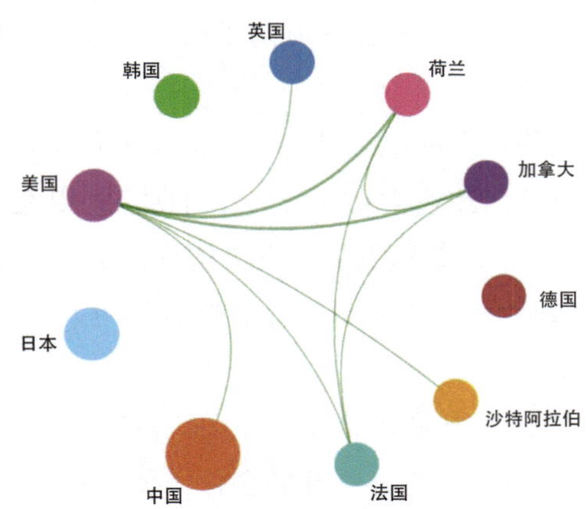

图 3.15 “领域大模型智能计算技术”工程开发前沿主要国家间的合作网络

数据共享和联合项目，促进各方协同合作，以推动该技术进一步发展。

“领域大模型智能计算技术”在未来 5~10 年的重点发展方向（图 3.16）如下：

1）领域数据预训练与高效微调技术。未来，领域大模型将更加注重领域数据预训练和高效微调技术。在预训练阶段，将优化针对垂直领域的大规模数据采集和清洗流程，并结合数据增强和生成技术，生成高质量领域语料。在微调阶段，重点开发领域指令优化、思维链和推理树提示、参数高效、内存高效等微调方法，通过小规模、高精准的标注数据实现模型对特定任务的快速适配。这一方向将推动个性化模型的高效部署，并提升模型在垂直领域的理解力和生成能力。

2）检索增强与幻觉消除技术。检索增强技术将在未来成为垂直领域模型的核心技术之一。这一方向将结合符号知识库与神经网络，开发高效的检索与交互模块。通过引入动态更新、语义匹配优化等技术，领域模型能够实时获取最新且可信的领域信息。幻觉消除技术将侧重应用检索增强，并设计反馈机制，以实时纠正领域大模型的错误内容。这不仅增强了模型生成内容的可靠性，还提升了其对复杂问题的解答能力，进而提升领域大模型在医学、法律等知识密集型行业的落地应用能力。

3）高效部署技术。大模型面临算力消耗大、部署成本高等难题，难以满足资源受限设备与大规模应用需求，因此大模型轻量化对于拓宽领域大模型应用至关重要。未来，领域大模型轻量化技术将聚焦于深度融合稀疏化、量化、低秩近似等算法，实现高稀疏度、高精度的端侧推理模型；推进软硬件协同优化设计，深入探索轻量化算法感知的硬件设计，实现端侧推理软硬件协同推理系统；构建云端协同、共推大模型普适布局，全方位拓展大模型应用潜能，塑造智能技术新生态。

图 3.16 “领域大模型智能计算技术”工程开发前沿的发展路线

领域课题组成员

组长：潘云鹤 费爱国

学科召集人（按拼音排序）：

陈 谋 李东升 刘 东 刘雷波 陆振刚 张建华

前沿遴选组（按拼音排序）：

包云岗 卜伟海 蔡一茂 陈 博 陈 麟 陈 谋 陈 强 陈文华 陈 章 丁 晔 方 斌
房丰洲 高 飞 高瑛珂 韩亚洪 郝 翔 胡春光 李德建 李东升 李嘉兴 李伟钢 刘 东
刘 军 刘雷波 陆振刚 皮孝东 秦鸿圣 单光存 尚 超 沈 清 石宣化 宋瑛林 苏金树
苏劲松 孙鹤枝 孙 韬 王玉莹 魏敬和 肖人彬 辛 斌 徐 俊 许 驰 杨 博 杨 俊
杨宗银 叶佩军 尹 坤 虞志益 张海峰 张建华 张 岳 赵 博 赵文生 赵亚军 郑永斌
周 军 朱浩然 朱凌晓 卓 成 訾 斌

图情组：

梁江海 杨未强 刘书雷 何丽莎 吴 集 霍凝坤 刘 燚 孙博文

执笔组（按拼音排序）：

研究前沿：方 斌 胡春光 李沛杰 刘光毅 刘华平 刘建国 刘宜明 马 良 邵晓鹏 沈剑良
苏金树 孙昌浩 魏 颖 许文俊

开发前沿：韩亚洪 焦念东 李东升 刘华锋 刘连庆 乔 鹏 宋瑛林 孙 鹏 孙 滔 杨 博
智喜洋 周 鹏

工作组：

联络指导：高 祥 张纯洁 邓晁煌

项目秘书：翟自洋

项目助理：秦鸿圣

第四章　化工、冶金与材料工程前沿

4.1 工程研究前沿

4.1.1 Top 10 工程研究前沿发展态势

化工、冶金与材料工程领域组研判得到的 Top 10 工程研究前沿的核心论文情况见表 4.1 和表 4.2。其中“超薄超宽高性能电磁波吸收材料”来自数据挖掘，其篇均被引频次达到 266.54 次。冶金领域的“冶金过程中相似元素深度高效分离”和“非常规资源冶炼过程反应机理及理论”则完全由专家推荐而来，因其学科特点，其论文引用并不高。“基于机器学习的新型智能材料设计”和“催化降解废弃塑料定向转化制高值化学品”也来自专家推荐，从其核心论文的平均出版年和逐年发表数趋势来看，这两个前沿的相关研究受到越来越多的关注。其他前沿则是基于数据由专家研判而来。与能源相关的氢能（包括储氢和太阳能光电催化制氢）和锂电仍然备受关注。

（1）高容量固态储氢材料热力学和动力学性能可控调变

固体储氢是通过固体材料与氢气相互作用实现氢气的储存，储氢材料包括金属氢化物、复合氢化物、储氢合金等。其中，金属氢化物与复合氢化物等材料通过化学键将氢限制在体相中，具有储氢密度高、安全性好、氢气纯度高等优势，使其成为高容量固态储氢材料研究的重点。然而，过高的热力学与动力学能垒限制了高容量固体储氢材料的实际应用，需要通过与其他物质复合、添加催化剂或者改变形貌等方式，实现高容量固体储氢材料热力学和动力学性能的可控调变，以控制储氢材料的操作温度、压力等性能参数，实现固体储氢材料的应用。现阶段，高容量固体储氢材料热力学和动力学性能可控调变的主要方式有：① 耦合其他元素，改变固体储氢材料吸 / 放氢反应途径，以调变固体储氢材料热力学能垒；② 设计针对不同储氢系统的高性能催化剂，降低固体储氢过程动力学能垒；③ 通过改良制备方式，实现固体储氢材料微观形

表 4.1　化工、冶金与材料工程领域 Top 10 工程研究前沿

序号	工程研究前沿	核心论文数	被引频次	篇均被引频次	平均出版年
1	高容量固态储氢材料热力学和动力学性能可控调变	276	36 900	133.70	2019.9
2	基于机器学习的新型智能材料设计	96	10 327	107.57	2020.5
3	冶金过程中相似元素深度高效分离	148	7 592	51.30	2019.5
4	超低温锂离子电池电极材料设计及反应机理研究	77	10 712	139.12	2019.4
5	高仿生类脑神经元材料与器件	103	18 080	175.53	2019.7
6	超薄超宽高性能电磁波吸收材料	99	26 387	266.54	2018.5
7	太阳能光（电）催化过程中的关键化学问题	151	39 941	264.51	2019.3
8	精准医学生物探针材料研究	146	17 799	121.91	2019.5
9	催化降解废弃塑料定向转化制高值化学品	170	20 902	122.95	2020.1
10	非常规资源冶炼过程反应机理及理论	167	16 852	100.91	2019.7

表 4.2　化工、冶金与材料工程领域 Top 10 工程研究前沿核心论文逐年发表数

序号	工程研究前沿	2018	2019	2020	2021	2022	2023
1	高容量固态储氢材料热力学和动力学性能可控调变	51	69	64	55	33	4
2	基于机器学习的新型智能材料设计	11	10	28	19	24	4
3	冶金过程中相似元素深度高效分离	44	39	34	17	9	5
4	超低温锂离子电池电极材料设计及反应机理研究	22	26	13	12	4	0
5	高仿生类脑神经元材料与器件	20	24	28	24	7	0
6	超薄超宽高性能电磁波吸收材料	13	18	12	18	6	1
7	太阳能光（电）催化过程中的关键化学问题	52	37	33	22	7	0
8	精准医学生物探针材料研究	48	32	32	23	8	3
9	催化降解废弃塑料定向转化制高值化学品	27	36	37	42	24	4
10	非常规资源冶炼过程反应机理及理论	38	38	46	34	10	1

貌与颗粒尺度的改性，实现固体储氢材料动力学和 / 或热力学调变；④ 通过引入外场作用（光、微波等），实现固体储氢材料形貌、热分布、反应路径等多方面的调变，进而提升材料储氢性能。

（2）基于机器学习的新型智能材料设计

新型智能材料是能够对外部环境刺激（如温度、湿度、光照、磁场、电场等）做出智能响应，并能适应复杂应用需求的材料，其在航空航天、医疗器械和柔性电子等新兴行业具有重要应用价值。基于机器学习的新型智能材料设计是通过机器学习的强大数据特征提取能力，为材料科学赋能的全新跨学科交叉研究领域。首先需建立起材料的成分、结构、制备工艺等因素与材料性能之间的复杂关系模型，然后根据特定的性能需求，快速、准确地预测和设计出具有相应性能的新型智能材料，可极大地提高材料研发的效率和成功率。该领域的研究内容主要集中在以下方面：① 智能材料的响应机制研究，深入探究外部刺激对材料的作用机理，为材料设计提供理论基础；② 丰富准确的材料数据库构建，通过多尺度模拟配合高通量实验技术加速新材料发现过程，并形成涵盖各种材料结构、性能、合成条件等信息的数据库；③ 算法开发优化与材料筛选，探索适合智能材料设计的机器学习算法，以更好地挖掘材料的构效关系，筛选满足物性需求的新型智能材料，实现材料的逆向设计。数据驱动的机器学习技术正在为智能材料设计开发提供新范式，未来应进一步提升模型的可解释性，以及智能材料性质定量化描述的一致性和功能设计的可迁移性，使智能材料在机器学习技术促进下获得新的创新活力和更大发展。

（3）冶金过程中相似元素深度高效分离

相似元素的深度高效分离是提升冶金产品质量的关键。随着新能源、电子信息等战略性新兴产业的快速发展，对高端金属材料的需求越来越大。高端金属材料的制备，除了需要精密的设备仪器外，更依赖于高纯的金属原材料，使得冶金过程中杂质的净化分离压力越来越大，特别是相似元素的深度分离问题日益突出。目前，该方向的研究主要集中于以下方面：① 发展相似元素的高选择性分离及过程调控新理论，明确主 – 客体作用与靶向识别机制；② 建立共伴生体系中相似元素的多尺度分离新方法；③ 开发相似元素分离过程动力学原位表征新技术；④ 设计基于人工智能和分子动力学模拟的相似元素分离的新萃取剂；⑤ 揭示相似元素深度分离过程中杂质元素迁移规律，建立痕量杂质定量分析新方法与新标准。

（4）超低温锂离子电池电极材料设计及反应机理研究

锂离子电池由于能量密度高、使用寿命长等优点在电源领域占有巨大的市场份额，然而商用的锂离子

电池适用工作温度是 10~35 ℃，难以满足寒冷条件下的使用需求，更遑论在深海作业、国防军事、太空探索等极端低温环境下工作。因此，开发高比能超低温锂离子电池具有重大的实际应用价值。针对超低温锂离子电池的研究从 20 世纪末就已开始，其关键技术研究主要包括以下方面：① 电极材料的制备，开发兼具高离子 / 电子导电性的电极材料至关重要，通过表面涂层技术和界面工程改善电极材料的表面性能可提高其在低温环境下的电化学性能；② 低温电解液开发，降低电解质的冻结点是设计低温电池的关键，开发抗冻溶剂及添加剂组分从而提高电解液低温下的离子传导能力；③ 电池结构优化，对电池的封装结构进行改进以提高其在低温环境下的密封性和保温性，优化电池的电极结构和电解质的循环系统以提高其在低温环境下的电荷传输速率和能量密度；④ 热管理系统设计，有效利用电化学过程产生的热量对电池内部进行加热，改善电池在低温下的反应动力学。

（5）高仿生类脑神经元材料与器件

随着智能机器人和人工智能技术的快速发展，类似生物神经元结构，高仿生类脑神经元材料与器件具备对信息进行学习记忆、编码及并行处理的能力，在军事作战、野外救灾、健康监测等领域表现出巨大的潜力。该领域未来的研究主要集中在以下方面：① 高仿生智能材料开发，利用离子级联反应和选择性调控等特性，探索合理模拟神经元、突触行为的新型材料，开发多离子相互作用的材料，并探究离子迁移机制，以实现更丰富的生物神经元功能；② 生物神经元功能模拟，分析探索生物系统的高级智能行为和功能，开发具备高阶复杂性的突触、神经元和神经网络功能，并实现对复杂信号的处理和分析；③ 神经形态器件系统集成，发展整体系统硬件层面上的互联集成，实现信号的稳定高效传输，使器件具备实时响应性和稳定工作周期等特性；④ 应用演示，提升系统性能的一致性和感知、理解、决策功能的稳定性，推动高仿生类脑神经元材料与器件在智能机器人、脑机接口、智慧医疗等领域的实际应用。

（6）超薄超宽高性能电磁波吸收材料

超薄超宽高性能电磁波吸收材料兼具超薄的物理形态与超宽的电磁波吸收特性，可以实现对宽频段电磁波的高效吸收，进而满足多频段电磁环境的应用需求。随着 5G 通信、智能交通、航空航天以及国防装备等领域电磁干扰问题的日益突出，亟须开发高吸收效率、宽频带、轻薄化的新型吸波材料。从材料微观结构、界面特性以及整体制备层面出发，目前该领域的研究主要集中在以下方面：① 材料微观磁电结构与材料频散特性的高通量表征、测试与对应关联特性的建立；② 材料复合成型过程中的界面特性精细化控制技术；③ 复杂多变服役环境下对应材料的电磁演变规律、性能退化机理和控制技术；④ 超薄超轻吸波材料的规模化制备工艺、优化与推广。

（7）太阳能光（电）催化过程中的关键化学问题

近年来备受世界关注的太阳燃料的核心是太阳能光（电）催化过程，即利用太阳能将水和二氧化碳转化为高附加值燃料和化学品，该过程涉及化学、物理、生物等多学科交叉。太阳能光（电）催化是一个涉及多电子转移的能量爬坡过程，跨越飞秒至秒级的多个时间尺度；从空间上来看，涉及原子尺度的结构到数百纳米至数十微米空间电荷层和电荷扩散距离，甚至到宏观尺度的规模化光催化和光（电）催化器件。该领域研究未来主要聚焦的物理化学问题包括：① 凝聚态光催化剂体系中光生电荷的分离以及空间分布问题；② 光生电荷的传输问题；③ 光生电荷的高灵敏度、时空分辨的表征技术问题；④ 模拟自然光合作用过程的仿生催化剂设计；⑤ 水氧化微观机理、分子层次上水分解过程中化学键如何断裂和如何形成等。

（8）精准医学生物探针材料研究

精准医学生物探针材料是一类具有诊断、治疗功能的多功能生物医学材料，能够选择性地与生物体外 / 体内的特定目标结构或分子发生相互作用，为重大疾病的早期精准诊治提供支撑。目前该领域的研究主要集中在以下方面：① 开发高灵敏体外诊断探针材料，通过生物标志物痕量检测实现重大疾病的早期诊断、精准分期和病理分型；② 发展集成调控多物理场响应探针材料，为疾病的实时可视化诊疗提供新途径；③ 建立高特异性智能诊疗探针材料体系，为疾病的靶向精准个性化诊疗提供新策略。未来，将进一步结合蛋白组学、代谢组学、基因组学等多组学平台研究探针材料的生物分子机制，同时开展探针材料的标准化研究，从而加速推动精准医学生物探针材料的临床转化应用。

（9）催化降解废弃塑料定向转化制高值化学品

废弃塑料已经造成巨大的环保压力和资源浪费。开发塑料的催化降解策略，定向转化制高值化学品，变废为宝，是实现可持续发展的重要途径。针对聚乙烯（PE）、聚丙烯（PP）、聚苯乙烯（PS）、聚酯（PET）等长使用周期聚合物，可以催化降解定向转化制高值化学品。其核心科学问题是，发展创制高效、稳定的催化剂，选择性地断裂聚合物中 C—C 键和 C—O 键，定向精准切割聚合物，生成高附加值小分子化学品和油品。对于不同的聚合物体系，应采用不同的策略。① PE 和 PP 的催化降解：可采用金属氧化物和分子筛催化体系，将 PE 和 PP 转化为油品，与现有的石油炼化系统耦合补充，生产汽油 / 柴油；还可将 CO_2 与废塑料芳构化结合，PE 和 PP 中过量的氢可以与 CO_2 中和，这不仅降低了反应温度，实现了高效制备单环芳烃，同时每吨废塑料还可消耗约 0.2 吨 CO_2。② PS 的催化降解：采用催化加氢将 PS 废塑料转化为乙苯等单环芳烃；热催化和光催化结合氧化催化降解为苯甲酸等化学品。③ PET 的催化降解：在金属和酸碱双功能催化剂作用下，PET 可以通过催化水解、醇解、氢解、氨解等方式降解转化为对应的单体原料或相关衍生物。

（10）非常规资源冶炼过程反应机理及理论

随着传统优质矿产资源的日渐枯竭，城市矿产、工业废渣、危险废物等非常规资源将成为未来金属生产的重要原料。与天然矿物不同，城市矿产、工业固体废弃物等原料中多金属多组分共存、物相伴生关系复杂，导致回收成本高、金属损耗大、二次污染严重，如何实现非常规二次资源的低碳清洁循环利用，对破解冶金行业资源、环境瓶颈问题具有重要意义，亟须完善非常规金属资源冶金过程基础理论体系。该领域的研究主要集中在以下几个方面：① 研究多源复杂原料组分冶炼过程反应机制，揭示多金属迁移分配规律及定向调控原理；② 揭示非常规原料中多金属与造渣剂的反应机制及调控原理，形成复杂原料多金属选冶富集及高效分离提取方法；③ 研究非常规资源冶炼烟气形成及迁移转化过程，形成高分子气体、二噁英等特殊冶炼气态污染物源头抑制方法；④ 优化现有冶炼过程多相多场耦合理论与数值模拟体系，形成搭配非常规资源有色金属与钢铁联合冶炼的技术与装备体系。

4.1.2　Top 3 工程研究前沿重点解读

4.1.2.1　高容量固态储氢材料热力学和动力学性能可控调变

在应对气候变化的大背景下，全球能源战略和供需格局已进入深度调整变革期。根据国际能源署预测，到 2050 年，氢与氢基燃料使用量将达到 5 亿吨 / 年；而国际氢能委员会预测，到 2050 年，氢能将承担 22% 的碳减排量。《国际氢能技术与产业发展研究报告 2023》指出，全球已公布的绿氢项目数量约为 680

个，规划的制氢电解槽装机量累计超过 460 GW。储氢技术作为氢能产业链的关键环节，受到了广泛关注。固体储氢材料具有质量与体积储氢密度高、来源丰富、成本低廉等优势，是储氢材料领域中最具潜力的方向之一。然而，固体储氢材料的吸 / 放氢需要跨越其热力学 / 动力学能垒，导致其吸 / 放氢过程仍需较高的温度驱动，最终限制了其实际能量效率。

固体储氢材料的热力学性能调变需要引入其他成分，改变其吸 / 放氢的反应路径，最终降低吸 / 放氢过程的整体焓变。而在向储氢材料体系中引入其他化合物的同时，体系的质量储氢密度将随之改变，因此需要找到含氢量较高的储氢材料进行调变。固体储氢材料的动力学性能调变则需要引入易于与氢成 / 断键的催化剂，例如 Ti 基催化剂，其对于多种固体储氢材料都具有卓越的催化能力。而在向储氢体系中引入催化剂的同时，储氢体系的质量容量密度一般都会相应降低，因此需要针对不同的储氢体系找到轻质高效的催化剂。此外，储氢材料自身的形态也会对其储氢性能产生影响，材料的颗粒大小会影响氢扩散过程的迁移距离，储氢材料的形貌则导致表面活性位点数目的不同，从而影响吸氢过程中氢化物的成核与生长过程。近年来，外场作用逐渐成为储氢材料的新研究重点，其可在不同阶段引入储氢材料体系中以提升储氢材料系统的储氢性能。在制备阶段，外场作用可以改变储氢材料的形貌、颗粒尺寸等形态特征，进而提升储氢性能。而在吸 / 放氢阶段，外场作用可以转化为内能驱动储氢系统吸 / 放氢，例如光转热或微波转热驱动 MgH_2 放氢，利用“热点效应”造成局部高温，从而显著降低储氢系统的宏观放氢温度和能耗；部分半导体氢化物展现出光催化活性，其自身可以吸收光子实现自分解并放出氢气。

现阶段，各国研究者们大都积极探索储氢材料在实验室与工业上的可行方案，近年来，“高容量固态储氢材料热力学和动力学性能可控调变”工程研究前沿中核心论文的主要产出国家和机构分别见表 4.3 和表 4.4。其中，61.59% 的核心论文来源于中国，主要产出机构为浙江大学和中国科学院；其次分别是美国、澳大利亚、德国和日本，占比在 5%~15%。图 4.1 和图 4.2 分别展示了主要国家间和主要机构间的合作网络，全球科学家在该领域建立了广泛的合作，中国与美国合作最多。从表 4.5 和表 4.6 中可以看出，施引核心论文的主要产出国家中，中国占比高达 58.12%，前十名施引核心论文的主要产出机构均为中国高校或研究所，包括中国科学院、中国科技大学、郑州大学、浙江大学等，其中中国科学院的施引核心论文比例高达 28.28%。

面向世界清洁能源系统的急迫需求，需要加快固体储氢材料的性能调控、高效合成、规模化生产与示

表 4.3　“高容量固态储氢材料热力学和动力学性能可控调变”工程研究前沿中核心论文的主要产出国家

序号	国家	核心论文数	论文比例 /%	被引频次	篇均被引频次	平均出版年
1	中国	170	61.59	22 984	135.20	2019.9
2	美国	37	13.41	4 296	116.11	2019.5
3	澳大利亚	30	10.87	4 195	139.83	2020.0
4	德国	20	7.25	3 510	175.50	2019.8
5	日本	18	6.52	3 836	213.11	2019.8
6	英国	13	4.71	2 580	198.46	2020.0
7	韩国	11	3.99	1 312	119.27	2020.0
8	加拿大	10	3.62	1 121	112.10	2020.8
9	法国	9	3.26	1 695	188.33	2019.1
10	印度	9	3.26	759	84.33	2020.0

表 4.4 “高容量固态储氢材料热力学和动力学性能可控调变”工程研究前沿中核心论文的主要产出机构

序号	机构	核心论文数	论文比例 /%	被引频次	篇均被引频次	平均出版年
1	浙江大学	14	5.07	1 306	93.29	2019.3
2	中国科学院	13	4.71	2 714	208.77	2019.8
3	华南理工大学	12	4.35	1 708	142.33	2020.1
4	南开大学	11	3.99	2 273	206.64	2019.6
5	上海大学	8	2.90	1 640	205.00	2020.5
6	挪威能源技术研究所	8	2.90	1 488	186.00	2019.6
7	澳门大学	8	2.90	1 305	163.12	2019.1
8	九州大学	8	2.90	1 180	147.50	2019.8
9	上海交通大学	8	2.90	901	112.62	2020.9
10	南京工业大学	8	2.90	579	72.38	2020.2

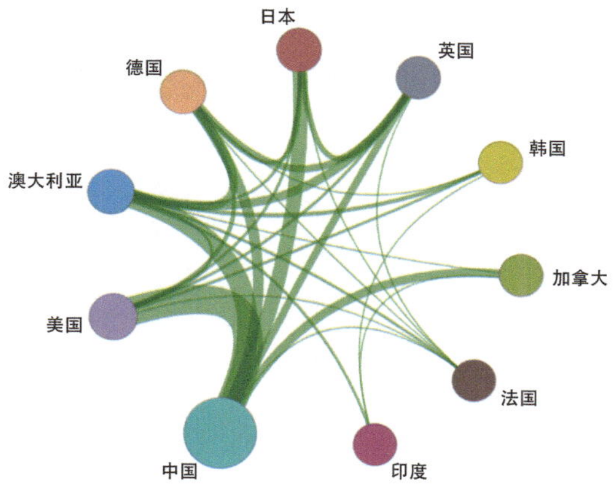

图 4.1 “高容量固态储氢材料热力学和动力学性能可控调变”工程研究前沿主要国家间的合作网络

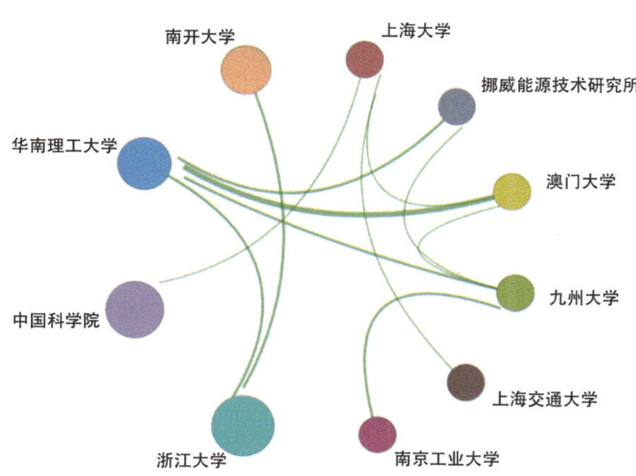

图 4.2 “高容量固态储氢材料热力学和动力学性能可控调变”工程研究前沿主要机构间的合作网络

范性应用的研发步伐，构建高密度、轻量化、低成本、多元化的氢能储运体系，实现氢能制备端到应用端的大规模和低成本的串联（图 4.3）。

表 4.5 “高容量固态储氢材料热力学和动力学性能可控调变”工程研究前沿中施引核心论文的主要产出国家

序号	国家	施引核心论文数	施引核心论文比例 /%	平均施引年
1	中国	16 713	58.12	2022.0
2	美国	2 212	7.69	2021.7
3	印度	1 898	6.60	2022.2
4	韩国	1 711	5.95	2022.1
5	澳大利亚	1 160	4.03	2021.8
6	德国	1 064	3.70	2021.8
7	日本	988	3.44	2021.8
8	英国	934	3.25	2022.0
9	沙特阿拉伯	882	3.07	2022.4
10	伊朗	616	2.14	2021.9

表 4.6 “高容量固态储氢材料热力学和动力学性能可控调变”工程研究前沿中施引核心论文的主要产出机构

序号	机构	施引核心论文数	施引核心论文比例 /%	平均施引年
1	中国科学院	1 665	28.28	2021.9
2	中国科技大学	491	8.34	2021.9
3	郑州大学	487	8.27	2021.8
4	浙江大学	486	8.25	2021.9
5	清华大学	442	7.51	2022.1
6	天津大学	431	7.32	2021.9
7	哈尔滨工业大学	417	7.08	2022.0
8	西安交通大学	381	6.47	2022.2
9	中南大学	379	6.44	2022.0
10	上海交通大学	361	6.13	2022.1

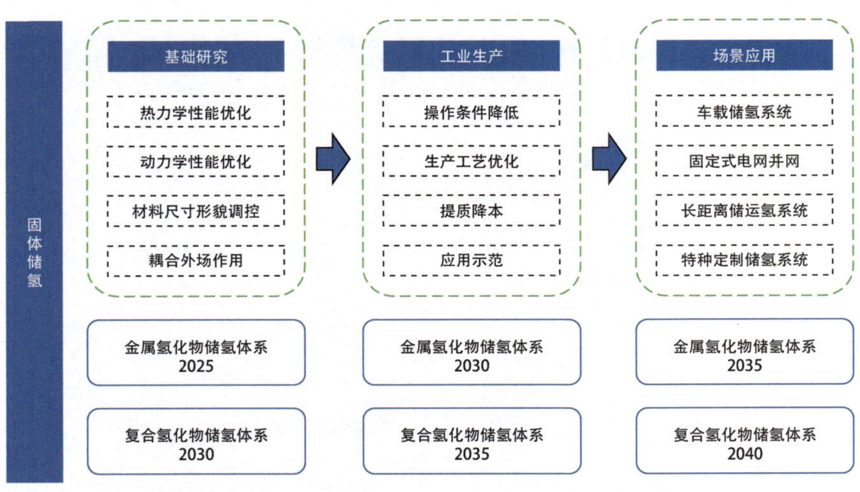

图 4.3 “高容量固态储氢材料热力学和动力学性能可控调变”工程研究前沿的发展路线

4.1.2.2 基于机器学习的新型智能材料设计

智能材料作为一种能够感知环境、响应刺激并据此改变其性能或结构的材料，展现出自适应、自修复和自我诊断等智能特性，正逐步成为材料科学新兴研究领域。智能材料的概念起源于 20 世纪中期，科学家们发展出以记忆合金为代表的一类在多种外界刺激下具有响应特性的智能材料，随后在先进制造技术、纳米技术与信息电子技术的推动下得到快速发展，并在航空航天领域可展开部件、自适应机翼材料、医用微创手术器械、自修复织物和智能传感器中得到实际应用。目前新型智能材料的设计展现出以下发展趋势：① 高强高效响应，增强材料对单一或多种环境变化的响应能力，实现多种智能行为适应复杂应用场景；② 多功能集成，将多种响应特性集成到同一种材料中，使其具备感知、调节和驱动等多种功能；③ 仿生设计，模仿自然生物功能特性，开发具有自我修复和保护等特征的材料；④ 绿色可持续，改善材料的可降解性和生物相容性，增强材料设计中的环境保护意识。

随着对智能材料功能多样性、灵活可控性和应用环境复杂性的需求增加，对材料设计方法也提出了更高的要求。机器学习凭借其强大的复杂非线性数据处理能力，为智能材料的设计和开发提供了潜在的新范式。通过高通量材料筛选、性质预测和逆向设计，在大量数据的驱动下，机器学习有望加速新型智能材料的设计、筛选和优化，覆盖从材料的分子设计、结构模拟到性能测试的全过程。未来，基于机器学习的新型智能材料设计将聚焦在以下几个方向：

1）材料感知与响应内在机制：深入研究材料与各种刺激之间的相互作用机制，确定能够有效转化外部刺激为可检测信号的材料结构和成分；深入研究基于各类物理和化学变化的响应机制，通过改变材料的成分、结构或外部条件，实现对响应温度、响应时间、响应强度等参数的精确控制，以满足不同应用场景的需求。

2）模型算法开发与多尺度模拟优化：进一步优化机器学习算法，结合数据的深度挖掘与优化，提高预测精度和泛化能力，开发更加适用于复杂材料体系的模型；综合考虑材料微观、介观与宏观结构，结合多尺度模拟技术，构建多尺度的结构和性能分析优化途径，实现智能材料全面预测和验证，提高设计的可靠性。

3）数据驱动的智能材料协同设计创新：充分利用大数据和云计算技术，构建材料数据库和知识图谱，满足智能材料在多种性能上的协同要求，设计出综合性能优异的材料；并根据不同应用场景和需求，实现对智能材料的个性化设计，精准匹配特定的性能指标。

近年来，“基于机器学习的新型智能材料设计”工程研究前沿中核心论文的主要产出国家和机构分别见表 4.7 和表 4.8。中国发表核心论文的占比达到 39.58%，位列世界第一，其次分别是美国、英国。中国和美国分别在主要产出机构前十名中占据四席，其中，中国科学院和清华大学分列第一、二名。主要国家间和机构间的合作网络分别见图 4.4 和图 4.5，全球科学家在该领域存在广泛的合作与交流，其中顶尖产出机构间呈现出中美和美欧的区域合作趋势。由表 4.9 和表 4.10 可以看出，中国、美国和英国位列前三，与核心论文产出位次一致，表明中国、美国和英国学者在该领域保持较高的研究关注度。其中，中国是施引核心论文数最多的国家，达到 4 424 篇，占比达 43.34%。并且施引核心论文产出机构的前十名中有 7 家是来自中国的科研院所，体现出中国科研工作者对该领域的密切关注。

“基于机器学习的新型智能材料设计”研究在近年来得到了迅猛发展。构建数据驱动的材料感知内在机制发掘和设计范式开发是新型智能材料进一步发展的关键问题。如图 4.6 所示，未来的研究中，应着重

表 4.7 “基于机器学习的新型智能材料设计”工程研究前沿中核心论文的主要产出国家

序号	国家	核心论文数	论文比例 /%	被引频次	篇均被引频次	平均出版年
1	中国	38	39.58	3 585	94.34	2020.8
2	美国	33	34.38	4 067	123.24	2020.4
3	英国	13	13.54	1 556	119.69	2020.9
4	澳大利亚	9	9.38	869	96.56	2021.6
5	德国	7	7.29	1 207	172.43	2021.3
6	韩国	7	7.29	978	139.71	2019.6
7	西班牙	6	6.25	623	103.83	2020.0
8	新加坡	5	5.21	495	99.00	2021.0
9	印度	5	5.21	454	90.80	2020.0
10	法国	4	4.17	529	132.25	2021.5

表 4.8 “基于机器学习的新型智能材料设计”工程研究前沿中核心论文的主要产出机构

序号	机构	核心论文数	论文比例 /%	被引频次	篇均被引频次	平均出版年
1	中国科学院	8	8.33	964	120.50	2020.8
2	清华大学	6	6.25	522	87.00	2020.7
3	佐治亚理工学院	5	5.21	522	104.40	2021.4
4	广西大学	4	4.17	496	124.00	2021.0
5	北京航空航天大学	4	4.17	337	84.25	2020.8
6	南洋理工大学	3	3.12	276	92.00	2020.7
7	埃尔朗根 – 纽伦堡大学	2	2.08	575	287.50	2020.0
8	哈佛大学	2	2.08	546	273.00	2018.5
9	加州大学伯克利分校	2	2.08	533	266.50	2018.5
10	首尔大学	2	2.08	524	262.00	2019.0

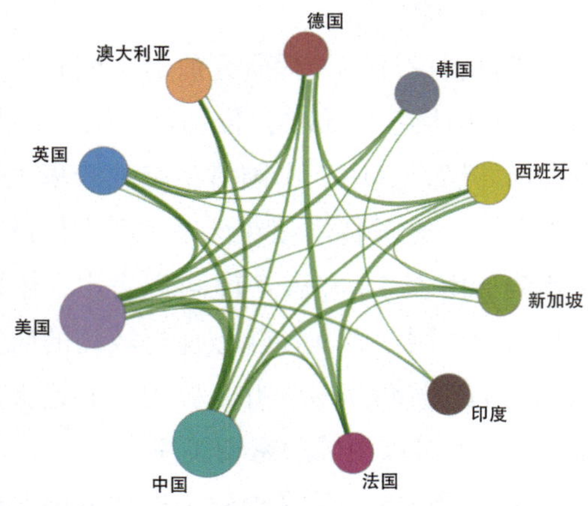

图 4.4 “基于机器学习的新型智能材料设计”工程研究前沿主要国家间的合作网络

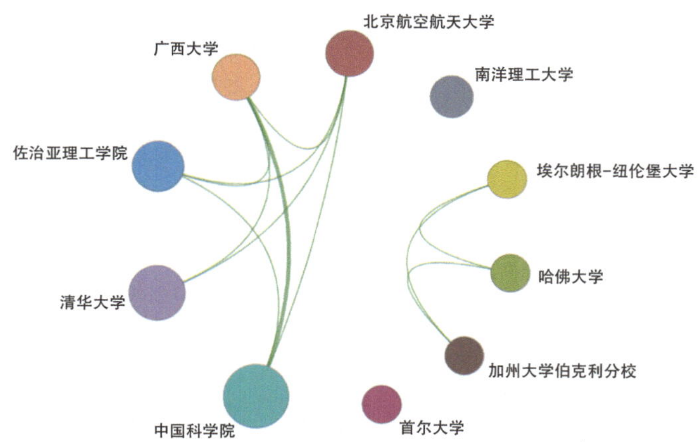

图 4.5 “基于机器学习的新型智能材料设计”工程研究前沿主要机构间的合作网络

表 4.9 “基于机器学习的新型智能材料设计”工程研究前沿中施引核心论文的主要产出国家

序号	国家	施引核心论文数	施引核心论文比例 /%	平均施引年
1	中国	4 424	43.34	2022.4
2	美国	1 843	18.06	2022.0
3	英国	652	6.39	2022.2
4	韩国	638	6.25	2022.3
5	印度	616	6.04	2022.4
6	德国	491	4.81	2022.2
7	澳大利亚	334	3.27	2022.2
8	加拿大	315	3.09	2022.2
9	意大利	311	3.05	2022.2
10	新加坡	303	2.97	2022.2

表 4.10 “基于机器学习的新型智能材料设计”工程研究前沿中施引核心论文的主要产出机构

序号	机构	施引核心论文数	施引核心论文比例 /%	平均施引年
1	中国科学院	512	26.41	2022.3
2	清华大学	197	10.16	2022.4
3	浙江大学	181	9.33	2022.4
4	新加坡国立大学	154	7.94	2022.1
5	上海交通大学	150	7.74	2022.2
6	北京航空航天大学	137	7.07	2022.4
7	香港理工大学	132	6.81	2022.3
8	麻省理工学院	127	6.55	2021.5
9	复旦大学	118	6.09	2022.1
10	南洋理工大学	116	5.98	2022.3

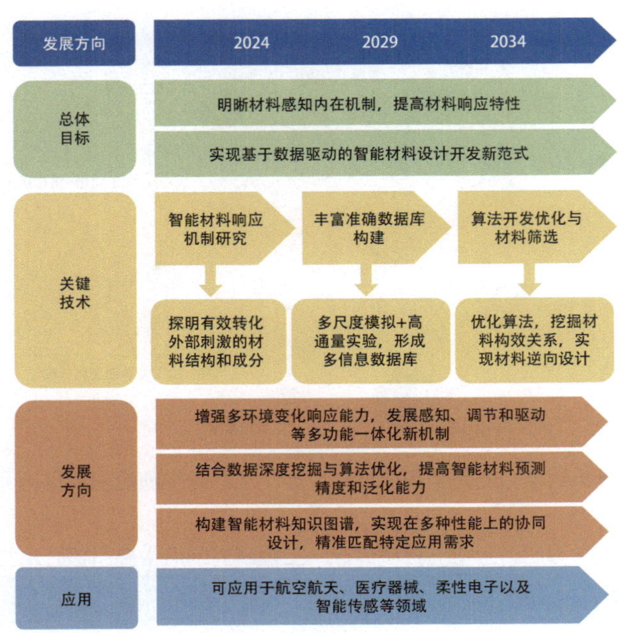

图 4.6　“基于机器学习的新型智能材料设计”工程研究前沿的发展路线

智能材料响应机制的研究，揭示材料结构和成分对外部刺激的有效转化关系，采用机器学习挖掘材料的多维度特征信息，并以此构建智能材料知识图谱的基本框架。同时，形成丰富准确的数据库是数据驱动的重要保障，需要结合多尺度模拟和高通量实验技术形成多信息数据库，提高智能材料预测精度和泛化能力。在此基础上，通过算法优化提升机器学习对复杂数据的处理能力，挖掘并解析材料构效关系，实现精准匹配特定应用需求的材料逆向设计。新型智能材料的发展必将通过机器学习赋能，有望实现智能材料的自我学习和进化能力，并可从实际需求出发实现材料功能的个性化与定制化制造，开发出自主完善的材料系统，在航空航天、医疗器械、柔性电子、智能传感等领域得到广泛应用。

4.1.2.3　冶金过程中相似元素深度高效分离

相似金属元素在富集成矿过程中多存在类质同象的现象，形成共伴生矿物资源，给冶金提取过程增加了净化压力。随着优质矿物资源的不断消耗，所面临处理的冶金物料日益复杂，而冶金产品纯度的要求则越来越严格，这种“宽进严出”的形势给冶金过程中相似元素的深度分离带来了极大的挑战。目前，用于相似元素分离的主要方法有溶剂萃取、离子交换、选择性沉淀、分步结晶、熔盐精馏、熔盐萃取等。首先，在复杂体系中相似元素分离时，往往采用多种方法结合才能达到深度分离的效果；即使处理相同的体系，随着相似元素含量的变化，所采用的分离手段也有差别。多尺度的分离方法，也对应了复杂的分离过程和新的分离机制，原位表征技术则可以为复杂的分离动力学过程和元素迁移过程提供有力数据。其次，由于化学性质极为相似，相似元素在分离过程中势必会造成相互损失，开发高效分离的新体系与试剂来提高分离效率一直是关注的核心问题。基于“主－客体”理论，利用人工智能和分子动力学模拟，则可以节约大量人力物力，加速新的萃取剂的设计合成。另外，分离过程的深度关系到冶金产品的品质，影响后端制备材料的性能。分离过程也是冶金过程中废水、废渣、有害盐的主要排放出口，面临着巨大的环保压力。

面对上述的主要问题，近年来各国研究人员开展了大量的研究，“冶金过程中相似元素深度高效分离”工程研究前沿中核心论文的主要产出国家及机构分别见表 4.11 和表 4.12。核心论文的主要产出国家中，中国位居第一，占比超过 40%，美国次之；主要产出机构中，中国科学院位居第一，另外有江西理工大学、中国科学技术大学、北京科技大学、清华大学 4 所中国的大学上榜。主要国家间和机构间的合作网络分别见图 4.7 与图 4.8。中国在该领域合作网络中处于核心地位，与多个国家形成合作关系，特别是与美国的合作关系尤为突出。美国在网络中也是一个重要的节点，与除印度、加拿大和日本之外的所有国家都有合作。机构之间的合作主要体现在中国的各个高校之间的合作，其中中国科学院在该领域合作网络中处于核心地位，与中国科学技术大学合作最为紧密，与其他几个中国高校也有着合作关系。由表 4.13 和表 4.14 可见，中国是施引核心论文数最多的国家，为 2 589 篇，占到了总数的一半左右。美国以施引论文比例 11.76% 排在第二位。在施引核心论文主要产出机构中，中国科学院位居第一，其他几个拥有冶金专业的中国高校如

表 4.11 “冶金过程中相似元素深度高效分离”工程研究前沿中核心论文的主要产出国家

序号	国家	核心论文数	论文比例 /%	被引频次	篇均被引频次	平均出版年
1	中国	62	41.89	3 082	49.71	2019.5
2	美国	27	18.24	1 691	62.63	2019.6
3	比利时	16	10.81	713	44.56	2019.1
4	澳大利亚	10	6.76	1 086	108.60	2020.0
5	法国	10	6.76	424	42.40	2019.4
6	芬兰	8	5.41	471	58.88	2019.5
7	印度	7	4.73	542	77.43	2019.6
8	加拿大	7	4.73	461	65.86	2020.1
9	日本	5	3.38	426	85.20	2020.6
10	瑞典	5	3.38	218	43.60	2019.8

表 4.12 “冶金过程中相似元素深度高效分离”工程研究前沿中核心论文的主要产出机构

序号	机构	核心论文数	论文比例 /%	被引频次	篇均被引频次	平均出版年
1	中国科学院	28	18.92	1 279	45.68	2019.0
2	鲁汶天主教大学	16	10.81	713	44.56	2019.1
3	江西理工大学	7	4.73	248	35.43	2019.3
4	中国科学技术大学	6	4.05	236	39.33	2018.7
5	北京科技大学	5	3.38	183	36.60	2019.6
6	清华大学	4	2.70	204	51.00	2021.0
7	杜克大学	3	2.03	291	97.00	2019.0
8	哈利法科技大学	3	2.03	174	58.00	2019.7
9	查尔姆斯理工大学	3	2.03	149	49.67	2018.7
10	阿尔托大学	3	2.03	132	44.00	2019.0

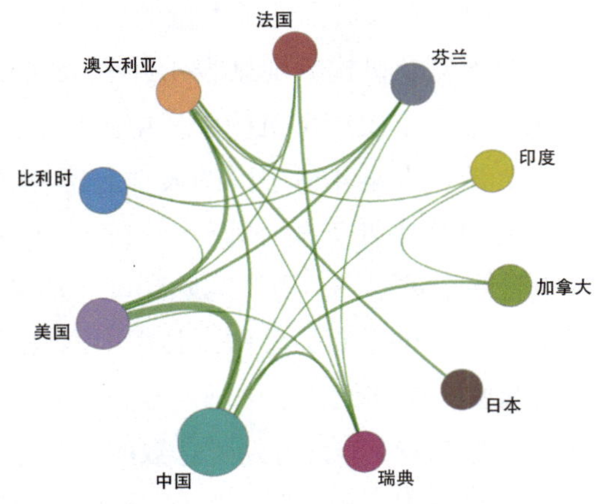

图 4.7 “冶金过程中相似元素深度高效分离”工程研究前沿主要国家间的合作网络

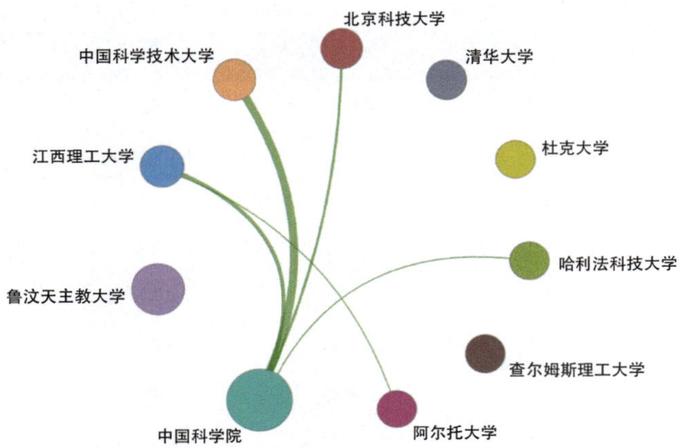

图 4.8 “冶金过程中相似元素深度高效分离”工程研究前沿主要机构间的合作网络

表 4.13 “冶金过程中相似元素深度高效分离”工程研究前沿中施引核心论文的主要产出国家

序号	国家	施引核心论文数	施引核心论文比例 /%	平均施引年
1	中国	2 589	49.77	2022.0
2	美国	612	11.76	2021.8
3	印度	404	7.77	2021.9
4	俄罗斯	249	4.79	2021.6
5	澳大利亚	224	4.31	2021.7
6	德国	208	4.00	2021.7
7	伊朗	201	3.86	2022.0
8	法国	192	3.69	2021.4
9	加拿大	189	3.63	2021.7
10	英国	172	3.31	2021.8

中南大学、北京科技大学、东北大学、昆明理工大学、江西理工大学的施引核心论文均名列前十。中国的核心论文数和施引核心论文数均排名第一，说明中国学者对该领域的研究产出了很多优秀的成果，一直对该前沿的动态保持密切的关注和跟踪。

为了应对资源日益复杂的严峻形势，抓住新能源、电子信息等战略性新兴产业快速发展给冶金行业带来的新机遇，落实“双碳”目标，未来 5~10 年，开发高效、低碳、高质量的相似元素分离技术是主要的努力方向。通过建立相似元素差异性调控新理论，形成“靶向识别”新机制，进而开发出高选择性分离试剂和新技术，解析分离过程中各组元的分配迁移规律，追踪污染源形成与排放出口，建立多目标协同的“增效 – 提质 – 低碳”相似元素分离的新技术模式（图 4.9）。

表 4.14 “冶金过程中相似元素深度高效分离”工程研究前沿中施引核心论文的主要产出机构

序号	机构	施引核心论文数	施引核心论文比例 /%	平均施引年
1	中国科学院	480	32.24	2021.9
2	中南大学	175	11.75	2022.1
3	俄罗斯科学院	127	8.53	2021.6
4	中国科技大学	112	7.52	2022.2
5	北京科技大学	103	6.92	2022.0
6	中国地质大学	87	5.84	2021.9
7	东北大学	86	5.78	2021.8
8	昆明理工大学	86	5.78	2022.0
9	江西理工大学	84	5.64	2021.9
10	鲁汶大学	81	5.44	2020.8

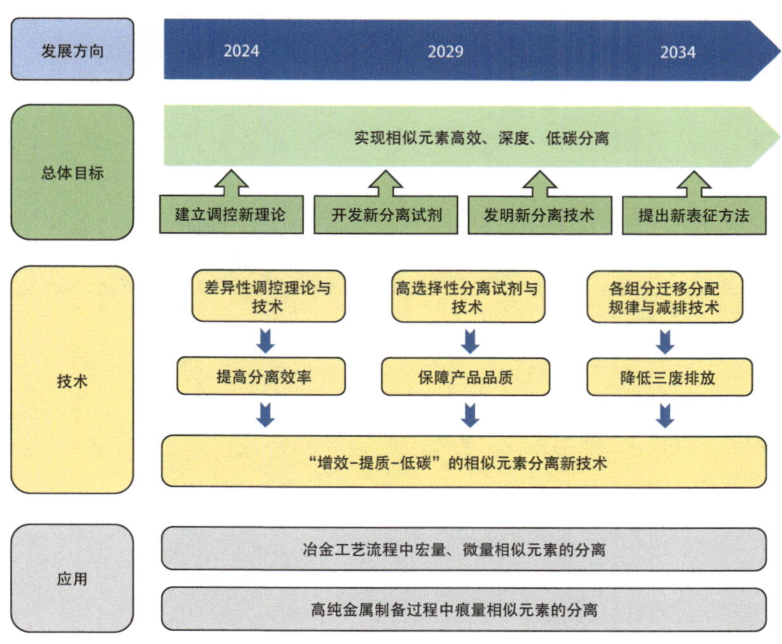

图 4.9 “冶金过程中相似元素深度高效分离”工程研究前沿的发展路线

4.2 工程开发前沿

4.2.1 Top 10 工程开发前沿发展态势

化工、冶金与材料工程领域组研判得到的 Top 10 工程开发前沿专利公开情况见表 4.15 和表 4.16。其中“高性能多元合金材料的高效定制制备技术”来自专利地图挖掘，“数智化有色金属冶金流程优化与设计”和“耐高温柔性轻质隔热材料设计和开发”来自专家推荐。其他前沿则是基于数据由专家研判而来。与工程研究前沿类似，开发前沿中与能源相关的技术同样受到认可，包括全固态电池、钠离子电池、储氢材料规模化制备和海水电解制氢，其中全固态电池和钠离子电池的专利数量增长显著。

（1）全固态电池关键材料开发及其制备技术

全固态电池是一种变革性电池技术，其使用固态电解质代替传统锂离子电池中的液态电解液，有望实现更高的能量密度、更好的安全性和更长的循环寿命。全固态电池涉及固态电解质、正 / 负极等关键材料，

表 4.15　化工、冶金与材料工程领域 Top 10 工程开发前沿

序号	工程开发前沿	公开量	被引数	平均被引数	平均公开年
1	全固态电池关键材料开发及其制备技术	1 616	3 468	2.15	2021.1
2	金属多工艺一体化增材制造关键技术和装备	2 305	6 483	2.81	2021.1
3	低能耗长寿命海水电解制氢系统构建及海水矿产资源开发	710	1 143	1.61	2021.1
4	高容量储氢材料的规模化制备与系统工艺开发	1 036	1 737	1.68	2021.0
5	数字孪生钢铁制造技术	476	944	1.98	2021.2
6	高性能多元合金材料的高效定制制备技术	724	1 009	1.39	2020.8
7	钠离子电池核心材料设计与产业化	1 306	3 628	2.78	2021.5
8	使役性多频电磁隐身材料及部件开发	855	2 939	3.44	2020.7
9	数智化有色金属冶金流程优化与设计	326	708	2.17	2020.7
10	耐高温柔性轻质隔热材料设计和开发	274	418	1.53	2020.7

表 4.16　化工、冶金与材料工程领域领域 Top 10 工程开发前沿专利逐年公开量

序号	工程开发前沿	2018	2019	2020	2021	2022	2023
1	全固态电池关键材料开发及其制备技术	126	170	272	268	342	438
2	金属多工艺一体化增材制造关键技术和装备	177	247	327	494	560	500
3	低能耗长寿命海水电解制氢系统构建及海水矿产资源开发	73	82	92	117	157	189
4	高容量储氢材料的规模化制备与系统工艺开发	116	123	130	194	241	232
5	数字孪生钢铁制造技术	55	45	53	86	92	145
6	高性能多元合金材料的高效定制制备技术	92	97	106	122	161	146
7	钠离子电池核心材料设计与产业化	103	136	111	145	282	529
8	使役性多频电磁隐身材料及部件开发	140	107	122	162	178	146
9	数智化有色金属冶金流程优化与设计	57	44	38	52	63	72
10	耐高温柔性轻质隔热材料设计和开发	38	38	49	49	49	51

界面特性优化以及电芯成型技术。固态电解质材料是全固态电池的核心，主要分为硫化物、氧化物和聚合物电解质三大类。其中，硫化物电解质因其较高的离子电导率和较低的界面阻抗成为全球研发的重点，而氧化物电解质因其化学稳定性较好也受到关注，聚合物电解质则因其柔性和易加工性而具备应用潜力。在正极材料方面，仍以氧化物正极及磷酸铁锂为主，配合界面改性以消除空间电荷层效应，同时硫基正极也被视为提高能量密度的候选者；在负极方面，硅负极和金属锂具有高理论比容量，成为提升电池能量密度的关键。全固态电池关键材料全球研发趋势集中在以下方面：① 兼具高锂离子电导率、高化学 / 电化学稳定性的固体电解质材料；② 高强度、高离子导固体电解质超薄膜材料；③ 与电解质界面相容的高容量、低应变正 / 负极材料；④ 界面改性技术；⑤ 关键材料的低成本化和规模化制备技术。总体来看，全固态电池的开发正逐步向实用化迈进，有望成为下一代储能技术的主流。

（2）金属多工艺一体化增材制造关键技术和装备

金属多工艺一体化制造技术将多种增材制造工艺与其他制造工艺融合，集成到同一个系统或生产流程中，以制造复杂、高性能的金属或合金部件，实现一体化技术解决方案。这项技术通过精细化的流程优化，不仅提升了制造的精度和自动化水平，还增强了结构设计的灵活性，并有效简化了生产流程，为复杂金属构件的制造提供了高效、高质量的解决方案。该技术在多个关键行业中展现出其变革性的应用潜力，特别是在汽车、航空航天、军事装备、轨道交通等高技术领域。随着技术的持续进步和成本效益的改善，预计它将在更广泛的制造领域内得到应用，为行业的创新和发展注入新动力。金属多工艺一体化制造技术的发展聚焦于以下几个关键方向：① 多材料、多工艺协同金属增材制造，通过最优工艺组合实现金属构件的高性能和多功能；② 增减材一体化复合制造，在同一流程中交替使用增材和减材工艺，提高生产效率和零件质量；③ 智能化复合加工控制系统的开发，利用多尺度建模、仿真、机器学习和人工智能技术，提高制造过程的智能化水平。

（3）低能耗长寿命海水电解制氢系统构建及海水矿产资源开发

电解海水制氢是未来制“绿氢”的重要方向。同时，海水又是地球上镁元素最大的存储矿藏，对海水镁资源的开发利用具有较高的经济效益。目前，以海水为原料的电解制氢技术有三大类路径：一是脱盐转化为淡水，将海水淡化系统纳入商用电解系统；二是在海水中加碱以沉淀氢氧化物并减少阳极副反应；三是直接海水电解技术，直接对未处理的海水进行电解，并通过阴极侧反应实现镁资源的提取利用。然而，海水成分复杂，直接电解面临众多挑战（阳极腐蚀，阴极结垢等）。与纯水电解相比，碱性海水电解与直接海水电解的电极与系统往往具有相对更短的服役寿命，急需对其电极材料与系统进行重新设计以满足海水工况服役要求。目前，对海水电解的研究主要集中在以下方面：① 碱性海水电解阳极腐蚀机理研究与长寿命防腐蚀电极开发；② 碱性海水电解高活性、抗波动阴极开发；③ 直接海水电解结垢机理研究与疏固阴极开发；④ 大功率海水电解系统制造技术。

（4）高容量储氢材料的规模化制备与系统工艺开发

固体储氢因其储氢量大、原料丰富、价格低廉的特性，是储氢应用领域中最具潜力的方向之一。此外，固体储氢系统可以实现常压输送，极大地提升了储运氢过程中的安全系数，使固体储氢系统可以补充或部分取代现有的某些场景的高压 / 液氢储运氢系统。同时，有些固体储氢系统的输送效率比 20 MPa 拖管车高 4 倍左右，有效涵盖半径亦扩大到 500 km 以上。更为重要的是，固体储氢系统还可应用于固定式加氢站和智能建筑等场景，降低储氢对空间的安全需求，同时提高整体储氢安全性。然而，高性能固体储氢材料的规模化制备工艺尚不成熟，这严重阻碍了固体储氢材料的大规模应用。目前关于固体储氢材料的开发主要聚焦于：① 高效合成工艺，调整反应气氛、反应温度、机械作用力、催化剂等共同耦合作用为制备固体氢化物的核心控制因素，开发活性反应气氛下机械作用力诱导催化的加氢制备工艺，助推固体氢化物储氢材料的高效低成本快速合成；② 高效储氢系统设计，设计针对不同固体储氢系统的高效催化剂和添加剂并调整催化剂和添加剂的量，以获取高效固体储氢材料系统；③ 规模化制备系统，在现有基础上持续改进催化剂和工艺，最终开发集成式生产系统，完成百吨 / 年固体氢化物储氢材料的产能，大幅降低用氢成本并显著推进氢能的大规模应用；④ 示范性固体储氢材料应用系统，开发吨级氢气储量的固体储运氢系统，实现充放氢空间和热量的解耦，实现应用示范。

（5）数字孪生钢铁制造技术

钢铁行业具有生产流程长、工序间强耦合、生产条件极端、内部物理变化和化学反应复杂等特性，这使得钢铁行业的生产过程建模、运行控制和操作优化等极其困难，进而影响生产质量和效益的提高。工业场景下数字孪生的蓬勃发展为钢铁行业转型升级提供了新思路。通过创建物理实体的数字副本集成数据、模型和知识，数字孪生技术能够为新工艺验证、新技术导入提供保真的数据、事件和响应，从而提高生产效率和产品质量。钢铁行业数字孪生的构建过程主要包括数据环节、建模环节、服务环节，以及平台构建与软件化环节、安全环节等。目前对于钢铁行业数字孪生的研究主要集中在多源异构数据的采集传输、存储以及多维度高保真模型的建立。国内外钢铁企业纷纷开发了各自的数字孪生模型和系统，集成了工厂综合展示、生产过程仿真监控、工艺参数优化设计、多级配料优化、产品质量管理、设备智能运维、智能安全管理等功能。数字孪生技术在钢铁制造领域的发展趋势主要表现在以下方面：① 数据安全，确保数据在采集传输、存储等阶段中保持稳定且不被泄露；② 模型开发，通过结合机理、数据、知识进行建模，提高模型精度；③ 标准设立，不断完善数字孪生的标准体系，帮助数字孪生规范有序发展。

（6）高性能多元合金材料的高效定制制备技术

高性能多元合金材料凭借其在航空航天、汽车制造、能源装备等关键行业的广泛应用，其高效定制制备技术已成为推动现代工业与科技发展的核心动力之一。高性能多元合金材料的高效定制制备旨在解决传统合金制备方法中存在的成分不均匀、制备效率低、性能不稳定、多重指标难以兼顾等问题，通过优化合金成分设计、引入先进的制备技术和工艺控制手段，实现高性能多元合金材料的快速、精准和可控制备。发展高效定制多元合金材料的先进制备技术，不仅要能够实现合金成分的精准控制和均匀分布，还需具备低成本、快速制造的优势，以适应复杂、多变的应用需求。开发的重点包括：① 通过理论计算和实验研究，优化合金成分设计，探索多元素间的相互作用机制，提高材料的性能；② 研究和开发先进的合金制备工艺，如快速凝固、粉末冶金、激光加工等，提高制备效率和材料质量；③ 通过控制制备过程中的工艺参数，实现对合金微观组织结构的精确调控，从而改善材料的性能，提升制备过程中的成分均匀性和组织稳定性；④ 建立材料性能评估体系和预测模型，指导合金成分设计和制备工艺优化，以适应不同应用场景的材料定制化开发。

（7）钠离子电池核心材料设计与产业化

近年来，钠离子电池因其资源优势、成本效益及环境友好等特性蓬勃发展，成为锂离子电池的重要补充。核心材料技术革新与突破是钠离子电池产业应用的关键。钠离子电池核心材料设计与产业化的研究主要聚焦在以下领域：① 先进电极材料结构设计，对层状氧化物、聚阴离子、普鲁士蓝类等正极材料，以及碳基、钠金属负极材料，进行掺杂、包覆、交联、孔结构、缺陷、界面等精细调控，以提高安全性、倍率、循环和能量性能，同时积极挖掘新材料与新机制；② 新型电解液研制，筛选 / 合成新型电解质、溶剂及添加剂组合，以满足宽电压窗口、长循环寿命、快速充放电、宽温域及阻燃安全等多元化需求，解析钠离子溶剂化结构、正负极界面与电化学性能的内在关联；③ 固态电池技术深耕，开发安全、高效、廉价的钠离子固体电解质，提升离子电导率并攻克固 – 固界面接触难题。此外，可借鉴锂离子电池成熟的制造工艺，结合钠离子电池的独特性，量身打造并优化生产工艺流程，为大规模生产制造奠定坚实基础；推动无模组电池包技术在钠离子电池领域的应用，利用钠离子电池正负极均可采用铝箔的优势，最大化电池包成组效率，有效弥补能量密度上的相对不足，充分发挥其成本竞争力，为钠离子电池的产业化应用开辟新路径。

（8）使役性多频电磁隐身材料及部件开发

电磁隐身技术通过利用电磁隐身材料与结构来减弱和吸收电磁波的强度，进而最大程度地降低相关目标被探测系统发现和识别的概率。高性能的电磁隐身材料与结构在航空航天、探测、通信等工业及高端装备领域的需求日益迫切。随着当前诸如高温、高盐雾、高应力等电磁环境的日趋复杂，亟须开展使役条件下电磁功能材料及部件的研发。目前，该方向的研究主要集中在以下方面：① 先进多频谱基础电磁功能材料的成分设计、开发与制备；② 先进使役性基础电磁材料的设计与优化；③ 先进电磁仿真系统的功能集成与异形电磁模拟算法的提升；④ 使役耦合条件下磁电材料的功能优化与兼容设计、部件制备；⑤ 多频电磁隐身材料及部件的使役验证与循环优化；⑥ 相关电磁材料与部件的使役耦合机制研究。

（9）数智化有色金属冶金流程优化与设计

数智化有色金属冶金流程优化与设计是将人工智能、工业互联网等信息技术与冶金工业流程控制相结合，通过基于主 / 辅模糊控制的多目标智能优化控制，实现关键工艺参数、能耗等指标的优化。有色金属冶金工业的数智化转型，不仅是技术上的变革，更是提供了高效的信息管理和分析平台，促进了企业的管理方式变革。通过数据驱动决策的中心化方法，打通冶金流程中各个工序的数据孤岛，来实现信息的共享和价值的最大化；并借助数据分析和仿真评估，准确地了解生产过程中的瓶颈和优化空间，从而实现冶金流程的精益化管理。随着 AI 技术的快速发展、大数据平台的建立，未来有色金属冶金行业在数智化方向的研究主要集中于以下方面：① 有色冶金工艺流程中物质流 – 能量流 – 信息流深度耦合机理；② 基于 5G 和工业互联网的绿色智能工厂设计；③ AI 机器视觉技术在有色冶金工艺流程中的应用，提供更直观、智能的人机交互体验，使操作更为便捷和高效。

（10）耐高温柔性轻质隔热材料设计和开发

耐高温柔性轻质隔热材料凭借其在航空航天、建筑节能、能源设备和极端环境应用中的广泛需求，已成为全球科技和工业领域的重要研究方向。此类材料的设计与开发旨在克服传统隔热材料（如玻璃纤维、硅酸盐和气凝胶等）在极端高温环境下表现出的脆性大、耐久性差、机械强度不高等问题。通过引入多功能复合材料与优化微观结构，实现高效稳定隔热与卓越机械性能相结合的材料体系。发展耐高温柔性轻质隔热材料不仅要满足极端环境下的隔热需求，还需具备轻质、柔性和环境友好的特性，以应对未来复杂多变的应用场景。该领域的重点技术方向包括：① 深入研究材料微观结构与其热性能的内在关系，精准调控材料内部微结构并优化界面设计，提升材料在极端环境中隔热与机械性能的协同作用；② 研究新型的复合材料制备工艺，如 3D 打印、纳米结构设计及气凝胶改性技术，在兼具隔热、轻质和机械稳健性的同时，提升其柔性和可赋形性；③ 开发新型智能隔热材料，通过引入相变材料或热控薄膜，实现隔热性能的自适应调节，提升能源利用效率；④ 探索可循环利用和可降解的隔热材料，创新绿色、低成本的制造工艺，推动其在大规模应用中的可持续性。

4.2.2 Top 3 工程开发前沿重点解读

4.2.2.1 全固态电池关键材料开发及其制备技术

全固态电池是当今电池技术领域中的最前沿的技术之一，被认为是下一代储能技术的重要方向，它有效克服了液态电解液在能量密度、安全性和热稳定性等方面的局限性。随着便携式电子设备、电动汽车、储能系统对高能量密度、安全性和长寿命电池的需求日益增长，全固态电池的开发受到了全球科学界和工业界的高度关注，日本新能源产业技术综合开发机构（NEDO）、美国能源部联合储能研究中心（JCESR/DOE）、欧盟“地平线 2020”计划、中国科技部都明确布局发展全固态电池技术。

全固态电池技术的关键在于固态电解质材料的发展，其要求固态电解质不仅具备较高的离子电导率，还必须在化学 / 电化学方面与电极材料具有良好的稳定性，从而减少界面阻抗并防止副反应的发生。虽然全固态电池的研究可以追溯到 20 世纪初期，但真正的快速发展始于 2000 年以后，特别是 2011 年 LGPS 硫化物固态电解质的推出，其电导率达到电解液水平，使得越来越多的汽车 / 电池制造商和初创企业开始开发高性能硫化物全固态电池。

尽管取得了诸多进展，全固态电池技术仍然面临多个挑战。首先，固体电解质的综合性指标仍未达到实用化程度，虽然发现的一些材料体系具有高锂离子电导率，但其空气 / 溶剂 / 金属锂稳定性等亟待提升。其次，固体电解质作为非活性物质在电芯中占比较高，影响电芯能量密度的提升，降低电解质膜的厚度刻不容缓。再次，从力学角度来看，正负极材料在充放电过程中的体积膨胀易导致固 – 固界面接触失效，与此同时，固态电解质与电极材料之间的界面稳定性问题尚未完全解决，尤其是在多次循环过程中，界面阻抗的增加会导致电池性能的迅速下降，发展高容量、低应变正负极材料对于提升全固态电池综合性制备尤为重要。最后，实现全固态电池商业化，发展其关键材料体系的低成本、规模化制备技术也是必经之路。相信通过关键材料的不断创新和技术突破，全固态电池有望在未来的能源领域占据重要地位，特别是在电动汽车和大型储能系统中替代现有的锂离子电池，推动能源技术的革命性发展。

全球在“全固态电池关键材料开发及其制备技术”工程研发中的专利分布呈现明显的地区差异和机构集中趋势。首先，在国家分布（表 4.17 和图 4.10）方面，日本占据主导地位，专利公开量远超其他国家，占比达 52.72%，被引频次也最多，显示出日本在全固态电池材料开发技术上的显著领先地位。韩国和中国分别位列第二和第三，专利占比分别为 23.89% 和 21.35%，但与日本相比尚有一定差距。欧美国家如美国、法国、加拿大、德国的专利数量相对较少，但是欧美国家基础实力雄厚，后续发展潜力不容忽视。在机构分布（表 4.18 和图 4.11）方面，丰田汽车公司是该领域中专利公开量最多的机构，公开专利量为 378，占比为 23.39%，反映了其在全固态电池技术中的主导地位。LG 化学有限公司和现代汽车公司专利公开量分别位列第二和第三，显示出韩国企业在该技术领域的持续研发投入。其他大型企业如松下集团、三星电子有限公司等在该领域也有一定的专利积累。总结来看，全固态电池关键材料开发技术的专利主要集中在日本、韩国和中国，尤其是日本企业，其在技术积累和引领能力上表现最为突出。各大机构的专利竞争较为激烈，未来合作创新可能是推动这一技术领域进一步发展的重要路径。

随着各方政策的大力支持与关键核心材料、技术的快速发展，未来 5~10 年是全固态电池破壁的关键期（图 4.12），新材料和新工艺让我们有机会实现全固态电池产业技术的突破。固态电解质材料的综合性指标进一步优化是核心，同时采用湿法涂覆实现超薄膜的连续化生产是关键。此外，高容量、低应变正负

表 4.17 “全固态电池关键材料开发及其制备技术”工程开发前沿中核心专利的主要产出国家

序号	国家	公开量	公开量比例 /%	被引数	被引数比例 /%	平均被引数
1	日本	852	52.72	2 119	61.10	2.49
2	韩国	386	23.89	554	15.97	1.44
3	中国	345	21.35	771	22.23	2.23
4	美国	31	1.92	41	1.18	1.32
5	法国	9	0.56	5	0.14	0.56
6	加拿大	4	0.25	6	0.17	1.50
7	德国	3	0.19	0	0.00	0.00
8	比利时	2	0.12	1	0.03	0.50
9	印度	1	0.06	0	0.00	0.00

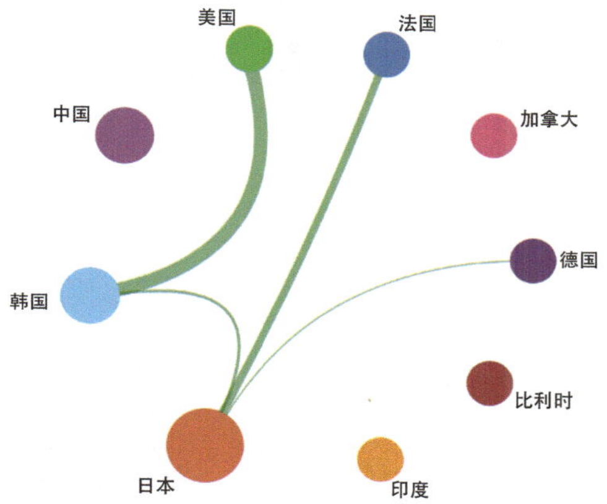

图 4.10 “全固态电池关键材料开发及其制备技术”工程开发前沿主要国家间的合作网络

表 4.18 “全固态电池关键材料开发及其制备技术”工程开发前沿中核心专利的主要产出机构

序号	机构	公开量	公开量比例 /%	被引数	被引数比例 /%	平均被引数
1	丰田汽车公司	378	23.39	829	23.90	2.19
2	LG 化学有限公司	114	7.05	265	7.64	2.32
3	现代汽车公司	92	5.69	124	3.58	1.35
4	起亚汽车公司	90	5.57	112	3.23	1.24
5	松下集团	75	4.64	372	10.73	4.96
6	昭和电工包装株式会社	48	2.97	90	2.60	1.88
7	三星电子有限公司	44	2.72	41	1.18	0.93
8	东风日产汽车公司	38	2.35	18	0.52	0.47
9	雷诺集团	33	2.04	18	0.52	0.55
10	麦克赛尔株式会社	30	1.86	38	1.10	1.27

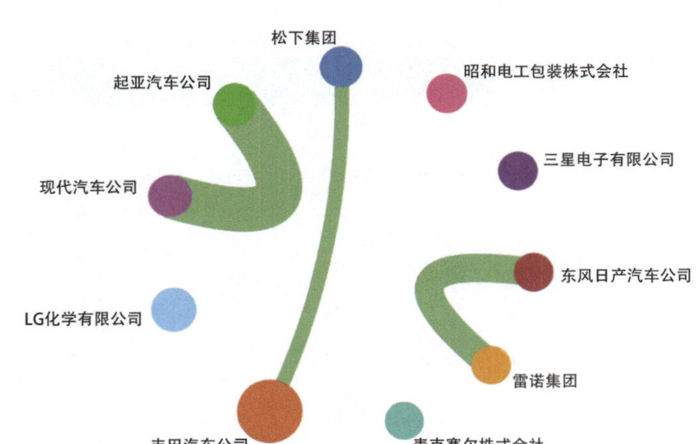

图 4.11 “全固态电池关键材料开发及其制备技术”工程开发前沿主要机构间的合作网络

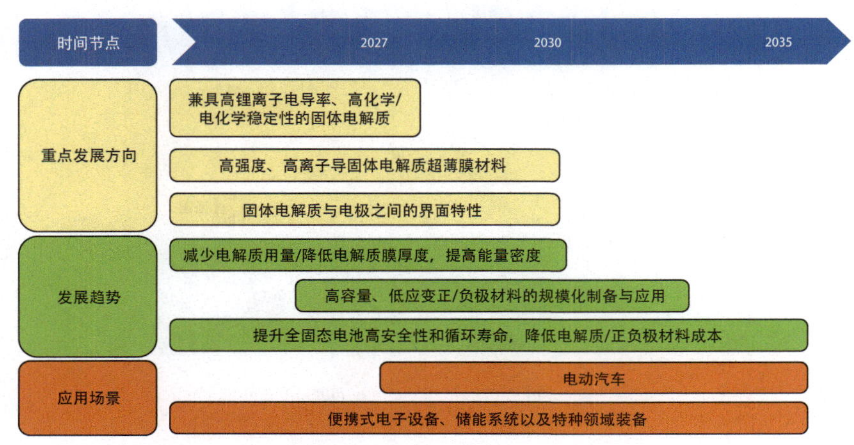

图 4.12 “全固态电池关键材料开发及其制备技术”工程开发前沿的发展路线

极材料的研发与低成本规模化制备也极为重要，特别是其与电解质材料的界面特性优化，是全固态电池安全性与综合电化学性能指标的保障，从而推动其在电动汽车、便携式电子设备、储能系统、特种领域等实现广泛应用。

4.2.2.2 金属多工艺一体化增材制造关键技术和装备

金属增材制造是增材制造技术最重要的一个分支，是以金属粉末 / 丝材等为原料，以高能束（激光、电子束、电弧、等离子束等）作为刀具，以三维计算机辅助设计（CAD）数据模型为基础，运用离散 – 堆积的原理，在软件与数控系统的控制下将材料熔化逐层堆积，来制造高性能金属构件的新型制造技术。与传统的车、铣、刨、磨等“减材制造”工艺，以及铸、锻、焊等“等材制造”工艺相比，金属增材制造技术具有制造设计自由度大、可成形复杂结构、产品实现周期短、产品性能高、材料利用率高等特点，被广泛应用于航空航天、生物医疗、汽车制造、动力能源等领域，在整个增材制造市场中的规模占比超过50%。随着技术进步带来的应用领域不断拓展，金属增材制造已经发展形成了多种工艺技术，包括激光熔化沉积（LMD）技术、电子束加工（EBM）技术、激光选区熔化（SLM）技术、定向能量沉积（DED）技术等。

随着制造领域对零部件轻量化、性能高端化、结构复杂化的需求不断提升，以及敏捷制造、高端数字化制造环境的改变，金属多工艺一体化增材制造技术的开发日趋重要。这种技术集成多种金属增材制造（如激光金属增材制造、电弧增材制造等）和减材制造（如机械加工、热处理等）的协同应用，优化制造流程，具有加工精密度高、自动化程度高、结构易构性强、工艺链缩减等方面的优势，可以实现复杂金属构件的高效、高质量生产。目前，该技术已在汽车制造、航空航天、国防军工、轨道交通等领域相继开展了诸多应用和研究。随着未来技术的不断成熟和硬件系统成本的下降，该技术的市场前景广阔，预计将在多个领域实现广泛应用，并推动制造业的升级和发展。

由表 4.19 可以看出，中国在该领域的专利数量占有绝对领先优势，占比超过 70%，说明中国在该领域保有领先地位；其余专利基本来自欧美日韩等发达地区。表 4.20 说明，中国的主要产出机构主要集中在高校、研究院所等技术研发机构，这也在一定程度上反映出中国在技术成果转化上仍需加强，尤其是在下游领域中的应用研究和投入上。此外，在该领域相关的国际合作与交流方面，我国的开放程度不够，如图 4.13 所示，还需要进一步扩大相关领域的国际影响力；而国内各研究机构间的合作如图 4.14 所示，尤其是上下游、相关行业间的技术合作有待进一步加强和深入。

未来 5~10 年，随着增材制造技术、材料、数字控制技术、热耦合仿真技术及互联网技术的发展和成熟，“金属多工艺一体化增材制造关键技术和装备”有望拓展并广泛应用于民生领域装备，全面促进装备的整体性能、减重、散热、高集成度和敏捷制造周期等方面的优化。“金属多工艺一体化增材制造关键技术和装备”工程开发前沿的发展路线如图 4.15 所示，技术前沿主要集中以下方面：

1）多材料、多工艺协同金属增材制造：采用最优的增材工艺组合实现多种类金属材料制造成型，在复杂整体构件内部同步实现多材料设计与布局、多层级结构创新与打印，实现构件的高性能和多功能。

2）增减材一体化复合制造：在同一制造流程中交替使用增材和减材工艺。通过增材制造实现材料的层积成形，同时利用减材技术提高表面质量、改善应力状态，兼顾增材制造的快速成型与减材制造的高精度，

表 4.19 “金属多工艺一体化增材制造关键技术和装备”工程开发前沿中核心专利的主要产出国家

序号	国家	公开量	公开量比例 /%	被引数	被引数比例 /%	平均被引数
1	中国	1 630	70.72	4 242	65.43	2.60
2	美国	292	12.67	1 489	22.97	5.10
3	德国	96	4.16	234	3.61	2.44
4	日本	69	2.99	134	2.07	1.94
5	法国	55	2.39	73	1.13	1.33
6	印度	22	0.95	8	0.12	0.36
7	英国	19	0.82	111	1.71	5.84
8	韩国	15	0.65	9	0.14	0.60
9	瑞典	12	0.52	19	0.29	1.58
10	俄罗斯	12	0.52	6	0.09	0.50

表 4.20 “金属多工艺一体化增材制造关键技术和装备”工程开发前沿中核心专利的主要产出机构

序号	机构	公开量	公开量比例 /%	被引数	被引数比例 /%	平均被引数
1	上海交通大学	53	2.30	236	3.64	4.45
2	航天特种材料及工艺技术研究所	52	2.26	120	1.85	2.31
3	华中科技大学	47	2.04	208	3.21	4.43
4	西安交通大学	45	1.95	166	2.56	3.69
5	中南大学	33	1.43	187	2.88	5.67
6	中国科学院金属研究所	31	1.34	87	1.34	2.81
7	通用电气公司	29	1.26	216	3.33	7.45
8	天津大学	28	1.21	66	1.02	2.36
9	吉林大学	26	1.13	92	1.42	3.54
10	哈尔滨工业大学	26	1.13	52	0.80	2.00

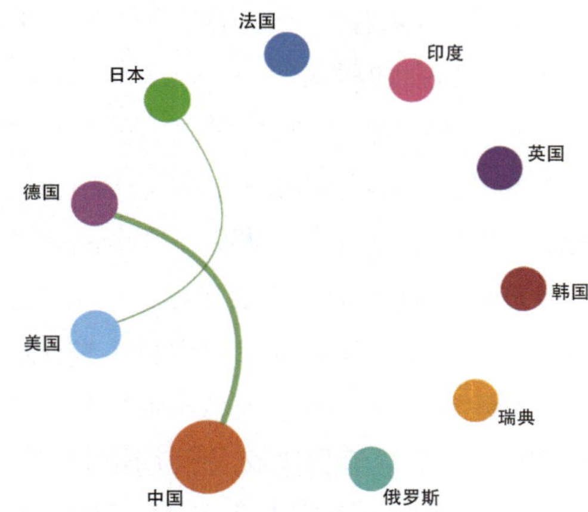

图 4.13 “金属多工艺一体化增材制造关键技术和装备”工程开发前沿主要国家间的合作网络

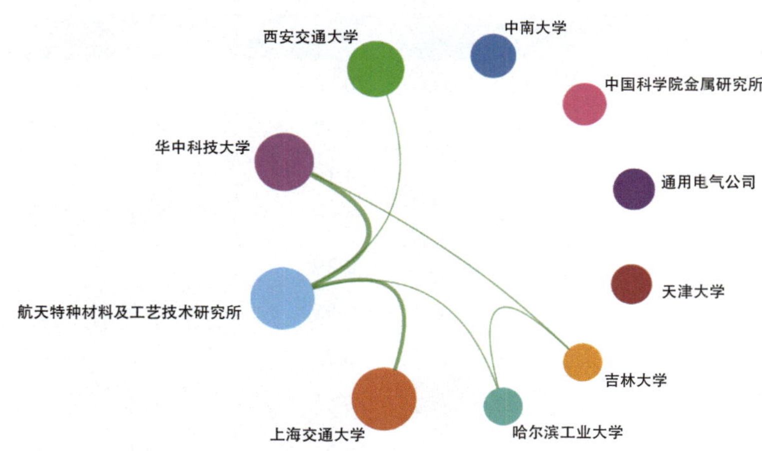

图 4.14 “金属多工艺一体化增材制造关键技术和装备”工程开发前沿主要机构间的合作网络

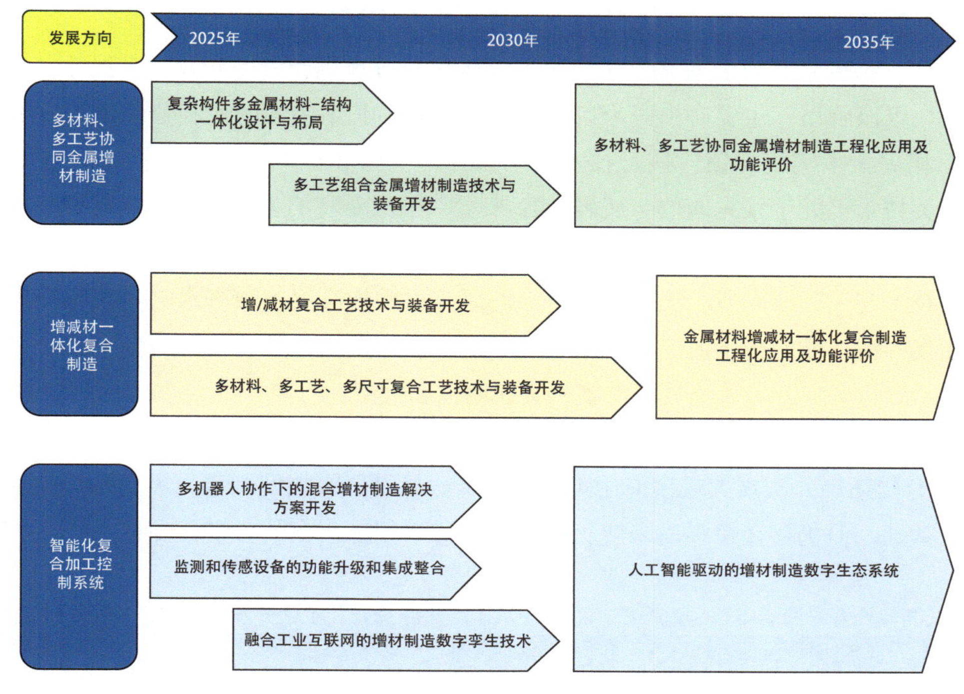

图 4.15 “金属多工艺一体化增材制造关键技术和装备”工程开发前沿的发展路线

实现零件的一次装夹，工序之间无须切换，从而显著提高生产效率和零件质量。

3）智能化复合加工控制系统：结合多尺度建模和仿真、机器学习、人工智能等先进技术，更有效地把信息与物理过程联系起来，着重开发多机器人开发合作下的混合增材制造解决方案，改善监测和传感设备的功能和集成度，将工业互联网融合到增材制造数字孪生中，支持建立和完善增材制造数字生态系统。

4.2.2.3 低能耗长寿命海水电解制氢系统构建及海水矿产资源开发

电解水制氢被认为是一种理想的“绿氢”制备技术，实现氢气“生产–消耗–再生”过程的“双碳”目标。但全球淡水资源紧缺（约 2.5%），大规模发展纯水电解制氢可能造成淡水资源进一步短缺；而海水资源丰富（约 96.5%），开发海水作为制氢原料，有望突破这一瓶颈。然而，海水中的氯离子（约 0.5 mol/L）在电解条件下极易在阳极被氧化，生成含氯的腐蚀性物质，导致阳极电极材料受损。同时，在电解制氢过程中，阴极附近的 pH 值会发生明显的变化，海水中的 Ca^{2+} 和 Mg^{2+} 会与阴极产生的 OH^- 结合，生成 $Mg(OH)_2$、$Ca(OH)_2$ 等难溶物，这一系列沉淀物可能会覆盖催化剂的活性位点，进一步导致电极失活。此外，由于可再生能源的波动性，电解槽无法快速跟随响应，导致反应平衡和热平衡无法建立，使得电解槽性能发生衰减。因此，开发低能耗、长寿命海水电解系统成为海水电解制氢大规模应用的关键。

海水电解制氢技术的研究从 20 世纪中叶开始，至 21 世纪初研究进展较为缓慢。近年来，由于氢能产业的快速崛起，该技术受到众多国家研究院所和企业的重视，发展脚步加快。目前，国内外在电解海水制氢领域的企业包括法国 Lhyfe 公司、英国伊尔姆环境资源管理咨询有限公司（ERM）、中国深圳氢致能源有限公司、中国东方电气集团等，相关项目正在稳步推进。海水电解制氢领域的相关基础研究主要集中在研制具有长寿命的电极材料、解决海水中杂质离子带来的腐蚀与结垢问题、反应机理研究，以及开发新型的抗波动海水制氢装置。

表 4.21 列出了“低能耗长寿命海水电解制氢系统构建及海水矿产资源开发”工程开发前沿中核心专利的主要产出国家。可以看出，主要产出国家以亚洲国家居多，其中中国的专利公开量和被引数比例远超其他国家。但国际相关技术实施封锁，核心技术尚未公开。美国和德国的专利平均被引数均显著高于其他国家，说明其相关技术仍处于领先地位。从表 4.22 来看，中国专利的主要产出机构既有高校也有企业，说明海水电解制氢领域在产学研一体化上发展较好。中国科学院大连化学物理研究所、青岛科技大学、中国科学院宁波材料技术与工程研究所、天津大学等沿海研究机构均高度重视海水电解制氢技术的发展。企业方面，中国华能集团清洁能源技术研究院有限公司和中国船舶重工集团公司等均位于前列。研究机构的分布广泛性也说明了海水电解制氢系统具有重要的研究地位和价值。

随着氢能产业的蓬勃发展与政策上的大力扶持，海水电解制氢产业正迎来“重要战略机遇期”，未来 5~10 年，该产业有望拓展并实现大规模应用（图 4.16）。尽管海水电解制氢电极与系统的设计和制备技术已有相当的研究基础，但仍存在很多尚未解决的技术与科学问题。在装备换代和技术升级的大背景下，海

表 4.21 “低能耗长寿命海水电解制氢系统构建及海水矿产资源开发”工程开发前沿中核心专利的主要产出国家

序号	国家	公开量	公开量比例 /%	被引数	被引数比例 /%	平均被引数
1	中国	556	78.31	916	80.14	1.65
2	韩国	71	10.00	50	4.37	0.70
3	日本	17	2.39	29	2.54	1.71
4	美国	15	2.11	74	6.47	4.93
5	沙特阿拉伯	9	1.27	11	0.96	1.22
6	澳大利亚	5	0.70	2	0.17	0.40
7	德国	4	0.56	17	1.49	4.25
8	挪威	4	0.56	4	0.35	1.00
9	巴西	4	0.56	0	0.00	0.00
10	加拿大	4	0.56	0	0.00	0.00

表 4.22 “低能耗长寿命海水电解制氢系统构建及海水矿产资源开发”工程开发前沿中核心专利的主要产出机构

序号	机构	公开量	公开量比例 /%	被引数	被引数比例 /%	平均被引数
1	中国华能集团清洁能源技术研究院有限公司	21	2.96	17	1.49	0.81
2	中国科学院大连化学物理研究所	17	2.39	24	2.10	1.41
3	青岛科技大学	14	1.97	15	1.31	1.07
4	中国船舶重工集团公司	14	1.97	12	1.05	0.86
5	中国科学院宁波材料技术与工程研究所	10	1.41	44	3.85	4.40
6	天津大学	9	1.27	7	0.61	0.78
7	青岛中石大新能源科技有限公司	9	1.27	6	0.52	0.67
8	哈尔滨工业大学	8	1.13	3	0.26	0.38
9	深圳大学	7	0.99	27	2.36	3.86
10	中国水产科学研究院	7	0.99	14	1.22	2.00

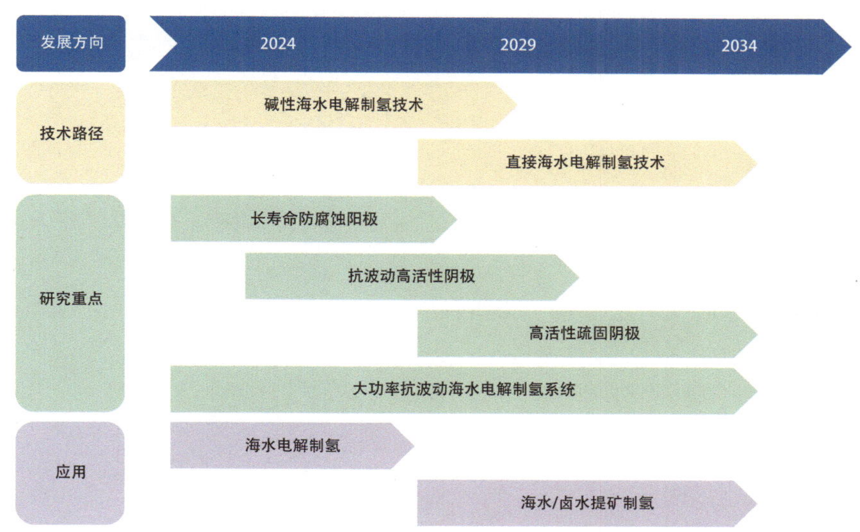

图 4.16　“低能耗长寿命海水电解制氢系统构建及海水矿产资源开发”工程开发前沿的发展路线

水电解制氢电极材料的研发产业链面临新的挑战和需求。短期内，碱性海水电解仍是发展的主要方向。如何设计开发具有长寿命的耐腐蚀阳极、提升阴极的活性与抗波动性、开发大功率的抗波动海水电解制氢系统等仍亟待突破。从长远来看，发展基于高活性疏固阴极的直接海水电解制氢系统意义重大，这将成为未来的长期发展目标与方向。此外，短期内，海水电解制氢仍以制氢为主要目标，但随着材料与系统的不断迭代，海水电解制氢技术将有望发展为海水 / 卤水（浓海水）提矿制氢技术，从而同时实现绿氢的制备和海水矿产资源的提取与利用。提取海水中矿产资源所带来的收益将极大地降低海水电解制氢的成本，使海水电解制氢大规模应用成为可能。

领域课题组成员

课题组组长：谭天伟　元英进

工作组：

联络指导：马新宾　何朝辉　涂　璇

项目秘书：程路丽　黄耀东　李艳妮　李　莎　朱晓文

执笔组：

曹湖军　李江涛　李　娟　李仁贵　梁彦杰　刘家臣　陆之毅　罗　丹　宁明强　宋宪根　王　刚
姚昌国　姚霞银　朱小健　朱晓文　祝　薇　程咨博　郭思铭　罗隆琪　伊　理　张青青　周　杰

数据分析组：

北京航空航天大学

邓　元　祝　薇　郭思铭　郭占鹏　胡少雄　张青青　周　杰

昆明理工大学

王　华　魏永刚　肖清泰

天津大学

高　鑫　刘家臣　罗诗妮　朱晓文　王　娜　张雪颖

湘潭大学

周业丰

中国宝武中央研究院

代铭玉　孙　竹　王　媛　姚昌国

中国科学院大连化学物理研究所

曹湖军　范文俊　高　嵩　李仁贵　罗　丹　宋宪根　王　静　王业红　叶　茂　尹红梅　程咨博
李　彬

中国科学院宁波材料技术与工程研究所

曹彦伟　李　娟　陆之毅　路　伟　宁明强　王　刚　王永欣　向超宇　姚霞银　张　涛　朱小健
段晓霖　刘雪蓉　罗隆琪　伊　理

中南大学

柴立元　李江涛　梁彦杰　刘旭恒　王海鹰　王云燕　颜　旭　赵中伟

第五章　能源与矿业工程前沿

5.1 工程研究前沿

5.1.1 Top 12 工程研究前沿发展态势

能源与矿业工程领域研判的 Top 12 工程研究前沿见表 5.1，涵盖了能源和电气科学技术与工程、核科学技术与工程、地质资源科学技术与工程、矿业科学技术与工程 4 个学科。其中，“二氧化碳捕集与原位转化一体化技术”“高离子传导固态电解质研究”“电力系统运维大模型研究”属于能源和电气科学技术与工程领域；“紧凑型核聚变及氚资源转换原理”“玻璃固化等核废物处置原理模拟和试验”“新型热管式反应堆在空间堆应用试验研究”属于核科学技术与工程领域；“基于深度学习的高分辨率遥感成矿信息提取技术”“造山型金矿床物质来源及成矿过程研究”“长 7 段页岩油原位转化机理”属于地质资源科学技术与工程领域；“油气与风 – 光 – 热 – 储多能融合开发利用方法”“深层油气储层智能精细表征方法”“煤矿安全智能监控系统传感器网络优化”属于矿业科学技术与工程领域。2018—2023 年各研究前沿相关的核心论文逐年发表情况见表 5.2。

（1）二氧化碳捕集与原位转化一体化技术

二氧化碳（CO_2）捕集与原位转化一体化技术是指 CO_2 被捕集后不经过传统的变温变压脱附过程，而是在吸附状态下原位催化转化为高附加值产物的技术。该技术的核心是在同一材料体系中完成 CO_2 的捕集和转化利用，从而省去了 CO_2 分离、提纯、存储和运输等过程，理论上可大幅降低成本和能耗，并简化系

表 5.1 能源与矿业工程领域 Top 12 工程研究前沿

序号	工程研究前沿	核心论文数	被引频次	篇均被引频次	平均出版年
1	二氧化碳捕集与原位转化一体化技术	50	4 890	97.80	2020.2
2	紧凑型核聚变及氚资源转换原理	2	89	44.50	2018.0
3	基于深度学习的高分辨率遥感成矿信息提取技术	21	4 103	195.38	2020.7
4	油气与风 – 光 – 热 – 储多能融合开发利用方法	312	54 332	174.14	2019.9
5	高离子传导固态电解质研究	559	26 142	46.77	2021.2
6	电力系统运维大模型研究	307	6 737	21.94	2021.4
7	玻璃固化等核废物处置原理模拟和试验	24	433	18.04	2019.8
8	新型热管式反应堆在空间堆应用试验研究	39	889	22.79	2020.8
9	造山型金矿床物质来源及成矿过程研究	42	2 145	51.07	2020.7
10	长 7 段页岩油原位转化机理	18	1 105	61.39	2020.2
11	深层油气储层智能精细表征方法	1 088	12 237	11.25	2021.0
12	煤矿安全智能监控系统传感器网络优化	4	200	50.00	2021.0

注：前沿来源包括三类，即数据挖掘、专家提名、数据挖掘 & 专家提名；序号 1、4~6 为专家提名前沿，11 为数据挖掘 & 专家提名前沿，其余为数据挖掘前沿。

表 5.2　能源与矿业工程领域 Top 12 工程研究前沿核心论文逐年发表数

序号	工程研究前沿	2018	2019	2020	2021	2022	2023
1	二氧化碳捕集与原位转化一体化技术	7	13	7	12	10	1
2	紧凑型核聚变及氚资源转换原理	2	0	0	0	0	0
3	基于深度学习的高分辨率遥感成矿信息提取技术	0	3	6	7	5	0
4	油气与风 – 光 – 热 – 储多能融合开发利用方法	65	67	64	72	38	6
5	高离子传导固态电解质研究	37	66	75	120	108	153
6	电力系统运维大模型研究	13	24	49	47	82	92
7	玻璃固化等核废物处置原理模拟和试验	4	5	8	5	2	0
8	新型热管式反应堆在空间堆应用试验研究	1	3	12	10	11	2
9	造山型金矿床物质来源及成矿过程研究	3	5	11	11	7	5
10	长 7 段页岩油原位转化机理	2	1	9	5	0	1
11	深层油气储层智能精细表征方法	107	121	159	198	250	253
12	煤矿安全智能监控系统传感器网络优化	0	1	0	1	2	0

统流程。二氧化碳捕集与原位转化一体化技术可采用固体吸附法或溶液吸收法捕集 CO_2 并耦合催化转化，目前主流的技术方案是采用由碱 / 碱土金属氧化物吸附剂和贵金属或过渡金属催化剂组成的吸附催化双功能材料，吸附态的 CO_2 通过甲烷化、逆水煤气、甲烷干重整等反应过程进行原位转化。该领域的主要研究方向和发展趋势包括：① 高性能、低成本、长寿命的 CO_2 吸附催化双功能材料以及 CO_2 吸附和原位催化转化的耦合反应机理；② 流程和工艺参数优化以及可再生能源耦合技术；③ 真实场景的规模化示范应用和技术经济性分析。

（2）紧凑型核聚变及氚资源转换原理

在磁约束聚变领域，紧凑型核聚变是一种旨在实现小型化、低成本的核聚变反应装置技术。过去，国际上先后建成了多个大型托卡马克装置用于探索聚变研究，但这些装置需要投入巨大的经济成本。即使是多方合作的国际热核聚变实验堆（ITER）计划也需要各方共同承担经济成本。近年来，随着高温超导强场磁体技术的突破，聚变堆的经济成本大幅降低，使紧凑型聚变堆技术迎来了快速发展。相比传统核裂变，核聚变的能源更为清洁和安全。然而，对于最容易实现的氘氚聚变来说，聚变所需的氚在自然界中含量较少，为了获取足够的氚以满足未来聚变堆的需求，可以通过在反应堆中设计锂包层，利用聚变产生的中子轰击锂产生氚，并开发高效的氚回收系统，实现氚资源的循环利用。

（3）基于深度学习的高分辨率遥感成矿信息提取技术

基于深度学习的高分辨率遥感成矿信息提取技术是利用深度学习模型从高分辨率遥感影像中自动识别和提取地质解译信息（如矿化带、岩石类型、地质构造等关键信息）、矿化信息（蚀变、羟基）以及矿物资源相关特征，结合多源数据融合与特征优化，实现对潜在矿化区域的精准定位与分类，从而提升矿产勘探的效率和准确性，为矿产资源勘探提供科学依据。该领域的主要研究方向包括特征提取与识别、多源数据融合、时空变化分析和智能化地质解译。特征提取与识别通过深度学习模型，从遥感影像中自动提取矿物和地质特征；多源数据融合多尺度多模态遥感数据，增强成矿信息的识别能力；时空变化分析利用时序遥感数据，监测地质体的动态变化，识别潜在的成矿活动；智能化解译通过耦合多源信息，自动生成地质解译报告，以辅助专家开展矿产潜力评估。未来，基于深度学习的高分辨率遥感成矿信息提取技术将迎来一系列重要的发展趋势。通过多源数据融合和时空分析获取更全面的成矿信息，同时增强模型的解释性与可信度，确保解译结果的透明度与可靠性，基于遥感大数据与人工智能的深度结合，实现海量数据的高效分析与挖掘。该技术将在矿产资源勘探、矿产资源成矿预测与潜力评价中发挥越来越重要的作用。

（4）油气与风 – 光 – 热 – 储多能融合开发利用方法

油气与风 – 光 – 热 – 储多能融合开发利用方法是指在油气田开发和生产过程中，利用不同能源形式的协同作用，提高能源利用效率并降低环境影响。该方法通过综合考虑可再生能源（如风能、太阳能、地热能）以及储能技术的特点和优势，采取综合性的规划、共享基础设施、储存转换技术、智能管理系统以及政策激励措施，在智慧油田建设过程中实现多能互补和能源的高效利用。该领域的主要研究方向包括：① 多能互补微网与油气生产融合发展研究；② 多能互补微网生产协同优化与控制理论研究；③ 油气田多能微网的源 – 网 – 荷 – 储配置及生产调度优化方法研究。油气与可再生能源（风能、太阳能等）及储热等由独立系统内作用机制与优化方法，逐渐形成油气与风 – 光 – 热 – 储的协同作用机制与优化方法。随着信息技术的进步，油气与风 – 光 – 热 – 储多能融合开发利用方法将向着高效模拟、优快决策和智能调控的方向发展。

（5）高离子传导固态电解质研究

相较于有机电解液，固态电解质具有更宽的电化学窗口以及更高的安全性，因此被视为未来动力电池和储能电池的重要发展方向。现阶段，全固态电池的主要应用瓶颈之一在于充放电速度较慢。固态电解质中离子间相互作用力强，且电解质 – 电极界面阻抗高，导致锂离子迁移能垒是液体的 10 倍以上，从而成为限制电池充放电速度的决定步骤。高离子传导固态电解质通常由无机离子化合物组成，其中硫基固态电解质基于其稳定的离子传输通道以及良好的界面力学适配性，室温下锂离子电导率超过 10 mS/cm，可与商用电解液媲美。通过电解质成分设计与界面稳定性研究可降低限速步骤的反应能垒，从而进一步提升固态电解质锂离子传导能力。电解质成分设计的发展方向是优化化学成分和调控晶体结构，致力于增加离子传导通道和降低离子 – 离子相互作用，为锂离子的自由移动提供有利条件。界面稳定性研究主要从界面钝化层、涂层包覆、缓解界面应力等方向发展。值得注意的是，固态电解质体相与表界面的离子输运、界面电化学等物理化学过程具有鲜明的化学场、电场、力场耦合特征。全面考量多场耦合效应，构建真实工况下固态电解质的实验环境与理论模型，可有效揭示其实际应用下的失效、失控机制，是未来高离子传导固态电解质发展的重要方向。

（6）电力系统运维大模型研究

电力系统是规模最大、最复杂的人造系统之一。在新型电力系统建设的背景下，海量分布式电源和灵活负荷接入电力系统，其运维问题呈现出高维、非线性、动态变化的特点。传统的基于静态建模与集中优化求解的方式在计算精度和效率方面逐渐难以满足要求。

以大模型为代表的人工智能技术在解决上述问题上具有广阔的前景。广义的大模型是指具有庞大参数规模的深度神经网络，具有强大的复杂规律挖掘能力，可从电力系统时序量测数据、图像数据、网架拓扑数据等多源异构数据中提取规律，支撑新型电力系统的运维工作。狭义的大模型是指以 ChatGPT 为代表的大语言模型，可通过对话的方式实现知识的整合与呈现，亦可成为支撑电力系统运维的有效交互形式。

电力系统运维大模型的研究存在以下几个关键点：① 有限样本环境下的大模型调优问题。相比于互联网上海量的文本信息，电力系统运行数据的样本量相对有限，尤其是故障、极端工况等关键样本更为稀少。如何基于有限的样本完成大模型的高效调优亟待研究。② 大模型的可解释性与鲁棒性问题。大模型内核为基于超大规模神经网络的数据统计规律挖掘，难以对其产生决策的过程进行解释，且难以保证少数特殊情形下模型的可靠性，这与电力系统极高的安全性要求存在矛盾。③ 数据安全隐私问题。大模型存在泄露电力系统隐私信息的风险，需要对其进行针对性地防范。

（7）玻璃固化等核废物处置原理模拟和试验

高放废液处理技术是核燃料循环后处理后端的关键技术，也是我国核能可持续发展中的挑战之一。玻璃固化是目前世界上唯一实现工业化的高放废液处理技术，主要包括焦耳加热陶瓷熔炉技术和冷坩埚技术。其中，冷坩埚技术作为第四代玻璃固化工艺，被认为是当前最有应用前景的玻璃固化技术。高放废液组成复杂，包含 20 种以上组分，当其与基础玻璃经历近千摄氏度的温度变化时，会发生复杂的物理化学反应与物相转变，实现从高放废液玻璃配合料向玻璃态的转化。仿真配合料向玻璃态转化过程是安全、高效运行玻璃固化熔炉的理论依据。随着燃耗增加，乏燃料中裂变产物和锕系元素含量会增加，导致动力堆高放废液的放射性水平高、衰变热高、含盐量高，也会使裂变产生的 Zr、Mo 等玻璃固化中难溶物以及贵金属的含量大幅升高，从而导致大量贵金属在熔炉底部聚集，造成出料堵塞。冷坩埚因其独特的感应加热方式能够很好地解决以上问题。因此，需要吸取电熔炉的经验，重点开展基础问题研究、设备和工艺长时间验证，以及冷坩埚玻璃固化配方验证和性能研究。

（8）新型热管式反应堆在空间堆应用试验研究

与传统的化学电源和太阳能电源相比，核反应堆电源由于具有能量密度高、工作寿期长、无需光照和氧化剂等优点，是实现深空探测的首选方案之一。自 20 世纪 50 年代起，美国、俄罗斯设计了多种核反应堆电源方案，如俄罗斯的 ROMASHK、BUK、TOPAZ 和 TOPAZ–2，美国的核辅助动力系统 SNAP–10A 和 Kilopower 等。然而，作为高空飞行系统，受质量和体积的限制，需要通过提高传热效率来减小反应堆体积，而基于热管小堆的航空核动力装置刚好可以解决这个问题。随着航空核动力系统的发展，其未来将应用于战略巡航导弹推进系统、核动力货运飞机和核动力推进等方面。热管堆已成为目前空间核反应堆领域的研究重点。不同于传统的反应堆设计，热管反应堆设计具有极强的灵活性和创新性，采用不同的碱金属热管和热电转换方式对于系统功率、整个系统质量等各方面都有着直接的影响，其中热电转换器对整个系统的寿命起着决定性作用，可以尝试将热管与多种不同热电转换方式结合；热管式反应堆采用模块化设计，针对不同模块分别进行改进，从而降低整体系统质量，提高系统安全性。因此，热管反应堆在未来拥有极大的发展空间和潜力。

（9）造山型金矿床物质来源及成矿过程研究

经典的造山型金矿是指在汇聚板块边缘的增生或者碰撞造山带中，在挤压或者走滑变形的条件下形成的石英脉型金矿。一般情况下，造山型金矿的形成与岩浆作用是不同时的，也没有明显的成因联系。造山型金矿的成矿物质主要来源于陆源沉积物、大陆镁铁质岩（如科马提岩）、洋壳及其上覆沉积物和交代地幔。陆源沉积物在沉积—成岩过程中，金赋存于含砷的黄铁矿中，在之后的变形过程中被释放出来，并被绿片岩相—角闪岩相的进变质过程中的绿泥石脱水所提取，形成含金流体。俯冲洋壳失水形成的流体活动能够从岩石圈根下部的镁铁质岩中萃取大量的金元素，形成含金流体。在洋壳的俯冲变质过程中，含金沉积物中的金可以发生活化和迁移，形成含金流体。而交代地幔中的金在短暂的活化事件中也能够形成含金流体。这些流体中的金以 S、Cl 络合物或者胶体的形式迁移，在特定的位置通过络合物分解、金属液滴汲取、胶体凝聚等机制沉淀，形成了造山型金矿。因此，目前科研人员重点关注造山型金矿中金的来源、金的活化及运移机制，以及金的高效富集沉淀机制。这些问题有望通过原位微区分析、金属稳定同位素分析以及实验矿床学等技术得到解决。

（10）长 7 段页岩油原位转化机理

页岩油地下原位转化是利用热传导、对流、辐射等加热方式，将埋深 300~3 000 m 页岩中的重质油、沥青和各类有机物大规模转化为轻质油和天然气的物理化学过程，可称为“地下炼厂”，在清洁开采、总量规模与产出物品质等方面具有明显优势。针对长 7 段富有机质页岩特点，利用地下“水平井电加热轻质化”高效转化技术，开发利用页岩油资源是行之有效的方法。

陆相有机质超量富集的成因、母质结构与原位转化动力学是页岩油原位转化的核心科学问题，长 7 段页岩油原位转化机理研究的主要方向包括：① 富有机质页岩的形成机理研究；② 原位转化技术与传热机制研究；③ 页岩油原位转化的流动机制研究；④ 页岩油原位开发技术。

鄂尔多斯盆地长 7 段富有机质页岩连续厚度大、有机质丰度高、成熟度适中，页岩油原位转化的现实性最好，未来基础研究发展趋势包括有机质超量富集的环境响应与外物质介入作用，有机质超富段母质结构、能量场与产出物构成，有机质多相转化热传导动力学，烃物质多相态多场耦合流体场与原位转化烃排驱效率，中低熟页岩油富集机理与资源分布等方面。在原位转化技术与装备方面，稳定加热器制造技术、小井距高精度钻井技术、原位转化油气开发工程技术、降本增效技术、精准可控储层改造技术等是未来发展趋势。

（11）深层油气储层智能精细表征方法

深层油气储层智能精细表征方法是指通过整合多源地球物理数据、地质模型和人工智能算法，对地下深层油气储层的结构、物性及流体分布等进行高精度的定量化描述和分析，旨在更准确地描述深层储层的复杂结构及其流体分布特征，提高油气储层的勘探精度和开发效率。

该领域的主要研究方向包括：① 利用人工智能和机器学习等形成地震数据、测井数据、岩心分析结果等多元数据融合方法，以构建更为精细的储层模型；② 基于高分辨率的三维地震数据和地质资料，建立深层储层的数字化模型来模拟油气的生成、运移和聚集过程；③ 强化机器学习和深度学习算法的应用，使得储层参数预测和流体分布识别更加精确。综合应用各类技术手段，实现对深层油气储层开发的全面指导。

随着计算能力的提升和大数据技术的发展，智能精细表征方法越来越依赖于实时数据处理和动态模型更新。未来的研究趋势体现在：① 钻探过程实时数据获取和处理，储层的动态精细表征；② 不同尺度的储层特性集成分析；③ 未来的表征方法将更加自动化，智能算法能够在最小的人为干预下完成储层的精细表征。

（12）煤矿安全智能监控系统传感器网络优化

煤矿安全智能监控系统是集成多种传感器技术、数据处理技术和通信技术的综合性系统，其核心在于通过传感器实时监测矿井内部的环境参数（如气体浓度、温度、湿度、压力等），并通过网络将数据传输至中央控制系统。传感器网络优化是提升传感器布局、数据传输效率和信息处理能力，实现实时、高效、安全的监控目标，确保矿工的生命安全和设备的正常运转的基础。其主要研究方向包括传感器布局优化方法、多元数据融合与处理技术、通信网络优化。

未来，煤矿安全智能监控系统的传感器网络布设将朝着智能化、自动化和集成化的方向发展，具体趋势包括：在智能传感器的应用方面，不断开发智能化程度高的传感器（如多功能传感器、智能化监测设备），以增强数据采集的多样性和精确性；在物联网技术的融合方面，随着物联网技术的发展，更多的传感器通过网络连接，实现实时数据共享和智能分析，形成一个高效的安全监控网络；在监控大数据处理方面，开发煤矿安全云计算平台和大数据分析技术，实现海量数据的存储、处理与分析，为煤矿安全管理提供决策支持；构建自适应监控系统，研究如何使监控系统能够根据环境变化自动调整传感器的工作状态和监测策略，以提高监控系统的灵活性和响应速度。

5.1.2 Top 4 工程研究前沿重点解读

5.1.2.1 二氧化碳捕集与原位转化一体化技术

二氧化碳捕集与利用（carbon capture and utilization，CCU）技术是实现“碳达峰、碳中和”目标的关键技术手段和托底技术保障，但传统的 CCU 过程中 CO_2 的脱附 / 解吸、提纯、运输存储以及后续的转化利用都需要消耗大量能量且系统复杂，极大地制约了 CCU 技术的推广应用。二氧化碳捕集与原位转化一体化（integrated CO_2 capture and in-situ utilization，ICCU）技术在同一材料体系中完成 CO_2 的捕集和转化利用，CO_2 被吸附后不经过解吸 / 脱附、提纯、存储和运输等过程，而是在吸附状态下被催化转化为燃料或化学品，可减少系统复杂程度并且大幅提高能量利用效率，是一种集成化、低能耗的新型 CCU 技术。

ICCU 技术可采用固体吸附法或化学吸收法捕集 CO_2 并耦合催化转化。2015 年，哥伦比亚大学的 Melis 教授团队最早提出吸附催化双功能材料的概念，在氧化铝载体上负载氧化钙吸附剂和钌催化剂，形成了双功能材料，逐步发展为基于碱 / 碱土金属氧化物吸附剂和贵金属或过渡金属催化剂组成的吸附催化双功能材料的主流 ICCU 技术方案。目前 ICCU 技术的研究中，CO_2 原位催化转化路径主要通过甲烷化、逆水煤气、甲烷干重整等反应过程进行。ICCU 技术的主要研究方向包括：① 高性能、低成本、长寿命的 CO_2 吸附催化双功能材料以及 CO_2 吸附和原位催化转化的耦合反应机理；② 流程和工艺参数优化以及可再生能源耦合技术；③ 真实场景的规模化示范应用和技术经济性分析。

“二氧化碳捕集与原位转化一体化技术”工程研究前沿中，核心论文发表量与篇均被引频次排在前列的国家是中国和美国（表 5.3），中国与英国的合作较多（图 5.1）。在核心论文的主要产出机构中，发文量排在前列的是华东理工大学和中国科学院，篇均被引频次排在前列的是中国地质大学和四川大学（表 5.4）。其中，电子科技大学与中国地质大学和四川大学的合作较多（图 5.2）。施引核心论文的主要产出国家和机构分别见表 5.5 和表 5.6。

面向规模化的工业示范应用，未来 5~10 年，二氧化碳捕集与原位转化一体化技术将进一步提高双功能材料的性能并实现低成本的大批量制备，通过反应器设计、流程优化、可再生能源耦合等手段降低运行能耗。同时通过材料的创新，扩展应用场景，例如直接空气 CO_2 捕集结合原位转化一体化，探索新的转化路径（例如光催化、电催化、等离子体催化、均相催化等）。目前二氧化碳捕集与原位转化一体化技术已完成实验室小试验证，预计到 2029 年可实现 CO_2 捕集量千吨级中试示范验证，到 2034 年实现工业示范（图 5.3）。

表 5.3 “二氧化碳捕集与原位转化一体化技术”工程研究前沿中核心论文的主要产出国家

序号	国家	核心论文数	论文比例 /%	被引频次	篇均被引频次	平均出版年
1	中国	37	74.00	3 782	102.22	2020.3
2	美国	7	14.00	738	105.43	2019.0
3	英国	6	12.00	512	85.33	2020.7
4	新加坡	4	8.00	283	70.75	2020.8
5	瑞士	3	6.00	213	71.00	2019.3
6	澳大利亚	2	4.00	645	322.50	2019.0
7	加拿大	2	4.00	165	82.50	2021.0
8	瑞典	2	4.00	130	65.00	2020.0
9	埃及	1	2.00	155	155.00	2020.0
10	印度	1	2.00	155	155.00	2020.0

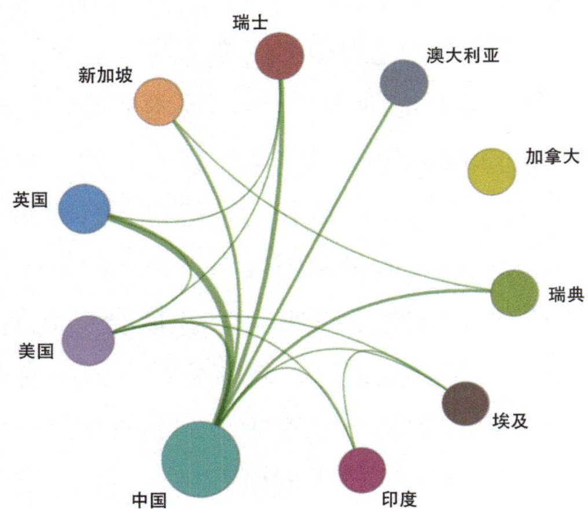

图 5.1 “二氧化碳捕集与原位转化一体化技术”工程研究前沿主要国家间的合作网络

表 5.4 “二氧化碳捕集与原位转化一体化技术”工程研究前沿中核心论文的主要产出机构

序号	机构	核心论文数	论文比例 /%	被引频次	篇均被引频次	平均出版年
1	华东理工大学	4	8.00	269	67.25	2022.0
2	中国科学院	3	6.00	809	269.67	2018.3
3	电子科技大学	3	6.00	752	250.67	2020.0
4	贝尔法斯特女王大学	3	6.00	301	100.33	2021.7
5	新加坡国立大学	3	6.00	216	72.00	2021.0
6	南京理工大学	3	6.00	160	53.33	2020.0
7	中国地质大学	2	4.00	672	336.00	2020.0
8	四川大学	2	4.00	567	283.50	2019.5
9	中国科学技术大学	2	4.00	420	210.00	2019.0
10	南加州大学	2	4.00	337	168.50	2019.0

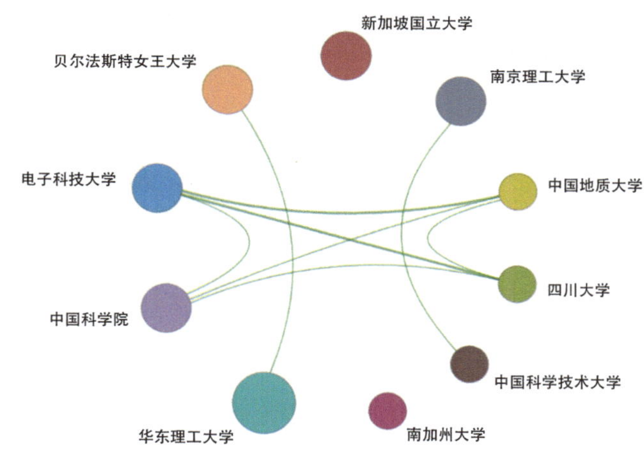

图 5.2 “二氧化碳捕集与原位转化一体化技术”工程研究前沿主要机构间的合作网络

表 5.5 “二氧化碳捕集与原位转化一体化技术”工程研究前沿中施引核心论文的主要产出国家

序号	国家	施引核心论文数	施引核心论文比例 /%	平均施引年
1	中国	458	57.76	2020.8
2	美国	68	8.58	2020.3
3	澳大利亚	55	6.94	2020.6
4	英国	35	4.41	2020.9
5	印度	34	4.29	2020.5
6	新加坡	30	3.78	2021.0
7	韩国	27	3.40	2020.6
8	德国	23	2.90	2020.8
9	日本	22	2.77	2020.6
10	加拿大	21	2.65	2021.0

表 5.6 “二氧化碳捕集与原位转化一体化技术”工程研究前沿中施引核心论文的主要产出机构

序号	机构	施引核心论文数	施引核心论文比例 /%	平均施引年
1	中国科学院	66	24.81	2020.3
2	中国地质大学	33	12.41	2020.7
3	中国科学技术大学	26	9.77	2020.9
4	郑州大学	24	9.02	2021.1
5	江苏大学	23	8.65	2020.8
6	天津大学	19	7.14	2020.6
7	电子科技大学	18	6.77	2021.3
8	清华大学	16	6.02	2021.4
9	南洋理工大学	15	5.64	2020.9
10	北京化工大学	14	5.26	2020.4

图 5.3　“二氧化碳捕集与原位转化一体化技术”工程研究前沿的发展路线

5.1.2.2　紧凑型核聚变及氚资源转换原理

核聚变技术的发展始于 20 世纪中叶。早期的研究主要集中在大规模的核聚变装置，其中一些在实验上取得了成功。例如，美国普林斯顿等离子体物理实验室于 1982 年建成了一个可进行氘氚实验的大型托卡马克装置 TFTR（Tokamak Fusion Test Reactor）。该装置大半径为 3.1 m，小半径为 0.96 m，磁场强度达到 6 T，等离子体电流为 3 MA，总加热功率为 50 MW。欧洲建造了首个进行 50%:50% 氘氚实验的装置 JET（Joint European Torus）。与 JET 的目标类似，日本也建造了一个大型的托卡马克装置 JT–60（Torus–60），与 TFTR、JET 被列为世界三大托卡马克。为了推动聚变能的发展，欧盟、中国、韩国、俄罗斯、日本、印度和美国 7 个国家和地区合作开展了国际热核聚变实验堆（ITER）计划。ITER 计划是当今世界规模最大、影响最深远的国际大科学工程。这些大型装置旨在探索磁约束聚变能开发利用的可行性。但由于其规模庞大、成本高昂，商业化应用面临挑战。进入 21 世纪后，随着高温超导强场磁体技术的突破，研究者们开始关注紧凑型核聚变装置的开发。紧凑型核聚变技术依托高温超导磁体可以实现聚变装置的小型化，大大降低了聚变开发的经济成本。其中具有代表性的有：美国麻省理工学院独立出来的核聚变创业公司 Commonwealth Fusion Systems 正在开发的高温超导紧凑型托卡马克装置 SPARC，其超导线圈可以产生高达 20 T 的磁场。SPARC 计划于 2025 年建造完成并进行氘氚实验；以及英国卡拉姆聚变能源中心负责的 STEP 装置等。紧凑型核聚变的研究在很大程度上依赖于国际合作，这种合作不仅包括研究机构之间的双边或多边合作，还需要材料科学、等离子体物理、工程学等多个学科的协作。总之，全球范围内都在开展针对紧凑型核聚变的研究，各国和地区需要通过密切合作，共同应对技术挑战，推动该领域的持续发展。

“紧凑型核聚变及氚资源转换原理”工程研究前沿中，核心论文数最多的国家是英国、德国和加拿大（表 5.7 和图 5.4）。核心论文的主要产出机构为卡勒姆科学中心、欧洲聚变联盟、卡尔斯鲁厄理工学院、Kinectrics 公司和开放大学（表 5.8）。其中，卡勒姆科学中心、欧洲聚变联盟和卡尔斯鲁厄理工学院合作较多，Kinectrics 公司与开放大学合作较多（图 5.5）。施引核心论文数排名靠前的国家是德国和美国（表 5.9），施引核心论文数排名靠前的机构是卡尔斯鲁厄理工学院和马克斯 · 普朗克等离子体物理研究所（表 5.10）。

紧凑型核聚变未来的发展将集中在技术优化、材料创新、规模化应用等方面，主要包括：

1）高温超导磁体的应用与优化：高温超导磁体是紧凑型核聚变装置中的核心部件。未来的研究将集中于开发更高效、更稳定的超导磁体，提升等离子体约束能力，减少装置体积并提高能量密度。麻省理工学院等机构已在这方面取得初步突破，未来将进一步优化磁体材料和冷却技术。

2）新型材料的开发：核聚变装置内的材料需承受极高温度和强辐射。未来研究将聚焦于耐高温、抗辐射的新型材料的开发，以提高反应堆的寿命和安全性。

3）氚燃料循环系统：氚资源的生产、回收和管理是紧凑型核聚变装置能否持续运行的关键。研究方向包括高效的氚生成技术、氚回收和再利用系统等。

4）反应堆设计的小型化与模块化。

表 5.7　“紧凑型核聚变及氚资源转换原理”工程研究前沿中核心论文的主要产出国家

序号	国家	核心论文数	论文比例 /%	被引频次	篇均被引频次	平均出版年
1	英国	2	100.00	89	44.50	2018.0
2	德国	1	50.00	48	48.00	2018.0
3	加拿大	1	50.00	41	41.00	2018.0

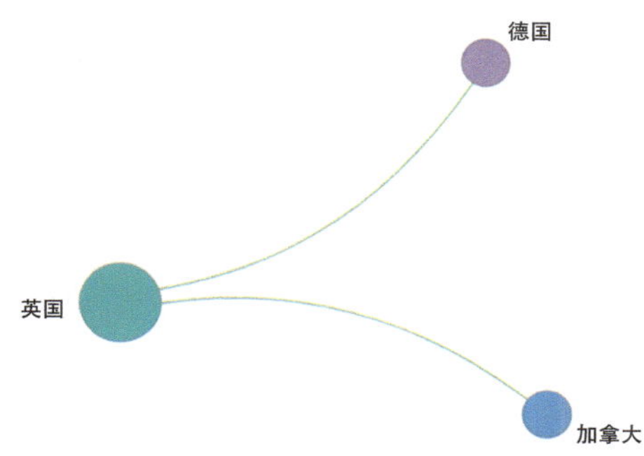

图 5.4　“紧凑型核聚变及氚资源转换原理”工程研究前沿主要国家间的合作网络

表 5.8　“紧凑型核聚变及氚资源转换原理”工程研究前沿中核心论文的主要产出机构

序号	机构	核心论文数	论文比例 /%	被引频次	篇均被引频次	平均出版年
1	卡勒姆科学中心	1	50.00	48	48.00	2018.0
2	欧洲聚变联盟	1	50.00	48	48.00	2018.0
3	卡尔斯鲁厄理工学院	1	50.00	48	48.00	2018.0
4	Kinectrics 公司	1	50.00	41	41.00	2018.0
5	开放大学	1	50.00	41	41.00	2018.0

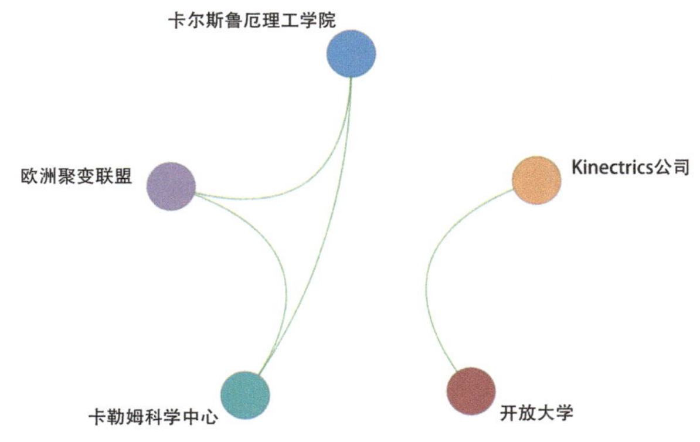

图 5.5　“紧凑型核聚变及氚资源转换原理”工程研究前沿主要机构间的合作网络

未来的发展趋势主要为：从实验验证到原型机开发和商业化探索。紧凑型核聚变在能源安全与可持续性方面具有巨大的发展潜力。另外，核聚变技术的发展还将带动其他高技术领域的发展。未来，紧凑型核聚变技术的研究将重点探索高温超导磁体、新型材料、氚燃料循环系统等领域（图 5.6）。其发展潜力巨大，应用场景广泛，不仅有望解决能源危机，还能推动科技进步和经济发展。然而，商业化应用仍需要时间以及国际合作的共同努力。

表 5.9 “紧凑型核聚变及氚资源转换原理”工程研究前沿中施引核心论文的主要产出国家

序号	国家	施引核心论文数	施引核心论文比例 /%	平均施引年
1	德国	19	19.59	2020.4
2	美国	19	19.59	2021.6
3	意大利	14	14.43	2021.3
4	英国	12	12.37	2020.9
5	中国	10	10.31	2020.8
6	俄罗斯	6	6.19	2020.5
7	日本	6	6.19	2021.8
8	法国	4	4.12	2021.0
9	罗马尼亚	3	3.09	2020.0
10	加拿大	2	2.06	2022.0

表 5.10 “紧凑型核聚变及氚资源转换原理”工程研究前沿中施引核心论文的主要产出机构

序号	机构	施引核心论文数	施引核心论文比例 /%	平均施引年
1	卡尔斯鲁厄理工学院	10	19.61	2020.6
2	马克斯·普朗克等离子体物理研究所	6	11.76	2020.2
3	欧洲核聚变联盟	5	9.80	2019.8
4	都灵理工大学	5	9.80	2022.0
5	中国科学院	4	7.84	2021.2
6	卡勒姆科学中心	4	7.84	2020.2
7	中国工程物理研究院	4	7.84	2021.2
8	意大利国家新技术、能源与可持续经济发展机构	4	7.84	2021.5
9	中山大学	3	5.88	2019.7
10	鲍曼莫斯科国立技术大学	3	5.88	2020.0

图 5.6 “紧凑型核聚变及氚资源转换原理”工程研究前沿的发展路线

5.1.2.3　基于深度学习的高分辨率遥感成矿信息提取技术

高分辨率遥感成矿信息提取技术是一项依赖于遥感影像处理、地质信息分析和深度学习的综合性技术，广泛应用于地质矿产勘探领域。其核心是利用深度学习算法从高分辨率遥感影像中自动识别和提取地质解译断裂构造、矿化信息以及矿物资源等相关特征，结合多源数据融合与特征优化，实现对潜在矿化区域的精准定位与分类，从而提升矿产勘探的效率和准确性，辅助地质勘探和资源评价。基于遥感影像的成矿信息提取技术经历了从传统影像解译到自动化、多源数据融合，再到智能化深度学习算法的演变。最初的遥感成矿信息提取依赖于专家经验和人工解译，随着高空间、高光谱遥感数据的广泛应用，成矿信息的获取逐步转向基于像素和特征的自动化分析，通过新的 RGB 组合、波段比和选择性主成分分析等方法突出并提取与矿物相关的遥感蚀变，实现矿物间接识别。近年来，随着搭载高空间和高光谱分辨率光学传感器遥感卫星的持续发射以及无人机遥感技术的普及，弱监督目标检测、语义分割、变化检测等方法被广泛应用于成矿信息的高精度识别与提取。在此背景下，“人工智能 + 遥感大数据”模式成为成矿信息提取领域的主流方向。主要研究内容包括高分辨率影像的“空间 – 光谱 – 时相”联合特征提取、基于深度学习的自动化矿化信息提取算法等。这些高精度、智能化的成矿信息提取技术在矿产资源勘探、国家战略资源保障等方面具有重要的现实意义和战略价值。

中国在实现新一轮找矿突破战略行动中，强调推进星 – 空 – 地 – 深一体化遥感找矿勘查体系示范与应用，从三个层面开展了研究：一是针对成矿带，利用卫星遥感数据，特别是近些年发射的高光谱卫星数据，选择找矿远景区；二是在重点研究区，利用航空或是无人机遥感数据进行选点或圈定靶区；三是在矿田尺度，利用地面或岩芯光谱仪开展地表或岩芯的精细蚀变矿物填图，分析成矿环境，圈定热液中心，为后续找矿部署提供技术依据。

“基于深度学习的高分辨率遥感成矿信息提取技术”工程研究前沿中，核心论文数排名第一的国家是中国，论文占比达 95.24%，其他国家占比均低于 10.00%；核心论文数排名第二的是意大利，论文占比为 9.52%（表 5.11）。在核心论文数排名前十的机构中，中国占 8 个，其中武汉大学、中国科学院和北京航空航天大学位列前三（表 5.12）。中国也是该工程研究前沿中施引核心论文产出最多的国家，论文占比为 73.04%，第二名是美国，仅占 5.98%（表 5.13）。施引核心论文的主要产出机构中，前三名为武汉大学、中国科学院和西安电子科技大学（表 5.14）。该领域的合作以中国为主，意大利、美国和荷兰等国围绕中国开展合作（图 5.7），机构间的合作研究集中在武汉大学、南京信息工程大学、意大利航天局和中国矿业大学之间（图 5.8）。

未来 5~10 年内，基于深度学习的高分辨率遥感成矿信息提取技术将迎来一系列重要发展趋势：① 深度学习模型的优化与创新，将出现更多针对遥感数据特点优化的深度学习模型，如轻量化模型和自监督学

表 5.11　“基于深度学习的高分辨率遥感成矿信息提取技术”工程研究前沿中核心论文的主要产出国家

序号	国家	核心论文数	论文比例 /%	被引频次	篇均被引频次	平均出版年
1	中国	20	95.24	4 037	201.85	2020.6
2	意大利	2	9.52	466	233.00	2020.5
3	美国	2	9.52	69	34.50	2022.0
4	荷兰	1	4.76	623	623.00	2019.0
5	澳大利亚	1	4.76	61	61.00	2020.0

表 5.12 “基于深度学习的高分辨率遥感成矿信息提取技术”工程研究前沿中核心论文的主要产出机构

序号	机构	核心论文数	论文比例 /%	被引频次	篇均被引频次	平均出版年
1	武汉大学	9	42.86	2 248	249.78	2020.1
2	中国科学院	3	14.29	368	122.67	2020.7
3	北京航空航天大学	2	9.52	795	397.50	2020.5
4	南京信息工程大学	2	9.52	468	234.00	2020.0
5	中国矿业大学	2	9.52	277	138.50	2020.0
6	新疆大学	2	9.52	253	126.50	2021.5
7	首都师范大学	2	9.52	194	97.00	2021.5
8	乌特勒支大学	1	4.76	623	623.00	2019.0
9	地理空间技术协同创新中心	1	4.76	347	347.00	2020.0
10	意大利航天局	1	4.76	347	347.00	2020.0

表 5.13 “基于深度学习的高分辨率遥感成矿信息提取技术”工程研究前沿中施引核心论文的主要产出国家

序号	国家	施引核心论文数	施引核心论文比例 /%	平均施引年
1	中国	1 173	73.04	2022.1
2	美国	96	5.98	2021.8
3	印度	58	3.61	2022.4
4	英国	50	3.11	2022.0
5	德国	47	2.93	2021.8
6	意大利	42	2.62	2021.8
7	韩国	40	2.49	2021.8
8	加拿大	33	2.05	2021.8
9	法国	24	1.49	2021.8
10	澳大利亚	22	1.37	2021.9

表 5.14 “基于深度学习的高分辨率遥感成矿信息提取技术”工程研究前沿中施引核心论文的主要产出机构

序号	机构	施引核心论文数	施引核心论文比例 /%	平均施引年
1	武汉大学	179	26.09	2021.9
2	中国科学院	166	24.20	2022.0
3	西安电子科技大学	55	8.02	2022.2
4	中国地质大学	49	7.14	2022.0
5	南京信息工程大学	46	6.71	2021.8
6	中山大学	40	5.83	2022.0
7	西北工业大学	34	4.96	2021.8
8	北京航空航天大学	31	4.52	2022.0
9	南京工业大学	29	4.23	2022.1
10	自然资源部	29	4.23	2022.2

习模型，提高成矿信息提取的精度与效率；② 多源数据融合与联合分析，“时–空–谱”联合分析模式，实现更全面的成矿信息提取；③ 无人机与地面遥感协同应用，通过高精度数据采集与成矿特征分析，增强找矿精度；④ 星载遥感、航空遥感、地面勘测和深部探测融合形成一体化找矿体系（星–空–地–深一体化遥感找矿体系），提高不同尺度成矿信息的提取能力和应用水平；⑤ 遥感大数据与人工智能的深度结合，实现海量数据的高效分析与挖掘。随着这些发展趋势的不断推动，基于深度学习的高分辨遥感成矿信息提取的应用前景将更加广泛，为资源管理、成矿预测、矿产资源潜力评价提供更多有力工具。图 5.9 所示为“基于深度学习的高分辨率遥感成矿信息提取技术”工程研究前沿的发展路线。

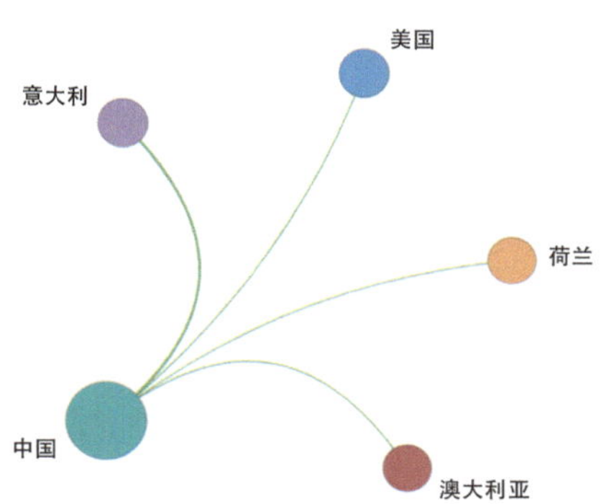

图 5.7　“基于深度学习的高分辨率遥感成矿信息提取技术”工程研究前沿主要国家间的合作网络

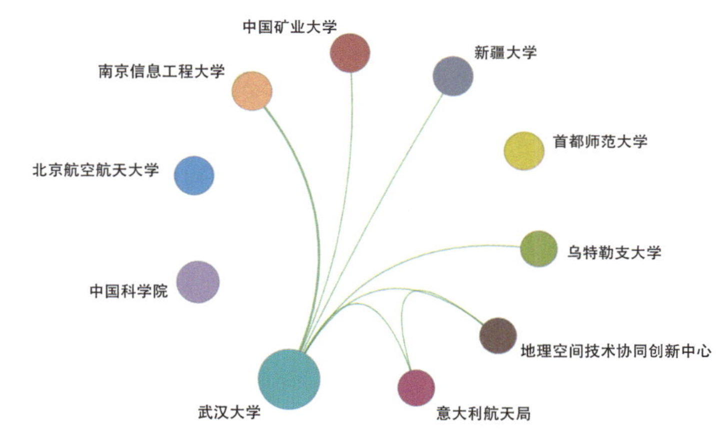

图 5.8　“基于深度学习的高分辨率遥感成矿信息提取技术”工程研究前沿主要机构间的合作网络

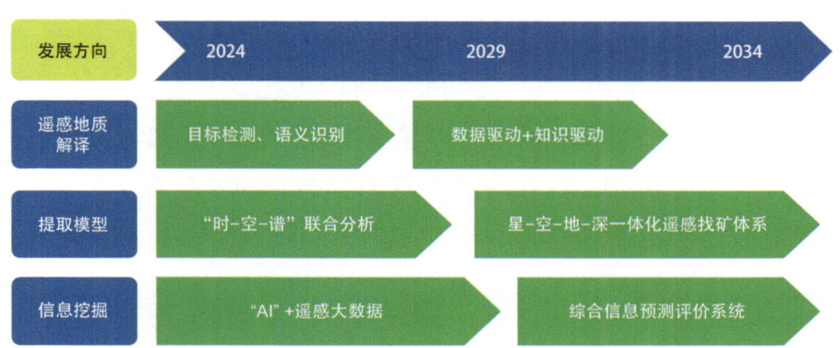

图 5.9　“基于深度学习的高分辨率遥感成矿信息提取技术”工程研究前沿的发展路线

5.1.2.4 油气与风 – 光 – 热 – 储多能融合开发利用方法

多能融合开发利用是构建清洁低碳、安全高效新型能源体系的关键途径，同时也是解决油气勘探开发中能源问题的必然趋势。在油气田开发场景下，将风能、太阳能、地热能等新能源与传统化石能源相结合，实现多能协同互补，进一步促进油气的稳步增产与高效开发，从而推动油气行业的可持续发展与绿色低碳转型。

在多能融合领域，美国、日本等国家积极发布相关政策予以支持，如瑞典早在 1989 年即建成太阳能和生物质联合供热项目。近年来，风 – 光 – 热 – 储多能融合开发利用因涉及新能源与储能的协同优化而成为研究热点。研究主要针对由光伏、风力电站配以储电电池组成的系统，或者配以电加热和储热装置组成的系统，优化设备装机容量及分析系统发电经济性能。伴随着能源供应短缺、世界经济前景不明朗等不确定因素增加，在油气田场景下推进风 – 光 – 热 – 储多能融合发展将为油气行业高质量发展提供有效手段。充分利用风电开发为油气平台提供绿色电力，形成风电与油气田区域电力系统互补供电模式，提升新能源就地消纳能力。在油气矿区及其周边地区，利用太阳能聚光集热及储热技术，充分发挥地热储能在调峰调频、应急备用、容量支撑等方面的多元功能，促进地热在电源侧和油气勘探开发用户侧的多场景应用，有序推动储能与新能源的协同发展。在原油开采后期，吨油生产用能约为 140~160 kW·h，其中电费支出占开发成本的 30% 以上，而风 – 光 – 热 – 储多能融合开发利用方法可以以低于国家电网的交易电价就地消纳光伏和风能电力，实现油气开发效果最佳化、经济效益最大化和安全环保科学化。

油气与风 – 光 – 热 – 储多能融合开发利用方法的研究方向是提高风能、太阳能资源预报准确度和风电、光伏发电功率预测精度，提升风电、光伏发电适应电力系统扰动能力，拓展地热储能调峰、调频等功能，支撑油气生产平稳运行。此外，针对油气田应用场景，因地制宜优化系统设备配置方案，实现多能协同经济供应，以获得经济供能的风光储系统。并针对光照强度、风速、气温等天气条件以及能源需求实时波动问题，制定相应运行策略，优化系统参数调控方法，合理分配电能和热能，从而实现系统能源的灵活、可靠供应。

“油气与风 – 光 – 热 – 储多能融合开发利用方法”工程研究前沿中，核心论文数排名前三的国家是中国、美国和德国（表 5.15 和图 5.10）；核心论文数排名靠前的机构为中国科学院、清华大学和新加坡国立大学（表 5.16）；机构间的合作主要集中在中国科学院、清华大学、苏黎世联邦理工学院、剑桥大学、劳伦斯伯克利国家实验室、加州大学伯克利分校、麻省理工学院、科罗拉多矿业学院之间（图 5.11）。施引核心论文数排在前三位的国家是中国、美国和澳大利亚（表 5.17）。施引核心论文数排名靠前的机构是中国科学院、清华大学、天津大学、郑州大学和中国科学技术大学（表 5.18）。

多能协同能够促进新能源与传统能源行业的融合发展，是构建清洁低碳、安全高效新型能源体系的重要手段。以清洁替代为主导方式，在产能利用井场土地、废弃油气井（场）等布置各类绿电装置，实现油气田绿电替代率的最大化；在生产方式、工艺流程、管理制度上进行变革，包括由稳定生产调整为间抽、间注、间歇气举等非稳定工况运行，通过运行调度决策方法实现低成本、大规模、高效率地消纳绿电；拓展不同类型储能的互补调节能力，达到电 / 热 / 氢储能的协同优化，实现油田井场的储能综合优化。

油气与可再生能源（风能、太阳能等）及储热等由独立系统内作用机制与优化方法，逐渐形成油气与风 – 光 – 热 – 储的协同作用机制与优化方法，随着信息技术的发展，油气与风 – 光 – 热 – 储融合开发方法向着高效模拟、优快决策、智能调控的方向发展。预计到 2029 年形成油气与新能源应用可行性方案，将传统油气与新能源结合，构建多元化、宽尺度的储能技术的应用模式，到 2034 年完成风 – 光 – 热 – 储多能协同的油气生产协同优化与控制方法，形成新能源 + 油气田智能开采、废弃井地热能源提取、综合能源优化利用等“低碳、智能”体系，保障油气田增产稳产、节能减排、绿色低碳（图 5.12）。

表 5.15 “油气与风 – 光 – 热 – 储多能融合开发利用方法”工程研究前沿中核心论文的主要产出国家

序号	国家	核心论文数	论文比例 /%	被引频次	篇均被引频次	平均出版年
1	中国	121	38.78	18 982	156.88	2019.9
2	美国	57	18.27	12 905	226.40	2019.9
3	德国	35	11.22	8 282	236.63	2019.8
4	英国	31	9.94	6 135	197.90	2019.8
5	澳大利亚	23	7.37	6 114	265.83	2020.1
6	印度	20	6.41	2 779	138.95	2020.6
7	加拿大	18	5.77	3 273	181.83	2020.6
8	沙特阿拉伯	16	5.13	1 729	108.06	2020.2
9	新加坡	14	4.49	3 216	229.71	2020.1
10	意大利	14	4.49	2 251	160.79	2020.1

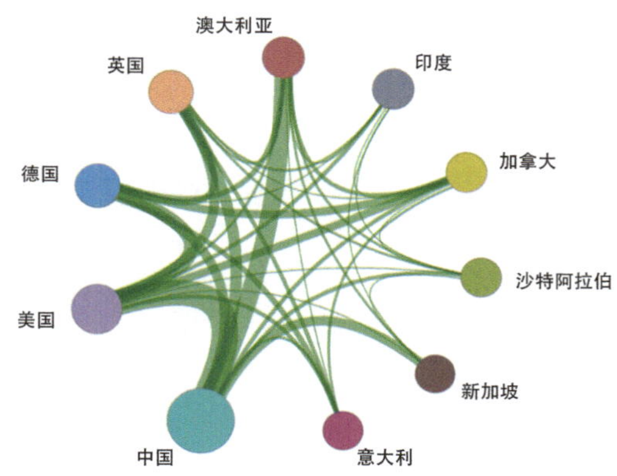

图 5.10 “油气与风 – 光 – 热 – 储多能融合开发利用方法”工程研究前沿主要国家间的合作网络

表 5.16 “油气与风 – 光 – 热 – 储多能融合开发利用方法”工程研究前沿中核心论文的主要产出机构

序号	机构	核心论文数	论文比例 /%	被引频次	篇均被引频次	平均出版年
1	中国科学院	16	5.13	2 972	185.75	2020.3
2	清华大学	9	2.88	1 654	183.78	2019.7
3	新加坡国立大学	9	2.88	1 547	171.89	2020.1
4	苏黎世联邦理工学院	7	2.24	1 240	177.14	2020.9
5	天津大学	7	2.24	915	130.71	2019.4
6	剑桥大学	6	1.92	1 979	329.83	2020.2
7	劳伦斯伯克利国家实验室	6	1.92	1 063	177.17	2019.2
8	加州大学伯克利分校	6	1.92	988	164.67	2019.0
9	麻省理工学院	6	1.92	896	149.33	2021.0
10	科罗拉多矿业学院	5	1.60	2 786	557.20	2019.8

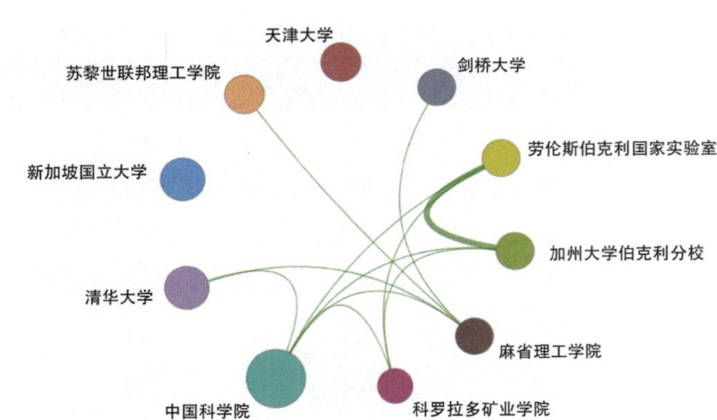

图 5.11 “油气与风 – 光 – 热 – 储多能融合开发利用方法”工程研究前沿主要机构间的合作网络

表 5.17 “油气与风 – 光 – 热 – 储多能融合开发利用方法”工程研究前沿中施引核心论文的主要产出国家

序号	国家	施引核心论文数	施引核心论文比例 /%	平均施引年
1	中国	2 864	46.23	2020.7
2	美国	813	13.12	2020.6
3	澳大利亚	462	7.46	2020.8
4	英国	387	6.25	2020.9
5	印度	320	5.17	2021.0
6	德国	320	5.17	2020.6
7	韩国	270	4.36	2020.9
8	日本	203	3.28	2020.5
9	沙特阿拉伯	202	3.26	2021.1
10	加拿大	179	2.89	2021.0

表 5.18 “油气与风 – 光 – 热 – 储多能融合开发利用方法”工程研究前沿中施引核心论文的主要产出机构

序号	机构	施引核心论文数	施引核心论文比例 /%	平均施引年
1	中国科学院	359	27.24	2020.7
2	清华大学	139	10.55	2020.9
3	天津大学	124	9.41	2020.7
4	郑州大学	103	7.81	2020.8
5	中国科学技术大学	101	7.66	2020.9
6	南洋理工大学	84	6.37	2020.6
7	昆士兰大学	84	6.37	2020.3
8	深圳大学	84	6.37	2020.9
9	新加坡国立大学	82	6.22	2020.8
10	浙江大学	81	6.15	2020.8

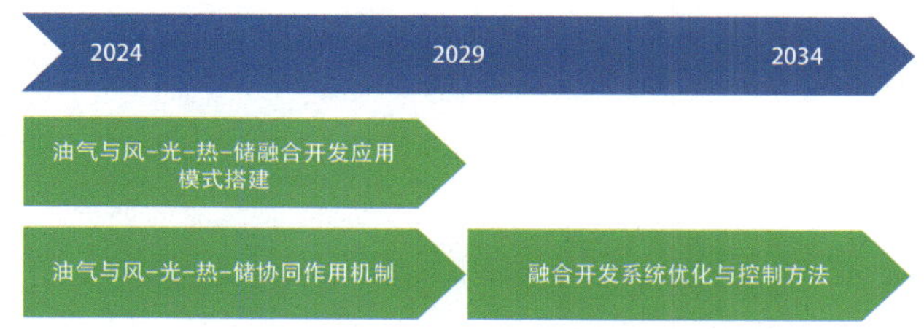

图 5.12　“油气与风 – 光 – 热 – 储多能融合开发利用方法”工程研究前沿的发展路线

5.2　工程开发前沿

5.2.1　Top 12 工程开发前沿发展态势

能源与矿业工程领域研判的 Top 12 工程开发前沿见表 5.19。它们涵盖了能源和电气科学技术与工程、核科学技术与工程、地质资源科学技术与工程、矿业科学技术与工程 4 个学科。其中，“高比能长寿命低成本固态电池技术”“热化学储能与固态储氢装置及系统研发”“大功率宽范围双向充电技术与装备”属于能源和电气科学技术与工程领域；“基于同位素电源的核电池开发”“核辐射无人机寻源系统”“核反应堆分散控制系统的验证方法、验证装置及验证系统”属于核科学技术与工程领域；“复杂地质条件下随钻智能探测与识别系统”“花岗岩型铀矿深部有利成矿空间识别及定位技术”“页岩气井产能实时在线预测系统”属于地质资源科学技术与工程领域；“万米深地复杂地层钻井技术与设备研发”“煤层气与煤炭资源共采技术”“二氧化碳矿化充填封存一体化技术”属于矿业科学技术与工程领域。各开发前沿涉及的核心专利在 2018—2023 年的公开情况见表 5.20。

（1）高比能长寿命低成本固态电池技术

固态电池采用固态电解质替代传统电池中的电解液和隔膜，具有更大的能量密度、更长的使用寿命和更

表 5.19　能源与矿业工程领域 Top 12 工程开发前沿

序号	工程开发前沿	公开量	被引数	平均被引数	平均公开年
1	高比能长寿命低成本固态电池技术	328	648	1.98	2021.2
2	基于同位素电源的核电池开发	554	1 028	1.86	2020.8
3	复杂地质条件下随钻智能探测与识别系统	1 070	9 413	8.80	2020.7
4	万米深地复杂地层钻井技术与设备研发	199	4 026	20.23	2019.8
5	热化学储能与固态储氢装置及系统研发	552	655	1.19	2021.9
6	大功率宽范围双向充电技术与装备	812	2 078	2.56	2020.3
7	核辐射无人机寻源系统	638	5 917	9.27	2020.2
8	核反应堆分散控制系统的验证方法、验证装置及验证系统	203	1 199	5.91	2019.9
9	花岗岩型铀矿深部有利成矿空间识别及定位技术	580	8 062	13.90	2020.0
10	页岩气井产能实时在线预测系统	421	4 720	11.21	2020.1
11	煤层气与煤炭资源共采技术	73	1 138	15.59	2019.9
12	二氧化碳矿化充填封存一体化技术	508	1 198	2.36	2020.8

注：前沿来源包括三类，即数据挖掘、专家提名、数据挖掘 & 专家提名；序号 4、7~9、11 为数据挖掘前沿，3 和 10 为数据挖掘 & 专家提名前沿，其余为专家提名前沿。

表 5.20　能源与矿业工程领域 Top 12 工程开发前沿核心专利逐年公开量

序号	工程开发前沿	2018	2019	2020	2021	2022	2023
1	高比能长寿命低成本固态电池技术	28	35	39	54	85	87
2	基于同位素电源的核电池开发	77	84	67	97	121	108
3	复杂地质条件下随钻智能探测与识别系统	111	143	225	197	284	110
4	万米深地复杂地层钻井技术与设备研发	40	53	38	38	25	5
5	热化学储能与固态储氢装置及系统研发	20	17	40	86	138	251
6	大功率宽范围双向充电技术与装备	155	181	118	118	117	123
7	核辐射无人机寻源系统	107	124	132	114	122	39
8	核反应堆分散控制系统的验证方法、验证装置及验证系统	45	52	40	25	30	11
9	花岗岩型铀矿深部有利成矿空间识别及定位技术	104	127	137	98	97	17
10	页岩气井产能实时在线预测系统	96	91	59	61	59	55
11	煤层气与煤炭资源共采技术	16	10	23	12	11	1
12	二氧化碳矿化充填封存一体化技术	70	66	72	111	84	105

高的安全性。进一步提升固态电池能量密度可增加电动汽车的续航里程，并进一步支撑电动重卡和电动飞机的开发。具体而言，能量密度为 400 W·h/kg、2 000 圈稳定循环的固态电池可将电动汽车续航里程提升至 1 000 km，是纯电动车普及的重要支撑技术。此外，固态电池可大幅降低飞机质量，提升飞机推重比。上述固态电池亦可驱动双座轻型飞机几千次飞行，是开拓低空经济领域、实现现代交通电动化革命的关键技术。然而，固态电池能量密度与循环寿命受到界面不稳定、锂枝晶生长与电解质衰退的影响。并且，固态电解质合成工艺复杂、产率低，一般在每千克 190 美元以上，远高于每千克 50 美元的商业化门槛。通过本征材料改性与制造工艺优化可进一步提升固态电池能量密度，增长循环寿命，降低合成成本。本征材料改性主要从正负极材料改性、电解质结构设计、固态电解质钝化层方向发展。电解质的开发和制造工艺优化主要发展方向是成膜工艺改进、大规模量产技术与超快精准合成技术。其中，超快精准合成技术可以在短短几秒内实现多组分甚至高熵固态电解质的精准合成，不仅能高效筛选探索具有特定目标组分的电解质材料，而且可实现多元素准确、均匀地合成单一纯相材料，是未来固态电池材料开发和工业化合成的重要趋势。

（2）基于同位素电源的核电池开发

同位素电源是基于放射性同位素衰变产生的热能或者射线粒子，利用静态或者动态能量转换技术，将衰变能转换为电能的核能源装置。同位素电源具有寿命长、能量密度高、可靠性高、环境适应性强、自持免维护等优点，是极端特殊环境下电力长期供应的理想选择，已被应用于空间探测、深海与极地勘探、极偏远地区的电力保障。同位素电源的技术方向主要集中在温差电源、辐伏电源、热光伏电源、辐光伏电源和动态斯特林电源的研究上。其中，温差电源的可靠度和技术成熟度最高，已实现广泛应用；辐伏电源被认为最有望实现微型化与微机电系统（MEMS）的集成，但仍需提升功率和功率密度；动态斯特林电源具有较高的系统效率，但需要解决运动部件的可靠性和寿命问题。未来，针对空间、深海和无线网络的多领域型谱化应用需求，同位素电源的发展将聚焦于四个方面：采用模块化热源结构，提升温差电源的安全性和多任务适配性；开发高效热电材料和器件，提升温差电源的转换效率和经济性；突破半导体芯片设计与堆栈集成技术，提升辐伏电源功率等级、转换效率和功率密度；优化自由活塞设计与工艺，解决动态斯特林电源的可靠性与寿命问题。

（3）复杂地质条件下随钻智能探测与识别系统

随钻智能探测与识别系统是针对复杂地质条件设计的一种先进钻探技术，旨在提高钻探过程中的地层识别精度和作业效率。该系统融合了地质学、控制工程学、机械力学、数据分析及智能算法等多种理论与技术，通过实时监测与分析钻井过程中的各种参数，实现对地质结构、地层岩性、含油气性等特征的智能探测与精准识别。

主要技术方向包括随钻测量、随钻测井、随钻声波测井、随钻地震等随钻测量技术，以及利用先进的智能算法对收集到的数据进行处理和分析。通过这些技术，系统能够实时获取井下各种物理参数，如温度、压力、电阻率、声波速度等，从而为地层评价和钻井决策提供关键信息。

未来发展趋势上，将不断引入人工智能、大数据、物联网等新技术，提高数据处理速度和精度，增强系统的智能化水平。技术创新将聚焦于提升系统对复杂地质环境的适应性，解决现有技术中识别准确性不高、数据传输和处理速度较慢等问题。此外，随着智能钻井技术的整体发展，智能钻机、智能钻头、智能钻杆等硬件设施的研发与应用也将进一步推动随钻智能探测与识别系统的完善。

（4）万米深地复杂地层钻井技术与设备研发

万米深地复杂地层钻井技术与设备研发是指针对地球内部深度达到 1 万米以上的复杂地质环境，研发和应用一系列先进的钻井技术与装备，以克服高温高压、复杂地层等极端条件，实现高效精准钻探的目标。万米超深层油气科学探索是践行国家“四深”探测计划的重要任务，能够更好地抢占深地科技创新制高点。塔里木油田的“深地塔科 1 井”是我国第一口垂深超过 1 万米的井，其钻探克服了超高压、超高温和超重载荷等众多问题，形成了万米特深井安全高效钻完井等核心技术。主要技术方向包括：超深井钻机装备；极限深度井身结构优化与拓展；高效破岩与钻井提速技术；耐高温钻完井工作液；钻井液降摩阻技术；高温高压固井技术；复杂状况防控与处置技术等。其发展趋势包括：强化地质工程一体化，提高对复杂地质环境的探测精度；提高深地钻井设备的智能化与模块化水平，实时诊断、预测和调控；研发耐高温、高压和腐蚀的高性能材料，增强其极端条件下的耐用性；创新钻井提速方法和工具，提高破岩效率。

（5）热化学储能与固态储氢装置及系统研发

热化学储能是一种利用可逆气固化学反应进行热量存储与释放的储能技术。合金与氢气的可逆化学反应也是一种固态储氢技术，镁基金属 / 钛基金属等合金与氢气反应形成金属氢化物实现氢气存储并释放热量，再对氢化物进行加热后进行分解反应释放氢气，因此可视为一种集热化学储热与固态储氢于一体的技术。现有研究多将热化学储热与固态储氢分开研究，各自利用，但是储放氢过程受到储放热及传热过程的制约，相互影响，且化学反应热的大小对固态储氢的储能效率有着极大的影响。未来如果协同考虑储放氢与储放热过程，实现氢热联供，将是一种提高能源利用效率的有效方法。装置及系统的设计优化是该技术面临的重要挑战，需要综合考虑高传热性能、高系统利用效率、反应循环稳定性等因素进行系统集成，并从化学、传热学、热力学、机械设计等多学科进行协同考虑。这些技术将为储氢和储热领域带来新的突破。

（6）大功率宽范围双向充电技术与装备

大功率宽范围双向充电技术是电动汽车与电网之间进行双向直流（DC）/ 交流（AC）变换的技术，其实现依赖于大功率双向充电桩。大功率双向充电桩电网接入侧交流输入、输出电压一般为单相 220 V 或三相 380 V，电动汽车接入侧直流输入、输出电压范围涵盖 200~1 000 V，双向交互功率最高可达 240 kW。大功率宽范围双向充电技术提升了能源的利用效率，增强了电动汽车的灵活性和经济性，为车网互动提供了新的场景。

该领域的主要技术方向包括：双向 AC/DC 和 DC/DC 变换技术；双向充电功率和电压范围提升技术；耐压、绝缘以及散热技术；双向充电集成管理技术；双向充电计量技术；电动汽车、双向充电桩与电网间通信协议设计；双向充电控制策略优化等。

该领域未来发展趋势包括：技术层面，研究高效大功率双向交、直流变换技术；装备层面，结合液冷技术，提升大功率双向充电桩散热效率，减小双向充电枪线体量，提高装备可靠性和使用寿命；系统层面，搭建大功率双向充电能量管理平台，实现电动汽车、充电桩与电网间信息互通和协同控制。

（7）核辐射无人机寻源系统

伴随着无人机商用化日趋成熟，利用无人机搭载辐射监测仪进行辐射监测或放射源搜寻，可以实现高效搜寻辐射事故放射源并降低寻源人员受辐照风险，能够应用于核事故污染情况监测、辐射场地调查和放射源搜寻等领域。基于小型无人旋翼机的良好机动性，结合核探测、信号处理、GPS 定位、无线通信等技术实现了大范围环境放射性实时监测，并通过无线数传模块实现了机载监测系统与地面控制站的数据交互，上位机软件实时获取测量数据并处理后，显示当前测量环境的辐射热点图。系统核心设备和技术包括辐射探测设备，可以同时实现环境剂量率和能谱测量。例如采用寻源迭代算法对放射源进行精确定位；采用克里金插值算法进行剂量率绘图，勾勒出放射性环境下的热点区域，对于放射源的搜寻工作以及放射性泄漏排查都具有重要的意义。

（8）核反应堆分散控制系统的验证方法、验证装置及验证系统

分布式控制系统是由过程控制级和过程监控级组成的以通信网络为纽带的多级计算机系统。作为核电站的中枢神经系统，分布式控制系统分为安全级分布式控制系统和非安全级分布式控制系统两大类。其主要功能是对核电站运行过程中的各个参数进行实时监控，包括对核反应堆的保护和控制等，这对于确保核电站安全可靠和稳定运行具有非常重要的作用。按照核法规 HAF 要求，安全级分布式控制系统的验证与确认是确保软件安全性与可靠性的必要环节。验证仿真平台的设计特点体现在采用先进、成熟且开放性良好的数字化监控系统组态软件，建立准确的仿真模型，以准确模拟被控系统的动态运行特性，并为控制系统提供必要的实时运行反馈，形成控制闭环；这些仿真模型包括相关的物理堆工模型、电气模型、热工水力模型和控制仿真模型，通过集成仪表控制主控室人机界面设计、逻辑图及模拟图部分控制系统功能自主设计仿真平台，根据验证需求动态、实时地对核电厂基本物理现象和动态过程进行模拟仿真与修改。

（9）花岗岩型铀矿深部有利成矿空间识别及定位技术

铀资源是国家军民两用战略资源，关乎国家战略安全和能源安全。花岗岩型铀矿是我国重要的工业铀资源类型，但找矿深度有限，已探明花岗岩型铀矿勘查深度大部分局限于 500 m，近年来达到 1 000~1 200 m，国外同类型铀矿勘查深度大于 2 000 m。花岗岩型铀矿深部有利成矿空间识别及定位技术的主要研究方向包括深部有利成矿空间平面及垂向定位地质示踪技术、深部地质结构及铀成矿条件地球物理探测技术、多元成矿信息综合提取技术、三维地质－成矿－勘查模型构建技术、深部铀资源高效综合预测评价技术等方面。该技术体系在多个花岗岩型铀矿找矿勘查中取得了显著成效，在诸广南部铀矿田油洞地区，成功在 950 m 深度发现厚大工业矿体，并在 1 550 m 深度发现了我国目前最深的工业铀矿，刷新了我国工业铀矿发现的

深度纪录。随着大数据、人工智能等找矿预测技术的发展与应用，花岗岩型铀矿深部有利成矿空间及定位技术的未来主要发展趋势包括：大深度隐伏矿体元素–同位素地质识别技术、深部弱异常信息增强提取技术、高精度地球物理探测技术、基于大数据的深部铀资源智能化找矿预测技术、大深度花岗岩型铀矿四维建模与预测评价技术等。

（10）页岩气井产能实时在线预测系统

页岩气井产能实时在线预测系统是一种集成了数据采集、处理、分析与预测功能的综合性系统。该系统旨在通过实时监测页岩气井的生产数据，建立量化评价模型，对页岩气井的产能进行快速、准确的预测。这种实时在线预测可提高预测效率和精度，为页岩气开发提供重要依据。

主要技术方向包括：① 建立页岩气井目标产量数据集，利用神经网络训练获得动态产能预测模型，确定页岩气井在所述目标时刻的产量；② 综合考虑裂缝建模、动态模拟、历史拟合到产能预测的产能评价方法，采用马尔可夫链–蒙特卡罗智能化历史拟合算法，结合嵌入式离散裂缝技术耦合数值模拟器形成了一体化页岩气井产能评价模型，预测页岩气井产能；③ 综合考虑地质因素与工程因素，整合页岩气开采全周期地质、钻井、压裂、生产等数据，基于机器学习对页岩气井产量进行了评价与预测。

融合机器学习、深度学习等先进技术与统计学理论模型，提高页岩气井产能预测的精度和效率，并实现动态、分阶段评价与预测是未来发展趋势。

（11）煤层气与煤炭资源共采技术

煤层气（coal-bed methane，CBM）与煤炭资源共采技术是近年来在煤炭开采领域逐渐兴起的前沿技术，旨在实现煤层气与煤炭的高效、经济和环保的联合开采，以提高资源利用率，减少环境影响，并为能源结构转型作出贡献。主要研究方向包括：开采技术集成、煤层气资源评估、水文地质影响分析、智能监测与控制技术、经济性与可持续性研究。

未来，煤层气与煤炭资源共采技术将朝着智能化、绿色化和系统化的方向发展。在智能化方面，随着传感器技术和数据处理能力的提升，智能监测与控制系统将更加普及，有助于实现开采过程的实时监控和优化调节。在绿色化方面，技术的发展将更加注重环境保护，力求在开采煤层气的同时，减少对生态环境的影响，避免水土流失和地下水污染。在系统化方面，将推动多学科的交叉融合，结合地质、工程、环境科学等领域的研究成果，形成一套系统的共采技术框架，优化资源的综合开发利用。

（12）二氧化碳矿化充填封存一体化技术

二氧化碳矿化充填封存一体化技术是将二氧化碳封存技术与充填开采技术进行有机结合，实现二氧化碳的大规模化充填封存利用的技术。该技术通过矿化反应将二氧化碳固定在充填体中，不仅能够有效减少二氧化碳气体排放，提高充填体强度，降低充填成本，还可以减少因固体废弃物排放不当对空间的占用和环境的破坏，减轻矿山开采造成的岩层移动、地表沉陷等问题。二氧化碳矿化充填封存一体化技术主要包括固碳充填材料的制备、充填料浆的输送以及充填体强度的形成三大环节。该过程主要包括矿化反应、料浆输运、二氧化碳在充填材料内扩散等子过程。二氧化碳矿化充填封存一体化技术的主要发展方向包括：① 固液气三相管道输送研究；② 二氧化碳矿化机理研究；③ 矿化充填体力学特性研究；④ 二氧化碳矿化强化技术；⑤ 二氧化碳充填材料制备技术；⑥ 物理–化学协同封存二氧化碳机理研究；⑦ 二氧化碳充填采矿方法研究等。二氧化碳矿化充填封存一体化技术的主要核心目标是增加二氧化碳封存量以及降低充填成本，在保护环境的同时节省成本。

5.2.2 Top 4 工程开发前沿重点解读

5.2.2.1 高比能长寿命低成本固态电池技术

固态电池采用固态电解质替代电解液和隔膜，为锂金属负极的使用提供了可能，从而大大提高了锂离子电池的能量密度，是进一步提升电动车市场渗透率和促进交通工具电动化革命的必要途径。现阶段，电极–电解质界面不稳定、锂枝晶生长与电解质随电池循环衰退是影响固态电池能量密度与服役寿命的关键因素，也是导致电池容量衰减与安全问题的重要原因。此外，固态电解质合成工艺复杂、产率低、生产成本高，成为固态电池商业化的主要障碍。

本征材料改性与制造工艺优化可进一步提升固态电池能量密度、增长循环寿命、降低合成成本。本征材料改性主要从正负极材料改性、电解质结构设计、原位界面钝化层等方向进行。电极表面包覆导电材料，掺杂 Si、C 等元素，以及减小材料颗粒粒径，有利于缓解界面副反应，提升锂离子扩散速率，提高固态电池能量密度。优化固态电解质中离子传输的定向和连续界面通道，构建多层异质电解质结构，掺杂 Zn、F 等元素以提升电解质电化学稳定性，有助于减少锂枝晶生长，减缓电解质衰退，延长电池循环寿命。通过设计富氟化锂、氮化锂的原位界面钝化层，可降低电池内阻、缓解电解质衰退与减缓枝晶生长，提升电池循环性能与安全性能。然而，由于固态电池内部与界面电化学等过程具有鲜明的化学场、电场、力场耦合特征，单一设计难以兼顾多参数的全面优化。综合考量多场耦合效应，构建真实工况下固态电解质的实验环境与理论模型，可有效揭示其实际应用下的失效、失控机制，为设计固态电池能量密度、优化循环寿命提供有力支持。

制造工艺优化主要包括成膜工艺改进、大规模量产技术与超快精准合成技术三个方面。成膜工艺分为湿法工艺和干法工艺，其中湿法工艺成膜操作简单、工艺成熟、易于规模化生产，是目前最有希望实现固体电解质膜量产的工艺之一，但其工艺还需进一步研发。电解质大规模生产技术目前尚在探索中，高原料成本与均匀化合成是亟须突破的难关，业内预计将在 2025 年实现小批量生产，大规模商业化则需等到 2030 年左右。超快精准合成技术可以在短短几秒内实现多组分高熵固态电解质的超快合成，不仅能高效筛选探索具有特定目标组分的电解质材料，而且可实现多元素准确、均匀地合成单一纯相材料，是未来固态电池材料开发和工业化合成的重要趋势。

“高比能长寿命低成本固态电池技术”工程研究前沿中，中国以 149 件专利公开量位居世界第一，公开量比例为 45.43%，其次为日本、美国和韩国（表 5.21）。其中，美国与韩国的合作最多，中国主要与美国建立了合作（图 5.13）。专利产出较多的机构有丰田汽车公司、现代汽车公司、起亚汽车公司、松下集团、LG 化学有限公司、东风日产汽车公司、本田汽车公司、北京卫蓝新能源科技股份有限公司、三星电子有限公司、宝马汽车公司（表 5.22）。其中，现代汽车公司与起亚汽车公司的韩国本土合作最为密切，其他公司的合作相对较少（图 5.14）。

“高比能长寿命低成本固态电池技术”工程开发前沿的发展路线如图 5.15 所示，其在交通电气化、储能系统等领域具有广阔的应用前景。未来 5~10 年，该领域的重点发展方向是本征材料性能提升与大规模制造工艺。基于正负极材料改性、电解质结构设计和原位界面钝化层进一步提升固态电池能量密度与循环寿命，实现电池小型化与便携化。同时，电解质大规模量产技术、成膜工艺改进与超快精准合成技术将推动固态电池量产化进程，更好地服务于能源、动力等领域，提升社会经济效益。

表 5.21 “高比能长寿命低成本固态电池技术”工程开发前沿中核心专利的主要产出国家

序号	国家	公开量	公开量比例 /%	被引数	被引数比例 /%	平均被引数
1	中国	149	45.43	200	30.86	1.34
2	日本	61	18.60	220	33.95	3.61
3	美国	45	13.72	99	15.28	2.20
4	韩国	43	13.11	65	10.03	1.51
5	德国	17	5.18	21	3.24	1.24
6	比利时	5	1.52	14	2.16	2.80
7	英国	4	1.22	15	2.31	3.75
8	法国	3	0.91	0	0.00	0.00
9	荷兰	2	0.61	11	1.70	5.50
10	西班牙	2	0.61	10	1.54	5.00

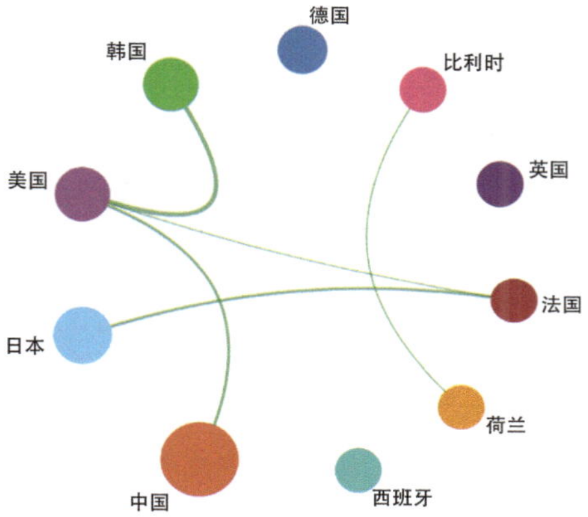

图 5.13 “高比能长寿命低成本固态电池技术”工程开发前沿主要国家间的合作网络

表 5.22 “高比能长寿命低成本固态电池技术”工程开发前沿中核心专利的主要产出机构

序号	机构	公开量	公开量比例 /%	被引数	被引数比例 /%	平均被引数
1	丰田汽车公司	17	5.18	41	6.33	2.41
2	现代汽车公司	15	4.57	47	7.25	3.13
3	起亚汽车公司	14	4.27	33	5.09	2.36
4	松下集团	11	3.35	76	11.73	6.91
5	LG 化学有限公司	9	2.74	6	0.93	0.67
6	东风日产汽车公司	8	2.44	0	0.00	0.00
7	本田汽车公司	7	2.13	17	2.62	2.43
8	北京卫蓝新能源科技股份有限公司	7	2.13	2	0.31	0.29
9	三星电子有限公司	7	2.13	1	0.15	0.14
10	宝马汽车公司	6	1.83	10	1.54	1.67

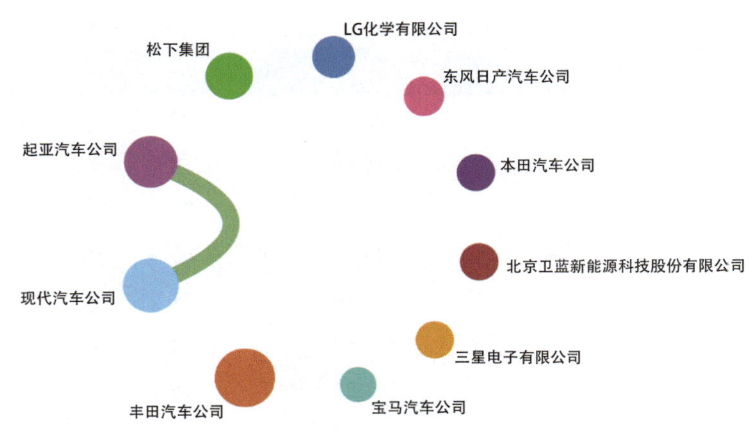

图 5.14 “高比能长寿命低成本固态电池技术”工程开发前沿主要机构间的合作网络

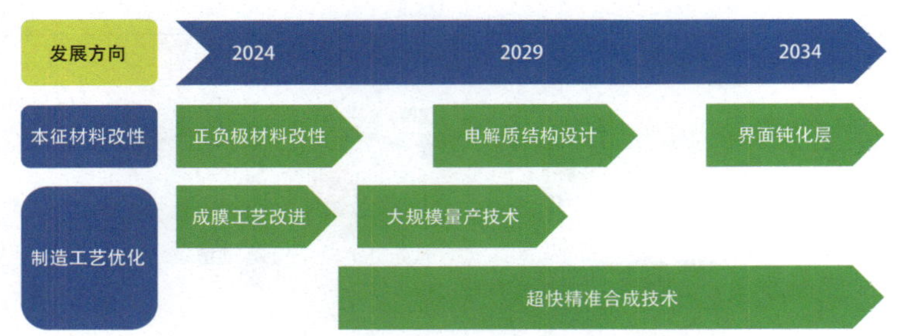

图 5.15 “高比能长寿命低成本固态电池技术”工程开发前沿的发展路线

5.2.2.2 基于同位素电源的核电池开发

相比于化学和太阳能电池，同位素电源具有能量密度高、环境适应性强、自持免维护等优点，是太空探测、深海与极地勘探、无线网络最具潜力的电力供应技术。自 1961 年实现首台应用后，同位素电源就被美国、俄罗斯、英国等发达国家视为颠覆性技术并大力发展。针对空间、陆上和水下等不同应用环境，在 20 世纪开发出了系列化、型谱化的温差型同位素电源产品，例如：美国用于空间探测的“SNAP”“HWM-RTG”“GPHS-RTG”“MMRTG”钚 –238 温差电源，俄罗斯用于远海与极地气象监测和导航的“Penguin”“Beta-M”“Senostav”锶 –90 温差电源，以及英国用于航海灯标的“RIPPLE”锶 –90 温差电源，功率覆盖瓦级至百瓦级，效率由 2% 提升至 6.7%。进入 21 世纪，为了满足深空和深海探索的电力需求，美国加快了下一代同位素电源的技术开发，包括：进行模块化热源（GPHS）的结构优化改进，提升空间应用安全性；开发方钴矿、半哈、锗硅等高温、高 ZT 值热电材料，提升电源系统效率；开发高效保温结构和高发射率涂层，提升系统热效率；开展动态斯特林转换电源研发和测试等。同时，针对未来无线感知网络和 MESM 系统集成电源，美俄也分别提出了微型氚和镍 –63 辐伏电源的研发计划。

目前，中国、美国、日本、俄罗斯和韩国是国际上同位素电源研发的主要力量（表 5.23）。其中，中国近十年发展迅速，并在 2018 年实现空间应用，专利公开量位列第一。美国起步最早，发展最完善，技术水平和成熟度最高，专利公开量位列第二。俄罗斯受经济形势影响发展缓慢，专利公开量已跌至第四。由于关系到国家战略核心技术，各国在同位素电源技术领域都遵循自主发展原则，目前未见相关合作报道。中国同位素电源的研发主要以中国原子能科学研究院为主（表 5.24）。目前亦未见机构间合作报道。

未来 10 年，针对不同场景需求，同位素电源的发展仍会以提升电源的功率等级、转换效率、功率密度和安全性为技术突破的重点，并逐步以模块化和标准化来提升同位素电源的多任务适配性，拓展其应用范围。图 5.16 所示为“基于同位素电源的核电池开发”工程开发前沿的发展路线。

表 5.23　“基于同位素电源的核电池开发”工程开发前沿中核心专利的主要产出国家

序号	国家	公开量	公开量比例 /%	被引数	被引数比例 /%	平均被引数
1	中国	471	85.02	873	84.92	1.85
2	美国	30	5.42	90	8.75	3.00
3	日本	19	3.43	30	2.92	1.58
4	俄罗斯	9	1.62	2	0.19	0.22
5	韩国	6	1.08	5	0.49	0.83
6	英国	3	0.54	15	1.46	5.00
7	意大利	3	0.54	7	0.68	2.33
8	法国	2	0.36	0	0.00	0.00
9	印度	2	0.36	0	0.00	0.00
10	土耳其	2	0.36	0	0.00	0.00

表 5.24　“基于同位素电源的核电池开发”工程开发前沿中核心专利的主要产出机构

序号	机构	公开量	公开量比例 /%	被引数	被引数比例 /%	平均被引数
1	中国原子能科学研究院	27	4.87	78	7.59	2.89
2	西安交通大学	12	2.17	82	7.98	6.83
3	吉林大学	10	1.81	19	1.85	1.90
4	浙江大学	7	1.26	4	0.39	0.57
5	山东省齐鲁干细胞工程有限公司	6	1.08	21	2.04	3.50
6	银丰生物工程集团有限公司	6	1.08	4	0.39	0.67
7	东华理工大学	6	1.08	0	0.00	0.00
8	安徽古一生物科技有限公司	5	0.90	15	1.46	3.00
9	南京航空航天大学	5	0.90	13	1.26	2.60
10	Mitra RxDx 公司	5	0.90	7	0.68	1.40

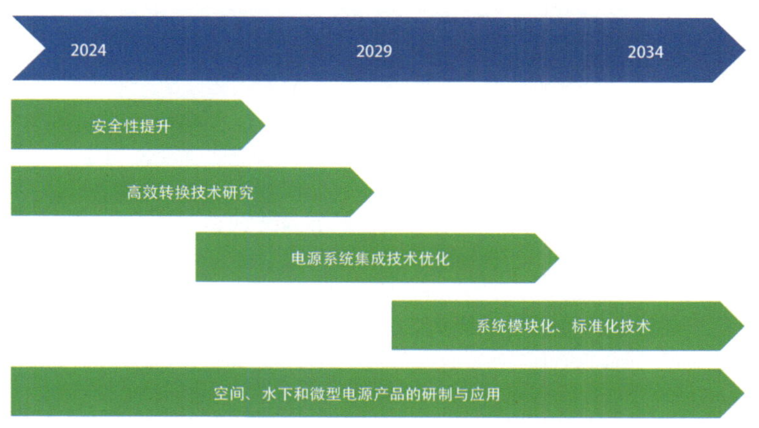

图 5.16　“基于同位素电源的核电池开发”工程开发前沿的发展路线

5.2.2.3 复杂地质条件下随钻智能探测与识别系统

复杂地质条件下随钻智能探测与识别系统的开发是石油、矿产和煤炭等地下资源勘探中的关键技术，尤其是在资源分布复杂、地层多变的环境中，该系统可以提高勘探效率和精度、减少钻井风险，优化开发方案，对地下资源的勘探开发具有重要意义。

随钻测量（MWD）和随钻测井（LWD）技术的初步发展可以追溯到 20 世纪 30 年代，最初的随钻测井是电测井方法，系统主要依赖于电磁波、声波等传统测量手段，数据传输速度较慢，实时性较差。随着遥感测量仪器的发展，人们逐渐开发了声波测井、放射性测井等多项随钻测井技术。电子技术和数据处理技术的发展，也使随钻测量和测井技术得到了显著提升。进入 21 世纪后，结合无线电通信和高精度传感器的随钻测量系统逐渐成熟，能够提供更实时、更精确的地质数据。近年来，大数据和机器学习等的兴起进一步推动了随钻智能探测与识别系统的发展。在复杂地质条件下，机器学习算法已被用来自动识别地质特征，优化钻井路径。尽管这方面的研究和应用尚处于初级阶段，但已经显示出巨大的潜力。

“复杂地质条件下随钻智能探测与识别系统”工程研究前沿中，核心专利产出第一的国家是中国，专利公开量占比达 96.45%，其他国家均低于 2%；排名第二的是美国，公开量占比仅为 1.03%（表 5.25）。在核心专利的主要产出机构（表 5.26）方面，排名前十的机构均来自中国，其中中国中铁股份有限公司、山东大学和中国国家铁路集团有限公司排名前三。该领域的国家间合作集中在美国、法国和加拿大之间（图 5.17）。机构间的合作研究集中在中国相关机构，包括中国中铁股份有限公司、中国国家铁路集团有限公司、大连理工大学等（图 5.18）。

未来 5~10 年内，“复杂地质条件下随钻智能探测与识别系统”的发展方向主要集中在两个方向：一是传感技术革新，一方面采用有线钻杆等新型数据传输技术，保障在深井 / 超深井条件下井地数据传输效率，另一方面利用随钻智能导向钻井方法和人工智能技术提高钻井智能化水平，使其具备自主决策能力，从而减少对数据传输和人类专家的依赖；二是云计算和一体化平台发展，随着物联网和云计算的发展，随钻智能系统将实现远程操作和数据处理，同时将整合地质、钻井工程、实时监测和智能识别功能，形成一体化的平台。这将使钻井操作更加简便和高效，所有关键数据和决策支持功能都将集成在一个界面中（图 5.19）。

表 5.25 “复杂地质条件下随钻智能探测与识别系统”工程开发前沿中核心专利的主要产出国家

序号	国家	公开量	公开量比例 /%	被引数	被引数比例 /%	平均被引数
1	中国	1 032	96.45	8 688	92.30	8.42
2	美国	11	1.03	274	2.91	24.91
3	日本	9	0.84	113	1.20	12.56
4	韩国	9	0.84	104	1.10	11.56
5	加拿大	3	0.28	85	0.90	28.33
6	澳大利亚	1	0.09	73	0.78	73.00
7	伊朗	1	0.09	39	0.41	39.00
8	法国	1	0.09	30	0.32	30.00
9	荷兰	1	0.09	30	0.32	30.00
10	瑞典	1	0.09	19	0.20	19.00

表 5.26　“复杂地质条件下随钻智能探测与识别系统”工程开发前沿中核心专利的主要产出机构

序号	机构	公开量	公开量比例 /%	被引数	被引数比例 /%	平均被引数
1	中国中铁股份有限公司	21	1.96	137	1.46	6.52
2	山东大学	18	1.68	137	1.46	7.61
3	中国国家铁路集团有限公司	17	1.59	65	0.69	3.82
4	中国矿业大学（北京）	11	1.03	69	0.73	6.27
5	深圳市道通科技股份有限公司	7	0.65	213	2.26	30.43
6	山东科技大学	7	0.65	161	1.71	23.00
7	大连理工大学	7	0.65	59	0.63	8.43
8	中国地质大学（武汉）	7	0.65	56	0.59	8.00
9	中国石油化工股份有限公司	6	0.56	87	0.92	14.50
10	中国航发南方工业有限公司	6	0.56	68	0.72	11.33

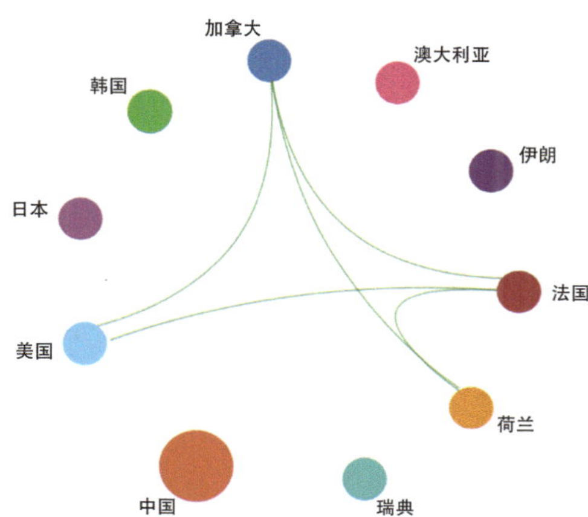

图 5.17　“复杂地质条件下随钻智能探测与识别系统”工程开发前沿主要国家间的合作网络

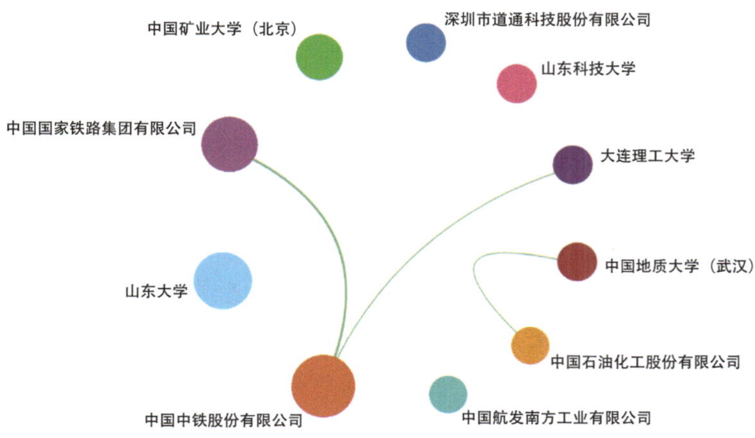

图 5.18　“复杂地质条件下随钻智能探测与识别系统”工程开发前沿主要机构间的合作网络

图 5.19 “复杂地质条件下随钻智能探测与识别系统”工程开发前沿的发展路线

5.2.2.4 万米深地复杂地层钻井技术与设备研发

万米深地复杂地层钻井技术与设备研发是一个高度具有挑战性的工程技术领域，旨在应对地球内部超过一万米深度的复杂地质环境。通过开发和应用一系列先进的钻井技术与设备，成功应对高温、高压以及复杂地层等极端条件，从而实现高效且精准的钻探目标。

万米深地复杂地层钻井技术与设备研发在资源开发、技术创新和国家能源安全方面具有多层次的重要战略意义。深地层中蕴藏着丰富的油气、矿产以及地热资源。据统计，世界新增油气储量的 60% 来自深部地层，我国 83% 的深地油气仍有待探明开发，万米深地钻井技术的发展有利于缓解我国油气资源短缺的局面，保障了我国能源供给的安全和稳定。此外，万米深地钻井技术的突破也为高强度耐高温钻井材料和智能化钻井设备的发展提供了广阔的研究和应用前景。

2016 年，习近平总书记提出了“向地球深部进军”的战略目标。2023 年 5 月 30 日，设计井深达 11 100 m 的“深地塔科 1 井”正式开钻，承担着探索地质结构与发现油气资源的双重任务。近年来，中国在地球深部资源探索方面取得了显著成就，屡次打破深度纪录，显示出我国在这一领域的雄厚实力。以塔里木油田为例，目前已有超过 1 700 口井的钻探深度在 6 000 m 以上，占全国总数的 80%。2024 年 3 月 4 日，中国石油在塔克拉玛干沙漠腹地的“深地塔科 1 井”钻探深度突破了 10 000 m，成为亚洲最深的直井，进一步巩固了中国在万米钻探技术领域的领先地位。目前，我国已成功研发出了适用于深度范围在 7 000~12 000 m 之间的超深井自动化钻机系列，以及 8 000/9 000 m 深度的四单根立柱钻机，并在实际应用中展现出显著成效。与此同时，52 MPa 高压钻井泵技术已成熟并广泛应用，而 70 MPa 超高压钻井泵的研制也已取得成功。此外，储能节能与能源管理技术、钻机集成控制技术、智能决策与支持技术以及低压钻井液自动化处理技术等方面，均已完成样机研制或软件开发，并进入工业性试验或小规模应用阶段。这些技术与设备的发展为我国深井钻井技术的持续发展提供了有力的支撑。

“万米深地复杂地层钻井技术与设备研发”工程开发前沿中，核心专利公开量排名前两位的国家是中国和美国，分别为 122 件和 54 件，占比分别为 61.31% 和 27.14%，其他国家相关技术的专利公开量占比均低于 6.00%；其中，中国的专利被引数最高，被引数比例达 53.35%，美国的专利被引数比例为 34.97%，其他国家相关技术的专利被引数比例均小于 7.00%；澳大利亚的平均被引数最高（表 5.27）。在主要产出机构（表 5.28）方面，埃克森美孚上游研究公司、中国石油大学（北京）、中国石油化工股份有限公司、西南石油大学、斯伦贝谢科技公司和中国石油天然气股份有限公司产出较多；其中，被引数比例超过 5.00% 的机构有埃克森美孚上游研究公司和中国石油化工股份有限公司。注重领域合作的国家有中国、美国、沙特阿拉伯、荷兰、加拿大和法国（图 5.20），机构间的合作研究集中在中国石油天然气股份有限公司、中国石油化工股份有限公司和中国石油大学（北京）（图 5.21）。

表 5.27 “万米深地复杂地层钻井技术与设备研发”工程开发前沿中核心专利的主要产出国家

序号	国家	公开量	公开量比例 /%	被引数	被引数比例 /%	平均被引数
1	中国	122	61.31	2 148	53.35	17.61
2	美国	54	27.14	1 408	34.97	26.07
3	法国	10	5.03	264	6.56	26.40
4	沙特阿拉伯	8	4.02	108	2.68	13.50
5	加拿大	7	3.52	194	4.82	27.71
6	荷兰	7	3.52	194	4.82	27.71
7	日本	5	2.51	93	2.31	18.60
8	韩国	4	2.01	48	1.19	12.00
9	澳大利亚	3	1.51	84	2.09	28.00
10	挪威	2	1.01	55	1.37	27.50

表 5.28 “万米深地复杂地层钻井技术与设备研发”工程开发前沿中核心专利的主要产出机构

序号	机构	公开量	公开量比例 /%	被引数	被引数比例 /%	平均被引数
1	埃克森美孚上游研究公司	19	9.55	518	12.87	27.26
2	中国石油大学（北京）	12	6.03	277	6.88	23.08
3	中国石油化工股份有限公司	10	5.03	206	5.12	20.60
4	西南石油大学	9	4.52	201	4.99	22.33
5	斯伦贝谢科技公司	7	3.52	194	4.82	27.71
6	中国石油天然气股份有限公司	7	3.52	193	4.79	27.57
7	哈利伯顿能源服务公司	7	3.52	157	3.90	22.43
8	珠海格力电器股份有限公司	7	3.52	112	2.78	16.00
9	沙特阿拉伯国家石油公司	7	3.52	90	2.24	12.86
10	电子科技大学	4	2.01	78	1.94	19.50

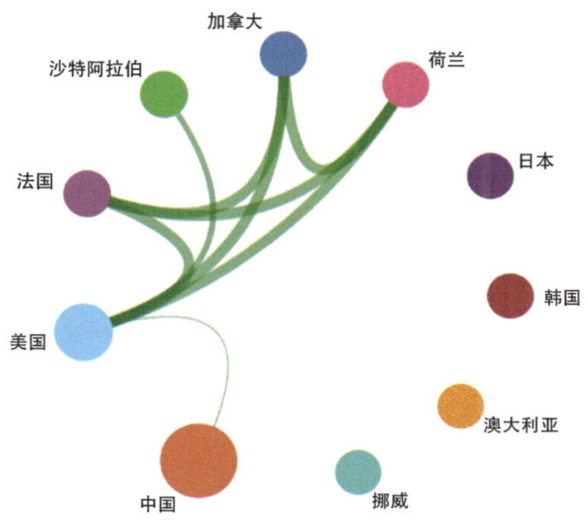

图 5.20 “万米深地复杂地层钻井技术与设备研发”工程开发前沿主要国家间的合作网络

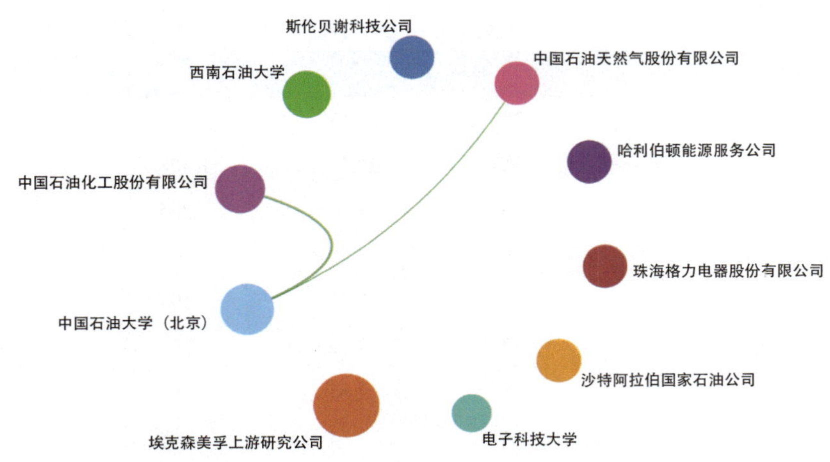

图 5.21 “万米深地复杂地层钻井技术与设备研发”工程开发前沿主要机构间的合作网络

万米深地复杂地层钻井技术与设备研发正朝着多元化和智能化的方向迅速发展，以适应日益严峻的深地钻探挑战。在未来的 5~10 年，深地钻井设备的智能化和模块化水平将显著提升，实时诊断、预测和调控技术的应用将更加广泛，从而有效应对极端地质条件的挑战。为了应对深地层的高压高温环境，高强度且耐高温的井下动力工具、随钻测量系统和垂钻系统等钻井工具将逐步应用。耐高温、耐高压和耐腐蚀的钻井材料研发也将成为研究的核心焦点，这些材料的应用将显著提高设备在极端环境下的耐用性和稳定性。此外，为提高钻探效率，创新钻井提速方法和工具的开发将继续深入，从而加快破岩进程，降低钻探成本（图 5.22）。

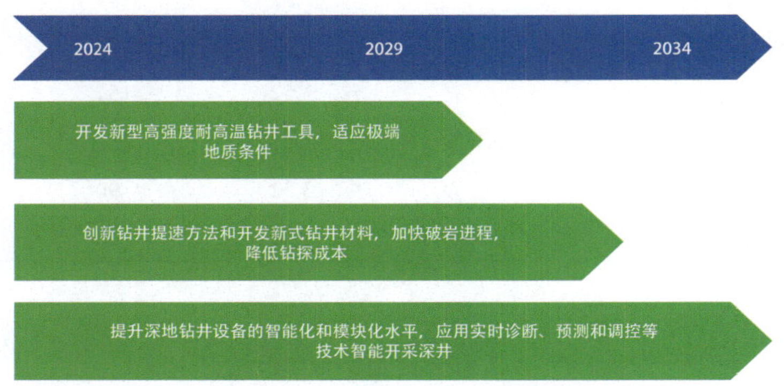

图 5.22 “万米深地复杂地层钻井技术与设备研发”工程开发前沿的发展路线

领域课题组成员

课题组组长：黄 震 周守为 苏义脑 彭苏萍

中国工程院二局能源与矿业工程学部办公室：宗玉生 解光辉

***Frontiers in Energy* 编辑部：**刘瑞芹 殷 靓

图书情报人员：陈天天

能源和电气科学技术与工程学科组：
组　　　长：黄　震　岳光溪
秘　书　长：巨永林　周　托
课题组成员：张毅然　梁　正　严　正　徐潇源　杨　立　王　倩
执笔组成员：张毅然　梁　正　徐潇源　王　倩

核科学技术与工程学科组：
组　　　长：叶奇蓁　李建刚
秘　书　长：苏　罡　高　翔
课题组成员：李恭顺　李　鑫　郭英华　汪宗太　胡　古　张瑞萍　郭　晴
执笔组成员：李恭顺　李　鑫　苏　罡　郭英华　郭　晴　胡　古

地质资源科学技术与工程学科组：
组　　　长：赵文智　毛景文
秘　书　长：刘　敏　王　坤
课题组成员：刘　敏　梁　坤　简　伟　张国生　王　坤　李永新　董　劲　关　铭
执笔组成员：简　伟　李永新　吴　伶　董　劲　关　铭　郭　建　王　鹏　王　坤　刘　敏

矿业科学技术与工程学科组：
组　　　长：袁　亮　李根生　吴爱祥
秘　书　长：周福宝　张　农　宋先知　江丙友
课题组成员：江丙友　宋先知　黄中伟　时国庆　王高升　梁东旭　阮竹恩
执笔组成员：江丙友　王高升　梁东旭　阮竹恩　时国庆　李　爽　易俊琳

第六章　土木、水利与建筑工程前沿

6.1 工程研究前沿

6.1.1 Top 10 工程研究前沿发展态势

土木、水利与建筑工程领域 Top 10 工程研究前沿汇总见表 6.1，涉及水利工程、建筑学、交通工程、工程力学、测绘工程、土木建筑材料、岩土与地下工程、市政工程、结构工程、城乡规划与风景园林等学科方向。其中，“新能源交通系统数智化运维与安全保障”“智能化测绘的混合计算范式与方法”“极端环境长大隧道动力灾变机制与调控”“绿色低碳工程结构智能设计理论”和“城市社区建成环境的健康影响机理与优化”为专家提名前沿或基于数据挖掘前沿凝练而成的前沿，其他为数据挖掘前沿。各前沿所涉及的核心论文自 2018 年至 2023 年的逐年发表情况见表 6.2。

（1）变化环境下流域极端洪旱致灾机理与风险调控

变化环境下流域极端洪旱灾害是指由于气候变化、人类活动及生态系统变化等因素共同作用，导致流域内产生超常规洪水或干旱现象，将造成严重的社会、经济和生态损失。此类灾害的发生和演变受降水模式、土地利用、城市化等多重因素影响，表现出极强的不确定性和复杂性。近年来，以中国郑州“7・20”特大暴雨灾害、2022 年长江全流域干旱为代表的流域极端洪旱灾害严重威胁区域公共安全，研究流域极端洪旱致灾机理与风险调控具有重大意义。其主要研究方向包括：① 基于“空 – 天 – 地”一体化的多源洪旱灾害监测与数据同化；② 变化环境下流域极端洪旱事件识别与演变机制；③ 流域极端洪旱致灾阈值及拐（爆）点预测；④ 流域山洪、骤旱及旱涝急转等突发性灾害致灾风险评价与调控技术；⑤ 大中城市洪涝灾害风险评价与调控体系。未来的主要发展趋势在于明晰变化环境与流域洪旱灾害的非线性驱动 – 响应机制，研发机理与数据耦合驱动的洪旱灾害风险大模型，并在此基础上融合多源信息实现对多类型流域洪旱灾害态势

表 6.1　土木、水利与建筑工程领域 Top 10 工程研究前沿

序号	工程研究前沿	核心论文数	被引频次	篇均被引频次	平均出版年
1	变化环境下流域极端洪旱致灾机理与风险调控	151	7 236	47.92	2020.8
2	大模型赋能的城市规划与建筑设计方法	169	8 670	51.30	2021.4
3	新能源交通系统数智化运维与安全保障	335	21 779	65.01	2020.6
4	物理信息神经网络的工程力学问题求解及应用	204	13 055	64.00	2022.0
5	智能化测绘的混合计算范式与方法	111	4 819	43.41	2021.2
6	超高性能混凝土材料低碳化及性能调控	24	986	41.08	2022.2
7	极端环境长大隧道动力灾变机制与调控	48	1 812	37.75	2021.5
8	高效氧化 / 还原去除水中有机污染物技术	473	43 325	91.60	2021.2
9	绿色低碳工程结构智能设计理论	200	7 300	36.50	2021.3
10	城市社区建成环境的健康影响机理与优化	195	9 517	48.81	2020.4

表 6.2　土木、水利与建筑工程领域 Top 10 工程研究前沿核心论文逐年发表数

序号	工程研究前沿	2018	2019	2020	2021	2022	2023
1	变化环境下流域极端洪旱致灾机理与风险调控	19	14	30	34	21	33
2	大模型赋能的城市规划与建筑设计方法	9	13	24	27	47	49
3	新能源交通系统数智化运维与安全保障	50	51	50	66	55	63
4	物理信息神经网络的工程力学问题求解及应用	0	1	19	40	56	88
5	智能化测绘的混合计算范式与方法	8	7	19	19	34	24
6	超高性能混凝土材料低碳化及性能调控	0	1	0	5	4	14
7	极端环境长大隧道动力灾变机制与调控	2	6	6	3	15	16
8	高效氧化 / 还原去除水中有机污染物技术	0	68	81	115	103	106
9	绿色低碳工程结构智能设计理论	12	24	25	31	47	61
10	城市社区建成环境的健康影响机理与优化	32	39	32	29	35	28

的预测和防控，同时加快建设基于城市 – 河道 – 湖库 – 水网的“点线面体”综合化流域调控体系。从 2018 年至 2023 年，核心论文数为 151，被引频次为 7 236，篇均被引频次为 47.92。

（2）大模型赋能的城市规划与建筑设计方法

人工智能与城市规划和建筑设计领域的交叉在过去数年中已成为业内新兴热点，并先后在效能评价与设计生成等方面取得了针对性突破，但既有进展多局限在某一特定场景。大模型所具有的多模态信息增强、知识牵引与数据驱动的内在特点，能够更好地融合建筑类学科特有的图文混合知识，建构全息知识图景。同时，通过大模型调优技术，可以在现状研判、设计生成、效能评价等多个规划与建筑设计关键环节提供全链路全智化的转型支持。其主要研究方向包括：① 学科全息知识图谱构建；② 智能化现状研判；③ 生成式规划与设计；④ 数智化设计效能评价。因此，加强大模型赋能城市规划和建筑设计方法的开发与应用，对促进规划与建筑学科从经验主导迈向设计科学的新范式具有积极而深远的意义。从 2018 年至 2023 年，核心论文数为 169，被引频次为 8 670，篇均被引频次为 51.30。

（3）新能源交通系统数智化运维与安全保障

新能源交通系统是指在交通运输领域应用可再生能源和先进技术，降低对传统化石燃料的依赖，实现低碳、环保和可持续发展目标。当前，以“车能路云”高度融合为特征的新能源交通系统迅速崛起，致力于构建智能、低碳、安全、高效的交通运行与保障体系，对提升全产业链自主可控能力和绿色发展水平，推动交通基础设施与运输服务网、能源网、信息网的深度融合具有重要意义。其主要研究方向包括：① 异质交通需求与多类清洁能源供给预测；② 绿色智慧出行系统多目标调度；③ 响应交通需求的能源“源 – 网 – 储”耦合技术；④ 新能源基础设施运维及交通系统应急安全保障。未来发展趋势集中在通过智能化和数字化手段，赋能人、车、路、源、网、荷、储、桩、碳等各端，实现交通出行与供给、能源发电与用电、道路建设与运维之间的高效调节与精准匹配，显著提升新能源交通系统的数智化运维与安全保障能力。从 2018 年至 2023 年，核心论文篇数为 335，被引频次为 21 779，篇均被引频次为 65.01。

（4）物理信息神经网络的工程力学问题求解及应用

物理信息神经网络（physics-informed neural network，PINN）是一类用于解决有监督学习任务的神经

网络，通过结合物理方程和神经网络，将物理方程嵌入神经网络的损失函数中，使其符合由一般非线性偏微分方程描述的任何给定的物理信息。因此，物理信息神经网络可拥有更优的模型泛化能力，在数据较少或噪声较多的条件下有更强的适用性，并显示出在工程结构和流体分析的高维微分方程求解、多物理场耦合问题求解方面的潜力。物理信息神经网络主要包括基于偏微分方程的方法和基于能量的方法两种，在流体力学问题求解中已有较多应用，而在固体力学中主要涉及弹塑性力学、疲劳断裂问题、热力学分析及结构动力响应分析等。然而，现阶段物理信息神经网络在高阶自动微分数值求解的精度和速度方面仍处于劣势，在对复杂边界条件的处理方面也面临挑战。未来仍需进一步提高物理信息神经网络的泛化能力，同时需处理更复杂的物理现象，以开发更高效的计算工具用于复杂工程力学问题分析。从 2018 年至 2023 年，核心论文数为 204，被引频次为 13 055，篇均被引频次为 64.00。

（5）智能化测绘的混合计算范式与方法

智能化测绘是将新一代人工智能与测绘自然智能深度融合，形成智能化的测绘理论方法与技术体系，以提升测绘时空感知、认知、表达及服务等的智能化水平，提高生产效率和服务能力，降低成本，实现高水平服务。为了实现人工智能与测绘自然智能有机融合，要抓住时空特征这一关键因素，研究测绘自然智能与机器智能的优势互补方式和耦合机制，厘清知识（K）、数据（D）、算法（A）、服务（S）四因素的作用与相互关系，研发以知识为引导、数据为驱动、算法为基础、服务为支撑的时空型混合计算理论与方法，形成顾及时空特征的智能计算模式 KDAS。其主要研究方向包括：① 时空型混合计算范式的构建；② 时空数据的实景化感知计算；③ 时空场景的多维度认知计算；④ 时空地图的情境化表达计算；⑤ 时空智能的自主式服务计算。通过对智能化测绘混合智能计算的研究，将形成时空型混合智能计算的基本范式，发展时空数据实景化感知、时空场景多维度认知、时空地图情境化表达、时空智能自主式服务等混合智能计算成套方法，创建智能化测绘的混合智能计算理论与方法体系，并为地球科学、工程科学研究等提供新方法和新手段。从 2018 年至 2023 年，核心论文数为 111，被引频次为 4 819，篇均被引频次为 43.41。

（6）超高性能混凝土材料低碳化及性能调控

超高性能混凝土是一种具有高强度、高韧性和高耐久性的先进工程材料，在桥梁、铁道、海洋工程及结构加固工程等领域展现了巨大应用潜力。然而，传统超高性能混凝土在制备过程中大量使用水泥、微硅粉等高能耗材料，导致其环境效益和经济成本较低。随着超高性能混凝土强度的不断提升和优化，其韧性也随之降低，难以满足多重复杂环境下工程结构的使用需求。因此，研究如何实现超高性能混凝土全寿命周期低碳化及设计兼具超高强度和超高韧性的混凝土材料具有重大意义。其主要研究方向包括：① 基于建筑及工业固体废物资源的超高性能混凝土设计方法；② 低能耗超高性能混凝土制备技术；③ 超高性能混凝土强度与韧性协同提升机制；④ 多重复杂环境下超高性能混凝土性能调控技术。未来发展趋势主要聚焦于解决超高性能混凝土全寿命周期碳排放高及其强度和韧性无法兼顾等问题，更多研究将考虑如何从原材料生产、配合比设计和工程结构运维等方面实现超高性能混凝土低碳化，在此基础上通过多尺度研究方法，实现复杂环境下超高性能混凝土强度、韧性和耐久性协同提升，加快推进低碳高性能混凝土材料的应用，助力建筑行业的绿色转型。从 2018 年至 2023 年，核心论文数为 24，被引频次为 986，篇均被引频次为 41.08。

（7）极端环境长大隧道动力灾变机制与调控

长大隧道极端环境是指长大隧道建设运营过程中面临的强烈构造区、高地应力、高地温、高烈度等环境特征，这些极端环境孕育强震、活动断裂错动、岩爆等一系列危害隧道建设和运营安全的动力灾害。而且这些动力灾害的产生具有不确定性、多灾害耦合等特征，成灾致灾机制复杂。近年来，尤其以川滇地区交通工程基础设施为代表的高地应力强烈构造区长大隧道工程建设面临着严重的安全风险问题。因此，研究极端环境长大隧道动力灾变机制与调控具有重大意义。其主要研究方向包括：① 构造应力场 – 强动力作用场 – 围岩渗流场多场耦合机制与工程荷载演化表征；② 复杂构造应力与强震 – 位错耦合作用下隧道结构灾变机制；③ 复杂地质条件下深部岩爆诱发机制与控制对策研究；④ 极端环境长大隧道风险评估与韧性提升体系。未来主要发展趋势在于极端环境下工程场地孕灾机制明晰与工程荷载表征，并在此基础上揭示工程结构灾变过程与破坏模式，研发极端环境下长大隧道结构防灾减灾控制技术，构建长大隧道极端环境多灾害风险评估与安全调控决策体系。从 2018 年至 2023 年，核心论文数为 48，被引频次为 1 812，篇均被引频次为 37.75。

（8）高级氧化 / 还原去除水中有机污染物技术

水环境中农药、内分泌干扰物、消毒副产物等高风险污染物的种类多、危害大、去除难，给人类健康及生态系统安全带来重大挑战。高级氧化 / 还原过程能够产生高浓度、强活性的中间态成分（如自由基、高价金属和水合电子等），通过电子转移或夺氢加氧等机制实现高风险有机污染物的脱毒与矿化，已发展成为深度处理工艺的核心单元，对保障水质安全和提升人类健康福祉具有深远的战略意义。其主要研究方向包括：① 高级氧化 / 还原体系中活性组分生成规律与调控机理；② 高效、绿色、稳定的新型催化剂的设计与构筑；③ 复杂水质下选择性高级氧化 / 还原工艺的开发与应用；④ 面向新兴高毒有机污染物的新型高级氧化 / 还原工艺研究与优化；⑤ 新能源结构（光、热、电）耦合下的高级氧化 / 还原工艺拓展与应用。未来主要发展趋势在于：明晰极端水质条件下高级氧化 / 还原过程中高风险污染物降解行为及脱毒转化机理，研发与生化、吸附、膜滤、渗透蒸发等多工艺单元耦合的创新技术，以强化去除高稳定性有机物和挥发性有机物、脱盐等。同时，在人工智能的辅助下，构建面向未知风险新污染物的动态防控技术体系，实现适用型高级氧化 / 还原技术的智慧推荐与多功能催化剂的智慧优选，推动可持续性水处理技术的体系化建立与推广应用。从 2018 年至 2023 年，核心论文数为 473，被引频次为 43 325，篇均被引频次为 91.60。

（9）绿色低碳工程结构智能设计理论

绿色低碳工程结构智能设计深度融合了可持续发展理念、绿色建材革新与前沿智能化设计技术，开创了全新的设计理论范式。该范式聚焦于选用可持续、环保材料，创制涵盖碳排放、经济效益等多维度指标的可持续性设计评价体系，借助人工智能（AI），特别是生成式 AI，探索创新、高效、快捷的工程结构设计，旨在实现节能减排与降低成本。为响应国家“双碳”目标及《城乡建设领域碳达峰实施方案》中推广绿色建材与装配式钢结构及木结构等低碳建造技术的号召，同时紧抓“新基建”推动土木工程智能化转型的契机，深入探索绿色建材与 AI 技术在结构设计中的协同创新具有重大意义。其主要研究方向包括：① 基于生成式 AI 的装配式（钢 / 木）结构布局设计；② 基于生成式 AI、图神经网络及拓扑算法的结构形式优化设计；③ 物理规则引导或物理 – 数据双驱动的结构深化设计；④ 基于多智能体强化学习的构件优化设计；⑤ 考虑碳排放控制与多目标韧性的结构综合设计；⑥ 考量全寿命碳排放、经济、社会等多维度表现的可持续性结构设计与评价。未来发展趋势将聚焦于明晰生成式 AI 在绿色低碳结构中的生成机理，增强 AI 算法的物理可解释性，并建立科学的设计量化评价体系。通过融合强化学习与优化算法，进一步细化结构局部设计并实现碳足迹的最小化，最终构建绿色低碳工程结构自主智能设计系统，为建筑行业的绿色化、智能化转型提供技术支撑与理论指导。

从 2018 年至 2023 年，核心论文数为 200，被引频次为 7 300，篇均被引频次为 36.50。

（10）城市社区建成环境的健康影响机理与优化

城市社区建成环境的健康影响是指社区尺度的多元空间要素对人不同生命周期的短期和累积健康效应。联合国和世界卫生组织均强调城市规划“治未病”的作用，“健康中国”国家战略也以健康城市为重要抓手。如何基于城市规划促进身心健康是当前国际学界的前沿科学问题。城市社区是人群日常生活的主要空间场所，研究城市社区建成环境的健康影响机理与优化，具有从规划设计源头和环境控制末端创新方法，以提升人群身心健康的重大意义。其主要研究方向包括：① 城市社区空间健康干预理论模型，明确易调控且效应强的规划指标及阈值；② 城市社区空间健康性能精准诊断关键技术，建立评估指标体系并开发评估工具；③ 城市社区空间健康性能提升高效优化方法，预测并推演优化调控效果以支撑规划方案比选。未来主要发展趋势在于全路径的健康中介机理明晰，并在此基础上研发从宏观到微观的跨尺度健康诊评技术，以及多场景多要素协同的优化调控方法，从而全面掌握规划的前端健康干预作用，为促进健康的城市社区规划循证实践提供科学依据。从 2018 年至 2023 年，核心论文数为 195，被引频次为 9 517，篇均被引频次为 48.81。

6.1.2 Top 3 工程研究前沿重点解读

6.1.2.1 变化环境下流域极端洪旱致灾机理与风险调控

在全球气候变化与人类活动共同影响下，流域洪旱灾害呈现剧烈化和高频化的新发展态势。全球变暖和大尺度雨带迁移正影响着人类社会的发展。日益频发的极端天气事件导致流域洪旱灾害具有极强的不确定性和难预测性，给全球水安全、粮食安全和生态安全带来了巨大的挑战。同时，社会经济的加速发展进一步加剧了洪旱灾害风险。因此，研究变化环境下流域极端洪旱致灾机理与风险调控对保障人类社会稳定发展具有重要意义。主要研究方向包括：

1）基于“空 – 天 – 地”一体化的多源洪旱灾害监测与数据同化：单一观测技术与模型在洪旱灾害监测、模拟和预测上存在较大的不确定性。联合“空 – 天 – 地”多源数据构建水文气象要素立体观测方法体系，获取多尺度水文气象融合数据；发展适配多模态水文气象数据的数据同化方法，通过同化水文或陆面模型实现洪旱灾害高精度模拟和预测。

2）变化环境下流域极端洪旱事件的识别与演变机制：针对变化环境下降雨特征迁移与下垫面要素更迭的新形势，面向流域极端洪旱事件研发耦合机理模型和机器学习模型的智能识别算法；定量化、精细化、多维化地揭示流域极端洪旱事件的发生机制、发展过程和分布特征。

3）流域极端洪旱致灾阈值及拐（爆）点预测：整合水文气象、生态过程和人类发展的复杂互馈机制，研究流域洪旱灾害孕灾机理，确定其致灾对象和致灾阈值；预估变化环境下不同时空尺度流域洪旱灾害的发展趋势和突变可能，预测未来洪旱灾害频率、强度及拐（爆）点。

4）流域山洪、骤旱及旱涝急转等突发性灾害致灾风险评价与调控技术：针对突发性洪旱灾害难定义、难定性、难定量的问题，揭示其群发机理和致灾效应，研究高频动态风险辨识和评估技术；围绕致灾对象和致灾过程，探究流域极端短历时洪旱灾害防控规划和应急调控方法。

5）大中城市洪涝灾害风险评价与调控体系：针对城市化发达地区，开展台风、强对流等极端事件引发的暴雨洪涝灾害风险评价研究，研发多平台、多模式集合预报预警方法；提出城市洪涝“拦－蓄－疏－排”协同防御方法，构建从灾前预警到灾后恢复的城市洪涝全链条调控体系。

“变化环境下流域极端洪旱致灾机理与风险调控”的核心论文有151篇，核心论文的篇均被引频次为47.92（表6.1）。核心论文产出排名前五的国家为中国、美国、英国、澳大利亚和德国（表6.3），其中中国的论文占比为52.32%，是该前沿的主要研究国家之一。篇均被引频次排名前五的国家为巴西、澳大利亚、英国、美国和巴基斯坦，其中中国的篇均被引频次为45.75，略低于平均水平。由图6.1可知，各主要产出国家间有较为密切的合作关系。

核心论文产出排名前五的机构为中国的中国科学院、武汉大学、清华大学、河海大学和南京大学（表6.4）。中国科学院主要研究喜马拉雅和喀喇昆仑地区冰川变化及其水文影响，中国和巴基斯坦河流流域的地下水、降水、洪水、干旱评估与预测，气候变化对水资源和农业水资源管理的影响，以及水库在调节洪水和干旱风险中的作用。武汉大学主要研究气候变化对长江流域的水文循环、水资源、旱涝灾害和水电站发电的影响，以及如何利用遥感数据和水文模型评估与预测这些影响。清华大学主要研究利用循环神经网络和分布式水文模型进行实时水库运行模拟、气候变化对泰国主要农作物产量和水足迹的影响、东亚典型季风过渡区渭河流域干湿条件的时空特征及其原因、未来河流年径流和水文气候极端事件的变化等。由图6.2可知，各主要产出机构间有一定的合作关系。

施引核心论文产出排名前五的国家为中国、美国、印度、英国和巴西（表6.5），施引核心论文产出排名前五的机构为中国的中国科学院、武汉大学、河海大学、北京师范大学和南京信息工程大学（表6.6）。

综合以上统计数据，在“变化环境下流域极端洪旱致灾机理与风险调控”研究领域，与国外同行相比，中国学者具有一定的优势，并逐步发展到领先地位。

未来十年，该前沿重点发展方向在于变化环境与流域洪旱灾害的非线性驱动－响应机制明晰，基于人工智能与机理模型耦合的预报预测技术研发，以及针对流域极端洪旱灾害的风险识别和体系化调控。同时，在发展趋势上，该前沿将逐渐向多维化、精细化、系统化和智能化发展。随着变化环境下流域极端洪旱灾害的日益频繁，人类社会对极端洪旱灾害风险的暴露度和脆弱性显著增加，该前沿研究成果将广泛应用于水安全和公共安全保障领域，具有巨大的发展潜力（图6.3）。

表6.3　“变化环境下流域极端洪旱致灾机理与风险调控”工程研究前沿中核心论文的主要产出国家

序号	国家	核心论文数	论文比例/%	被引频次	篇均被引频次	平均出版年
1	中国	79	52.32	3 614	45.75	2021.1
2	美国	28	18.54	1 785	63.75	2020.4
3	英国	16	10.60	1 030	64.38	2020.5
4	澳大利亚	11	7.28	743	67.55	2020.0
5	德国	11	7.28	512	46.55	2021.4
6	印度	11	7.28	361	32.82	2020.7
7	巴西	8	5.30	579	72.38	2020.1
8	巴基斯坦	8	5.30	456	57.00	2020.9
9	荷兰	8	5.30	426	53.25	2020.5
10	韩国	8	5.30	302	37.75	2021.6

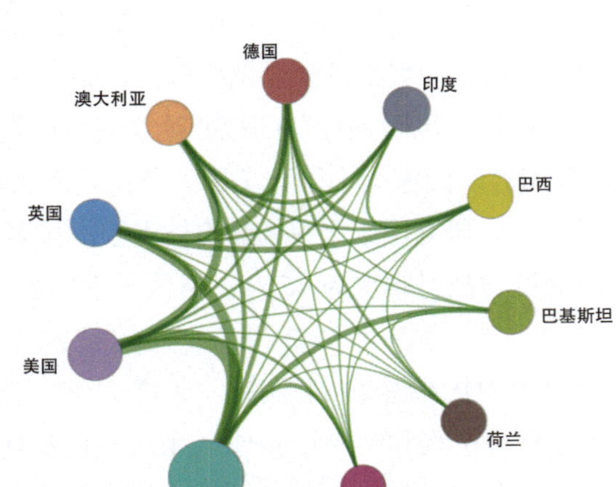

图 6.1 “变化环境下流域极端洪旱致灾机理与风险调控”工程研究前沿主要国家间的合作网络

表 6.4 “变化环境下流域极端洪旱致灾机理与风险调控”工程研究前沿中核心论文的主要产出机构

序号	机构	核心论文数	论文比例 /%	被引频次	篇均被引频次	平均出版年
1	中国科学院	23	15.23	1 051	45.70	2021.1
2	武汉大学	11	7.28	419	38.09	2020.5
3	清华大学	8	5.30	368	46.00	2021.8
4	河海大学	8	5.30	241	30.12	2021.4
5	南京大学	6	3.97	352	58.67	2020.5
6	北京师范大学	6	3.97	242	40.33	2020.8
7	西安理工大学	4	2.65	356	89.00	2020.0
8	中国气象局	4	2.65	169	42.25	2021.2
9	中国水利水电科学研究院	4	2.65	155	38.75	2021.5
10	苏黎世联邦理工学院	4	2.65	150	37.50	2021.2

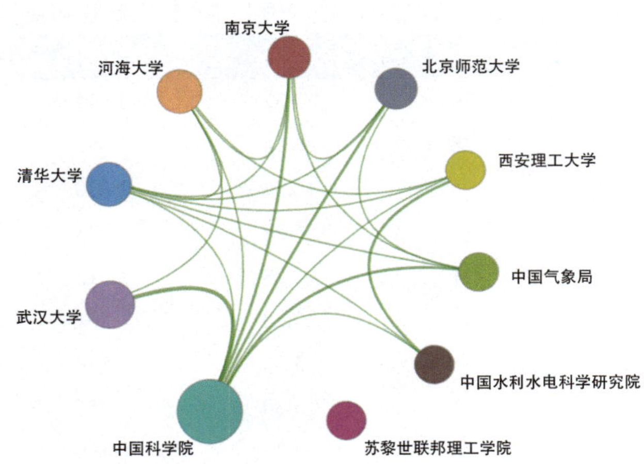

图 6.2 “变化环境下流域极端洪旱致灾机理与风险调控”工程研究前沿主要机构间的合作网络

表 6.5 “变化环境下流域极端洪旱致灾机理与风险调控”工程研究前沿中施引核心论文的主要产出国家

序号	国家	施引核心论文数	施引核心论文比例 /%	平均施引年
1	中国	2 919	40.35	2022.1
2	美国	1 101	15.22	2022.0
3	印度	672	9.29	2022.3
4	英国	393	5.43	2021.8
5	巴西	372	5.14	2021.9
6	澳大利亚	367	5.07	2021.9
7	德国	354	4.89	2022.1
8	伊朗	337	4.66	2022.0
9	巴基斯坦	257	3.55	2022.3
10	加拿大	243	3.36	2022.0

表 6.6 “变化环境下流域极端洪旱致灾机理与风险调控”工程研究前沿中施引核心论文的主要产出机构

序号	机构	施引核心论文数	施引核心论文比例 /%	平均施引年
1	中国科学院	741	34.35	2022.1
2	武汉大学	242	11.22	2022.1
3	河海大学	236	10.94	2022.1
4	北京师范大学	187	8.67	2022.1
5	南京信息工程大学	150	6.95	2022.2
6	中国水利水电科学研究院	133	6.17	2021.7
7	中国地质大学	109	5.05	2022.3
8	清华大学	105	4.87	2022.2
9	中山大学	90	4.17	2022.2
10	西安理工大学	84	3.89	2021.2

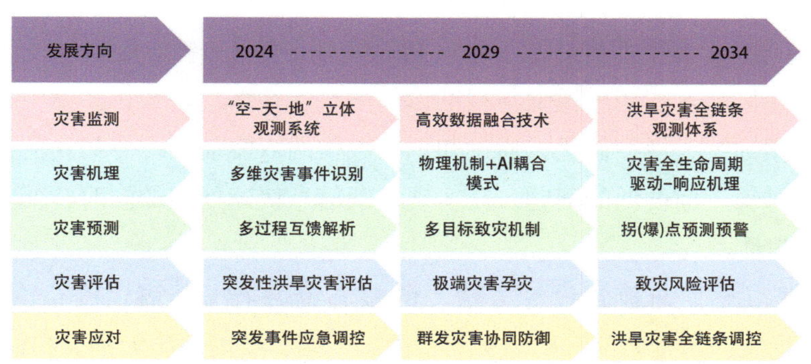

图 6.3 “变化环境下流域极端洪旱致灾机理与风险调控”工程研究前沿的发展路线

6.1.2.2 大模型赋能的城市规划与建筑设计方法

大模型赋能的城市规划与建筑设计方法的核心在于：① 通过多模态知识增强实现规划和建筑设计方法学理的数字建构，形成学科全息知识图谱，实现复杂理论机制的解析和识别；② 通过大模型为方案设计提供研判、生成与评价三个设计关键步骤全流程支持。通过前述两大维度的探索训练“可解析、能计算、懂推理、可演化”的设计大模型，转变个人主观经验主导的设计范式，实现规划和建筑设计全流程智能化。前沿研究方向主要体现在以下几个方面：

1）学科全息知识图谱构建：基于个人经验和文本知识图谱建构的传统学科认知体系碎片化、片面化特征明显，规划与建筑学科理论机制建构依然欠缺；同时图、文、时序信息作为城市规划和建筑设计理论知识的重要内容，传统方法也难以实现复杂多模态信息和理论机制的解析与识别。研究运用大模型所具备图文多模态数据融合技术整合不同来源和格式的数据，建构兼具全口径知识纳入的学科全息知识图谱，形成对以往“众说纷纭”的城市规划与建筑设计理论的全面分析和理解，能够有力助推目前学科碎片化多模态知识的数字化描摹与知识融合。

2）智能化现状研判：传统对城市和建筑的现状研判存在“特征不清”“研判困难”的问题。基于知识牵引与数据驱动的大模型训练，不仅能高效融合空间形态、功能构成、建筑肌理等各类物质实体要素和非物质经济社会效应，实现可解析的现状特征识别；还能提炼契合场地需求的评价维度，建立跨越大（城市规划）、中（城市设计）、小（建筑设计）尺度的评价研判体系，对包括城市形态特征、街区活力、建筑风貌等多尺度现状要素进行可计算的现状量化评价，在海量数据支持下实现类专家、多维度的智能化研判。最终推动现状研判从定性经验讨论到定量智能研判的转变。

3）生成式规划与设计：在文本生成层面，大模型可以快速分析政策文本，提供政策背景解读，帮助规划师理解国家、省、市层面的战略意图。同时能结合区域数据，分析城市群、都市圈和省内的竞争力与地位，为区域定位提供科学依据，生成多个方案供选择，辅助规划师制定更合理的规划策略。此外，多模态大语言模型具有强大的自然语言处理和文本生成能力，可以帮助规划师更高效地进行文本撰写工作，提高规划师的工作效率和质量，推动规划工作智能化的进步和发展。在形态生成层面，大模型能通过全球优秀城市案例库中城市用地格局、路网组织、空间形态的智能化学习，支持兼顾绿色低碳、宜居便利、活力品质等多维度和多目标的用地综合迭代调优，进而探索生成式人工智能技术支持下的城市、街区及建筑多尺度形态可控生成路径，实现能通过设计师“图灵测试”，且能高效响应不同空间尺度与品质需求的可控设计生成，实现规划与设计从“经验较优”到“计算最优”的技术转型。

4）数智化设计效能评价：大模型能够基于建筑类学科专业背景，针对规划与设计“研判困难”的难点，建构城市、街区、建筑多尺度效能测度模型与精准诊断方法。在多模态知识图谱引导下开展知识嵌入，在专属数据集支持下实现预训练大模型调优，通过知识与数据的双驱动训练专门化的设计效能研判大模型，解决传统的方案评估耗时长、信度低的问题，在实现复杂信息快速处理的同时转变经验主导的评估范式，提升方案评估结果的科学性。

“大模型赋能的城市规划与建筑设计方法”的核心论文有 169 篇，核心论文的篇均被引频次为 51.30（表 6.1）。核心论文产出排名前五的国家为中国、美国、英国、澳大利亚和韩国（表 6.7），其中中国的论文占比为 34.91%，是该前沿的主要研究国家之一。篇均被引频次排名前五的国家为加拿大、新加坡、澳大利亚、英国和法国，其中中国的篇均被引频次为 47.85，略低于平均水平。由图 6.4 可知，各主要产出国家间有较为密切的合作关系。

核心论文产出排名前五的机构为新加坡的新加坡国立大学，中国的武汉大学、哈尔滨工业大学、香港大学和中国科学院（表 6.8）。新加坡国立大学主要研究利用机器学习和人工智能技术分析城市空间数据，以优化城市规划、环境监测和建筑设计。武汉大学主要研究城市土地变化模拟、PM2.5 预测、建筑遗产识别、城市活力分析等。哈尔滨工业大学主要研究如何使用人工智能和机器学习技术来改进城市和土木工程领域的数据分析、设计优化、环境评估和健康监测。由图 6.5 可知，各主要产出机构间有一定的合作关系。

施引核心论文产出排名前五的国家为中国、美国、印度、英国和德国（表 6.9），施引核心论文产出排名前五的机构为中国的中国科学院、清华大学、同济大学、武汉大学以及新加坡的新加坡国立大学（表 6.10）。

综合以上统计数据，在该前沿领域，与国外同行相比，中国学者具有一定的优势，并逐步发展到领先地位。

表 6.7　“大模型赋能的城市规划与建筑设计方法”工程研究前沿中核心论文的主要产出国家

序号	国家	核心论文数	论文比例 /%	被引频次	篇均被引频次	平均出版年
1	中国	59	34.91	2 823	47.85	2021.7
2	美国	42	24.85	2 124	50.57	2021.3
3	英国	14	8.28	858	61.29	2021.3
4	澳大利亚	13	7.69	802	61.69	2021.5
5	韩国	10	5.92	317	31.70	2022.2
6	新加坡	9	5.33	691	76.78	2021.2
7	德国	9	5.33	319	35.44	2021.6
8	法国	8	4.73	428	53.50	2020.0
9	印度	7	4.14	313	44.71	2022.0
10	加拿大	6	3.55	646	107.67	2021.0

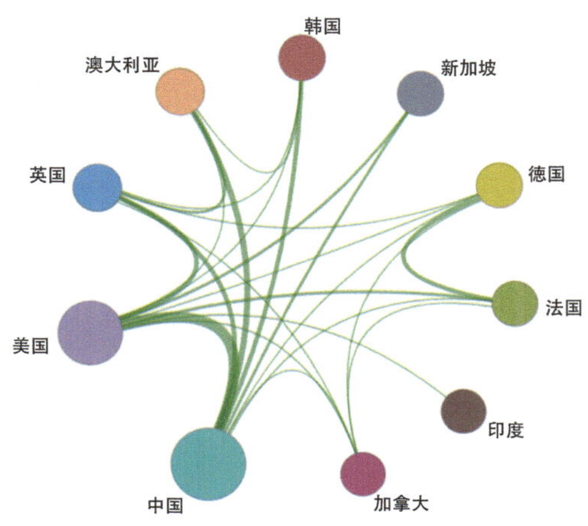

图 6.4　“大模型赋能的城市规划与建筑设计方法”工程研究前沿主要国家间的合作网络

表 6.8 “大模型赋能的城市规划与建筑设计方法”工程研究前沿中核心论文的主要产出机构

序号	机构	核心论文数	论文比例 /%	被引频次	篇均被引频次	平均出版年
1	新加坡国立大学	7	4.14	509	72.71	2021.6
2	武汉大学	5	2.96	265	53.00	2021.2
3	哈尔滨工业大学	5	2.96	175	35.00	2021.4
4	香港大学	5	2.96	111	22.20	2022.0
5	中国科学院	4	2.37	239	59.75	2021.2
6	广州大学	4	2.37	176	44.00	2020.2
7	麻省理工学院	4	2.37	126	31.50	2021.0
8	清华大学	4	2.37	104	26.00	2022.5
9	牛津大学	3	1.78	514	171.33	2020.3
10	苏黎世联邦理工学院	3	1.78	498	166.00	2021.3

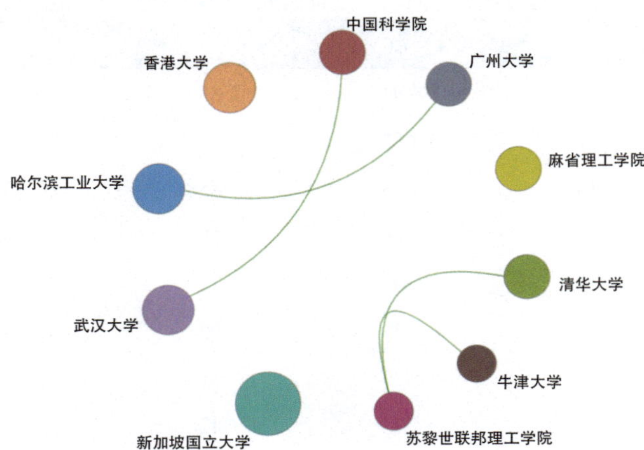

图 6.5 “大模型赋能的城市规划与建筑设计方法”工程研究前沿主要机构间的合作网络

表 6.9 “大模型赋能的城市规划与建筑设计方法”工程研究前沿中施引核心论文的主要产出国家

序号	国家	施引核心论文数	施引核心论文比例 /%	平均施引年
1	中国	3 322	39.84	2022.4
2	美国	1 424	17.08	2017.2
3	印度	644	7.72	2022.4
4	英国	613	7.35	2010.4
5	德国	425	5.10	2022.2
6	澳大利亚	373	4.47	2022.3
7	加拿大	329	3.95	2022.2
8	意大利	327	3.92	2022.3
9	韩国	324	3.89	2022.4
10	沙特阿拉伯	312	3.74	2022.4

表 6.10　“大模型赋能的城市规划与建筑设计方法”工程研究前沿中施引核心论文的主要产出机构

序号	机构	施引核心论文数	施引核心论文比例 /%	平均施引年
1	中国科学院	250	19.81	2022.4
2	清华大学	169	13.39	2022.4
3	同济大学	128	10.14	2022.4
4	武汉大学	125	9.90	2022.3
5	新加坡国立大学	115	9.11	2022.3
6	东南大学	86	6.81	2022.4
7	浙江大学	82	6.50	2022.6
8	麻省理工学院	77	6.10	2022.4
9	斯坦福大学	77	6.10	2022.2
10	香港理工大学	77	6.10	2022.7

“大模型赋能的城市规划与建筑设计方法”工程研究前沿未来10年的重点发展方向见图6.6，主要包括：

1）学科全息知识图谱构建：建筑设计与城市规划领域存在大量学科交叉融合知识亟待整合，而大模型的出现使得知识图谱构建提效增质。收集学科相关政策、论文、书籍、数据、视频等多模态资源，采用大模型的方法赋能多模态知识图谱融合，通过专家对话开展调优，从而构建领域内可增补、跨学科、多模态的全息知识图谱。

2）智能化现状研判：在现状研判阶段，借助大模型开展智能数据捕捉，快速读取人口、空间、文化等多方面特征，生成精细化多维画像，实现从单一维度到多维度的智能化研判。运用大模型进一步提炼总结阶段性结论和研究成果，为智能平台开发与项目示范进行专业赋能。

3）生成式规划与设计：大模型生成图像建筑设计与城市规划方案的问题往往在于其空间尺度把握不足。为了应对这一问题，研究在大模型生成图像的基础上，按照不同尺度、团块、功能构建策略推荐模型，探究其生成式设计方法。基于知识图谱外链以及智能化现状研判结果，推动生成式设计落地，以应用到示范性项目中。此外，大模型因其文本生成效率高，经微调与人工指令后能高效率生成专业文本，从而打通文本生成、图像生成全链路，服务于生成式规划与设计。

4）数智化设计效能评价：智能化规划设计方案评价能够克服以往受限于时间、人力等而难以处理庞大数据的问题，以及专家经验容易受到主观偏好或固有思维限制的问题。基于多模态知识图谱的综合感知，

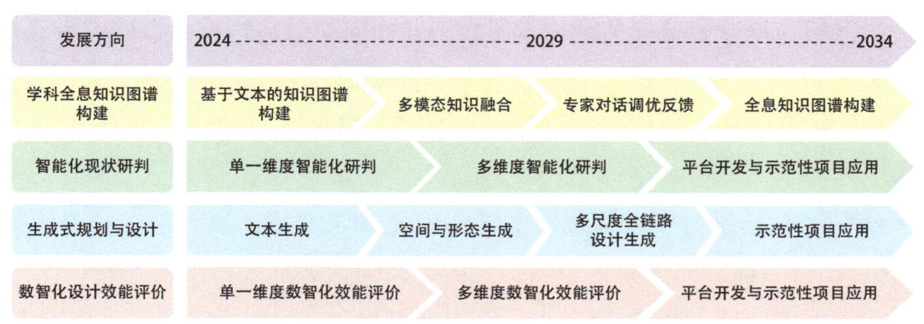

图 6.6　“大模型赋能的城市规划与建筑设计方法”工程研究前沿的发展路线

对当前城市规划设计方案做出更加准确、恰当的判断和反应，形成从单一效能到综合效能的评价范式，引导城市设计精细化、科学化发展。

6.1.2.3 新能源交通系统数智化运维与安全保障

新能源交通系统高效运维技术与安全保障体系是交通与能源融合发展的关键。现有研究缺乏对多类能源交通方式的系统性需求建模与预测，难以准确应对异质交通需求与清洁能源供给的动态变化，出行服务运营多以效率最优为目标，未考虑多种交通模式下的能耗、效率、碳排等多目标问题，存在基础设施应急保障智慧化水平低等问题，导致在应对复杂交通－能源耦合场景时灵活性与高效性不足。如何深度挖掘新型交通基础设施源、网、荷、储多重属性，开发数字化与智能化手段，实现新能源交通系统从低效到高效、能源供给从高碳向低碳的转变，具有重要意义。主要研究内容包括：

1）异质交通需求与多类清洁能源供给预测：构建面向新能源交通活动与能源使用特征的多维参数感知体系，提出融合交通活动轨迹、用能行为、时空环境等特征的高精度模型结构，实现对交通活动与用能的精准时空参数提取。进一步构建适用于异质交通用能场景的长短时需求预测方法体系，结合不同交通方式、能源类型、地理特征与用能行为，预测交通活动的能源需求特性。建立响应地理、气象条件和能源网运行的太阳能、风能、地热等多类清洁能源供给预测模型，全面提升新能源交通系统的供需匹配效率与灵活性。

2）绿色智慧出行系统多目标调度：构建含新能源公交、共享汽车、网约车等多模式智慧出行系统中车辆动态调度与控制模型，综合考量电网负荷、风光等新能源出力的波动性，以及出行需求的异质性与随机性，以出行效率、运营成本、能耗、碳排放、电网负荷波动最优为目标，开发基于人工智能的大规模网络人－车－路－桩匹配与规划算法，实现车队规模、车型、车速、车辆排班、车辆路径、充放电等组合优化及车辆实时调度。

3）响应交通需求的能源“源－网－储”耦合技术：合理布局并优化新能源交通系统的能源基础设施网络，建立覆盖能源采集、输配、储存与使用的全链条管理控制架构，构建考虑交通与供能环境时空变异特征的长短时交通与能源系统交互机制和模型。以此为基础，实现能源“源－网－荷－储”系统的高效动态协同，通过自适应调节，提升新能源交通系统在多变环境下的能源利用效率，实现新能源供给与交通需求的实时耦合配置。

4）新能源基础设施运维及交通系统应急安全保障技术：新能源基础设施（充电设施、加氢站、存储设备、新能源车辆等）具有存量高、增量大、风险高、运维困难等特点。开展新能源交通基础设施性态演化与预警、设施性能保持与提升装备等关键技术研发，并面向交通运行重大事件的设施抢修、复杂救援、快速处置场景，突破抢修资源调度、救援装备智能化等技术瓶颈，形成事前防范、事中处置、事后恢复的抢修救援与快速恢复技术体系，提升新能源交通系统安全保障和韧性恢复能力，实现自主监测、分析、预警、响应一体化运营需求。

“新能源交通系统数智化运维与安全保障”的核心论文有 335 篇，核心论文的篇均被引频次为 65.01（表 6.1）。核心论文产出排名前五的国家为中国、美国、英国、加拿大和印度（表 6.11），其中中国的论文占比为 44.48%，是该前沿的主要研究国家之一。篇均被引频次排名前五的国家为德国、英国、中国、意大利和美国，其中中国的篇均被引频次为 74.13，高于平均水平。由图 6.7 可知，各主要产出国家间有较为

表 6.11　“新能源交通系统数智化运维与安全保障”工程研究前沿中核心论文的主要产出国家

序号	国家	核心论文数	论文比例 /%	被引频次	篇均被引频次	平均出版年
1	中国	149	44.48	11 046	74.13	2020.8
2	美国	66	19.70	4 732	71.70	2020.3
3	英国	27	8.06	2 010	74.44	2020.5
4	加拿大	19	5.67	1 017	53.53	2020.7
5	印度	16	4.78	1 012	63.25	2021.4
6	德国	15	4.48	1 297	86.47	2020.0
7	意大利	15	4.48	1 104	73.60	2020.3
8	澳大利亚	15	4.48	872	58.13	2020.5
9	法国	13	3.88	543	41.77	2019.9
10	伊朗	12	3.58	642	53.50	2020.3

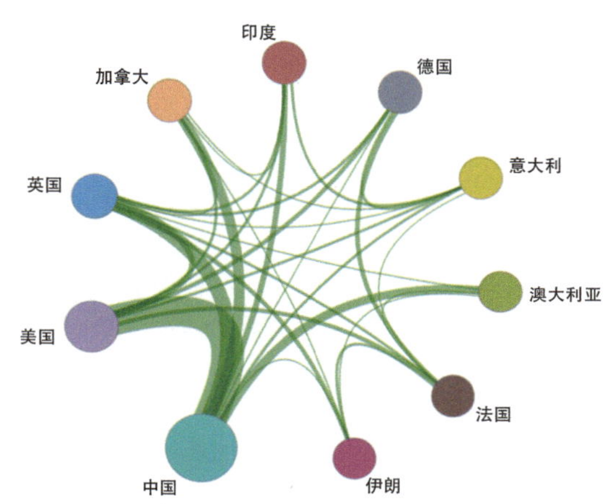

图 6.7　“新能源交通系统数智化运维与安全保障”工程研究前沿主要国家间的合作网络

密切的合作关系。

核心论文产出排名前五的机构为中国的清华大学、中国科学院、浙江大学、哈尔滨工业大学和北京交通大学（表 6.12）。清华大学主要研究自动驾驶车辆交通流、电动汽车共享系统服务定价和充电调度、插电式混合动力城市公交车等。中国科学院主要研究智能交通系统、低温锂离子电池电解液、氨能源存储、电偶纳米发电机等技术的新进展和应用。浙江大学主要研究智能交通系统、能源效率、电动汽车、环境监测、新型材料、城市碳循环等多个领域的技术创新和环境效益分析。由图 6.8 可知，各主要产出机构间有一定的合作关系。

施引核心论文产出排名前五的国家为中国、美国、印度、英国和澳大利亚（表 6.13），施引核心论文产出排名前五的机构为中国的中国科学院、清华大学、浙江大学、武汉大学和上海交通大学（表 6.14）。

综合以上统计数据，中国的施引核心论文占比远超核心论文占比，说明中国学者对该前沿的研究动态保持比较密切的关注和跟踪。

未来 10 年，该前沿重点发展方向在于：新能源交通系统智能需求预测与调度优化算法、能源全链条管理优化与决策系统、考虑重大事件的能源基础设施安全保障装备开发。具体而言，在智能算法方面，包

表 6.12 “新能源交通系统数智化运维与安全保障”工程研究前沿中核心论文的主要产出机构

序号	机构	核心论文数	论文比例 /%	被引频次	篇均被引频次	平均出版年
1	清华大学	9	2.69	946	105.11	2020.4
2	中国科学院	9	2.69	789	87.67	2020.9
3	浙江大学	7	2.09	356	50.86	2021.1
4	哈尔滨工业大学	6	1.79	541	90.17	2020.3
5	北京交通大学	6	1.79	343	57.17	2021.5
6	山东大学	6	1.79	244	40.67	2021.5
7	华南理工大学	5	1.49	380	76.00	2019.2
8	重庆大学	5	1.49	375	75.00	2021.0
9	西南交通大学	5	1.49	339	67.80	2020.2
10	新南威尔士大学	5	1.49	215	43.00	2020.8

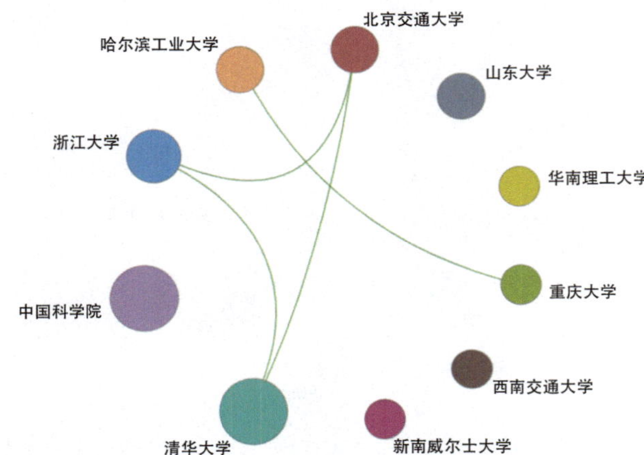

图 6.8 “新能源交通系统数智化运维与安全保障”工程研究前沿主要机构间的合作网络

表 6.13 “新能源交通系统数智化运维与安全保障”工程研究前沿中施引核心论文的主要产出国家

序号	国家	施引核心论文数	施引核心论文比例 /%	平均施引年
1	中国	10 313	48.43	2022.1
2	美国	2 660	12.49	2021.9
3	印度	1 531	7.19	2022.2
4	英国	1 347	6.33	2021.9
5	澳大利亚	880	4.13	2021.9
6	德国	876	4.11	2021.8
7	韩国	834	3.92	2022.1
8	加拿大	774	3.63	2021.9
9	沙特阿拉伯	757	3.55	2022.3
10	意大利	697	3.27	2022.0

含多模态交通需求预测、跨能源类型的交通能耗预测，大规模网络车辆与能源实时调度；在系统开发方面，以交通－能源自适应调控为目标，实现交通多场景能源供给优化；在装备研发方面，面向新能源交通基础设施自主监测、分析、预警、响应的需求，开发应急保障装备，实现抢修救援与快速恢复（图 6.9）。

表 6.14 “新能源交通系统数智化运维与安全保障”工程研究前沿中施引核心论文的主要产出机构

序号	机构	施引核心论文数	施引核心论文比例 /%	平均施引年
1	中国科学院	785	24.61	2022.1
2	清华大学	470	14.73	2022.0
3	浙江大学	260	8.15	2022.1
4	武汉大学	245	7.68	2022.2
5	上海交通大学	238	7.46	2022.2
6	重庆大学	210	6.58	2021.9
7	西安交通大学	206	6.46	2021.9
8	哈尔滨工业大学	199	6.24	2021.7
9	香港理工大学	197	6.18	2022.2
10	华南理工大学	195	6.11	2021.8

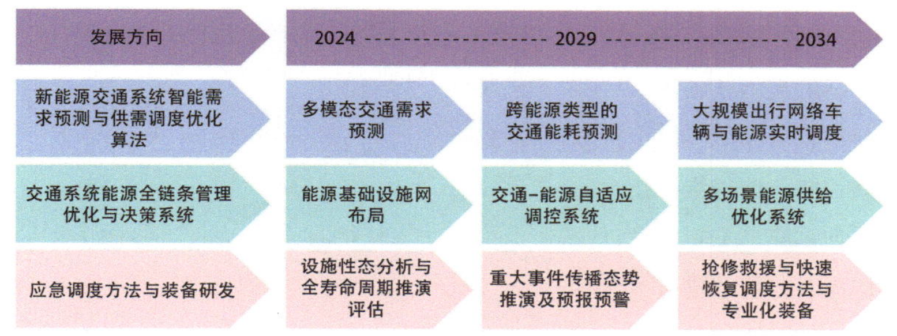

图 6.9 “新能源交通系统数智化运维与安全保障”工程研究前沿的发展路线

6.2 工程开发前沿

6.2.1 Top 10 工程开发前沿发展态势

土木、水利与建筑工程领域的 Top 10 工程开发前沿及统计数据见表 6.15，涉及水利工程、市政工程、测绘工程、交通工程、城乡规划与风景园林、土木建筑材料、结构工程等学科方向。其中“城市排水系统智能模拟与韧性提升技术”“大规模实景三维建模与动态更新”“低空－地面交通体系智能协同与安全保障”“既有城区基础设施更新的规划减碳技术”“极端气候环境基础设施智能建造与维护技术”为专家提名前沿或者是基于数据挖掘前沿凝练而成的前沿，其他为数据挖掘前沿。各前沿所涉及的专利自 2018 年至 2023 年的逐年公开量见表 6.16。

表 6.15　土木、水利与建筑工程领域 Top 10 工程开发前沿

序号	工程开发前沿	公开量	被引数	平均被引数	平均公开年
1	流域水 – 风 – 光 – 储互补智慧调度技术与装备	64	1 778	27.78	2021.3
2	城市排水系统智能模拟与韧性提升技术	229	1 176	5.14	2021.3
3	大规模实景三维建模与动态更新	87	468	5.38	2021.8
4	低空 – 地面交通体系智能协同与安全保障	204	4 611	22.60	2021.3
5	既有城区基础设施更新的规划减碳技术	108	2 360	21.85	2021.5
6	复杂环境下有机复合材料结构 – 功能一体化技术	116	319	2.75	2020. 8
7	极端气候环境基础设施智能建造与维护技术	134	515	3.84	2021.8
8	低成本光伏建筑一体化系统与实施技术	48	32	0.67	2021.4
9	模块化建筑结构体系及其智能建造	45	119	2.64	2021.2
10	自主无人系统定位与地图构建技术	23	66	2.87	2021.7

表 6.16　土木、水利与建筑工程领域 Top 10 工程开发前沿核心专利逐年公开量

序号	工程开发前沿	2018	2019	2020	2021	2022	2023
1	流域水 – 风 – 光 – 储互补智慧调度技术与装备	7	4	5	9	23	16
2	城市排水系统智能模拟与韧性提升技术	15	15	28	49	65	57
3	大规模实景三维建模与动态更新	0	6	8	15	28	30
4	低空 – 地面交通体系智能协同与安全保障	17	22	24	31	41	69
5	既有城区基础设施更新的规划减碳技术	0	12	18	13	31	34
6	复杂环境下有机复合材料结构 – 功能一体化技术	15	16	19	22	17	27
7	极端气候环境基础设施智能建造与维护技术	6	7	7	21	44	49
8	低成本光伏建筑一体化系统与实施技术	4	4	2	10	15	13
9	模块化建筑结构体系及其智能建造	2	8	4	9	8	14
10	自主无人系统定位与地图构建技术	0	3	2	2	7	9

（1）流域水 – 风 – 光 – 储互补智慧调度技术与装备

流域水 – 风 – 光 – 储互补基地依托我国大型水电基地，充分发挥梯级水电和储能设施的灵活性调节能力，配套开发风电、光伏发电项目，实现可再生能源一体化资源配置、调度运行和集中消纳。水 – 风 – 光 – 储互补智慧调度技术与装备旨在综合运用人工智能、大数据、物联网等新一代信息技术，对多能互补系统资源预测、互补调度、实时运行、市场交易等环节进行智能分析决策，并通过智能化装备对清洁能源基地调度运行过程进行精准控制和高效管理，以提高流域清洁能源基地的综合发电效益，控制系统安全运行风险，提升管理智慧化水平。在新能源爆发式发展的背景下，多能互补系统面临电力电量平衡困难、新能源弃电严重、安全运行风险加剧等一系列全新挑战，传统调度运行技术和核心装备已无法满足多能互补系统的全新要求。该领域的主要技术方向包括：① 水 – 风 – 光资源高精度模拟与预测技术；② 水 – 风 – 光 – 储互补多尺度智慧调度技术；③ 水 – 风 – 光 – 储互补实时运行控制技术；④ 水 – 风 – 光 – 储运行控制全国产智能化装备；⑤ 市场环境下水 – 风 – 光 – 储一体化竞报价决策技术；⑥ 水 – 风 – 光 – 储一体化运行管理新模式

和技术标准。未来，随着多能互补基地建设规模不断扩大、数量不断增加、范围不断拓展，系统调度运行将由当前人工经验驱动的计划调度向数据驱动的智慧调度转变，形成全新的水－风－光－储互补调度管理模式和技术标准，全面提升多能互补系统的预测、决策、控制、管理能力和智能化水平，推动流域可再生能源一体化发展进程。从 2018 年至 2023 年，专利公开量为 64，引用量为 1 778，平均被引数为 27.78。

（2）城市排水系统智能模拟与韧性提升技术

城市排水系统是处理和排除城市雨（污）水的工程设施系统，包含雨（污）水的收集、输送、处理、再用等单元。城市排水系统是城市生命线的重要组成部分，构建韧性安全的城市排水系统对保障社会稳定和人居健康意义重大。借助新一代人工智能、大数据、大模型等手段，发展智能模拟与韧性提升技术，可以对城市排水系统全生命周期进行状态模拟，对运行过程、风险故障、环境影响等进行仿真和优化，并通过控制设备实时干预排水设施和污水处理厂的运行过程，提高在线监测、缺损诊断、过程控制、污染防控能力，提升应对极端天气、洪涝灾害、突发事件等风险冲击的能力。城市排水系统智能模拟与韧性提升技术的重点发展方向包括：关键节点及过程风险的智能监测、溯源与动态预警；城市排水系统安全运行的过程智能模拟、仿真优化、决策支持与智能控制（平台）；溢流污染防控与自适应调度；韧性基础设施数字规划、建设与评估等。技术发展趋势是建立适应极端气候条件和城市排水系统运行复杂性的设计规划与运营模式，建立适于排水管网、泵站、调蓄设施等关键节点及全过程的智能监测传输网络与自适应调控方法，建立集成管控技术体系与决策支持系统，提升应对风险的预防性维护能力和快速恢复能力。未来的重点发展方向为智能监测、智能诊断、智能调度、设施建设和一体化管控。从 2018 年至 2023 年，专利公开量为 229，被引数为 1 176，平均被引数为 5.14。

（3）大规模实景三维建模与动态更新

实景三维是真实、立体、时序化反映与表达人类生产、生活和生态空间的时空信息，是不可替代的国家重要新型基础设施。近年来，在持续开展实景三维中国建设工作的背景下，大规模实景三维建模与动态更新技术已成为该领域的开发前沿。其主要技术方向包括：① 大规模实景三维建模，包括地理场景获取与融合技术、面向实景三维的物联感知数据接入与融合技术、地理实体语义化建模技术等；② 实景三维建库管理与动态更新，包括基础地理实体及地理场景适配技术、实景三维数据尺度关联与联动维护技术、基础地理实体成果质量检查与验收技术等；③ 应用服务，包括实景三维数据接口及服务发布技术、实景三维数据轻量化处理技术、实景三维安全服务处理技术等。未来的发展趋势包括：① 大规模实景三维建模自动化；② 实景三维动态更新智能化；③ 实景三维应用服务智慧化。从 2018 年至 2023 年，专利公开量为 87，被引数为 468，平均被引数为 5.38。

（4）低空－地面交通体系智能协同与安全保障

低空－地面交通体系指在低空空域、地面路网范围内，有人机、无人机、地面车辆混合运行的空－地交通系统。与中、高空域相比，低空空域资源有限、业务场景多样、运行密度高、异智混合性强、电 / 磁 / 风环境复杂、与地面交通系统耦合性强，导致低空－地面交通体系运行的复杂性高、安全态势严峻。研究低空－地面交通体系智能协同，对保障交通系统运行安全、推动低空经济发展意义重大。其主要研究方向包括：① 空－天－地融合的空－地交通系统运行态势智能感知与多目标协同监测；② 空－地交通系统数字孪生体超实时仿真与风险推演；③ 有人机、无人机、地面车辆混合条件下的主动避撞与协同运行；④ 基于数字孪生体的空－地交通系统管理智能决策与风险控制。未来主要发展趋势在于实现对低空－地面交通体系多目标协同运行态势的精确感知和风险推演，基于数字孪生技术优化系统安全防控策略。在此基础上，融合空–天–地多源信息完成对空–地交通系统运行风险的动态预测和主动防控，同时推动空域管理的智能化与自动化，加快应急响应体系的建设，构建智能化、协同化的空–地交通系统安全管理体系。从 2018 年至 2023 年，专利公开量为 204，被引数为 4 611，平均被引数为 22.60。

（5）既有城区基础设施更新的规划减碳技术

基础设施的规划减碳技术是指通过合理的空间布局、积极的政策引导以及精细的管理手段，实现基础设施从规划建设到运营维护全生命周期的碳减排目标。不同于工程技术方法，规划减碳技术更多从战略与全局性视角考虑碳排放的减少，更关注于基础设施的全生命周期碳排放，实施方法偏向于各类设施空间布局调整以及各类政策和指标制定。基础设施作为城市运转的骨架，对维持城市功能发挥着至关重要的作用。近年来，基础设施在系统运行以及规划建设过程中存在大量能源消耗和碳排放问题，在“双碳”目标和可持续发展背景下，研究既有基础设施更新的规划减碳技术具有重要意义。该领域目前的主要技术方向包括：① 基础设施的全生命周期碳足迹评估；② 分布式综合能源调峰设施的空间布局与调节管控优化；③ 太阳能、风力发电、地源热泵等可再生能源的规模、利用形式和空间布局研究；④ 固体废弃物的循环系统以及管理系统优化；⑤ 水供应与水处理环节中绿色基础设施的应用与空间预留；⑥ 基础设施全生命周期碳排放智慧管治支撑系统搭建等。目前，既有城区基础设施更新的规划减碳技术的研究和实践主要集中在碳足迹评估、设施空间布局优化和智慧管治系统搭建三个核心领域。未来的发展趋势将进一步明晰基础设施全生命周期的碳足迹，推动设施与城市空间的深度融合，并致力于打造集多系统于一体的综合性基础设施。同时，将强化通过智慧技术进行精确的碳排放预测和能源的时空调节，以及制定更为有效的政策与标准，实现城市基础设施的绿色、低碳和可持续更新。从 2018 年至 2023 年，专利公开量为 108，被引数为 2 360，平均被引数为 21.85。

（6）复杂环境下有机复合材料结构–功能一体化技术

复杂环境下有机复合材料结构–功能一体化技术是一种结合材料结构和功能的前沿技术，旨在满足复杂环境下对土木工程材料的多功能性、耐久性和适应性的要求。该技术将有机复合材料的力学性能与多种功能（如自修复、防腐蚀、导电性和隔热等）进行有机融合，实现材料在不同复杂环境（如海洋、极端温度、高湿度和强腐蚀性环境）中的长期使用和稳定性。主要技术方向包括以下四个方面：① 自修复技术，通过引入微胶囊或自修复机制，使材料在受到外力损伤时能够自主修复裂纹和微损伤；② 界面增强与多功能表面改性技术，通过在有机复合材料的基体中引入纳米增强材料（如碳纳米管、石墨烯等）和应用多功能表面涂层（如防腐蚀、耐磨、抗紫外线涂层），提升材料的界面结合力和表面功能；③ 导电与感应复合材料技术，嵌入导电纤维或导电聚合物，使其具备传感和监测功能；④ 阻燃与隔热技术，通过引入阻燃剂或相变材料，使有机复合材料在高温或火灾条件下保持良好的隔热和防火性能。在未来的发展中，有机复合材料结构–功能一体化技术将更多依赖于高性能材料和先进工艺的集成。例如，3D 打印、仿生设计、纳米技术和智能制造等技术手段将进一步推动材料的多功能化。该技术将在海洋工程、航空航天、基础设施建设等领域产生深远的影响。从 2018 年至 2023 年，专利公开量为 116，被引数为 319，平均被引数为 2.75。

（7）极端气候环境基础设施智能建造与维护技术

极端气候环境基础设施智能建造与维护是指在极端气温、强降水、暴雪、台风等极端条件下，采用智能感知、AI 算法、数字孪生等新一代信息技术，对多源实时数据进行融合与分析，建立基础设施在极端气候环境中的力学响应、状态演变、韧性恢复的全流程推演和调控模型，从而实现基础设施在极端气候环境下的整体安全性、可靠性、功能性与韧性。主要研究方向包括：① 基于复杂多传感器网络的基础设施状态多维度多模式在线感知与融合辨识技术；② 面向极端气候环境的基础设施智能建造基础理论；③ 数据 – 知识 – 物理耦合的复杂基础设施系统数字孪生建模方法；④ 典型极端气候环境下基础设施链式成灾机理与时空演化规律；⑤ 在线感知与事件驱动的基础设施维护策略实时评估、智能优化与在线决策方法。未来的发展趋势主要集中在明晰大规模分布的基础设施在极端气候环境下的灾害发展机理，通过融合与分布式感知方法实现风险辨识和预警，研究以韧性、可恢复、可持续发展和灾害影响可控为导向的设计、建造与运维新模式。从 2018 年至 2023 年，专利公开量为 134，被引数为 515，平均被引数为 3.84。

（8）低成本光伏建筑一体化系统与实施技术

低成本光伏建筑一体化系统与实施技术是将光伏发电系统与建筑物的设计、建造紧密结合，通过将太阳能电池集成于屋顶、幕墙和窗户等建筑围护结构，实现建筑物功能性与美观性的高度融合，同时降低系统成本。与传统光伏系统相比，光伏建筑一体化（building-integrated photovoltaic，BIPV）技术不仅提供能源，还兼具隔热、隔音、防水等建筑材料的功能。BIPV 技术使建筑围护结构在满足基本使用功能的同时具备发电能力，从而实现建筑能源自给自足，助力建筑领域碳中和目标的实现。主要技术方向包括：① 高效、低成本的新型光伏技术；② 适用于曲面或不规则外墙与屋顶的轻量化、柔性光伏组件技术；③ 集成化 BIPV 组件设计与模块化高效施工技术；④ 光伏 / 光热一体化综合利用技术；⑤ 面向建筑群柔性用能的智能化能源管理系统。技术重点是进一步提高系统的能源转换与利用效率，大幅降低生产和建造成本，在实现能源高效生产与智能调配的同时，推动该技术的广泛应用和快速普及。从 2018 年至 2023 年，专利公开量为 48，被引数为 32，平均被引数为 0.67。

（9）模块化建筑结构体系及其智能建造

模块化建筑结构体系及其智能建造技术是将建筑拆分为模块化单元，在现代化工厂的智能生产线上高效完成模块的结构、装修、水电、设备管线、卫浴设施等施工工序，在现场采用智能装备等将各个模块快速、可靠地组合拼装成建筑整体。这种技术把建筑从工地搬进智能工厂，大幅缩短了工期，减少了施工难度，实现了“像造汽车一样造房子”，是目前建筑工业化程度最高的绿色、智能建造方式。智能模块化建筑实现了建造的标准化设计、智能化生产、绿色化施工、一体化装修和数字化管理，从根本上克服了传统建造方式的不足，有效消除了传统建筑的通病，打通了设计、加工、装修、施工等全建造流程，实现了建筑产业链上下游的高度专业化协同，从建造的各个环节推动建筑业向精细化、低碳化和智能化转型升级。该领域的主要技术方向包括：① 模块化建筑高性能受力结构体系与韧性防灾；② 模块化建筑全过程协同设计、建造技术；③ 模块化建筑高效连接技术；④ 模块化建筑智能加工与施工技术。技术重点是充分利用大数据、人工智能、建筑信息模型（building information model，BIM）、建筑机器人等信息化技术，研发设计、加工、装修和施工等关键环节涉及的新连接技术、新结构体系、新装备和新算法等，实现模块化建筑结构的韧性、低碳和智能化建造。从 2018 年至 2023 年，专利公开量为 45，被引数为 119，平均被引数为 2.64。

（10）自主无人系统定位与地图构建技术

如何在动态变化的未知环境中准确构建地图并定位是无人机、无人车、无人艇等自主无人系统面临的一个主要挑战。自主无人系统定位与地图构建技术通过使用机载传感器迭代构建表达其周边环境空间特征信息的地图，并估计地图内无人系统相对于附近兴趣点 / 障碍物的位置信息。其主要技术方向包括：① 基于相机的视觉即时定位与地图构建（simultaneous localization and mapping，SLAM），其传感器类型主要为单目相机、双目相机和 RGB-D 相机；② 基于激光雷达的激光 SLAM，相比于视觉 SLAM，其对光照条件更具鲁棒性；③ 多传感器融合 SLAM，典型的传感器融合技术包括粒子滤波器、卡尔曼滤波器以及通过非线性最小二乘优化器优化的因子图。未来的发展趋势包括：① 语义 SLAM 技术，基于深度学习的方法提取环境语义信息，提升 SLAM 技术的复杂场景感知与理解能力；② 多机器人 SLAM 技术。从 2018 年至 2023 年，专利公开量为 23，被引数为 66，平均被引数为 2.87。

6.2.2 Top 3 工程开发前沿重点解读

6.2.2.1 流域水 – 风 – 光 – 储互补智慧调度技术与装备

流域水 – 风 – 光 – 储互补是我国为世界能源转型贡献的中国智慧和创新模式，也代表未来我国水电发展和能源系统低碳转型的重要方向。当前雅砻江、金沙江、澜沧江等大型水电基地均已提出一体化规划方案并开始先期试点建设，建成后预计总规模将达到现有水电规划装机容量的 2~10 倍不等，形成多座千万千瓦级，甚至亿千瓦级的水 – 风 – 光 – 储互补清洁能源基地。这些基地是由百余座不同类型、不同规模、不同外送方式电站共同组成的千万千瓦级多源多网混合发电系统，风、光、水、储各类电站通过复杂的水力和电力拓扑结构紧密耦联，具有全新的梯级水力循环联系和多能源互馈转化特征，系统结构、互馈关系和运行规律均发生了显著变化。如何科学确定各类电源的调度方式，高效管理和调控多类型机组和设备，这在我国乃至全球尚无先例可循，是未来推进可再生能源一体化发展、助力“双碳”目标实现的关键。

目前流域水 – 风 – 光 – 储互补智慧调度技术与装备的前沿研发方向包括：

1）水 – 风 – 光资源高精度模拟与预测技术：包括“天空地”协同的水 – 风 – 光资源智能感知技术，适用于西南和西北复杂地形条件下的水 – 风 – 光资源高精度、高分辨率一体化模拟技术，基于 AI 的水 – 风 – 光一体化功率预测与误差校正技术等。

2）水 – 风 – 光 – 储互补多时空尺度智慧调度技术：包括多能互补系统水 – 能耦合机制和互馈转化关系、高比例新能源条件下水电灵活性量化与提升技术、面向电力 – 电量平衡的多能互补多尺度智慧调度技术、多能互补系统调度风险传导机制及优化调控技术、面向水 – 风 – 光 – 储互补调度的高维非线性优化高效求解技术。

3）水 – 风 – 光 – 储互补实时运行控制技术：包括流域水 – 风 – 光 – 储互补运行稳定性分析技术、新型电力系统下水 – 风 – 光互补自动发电控制核心算法、高比例新能源和电力电子设备下水 – 风 – 光 – 储多类型电源的频率、电压智能化控制技术等。

4）水 – 风 – 光 – 储运行控制全国产智能化装备：包括多能互补系统全国产智能管控平台、多能互补一体化智能发电控制核心装备与工控软件、水 – 风 – 光 – 储一体化运行管理智能决策系统等。

5）电力市场环境下水 – 风 – 光 – 储一体化竞报价决策技术：包括多能互补系统参与电力市场机制设计、基于 AI 大模型的电力市场供需预测技术、流域水 – 风 – 光 – 储联合参与多品种电力市场的量价申报技术、考虑参与多品种电力市场的流域水 – 风 – 光 – 储互补调度决策技术等。

6）水 – 风 – 光 – 储一体化运行管理新模式和技术标准：包括网源协同的多能互补一体化运行管理

新模式、水－风－光－储互补运行管理业务体系、水－风－光－储一体化运行管理技术标准等。

“流域水－风－光－储互补智慧调度技术与装备”工程开发前沿的核心专利有 64 件，平均被引数为 27.78（表 6.15）。核心专利公开量排名前三的国家为中国、美国和阿根廷（表 6.17），其中中国的专利占比达 71.88%，是该工程开发前沿的重点研究国家之一，平均被引数为 4.70。

核心专利产出排名前三的机构为美国的 Resilience Financing 公司、阿根廷的 Enrique Menotti Pescarmona 公司和中国的河海大学（表 6.18）。Resilience Financing 公司主要研究使用人工智能和数据分析来改进工程管理等。河海大学主要研究水－风－光－蓄互补泵站的容量配置、多能互补的调度方法、多能源互补系统的容量优化配置。

“流域水－风－光－储互补智慧调度技术与装备”工程开发前沿未来 10 年的重点发展方向为多能互补系统资源预测、调度方式、实时运行、控制装备、电力交易、管理模式和技术标准。随着流域多能互补基地建设规模和覆盖范围不断扩大，新能源消纳和电力系统安全稳定运行矛盾愈加突出，该成果可有效攻克多能互补系统电力电量失衡、风光弃电严重、机组调节延迟等难题，实现百余座不同类型电站、千余台不同型号机组的协同调度、运行决策和智慧管理，具有巨大发展潜力（图 6.10）。

表 6.17　“流域水－风－光－储互补智慧调度技术与装备”工程开发前沿中核心专利的主要产出国家

序号	国家	公开量	公开量比例 /%	被引数	被引数比例 /%	平均被引数
1	中国	46	71.88	216	12.15	4.70
2	美国	11	17.19	822	46.23	74.73
3	阿根廷	5	7.81	740	41.62	148.00
4	印度尼西亚	1	1.56	0	0.00	0.00
5	韩国	1	1.56	0	0.00	0.00

表 6.18　“流域水－风－光－储互补智慧调度技术与装备”工程开发前沿中核心专利的主要产出机构

序号	机构	公开量	公开量比例 /%	被引数	被引数比例 /%	平均被引数
1	Resilience Financing 公司	9	14.06	452	25.42	50.22
2	Enrique Menotti Pescarmona 公司	6	9.38	1 110	62.43	185.00
3	河海大学	4	6.25	36	2.02	9.00
4	中国长江三峡集团有限公司	3	4.69	3	0.17	1.00
5	国家电网有限公司	2	3.12	27	1.52	13.50
6	中国农业科学院农业资源与农业区划研究所	2	3.12	25	1.41	12.50
7	武汉大学	2	3.12	18	1.01	9.00
8	沈阳大学	2	3.12	9	0.51	4.50
9	四川大学	2	3.12	4	0.22	2.00
10	中国科学院地理科学与资源研究所	2	3.12	3	0.17	1.50

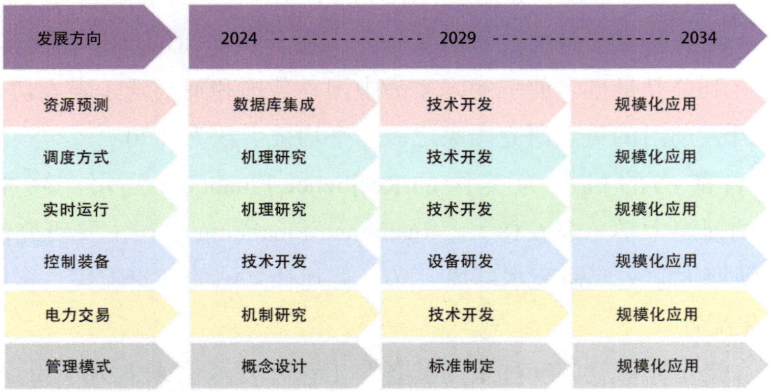

发展方向	2024	2029	2034
资源预测	数据库集成	技术开发	规模化应用
调度方式	机理研究	技术开发	规模化应用
实时运行	机理研究	技术开发	规模化应用
控制装备	技术开发	设备研发	规模化应用
电力交易	机制研究	技术开发	规模化应用
管理模式	概念设计	标准制定	规模化应用

图 6.10 “流域水 – 风 – 光 – 储互补智慧调度技术与装备”工程开发前沿的发展路线

6.2.2.2 城市排水系统智能模拟与韧性提升技术

极端天气尤其是极端降雨事件，已成为当下乃至未来长时期内城市安全和城镇排水系统安全性、可靠性的最大威胁。然而，由于城市排水系统设计标准偏低、老龄化严重、自控程度不高，导致其运行过程韧性低、能耗高、碳排高等问题异常突出，严重限制了应对极端天气和洪涝灾害的能力。构建韧性安全的城市排水系统，亟须系统收集、梳理、分析跨时空尺度排水系统的基础数据（历史数据），发展面向未来的气候适应型排水系统的设计建造与运营模式，以及应对城市排水系统运行复杂性的监测与控制方法，构建可持续的排水系统集成管控技术体系与运维方式，提升排水系统应对风险的预防性维护能力和快速恢复能力。

人工智能、大数据、大模型等新一代信息技术的快速发展，为城市排水系统的智慧管控带来了新思路，重点发展方向包括：① 智能监测，主要包括水位、流量、流速、水质等结构化数据的集成传感器和物联网设备开发，地形、地貌、土地利用、遥感影像等非结构化数据获取装备，以及排水管网、城区易涝点、排放口等关键节点传感器的有效布置方式和数据动态采集与无线传输等技术；② 智能诊断与修复，主要包括雨污管网混接、缺损反演精准定位，缺损成因溯源预警分析，管网非开挖检测和修复等技术；③ 自适应调度，主要包括实时响应及反馈控制，城市排水系统的单体匹配性、设施匹配性和系统匹配性，局部响应控制、全局优化控制、流域联合调度等技术；④ 溢流污染防控，主要包括生物滞留、雨水收集、渗透、过滤等源头控制设施，调蓄隧道和调蓄池、人工湿地等合流制溢流调蓄和处理设施，“源头 – 过程 – 末端”溢流污染监测和预测控制，集约化或一体化快速净化设施等技术；⑤ 韧性基础设施建设，主要包括具有降雨径流削峰和径流污染控制作用的绿色基础设施、确保水质全生命周期安全的处理设施、具有蓄水 – 排水 – 自净功能一体的“源 – 网 – 厂 – 河”基础设施的数字规划、建设与评估；⑥ 一体化模拟管控平台，主要包括高精度的“源 – 网 – 厂 – 河”数值模拟模型开发，机理模型和概化模型融合的模型开发，高精度非线性化的城市排水系统智能模拟软件开发，集智能模拟、韧性提升、运维管理等功能于一体的综合管理平台等。

“城市排水系统智能模拟与韧性提升技术”工程开发前沿的核心专利有 229 件，平均被引数为 5.14（表 6.15）。核心专利产出排名前三的国家为中国、印度和美国（表 6.19），其中中国的专利占比达

93.45%，是该工程开发前沿的重点研究国家之一，平均被引数为 2.03。从核心专利主要产出国家间的合作网络来看，机构之间的合作较为稀疏（图 6.11）。

核心专利产出排名前三的机构为 Enrique Menotti Pescarmona 公司、重庆城投基础设施建设有限公司和中国电力建设集团有限公司（表 6.20）。Enrique Menotti Pescarmona 公司主要研究河流流域水文分析和管理流程与系统，涉及气象站网络、人工排水系统、自然与人工水库的管理，以及水文图的模拟计算。重庆城投基础设施建设有限公司主要研究智能防排水系统的方法和结构，包括可维护式设计、基于 BIM 技术的压力监测管理模块，以及侧排水管和环形盲管的配置。中国电力建设集团有限公司主要研究城市智能排水系统，包括雨水和污水收集、海绵城市雨水排放，以及厂网河一体化智能调度方法，均集成了传感器和自动化控制技术。

"城市排水系统智能模拟与韧性提升技术"工程开发前沿未来 10 年的重点发展方向为智能监测、智能诊断、智能调度、设施建设和一体化管控（图 6.12）。

表 6.19　"城市排水系统智能模拟与韧性提升技术"工程开发前沿中核心专利的主要产出国家

序号	国家	公开量	公开量比例 /%	被引数	被引数比例 /%	平均被引数
1	中国	214	93.45	434	36.90	2.03
2	印度	9	3.93	2	0.17	0.22
3	美国	4	1.75	370	31.46	92.50
4	阿根廷	3	1.31	370	31.46	123.33
5	厄瓜多尔	1	0.44	0	0.00	0.00
6	西班牙	1	0.44	0	0.00	0.00
7	菲律宾	1	0.44	0	0.00	0.00
8	沙特阿拉伯	1	0.44	0	0.00	0.00

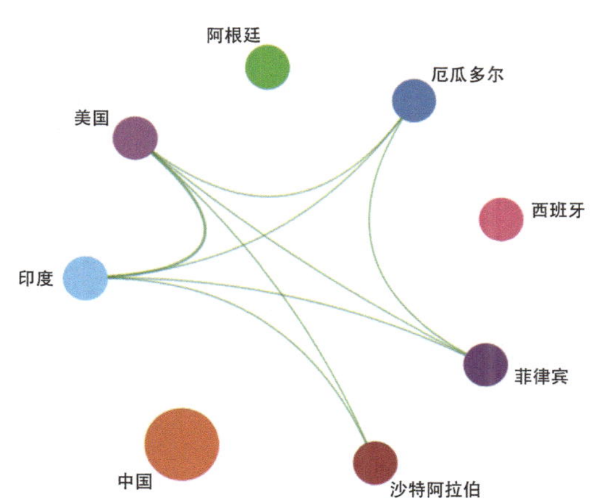

图 6.11　"城市排水系统智能模拟与韧性提升技术"工程开发前沿主要国家间的合作网络

表 6.20 "城市排水系统智能模拟与韧性提升技术"工程开发前沿中核心专利的主要产出机构

序号	机构	公开量	公开量比例 /%	被引数	被引数比例 /%	平均被引数
1	Enrique Menotti Pescarmona 公司	4	1.75	740	62.93	185.00
2	重庆城投基础设施建设有限公司	4	1.75	5	0.43	1.25
3	中国电力建设集团有限公司	4	1.75	5	0.43	1.25
4	南京高立工程机械有限公司	3	1.31	27	2.30	9.00
5	广州铁路职业技术学院（广州铁路机械学校）	3	1.31	0	0.00	0.00
6	河海大学	3	1.31	0	0.00	0.00
7	中国建筑股份有限公司	2	0.87	16	1.36	8.00
8	中国冶金科工集团有限公司	2	0.87	10	0.85	5.00
9	山东大学	2	0.87	10	0.85	5.00
10	浙江大学	2	0.87	9	0.77	4.50

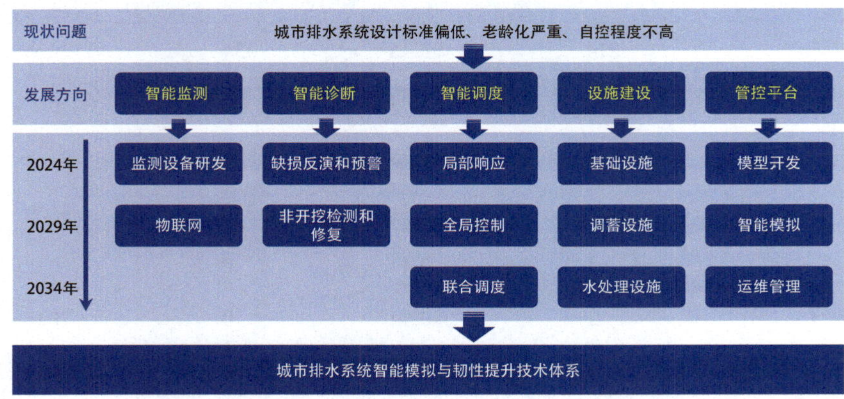

图 6.12 "城市排水系统智能模拟与韧性提升技术"工程开发前沿的发展路线

6.2.2.3 大规模实景三维建模与动态更新

实景三维是真实、立体、时序化反映与表达人类生产、生活和生态空间的时空信息，是战略性数据资源和生产要素，也是不可替代的国家新型信息基础设施。其数据产品可分为三个层次：地形级实景三维、城市级实景三维和部件级实景三维。近年来，在国家持续开展实景三维中国建设工作的背景下，大规模实景三维建模与动态更新已成为该领域的开发前沿，其主要技术方向包括：

1）大规模实景三维建模自动化：包括地理场景获取与融合技术、面向实景三维的物联感知数据接入与融合技术、地理实体语义化建模技术等。利用航天卫星摄影、航空摄影、地面激光扫描、物联网感知以及志愿者手机拍摄等手段构建天 – 空 – 地 – 人数据立体获取技术，通过多源数据融合与智能化处理实现大规模实景三维数据采集与建模。

2）实景三维建库管理与动态更新智能化：包括基础地理实体及地理场景适配技术、基础地理实体无级制图技术、实景三维时空分析技术、实景三维数据尺度关联与联动维护技术、基础地理实体成果质量检查与验收技术等。集成各类地理场景等多样化数据，建立海量异构数据资源分布存储、逻辑集中的分布式数据库及管理系统，实现实景三维数据涵盖的地理实体、地理场景等数据联动维护。

3）应用服务智慧化：包括实景三维数据接口及服务发布技术、实景三维数据轻量化处理技术、实景三维安全服务处理技术等。以云网融合、跨域互联的信息化基础设施为支撑，通过构建动态服务计算和开放技术生态，提供时空连接、时空计算、时空智能等服务能力。

在该领域成果产出丰富的研究机构有中国测绘科学研究院、国家基础地理信息中心、武汉大学、深圳大学和西南交通大学等。

“大规模实景三维建模与动态更新”工程开发前沿的核心专利有 87 件，平均被引数为 5.38（表 6.15）。核心专利产出国家为中国和美国（表 6.21），其中中国的专利占比达 97.70%，是该工程开发前沿的重点研究国家之一，平均被引数为 4.67。

核心专利产出排名前三的机构为武汉大学、国家电网有限公司和中国地质调查局武汉地质调查中心（中南地质科技创新中心）（表 6.22）。武汉大学主要研究基于 2D 视频、空地影像一致性特征学习、实景三维模型的建筑物提取、正视影像图生成、全景数据和自动分离地面与非地面模型等技术，用于室内和城市结构的三维重建。国家电网有限公司主要研究基于点云数据拟合、GIS 平台、电力基建施工系统、空地一体联合建模方法和 SF6 断路器操动机构用油缓冲器疲劳寿命分析的电力系统三维实景建模和施工质量检测技术。中国地质调查局武汉地质调查中心（中南地质科技创新中心）主要研究将遥感解译标识输入滑坡潜在危害点灾变演化识别模型等。从核心专利主要产出机构间的合作网络来看，机构之间的合作较为稀

表 6.21　“大规模实景三维建模与动态更新”工程开发前沿中核心专利的主要产出国家

序号	国家	公开量	公开量比例 /%	被引数	被引数比例 /%	平均被引数
1	中国	85	97.70	397	84.83	4.67
2	美国	2	2.30	71	15.17	35.50

表 6.22　“大规模实景三维建模与动态更新”工程开发前沿中核心专利的主要产出机构

序号	机构	公开量	公开量比例 /%	被引数	被引数比例 /%	平均被引数
1	武汉大学	5	5.75	13	2.78	2.60
2	国家电网有限公司	5	5.75	2	0.43	0.40
3	中国地质调查局武汉地质调查中心（中南地质科技创新中心）	3	3.45	57	12.18	19.00
4	泰瑞数创科技（北京）有限公司	3	3.45	21	4.49	7.00
5	中国建筑股份有限公司	3	3.45	18	3.85	6.00
6	中国铁建股份有限公司	2	2.30	22	4.70	11.00
7	中国中铁股份有限公司	2	2.30	13	2.78	6.50
8	武汉大势智慧科技有限公司	2	2.30	11	2.35	5.50
9	长江空间信息技术工程有限公司（武汉）	2	2.30	5	1.07	2.50
10	广东南方数码科技股份有限公司	2	2.30	3	0.64	1.50

疏（图 6.13）。

“大规模实景三维建模与动态更新”工程开发前沿未来 10 年的重点发展方向为自动化大规模实景三维建模技术、智能化实景三维动态更新技术、智慧化实景三维应用服务（图 6.14）。

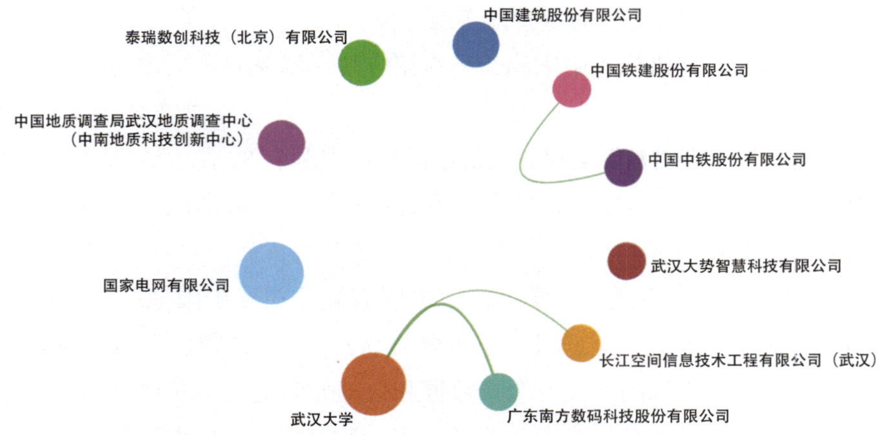

图 6.13　“大规模实景三维建模与动态更新”工程开发前沿主要机构间的合作网络

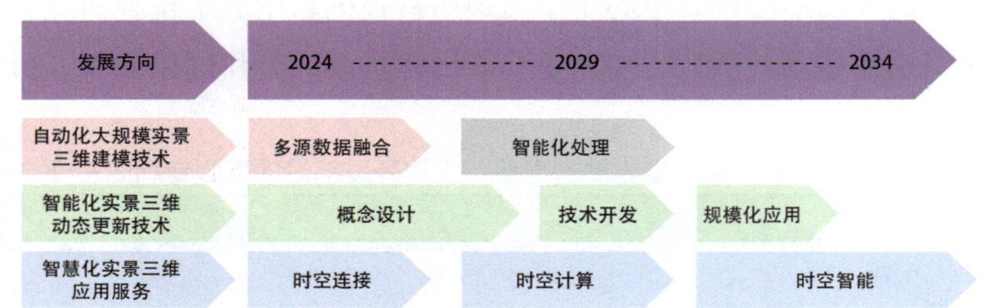

图 6.14　“大规模实景三维建模与动态更新”工程开发前沿的发展路线

领域课题组成员

课题组组长：崔俊芝　聂建国　朱合华　顾祥林

课题组：

院士：

崔俊芝　欧进萍　王　浩　杨永斌　张建云　刘加平[1]　李建成　郭仁忠　杜彦良　胡春宏　钮新强
彭永臻　郑健龙　王复明　陈湘生　张建民　吴志强　岳清瑞　陈　军　马　军　朱合华　杜修力
高宗余　王明洋　刘加平[2]

1　西安建筑科技大学。
2　东南大学。

专家：

艾正涛 蔡 奕 曾 鹏 曾 卫 陈 鹏 陈 庆 陈求稳 陈 欣 陈永贵 戴 瑛 董必钦
樊健生 范凌云 范 悦 冯殿垒 高 亮 葛耀君 顾冲时 郭劲松 郭容寰 韩 杰 郝 洪
贺瑞敏 黄介生 黄廷林 吉国华 贾良玖 姜 超 蒋金洋 蒋正武 金君良 孔宇航 雷振东
冷 红 李 晨 李向锋 李益农 李峥嵘 李 质 林波荣 凌建明 刘 超 刘翠善 刘 芳
刘合林 刘 剀 刘仁义 刘曙光 刘万增 刘晓华 刘彦伶 钮心毅 彭长歆 邱 冰 任伟新
邵益生 石 邢 时蓓玲 史才军 舒章康 孙 澄 孙 剑 孙立军 孙 智 谈广鸣 田 波
田 喆 童小华 汪 芳 汪 涵 汪双杰 王爱杰 王本劲 王发洲 王国庆 王建华 王 凯
王 兰 王 平 王世福 王 伟 王向荣 王亚宜 王元战 王志伟 伍法权 夏圣骥 肖飞鹏
谢 辉 邢 锋 徐 斌 徐俊增 许晓青 严金秀 严 宇 阳建强 杨 斌 杨大文 杨建荣
杨 柳 杨庆山 杨 锐 杨 滔 杨仲轩 姚俊兰 姚仰平 叶 蔚 叶 宇 余钟波 禹海涛
袁艳平 岳中琦 张 辰 张 锋 甄 峰 郑百林 仲 政 周正正 庄晓莹 卓 健

执笔组：

马 军 童小华 陈 鹏 陈 欣 董必钦 高宇擎 赫 磊 贾良玖 金君良 李晓军 李峥嵘
刘 超 刘 芳 刘 攀 刘万增 马万经 田 雨 王爱杰 王本劲 王 兰 王 伟 闻 昕
姚俊兰 叶 蔚 叶 宇 尹 杰 禹海涛 袁山水

第七章　环境与轻纺工程前沿

7.1 工程研究前沿

7.1.1 Top 10 工程研究前沿发展态势

环境与轻纺工程领域（以下简称环境领域）所研判的 Top 10 工程研究前沿见表 7.1，涉及环境科学工程、气象科学工程、海洋科学工程、食品科学工程、纺织科学工程和轻工科学工程 6 个学科方向。各前沿 2018 年至 2023 年的核心论文发表情况见表 7.2。

表 7.1 环境与轻纺工程领域 Top 10 工程研究前沿

序号	工程研究前沿	核心论文数	被引频次	篇均被引频次	平均出版年
1	能源转型的减污降碳协同效应研究	351	58 445	166.51	2016.9
2	人工智能驱动的可持续水处理技术	51	4 124	80.86	2021.4
3	纳米限域强化污染物降解技术	50	5 322	106.44	2020.9
4	新粒子潜在环境健康风险评估	40	1 838	45.95	2021.8
5	深海稀土超常富集控制机制研究	28	1 422	50.79	2019.1
6	人工智能在智能网格预报中的应用研究	153	17 525	114.54	2019.8
7	数据驱动的高分辨率海洋数值模型参数优化研究	6	306	51.00	2020.5
8	用于伤口愈合的纳米纤维材料研究	585	69 514	118.83	2020.6
9	食品新污染物风险评估与控制	311	35 131	112.96	2019.3
10	非粮生物质液体燃料	18	474	26.33	2019.7

表 7.2 环境与轻纺工程领域 Top 10 工程研究前沿核心论文逐年发表数

序号	工程研究前沿	2018	2019	2020	2021	2022	2023
1	能源转型的减污降碳协同效应研究	34	37	41	54	37	12
2	人工智能驱动的可持续水处理技术	0	0	9	21	15	6
3	纳米限域强化污染物降解技术	0	0	21	16	8	5
4	新粒子潜在环境健康风险评估	0	0	3	12	13	12
5	深海稀土超常富集控制机制研究	11	10	3	2	2	0
6	人工智能在智能网格预报中的应用研究	28	34	47	31	5	8
7	数据驱动的高分辨率海洋数值模型参数优化研究	1	0	2	1	2	0
8	用于伤口愈合的纳米纤维材料研究	22	59	176	189	119	18
9	食品新污染物风险评估与控制	89	81	72	35	23	1
10	非粮生物质液体燃料	6	4	2	2	4	0

（1）能源转型的减污降碳协同效应研究

目前，全球面临气候变化应对与环境污染防治的双重迫切挑战。污染减排着重于限制工业生产、交通运输等领域产生的有害物质，如颗粒物、二氧化硫、氮氧化物等，以改善空气质量并减轻对人体健康的不良影响。而碳减排则致力于削减二氧化碳等温室气体的排放。而能源转型下二者之间存在显著的协同增效作用。例如，从煤炭发电转向风能、太阳能或水力发电不仅大幅减少了温室气体排放，同时也降低了采矿、加工和燃煤过程中伴随的颗粒物污染问题。然而，减污降碳协同效益的实现需要以路径量化、科学规划与政策设计为基础。能源转型中的减污降碳增效需进一步深化交叉学科整合，尤其是环境、能源与经济等学科的深度融合，构筑更为完善的理论指导与量化支撑体系。同时构筑数据资源共享平台，结合大气环境模拟系统评估减污降碳的协同效果，提升研究成果的透明度与可验证性，加速知识创新与应用转化。此外，新技术的发展与应用将成为决定能源转型成效的关键因素，例如新型能源技术的降本增效，包括新型储能技术、氢能经济、碳捕集与封存技术的不断进步，以及人工智能（AI）、物联网等新兴信息技术的不断完善等。

（2）人工智能驱动的可持续水处理技术

人工智能驱动的可持续水处理技术是指通过应用人工智能技术来优化水处理过程，以实现资源的高效利用和环境的可持续发展。通过机器学习和深度学习算法，从复杂的水质数据中提取有价值的信息，帮助识别污染源、预测水质变化，并优化处理工艺。主要研究方向包括智能监测与数据分析、过程优化与控制、故障预测与预防性维护、污染源识别与管理等。人工智能技术通过分析分布式传感器数据，实时监测水质参数，提供精确的水质评估和预警，优化水处理过程中的关键参数，通过学习设备运行数据，预测设备的故障风险，建议预防性维护措施，并识别复杂水体中的污染源，分析污染物的迁移和转化路径，从而提出有效的控制和治理策略。人工智能驱动的可持续水处理技术将人工智能的强大数据处理和分析能力与水处理技术的实际应用相结合，使人工智能能够承担大部分的监测、控制和分析任务，深度优化资源使用，减少废物排放，在提高水处理效率、降低成本和减少环境影响方面具有显著先进性。

（3）纳米限域强化污染物降解技术

纳米材料具有量子尺寸效应、小尺寸效应、表面效应和宏观量子隧道效应，表现出高表面活性和催化效率，以及快速的化学反应动力学，在污染物处理领域具有巨大的应用潜力。当物质的尺度被限制到 1 nm 或几纳米的范围内，其相行为以及化学反应或物理过程中的能量分布可能与其宏观性质存在差异，这种现象被称为纳米限域作用。纳米限域可提高材料比表面积、表面位点的密度与活性，改变电子运动特性，导致化学反应的热力学与动力学特性发生显著变化，进而产生与体相反应显著不同的反应路径与结果。纳米限域空间为很多热力学不稳定的晶型的生成和稳定存在提供了条件，也可为微污染物与自由基的快速扩散和富集提供微小的空间，如提高羟基自由基和单线态氧等的含量等，加快了活性物种和污染物的传质，进而强化污染物的降解。同时，限域空间表面还会与吸附剂材料产生相互作用，从而改变电子自旋方式，提高吸附剂材料与污染物的结合强度，大大提高污染物降解速率。当前纳米限域强化污染物降解技术主要关注纳米限域对废水处理的性能提升、催化剂的活性和稳定性、降解动力学过程等，率先应用于水处理与催化领域，如在高级氧化水处理工艺中，限域芬顿反应的反应动力学与非限域芬顿反应相比可提高 820 倍。然而，纳米限域强化污染物降解技术仍面临挑战，未来需深入理解纳米孔道内部的反应机制和动力学过程，提高纳米限域材料的寿命和稳定性，以期为污染物的高效去除提供支撑。

（4）新粒子潜在环境健康风险评估

新粒子生成（new particle formation, NPF）是指在大气中通过气相化学反应、凝聚等物理过程形成的直径小于 100 nm 的微小颗粒。这些粒子通常是由气体前体物质（如挥发性有机化合物、二氧化硫、氨等）在特定环境条件下凝聚而成。新粒子的形成对大气化学、气候变化以及人类健康均有重要影响。随着城市化和工业化进程加速，新粒子的浓度逐渐上升，成为空气污染研究中的一个新兴领域。

当前，新粒子研究重点在分析区域和全球范围内不同人群对新粒子的暴露情况，探讨其来源、浓度分布及变化模式，整合监测数据与预测模型，以量化个体暴露水平，并揭示新粒子在区域与全球范围内的生成机制。部分研究通过开展区域和全球性流行病学调查，揭示了不同种类的新粒子及其浓度与呼吸道疾病、心血管疾病等健康问题的关联，尤其是对易感人群的影响。此外，也有研究研究了不同区域和类型的新粒子对健康效应的主导作用，以及长期暴露对慢性病发病率的影响，并利用动物和细胞模型探究新粒子对健康的潜在危害及其病理机制。

未来，应积极扩展大数据模型和机器学习方法，深入分析与新粒子相关的健康数据，以提高风险评估的准确性和效率。同时，利用自动化和高通量测量技术，研发环境在线监测设备，快速筛选和评估新粒子的生物健康效应，实时监测其暴露水平及对健康的影响。此外，还需构建新模型来评估新粒子暴露的健康风险，包括风险预测与管理策略。同时，拓展对新粒子与其他污染物协同作用的研究，提出污染协同减排的管控策略。

（5）深海稀土超常富集控制机制研究

深海富稀土沉积是指产于深海环境中的富含稀土元素（镧系元素和钇）的沉积物，是一种潜在的新型稀土资源。现有研究已发现一些富稀土远景成矿带，但是深海稀土的超常富集控制机制尚未得到全面揭示。

该研究领域目前的主要技术方向和发展趋势包括：① 稀土富集载体的研究，微区分析技术的应用已证实生物磷灰石和铁锰微结核是重要的稀土富集载体，未来需加强对更小尺度和更多类型的稀土富集载体的研究；② 成岩过程中稀土元素循环过程研究，已知铁锰微结核在成岩过程中可因氧化还原条件的改变而重新释放稀土元素，而关于生物磷灰石等载体颗粒对稀土元素的吸附能力以及经历成岩作用时稀土元素的迁移过程尚需进一步研究；③ 深海稀土超常富集的地域因素研究，不同构造区域的稀土来源、稀土载体类型和丰度存在差异，需要推进局地环境稀土超常富集的主控因素研究；④ 深海稀土超常富集的时间因素研究，综合定年手段的应用和广泛的地层对比研究，将有助于揭示深海富稀土沉积形成的时代。

（6）人工智能在智能网格预报中的应用研究

人工智能是指由人制造出来的具有一定智能的系统，可以代替人执行复杂的任务。它涉及计算机科学、数学、统计学等多个领域，旨在通过模拟、延伸和扩展人的智能，实现机器的自我学习、推理、感知、规划等功能。人工智能在智能网格预报中的应用是一个快速发展的领域，它利用机器学习和深度学习技术来改进天气预报的精度和效率，实现了从稀疏离散点预报向无缝隙、全覆盖、精细化网格数字预报的飞跃，提高了预报精度，极大地丰富了预报内容，为防灾减灾、公众服务、行业服务等领域提供了更加科学可靠的数据支撑。该领域目前的关键应用和研究方向包括海量数据处理与特征分析、模型优化与预报订正、预报预测建模、动态更新与反馈机制、可视化与解释性等。随着人工智能技术的不断发展和应用场景的不断拓展，智能网格预报系统将在未来发挥更加重要的作用。一方面，人工智能将与数值预报大数据挖掘应用更深入地结合，发展出更为复杂和精准的预报模型与方法；另一方面，智能网格预报系统将不断拓展其服务领域和应用场景，为公众和行业提供更加全面、精细化的气象服务。

（7）数据驱动的高分辨率海洋数值模型参数优化研究

海洋模型参数化方案是通过统计方法将海洋模式中低于网格分辨率尺度的重要物理现象近似为一种物理简化模型，其选取直接影响到海洋模式的模拟与预报能力。因此，参数调优历来是海洋数值建模中一项必不可少的工作。

目前，海洋模式物理参数调优主要依赖人工调试和启发式经验。对于模式开发人员而言，缺乏理论支撑和有效的工程方法进行参数调优，这往往使得模式调优过程复杂、繁琐、重复且低效。机器学习可以从海量观测数据中挖掘规律，并建立新的参数化方案，从而提高海洋模式的模拟和预报能力，为海洋数值模式的参数化方案优化提供了机遇。具体而言，在海洋模式参数优化过程中，可以借助于当前超级计算机的计算能力，选取大量不同的参数集进行模拟，通过与观测资料进行对比，形成模式输入样本集和最优物理参数样本集，进而通过机器学习的方法建立模式输入与最优参数之间的关联模型。在采用海洋模式开展模拟与预测时，通过关联模型得到可能的最优参数值，以达到最优的模拟与预测效果。该方法将先进计算技术与海洋科学研究高度融合，未来有望大幅度提高海洋模式的模拟能力和预报精度。

（8）用于伤口愈合的纳米纤维材料研究

纳米纤维材料在伤口愈合领域的研究正逐渐成为生物医学材料科学的一个重要分支。纳米纤维，通常指的是直径在纳米级别的纤维，因其独特的高比表面积、高孔隙率以及可模拟细胞外基质的微观结构，被广泛研究用于促进伤口愈合和组织再生。这些材料通过电纺技术制备，能够精确控制纤维的直径和排列，进而调控细胞的黏附、增殖和分化行为。

该领域目前的主要研究方向包括纳米纤维的结构设计、表面改性、药物释放系统以及生物相容性评价。研究者通过新型的纳米纤维制备工艺，如同轴电纺、多轴电纺等技术，实现药物和生物活性分子的包载与控制释放，以期达到促进伤口愈合、减少疤痕形成以及防止感染的效果。此外，纳米纤维的表面改性也是研究的热点之一，通过物理或化学手段对纳米纤维表面进行修饰，可以增强其抗菌性、亲水性以及细胞黏附能力。

未来发展趋势将更加注重纳米纤维材料的多功能集成，如结合光热治疗、光动力治疗和智能响应材料，实现对复杂伤口环境的实时响应和精准治疗。同时，随着便携式电纺设备的开发，纳米纤维的现场制备和应用也将成为可能，为户外创伤处理和战场医疗提供新的解决方案。此外，纳米纤维材料的研究也将更加重视临床转化，通过与临床医学的紧密结合，加速新型伤口愈合材料的临床应用和产业化进程。

（9）食品新污染物风险评估与控制

食品中的新兴污染物主要包括抗生素、内分泌干扰物、全氟化合物、微塑料等，通过土壤、水、空气等环境要素向食品中迁移并进入食物链，对食品品质和安全造成严重的负面影响。在食品领域，新兴污染物带来的食品安全保障问题广泛存在，持续影响食品安全供应。

新兴污染物的种类繁多、性质各异，且食品链条与食品基质复杂。因此，探究新污染物的化学结构与性质，开发并建立高精度、高灵敏度的检测方法，以实现食品新污染物快速、准确识别，探究新污染物从环境到食品以及在食品生产、加工、储存和消费过程中的迁移与转化规律，探究新污染物在食品基质中的稳定性与相互作用规律，对完成食品新污染物的安全监管和风险评估具有重要意义。此外，明确新污染物的暴露量与暴露途径，建立食品新污染物与特定人群（如婴幼儿、孕妇、老人、慢性病人群等）的量效关系并探究其危害机制，构建包含新污染物数据收集、处理、分析和预警功能于一体的风险评估大数据平台，也是当下研究的重要方向。

（10）非粮生物质液体燃料

全球能源结构的转型和环境保护的要求推动了可再生能源的发展。生物质能源是可再生能源的重要组成部分，具有环境友好、资源丰富等优势。在自然界众多的生物质中，采用非粮生物质作为原料可有效缓解粮食与燃料之间的竞争，避免对粮食安全的影响。与此同时，将农业和林业废弃物转化为可用燃料，有助于推动循环经济，实现资源的高效利用。非粮生物质液体燃料是一类重要的非粮生物质能源，是指由非粮食生物质资源（如农业废弃物、林业副产品、生活垃圾等）经过物理、化学或生物转化而成的液体燃料。这类燃料包括生物燃料乙醇、可持续航空燃料、绿色甲醇、生物柴油等。然而，目前非粮生物质液体燃料的开发仍面临着能源密度低、原料成本高、原料供应不稳定等问题。未来，非粮生物质液体燃料的研究应集中于以下几个方面：① 优化原料转化工艺，以提高转化效率和产量；② 开发新型催化剂和反应条件，以降低生产成本并提高产品的质量；③ 改进生物质原料的预处理技术，以进一步提升转化效率；④ 探索液体燃料的多元化应用，包括在交通、发电和供热等领域的广泛利用，以推动其市场应用的成熟和推广。

7.1.2 Top 3 工程研究前沿重点解读

7.1.2.1 能源转型的减污降碳协同效应研究

全球正面临应对气候变化和大气污染防治的双重严峻考验。其中，前者聚焦于削减 CO_2 等温室气体的排放，从而缓解全球变暖；后者则旨在减少 PM2.5、SO_2、NO_x 等污染物的释放，从而改善空气质量，保护生态环境与人类健康。在能源转型的背景下，这两者之间展现出显著的协同效应。而能源结构从传统化石燃料向清洁能源转变的过程中，既能减少空气污染物的排放，也能降低碳排放。

能源转型的减污降碳协同效应研究具有显著的交叉学科特征。例如在协同效应评估环节，需要同时考虑温室气体和污染物的直接联系与间接影响，不仅需要量化其环境效益，还需要对经济、健康等多维收益进行评估，这涉及经济、能源、环境、医学等多个领域的交叉和融合。实现减污降碳的协同增效需依托精准的路径设定、科学规划与周密的政策布局，这对环境分析模型提出了更高的要求。模型需涵盖环境、能源、经济、健康等多个子模块，在量化各模块效应的同时，还要考虑模块之间的交互作用，数据需求、建模和求解的复杂度都大幅提升。

在该研究前沿核心论文的主要产出国家中，中国在该研究领域占据主导地位，拥有最多的核心论文，论文占比达 44.73%；美国在核心论文数方面位居第二（表 7.3）。在主要产出机构方面，排名前六位的机构均来自中国，其中，清华大学以 16 篇核心论文和 4.56% 的论文比例领先，随后是北京理工大学与北京大学，其余机构在核心论文数方面差距较小，而阿卜杜勒阿齐兹国王大学和中国科学技术大学的篇均被引频次位居前列（表 7.4）。在主要国家间的合作网络中，表现出了较显著的国际合作特征，尤其是中国和美国以及这两国与其他国家之间的合作研究较为频繁（图 7.1）。机构间的合作特征也较为明显，北京理工大学和阿卜杜勒阿齐兹国王大学主要开展机构内独立研究，而其他大学，尤其是清华大学，与各机构之间存在较频繁的合作关系（图 7.2）。被引频次未排除自引，仅使用被引频次作为论文影响力的表征指标具有一定局限性。该工程研究前沿中施引核心论文的主要产出国家和机构分别见表 7.5 和表 7.6。图 7.3 为“能源转型的减污降碳协同效应研究”工程研究前沿的发展路线。

表 7.3　“能源转型的减污降碳协同效应研究”工程研究前沿中核心论文的主要产出国家

序号	国家	核心论文数	论文比例 /%	被引频次	篇均被引频次	平均出版年
1	中国	157	44.73	24 935	158.82	2019.3
2	美国	63	17.95	11 585	183.89	2015.2
3	英国	31	8.83	6 823	220.10	2016.3
4	马来西亚	26	7.41	4 000	153.85	2018.2
5	土耳其	24	6.84	5 158	214.92	2016.2
6	澳大利亚	23	6.55	3 871	168.30	2018.7
7	巴基斯坦	23	6.55	3 494	151.91	2020.7
8	印度	23	6.55	3 459	150.39	2017.3
9	沙特阿拉伯	16	4.56	3 196	199.75	2019.8
10	意大利	14	3.99	1 875	133.93	2015.8

表 7.4　“能源转型的减污降碳协同效应研究”工程研究前沿中核心论文的主要产出机构

序号	机构	核心论文数	论文比例 /%	被引频次	篇均被引频次	平均出版年
1	清华大学	16	4.56	2 007	125.44	2018.4
2	北京理工大学	12	3.42	1 624	135.33	2020.2
3	北京大学	10	2.85	1 390	139.00	2018.6
4	中国科学院	10	2.85	1 230	123.00	2016.0
5	郑州大学	9	2.56	1 238	137.56	2020.1
6	中国科学技术大学	7	1.99	1 927	275.29	2018.4
7	国际应用系统分析研究所	7	1.99	671	95.86	2016.9
8	加州大学伯克利分校	6	1.71	869	144.83	2012.2
9	塞浦路斯国际大学	6	1.71	677	112.83	2021.8
10	阿卜杜勒阿齐兹国王大学	5	1.42	1 716	343.20	2018.8

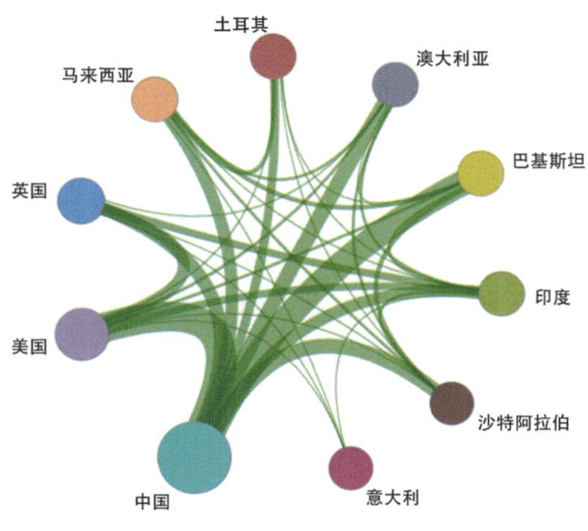

图 7.1　“能源转型的减污降碳协同效应研究”工程研究前沿主要国家间的合作网络

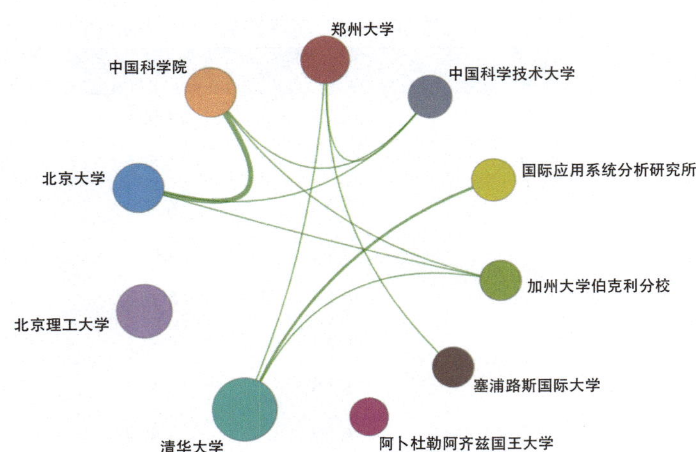

图 7.2 “能源转型的减污降碳协同效应研究”工程研究前沿主要机构间的合作网络

表 7.5 “能源转型的减污降碳协同效应研究”工程研究前沿中施引核心论文的主要产出国家

序号	国家	施引核心论文数	施引核心论文比例 /%	平均施引年
1	中国	212	31.09	2017.6
2	美国	128	18.77	2015.1
3	英国	58	8.50	2014.8
4	澳大利亚	47	6.89	2016.9
5	德国	39	5.72	2016.4
6	土耳其	38	5.57	2014.1
7	西班牙	37	5.43	2015.2
8	沙特阿拉伯	36	5.28	2015.8
9	印度	35	5.13	2015.6
10	加拿大	26	3.81	2015.9

表 7.6 “能源转型的减污降碳协同效应研究”工程研究前沿中施引核心论文的主要产出机构

序号	机构	施引核心论文数	施引核心论文比例 /%	平均施引年
1	武汉理工大学	33	18.64	2017.6
2	中国科学院	28	15.82	2016.9
3	清华大学	22	12.43	2016.8
4	阿卜杜勒阿齐兹国王大学	20	11.30	2016.5
5	中国科学技术大学	12	6.78	2016.2
6	华南农业大学	11	6.21	2017.5
7	利兹大学	11	6.21	2016.6
8	加州大学伯克利分校	11	6.21	2013.5
9	北京理工大学	11	6.21	2019.5
10	马来西亚大学	10	5.65	2014.1

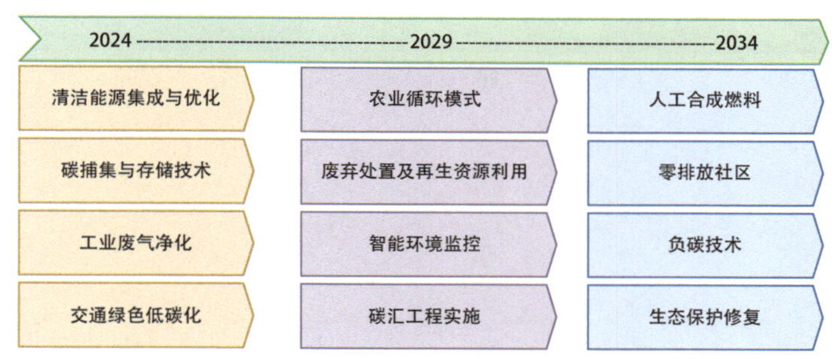

图 7.3　“能源转型的减污降碳协同效应研究”工程研究前沿的发展路线

7.1.2.2　深海稀土超常富集控制机制研究

随着绿色能源和新兴产业的快速发展，对稀土的需求持续增长，深海富稀土沉积作为一种潜在的新型稀土资源，正受到广泛关注。目前已发现了 4 个富稀土远景成矿带：西太平洋、中东太平洋、东南太平洋和中印度洋海盆 – 沃顿海盆深海稀土成矿带。持续深入推进深海稀土的超常富集机制研究将有助于提升深海稀土资源的勘探效率，为深海稀土开发利用这一未来产业的发展提供基础支撑。

深海稀土超常富集控制机制的主要研究方向包括：① 稀土富集载体的研究，微区分析技术的应用已证实生物磷灰石和铁锰微结核是重要的稀土富集载体，更小尺度和更多类型的载体颗粒的稀土富集能力研究需持续推进；② 成岩过程中稀土元素循环过程研究，微区分析、淋滤实验、物理模拟等手段正被广泛应用于揭示不同成岩条件下稀土元素的循环过程；③ 深海稀土超常富集的地域因素研究，洋中脊、海山和深海平原区的稀土来源、稀土载体类型和丰度存在差异，局地因素和环境变量在稀土超常富集中作用尚不十分明确，相关研究有待推进；④ 深海稀土超常富集的时间因素研究，特定测年技术的开发、富集实验、综合定年手段的应用和广泛的地层对比研究将有助于揭示深海富稀土沉积形成的时限和时代。

在该研究前沿的核心论文主要产出国家中，中国在该研究领域占据主导地位，拥有最多的核心论文；美国在核心论文数方面位居第二，但篇均被引频次最高（表 7.7）。在主要国家间的合作网络方面，中国、美国和德国等国家在该研究领域有较为紧密的合作关系（图 7.4）。在主要产出机构方面，核心论文数排名前十的机构中有 8 个来自中国，其中，中山大学以 6 篇核心论文和 21.43% 的论文比例领先，广州海洋地质调查局和中国科学院并列第二（表 7.8）。在主要机构间的合作网络方面，中山大学、广州海洋地质调查局、中国科学院、广东省海洋资源与海岸带重点实验室等机构在该研究领域有较多的合作（图 7.5）。此外，在施引核心论文的主要产出国家中，中国以 609 篇施引核心论文和 40.04% 的比例占据首位（表 7.9）。在施引核心论文的主要产出机构中，中国科学院以 198 篇施引核心论文和 28.21% 的比例领先（表 7.10）。总之，在该前沿的研究中，中国在该领域处于优势地位，国内各机构间的合作较为密切，但仍需加强与国际机构的合作，以提高该领域研究在国际上的影响力。图 7.6 为“深海稀土超常富集控制机制研究”工程研究前沿的发展路线。

表 7.7 “深海稀土超常富集控制机制研究”工程研究前沿中核心论文的主要产出国家

序号	国家	核心论文数	论文比例 /%	被引频次	篇均被引频次	平均出版年
1	中国	16	57.14	675	42.19	2019.6
2	美国	8	28.57	622	77.75	2018.4
3	德国	5	17.86	365	73.00	2019.4
4	澳大利亚	2	7.14	96	48.00	2020.0
5	瑞士	2	7.14	79	39.50	2018.0
6	日本	1	3.57	50	50.00	2019.0
7	法国	1	3.57	48	48.00	2018.0
8	挪威	1	3.57	48	48.00	2018.0
9	英国	1	3.57	48	48.00	2018.0
10	荷兰	1	3.57	38	38.00	2018.0

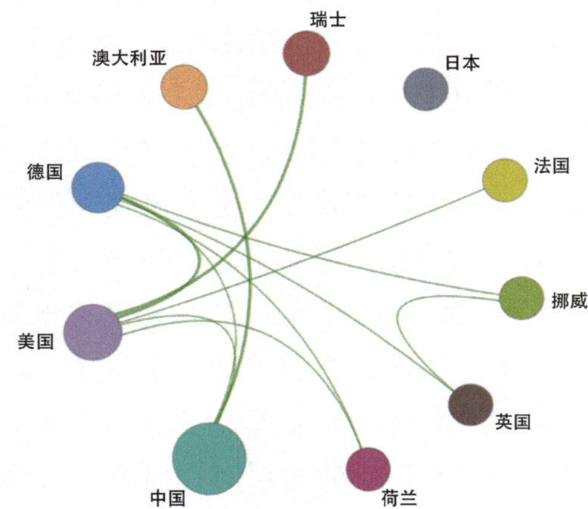

图 7.4 “深海稀土超常富集控制机制研究”工程研究前沿主要国家间的合作网络

表 7.8 “深海稀土超常富集控制机制研究”工程研究前沿中核心论文的主要产出机构

序号	机构	核心论文数	论文比例 /%	被引频次	篇均被引频次	平均出版年
1	中山大学	6	21.43	277	46.17	2020.0
2	广州海洋地质调查局	5	17.86	246	49.20	2020.0
3	中国科学院	5	17.86	178	35.60	2019.8
4	广东省海洋资源与海岸带重点实验室	4	14.29	216	54.00	2019.5
5	南京大学	4	14.29	210	52.50	2019.2
6	康斯特大学	3	10.71	279	93.00	2020.3
7	中国地质大学	3	10.71	133	44.33	2019.0
8	青岛国家海洋科学与技术实验室	3	10.71	110	36.67	2020.0
9	自然资源部	3	10.71	106	35.33	2021.0
10	美国地质调查局	2	7.14	269	134.50	2019.0

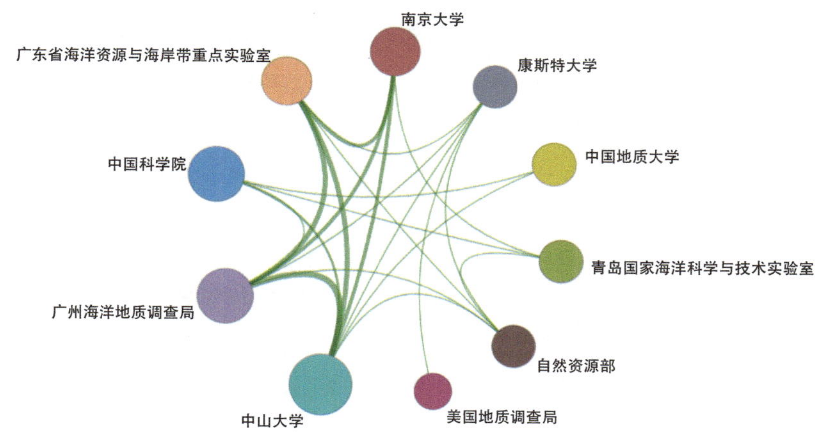

图 7.5 “深海稀土超常富集控制机制研究”工程研究前沿主要机构间的合作网络

表 7.9 “深海稀土超常富集控制机制研究”工程研究前沿中施引核心论文的主要产出国家

序号	国家	施引核心论文数	施引核心论文比例 /%	平均施引年
1	中国	609	40.04	2021.9
2	美国	257	16.90	2021.5
3	德国	101	6.64	2021.7
4	英国	99	6.51	2021.5
5	澳大利亚	91	5.98	2021.5
6	加拿大	90	5.92	2021.5
7	法国	66	4.34	2021.3
8	日本	65	4.27	2021.7
9	印度	56	3.68	2021.4
10	瑞士	51	3.35	2021.0

表 7.10 “深海稀土超常富集控制机制研究”工程研究前沿中施引核心论文的主要产出机构

序号	机构	施引核心论文数	施引核心论文比例 /%	平均施引年
1	中国科学院	198	28.21	2021.9
2	中国地质大学	126	17.95	2021.7
3	中国地质科学院	65	9.26	2021.9
4	自然资源部	63	8.97	2022.2
5	中国地质调查局	50	7.12	2022.0
6	东京大学	42	5.98	2021.5
7	南京大学	36	5.13	2021.5
8	千叶工业大学	32	4.56	2021.5
9	瑞士联邦理工学院	30	4.27	2020.6
10	成都理工大学	30	4.27	2022.1

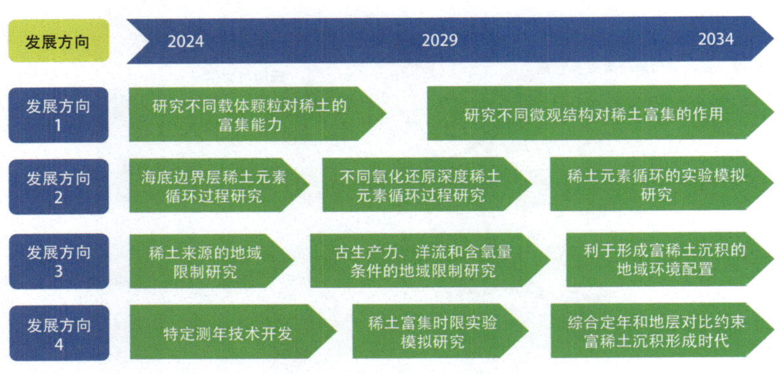

图 7.6 “深海稀土超常富集控制机制研究”工程研究前沿的发展路线

7.1.2.3 用于伤口愈合的纳米纤维材料研究

用于伤口愈合的纳米纤维材料研究是当前纺织生物医用材料领域的一个研究前沿，具有重要的科学意义和应用前景。该领域的研究主要集中在开发新型纳米纤维材料，以促进伤口愈合过程，提高治疗效果，减少患者痛苦，并降低医疗成本。

纳米纤维材料因其独特的物理化学特性，如高比表面积、优异的机械性能和可调控的孔隙结构，成为伤口愈合研究的热点。近年来，随着纳米技术和材料科学的快速发展，纳米纤维材料在伤口敷料、药物递送系统和组织工程支架等方面的应用取得了显著进展。研究趋势表明，未来该领域将更加注重材料的生物相容性、生物活性和智能化响应能力。

伤口愈合是一个复杂的生物学过程，涉及多种细胞类型和信号分子的相互作用。纳米纤维材料能够模拟细胞外基质的微观结构，为细胞提供良好的附着和生长环境，从而促进伤口愈合。此外，纳米纤维材料还可以通过负载药物和生长因子，实现对伤口愈合过程的调控，提高治疗效果。

该领域的主要研究方向包括：① 纳米纤维的制备与表征，研究不同聚合物和制备方法对纳米纤维形态、结构和性能的影响；② 生物相容性与生物活性，评估纳米纤维材料与生物体的相容性，以及其促进细胞生长和分化的能力；③ 药物递送系统，开发基于纳米纤维的药物载体，实现药物的控释和靶向递送；④ 组织工程支架，设计和制备具有良好生物相容性和力学性能的纳米纤维支架，用于组织修复和再生。

“用于伤口愈合的纳米纤维材料研究”工程研究前沿中，核心论文的主要产出国家和机构分别见表 7.11 和表 7.12。核心论文数排名前三的国家是中国、美国和伊朗，表明这些国家在纳米纤维材料研究方面具有较强的科研实力和活跃的学术氛围。印度、埃及、韩国和马来西亚等国家也在该领域展现出积极的研究态势。中国科学院和西安交通大学在该领域的研究中占据领先地位，这反映了中国在纳米纤维材料研究方面的强劲实力。其他如四川大学、青岛大学和上海科技大学等机构也在该领域有显著贡献。合作网络显示，各国和各机构之间的合作日益频繁，这有助于推动知识的交流和技术的创新（图 7.7 和图 7.8）。通过国际合作，可以整合不同国家和地区的科研资源，加速研究成果的转化和应用。该前沿中施引核心论文的主要产出国家和机构分别见表 7.13 和表 7.14。

未来 5~10 年，“用于伤口愈合的纳米纤维材料研究”将重点关注以下几个方向：① 多功能集成，开发具有抗菌、抗氧化和促进血管再生等多重功能的纳米纤维材料；② 智能化响应，研制能够响应外部刺激（如温度、pH 值和生物分子）的智能纳米纤维材料；③ 临床转化，加强纳米纤维材料的临床试验和应用研究，推动其在医疗领域的实际应用；④ 机制研究，深入探究纳米纤维材料促进伤口愈合的分子机制和细胞水平作用（图 7.9）。

综上所述，用于伤口愈合的纳米纤维材料是一个充满活力和潜力的研究领域，其发展将对医疗健康产业产生深远影响。随着新材料、新技术的不断涌现，未来的研究将更加注重临床需求和患者体验，以实现更高效、更经济的伤口治疗。

表 7.11 "用于伤口愈合的纳米纤维材料研究"工程研究前沿中核心论文的主要产出国家

序号	国家	核心论文数	论文比例 /%	被引频次	篇均被引频次	平均出版年
1	中国	311	53.16	41 989	135.01	2021.0
2	美国	95	16.24	11 917	125.44	2020.7
3	伊朗	60	10.26	6 881	114.68	2020.3
4	印度	41	7.01	4 372	106.63	2020.5
5	埃及	25	4.27	2 698	107.92	2020.8
6	韩国	22	3.76	1 951	88.68	2020.8
7	马来西亚	20	3.42	2 430	121.50	2020.6
8	新加坡	18	3.08	1 974	109.67	2020.6
9	英国	16	2.74	1 765	110.31	2020.7
10	澳大利亚	15	2.56	1 762	117.47	2021.0

表 7.12 "用于伤口愈合的纳米纤维材料研究"工程研究前沿中核心论文的主要产出机构

序号	机构	核心论文数	论文比例 /%	被引频次	篇均被引频次	平均出版年
1	中国科学院	42	7.18	6 230	148.33	2020.6
2	西安交通大学	34	5.81	10 046	295.47	2021.3
3	四川大学	19	3.25	2 535	133.42	2021.0
4	青岛大学	17	2.91	1 703	100.18	2021.4
5	上海科技大学	15	2.56	1 580	105.33	2021.1
6	中山大学	14	2.39	1 955	139.64	2021.4
7	东华大学	14	2.39	1 442	103.00	2020.7
8	新加坡国立大学	13	2.22	1 616	124.31	2020.5
9	伊斯兰阿扎德大学	12	2.05	1 288	107.33	2020.3
10	上海交通大学	11	1.88	1 314	119.45	2020.7

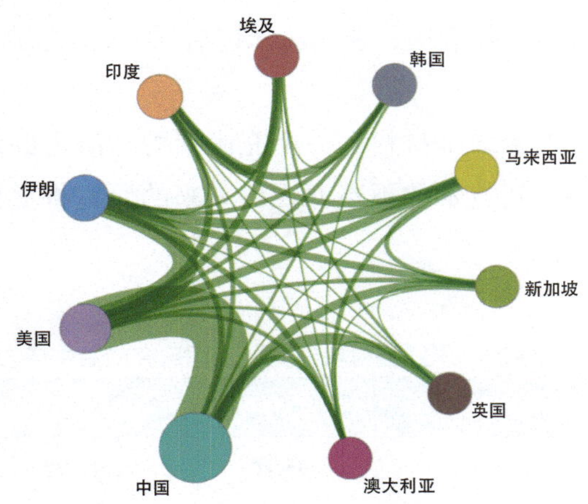

图 7.7 “用于伤口愈合的纳米纤维材料研究”工程研究前沿主要国家间的合作网络

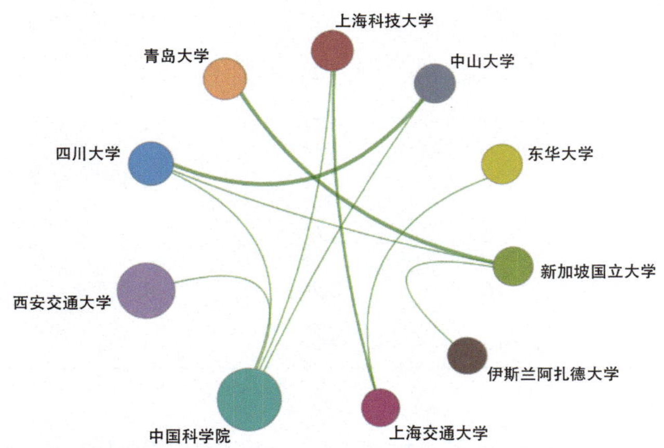

图 7.8 “用于伤口愈合的纳米纤维材料研究”工程研究前沿主要机构间的合作网络

表 7.13 “用于伤口愈合的纳米纤维材料研究”工程研究前沿中施引核心论文的主要产出国家

序号	国家	施引核心论文数	施引核心论文比例 /%	平均施引年
1	中国	289	49.32	2021.0
2	美国	85	14.51	2020.9
3	伊朗	55	9.39	2020.5
4	印度	36	6.14	2020.6
5	埃及	23	3.92	2021.0
6	韩国	21	3.58	2020.9
7	马来西亚	18	3.07	2020.7
8	新加坡	16	2.73	2020.6
9	英国	15	2.56	2020.7
10	加拿大	14	2.39	2020.8

表 7.14 "用于伤口愈合的纳米纤维材料研究"工程研究前沿中施引核心论文的主要产出机构

序号	机构	施引核心论文数	施引核心论文比例 /%	平均施引年
1	中国科学院	39	20.97	2020.8
2	西安交通大学	32	17.20	2021.3
3	四川大学	19	10.22	2021.0
4	上海理工大学	14	7.53	2021.1
5	中山大学	14	7.53	2021.4
6	青岛大学	13	6.99	2021.4
7	东华大学	12	6.45	2020.8
8	伊斯兰阿扎德大学	11	5.91	2020.4
9	新加坡国立大学	11	5.91	2020.6
10	南京大学	11	5.91	2021.0

图 7.9 "用于伤口愈合的纳米纤维材料研究"工程研究前沿的发展路线

7.2 工程开发前沿

7.2.1 Top 10 工程开发前沿发展态势

环境与轻纺工程领域组所研判的 Top 10 工程开发前沿见表 7.15，涉及环境科学工程、气象科学工程、海洋科学工程、食品科学工程、纺织科工程和轻工科学工程 6 个学科方向。其中，各工程开发前沿 2018 年至 2023 年的核心专利公开情况见表 7.16。

（1）低维护分散型水处理技术与装备

村镇饮用水安全保障与污水治理是实现联合国可持续发展目标的关键一环。然而，偏远村镇地区普遍存在水源分散、管网覆盖率低、缺乏专业维护人员等问题，导致其水处理设施落后，存在较大的饮用水安全风险，并影响其水环境质量。针对传统集中式水处理技术工艺流程长、药耗大、管理维护复杂等不足，开发低维护、短流程的水处理技术与装备，成为相关工程领域的研究热点。

近年来，基于膜技术的分散型饮用水净化技术得到广泛推广，包括絮凝–浸没式超滤、超滤–反渗透

表 7.15　环境与轻纺工程领域 Top 10 工程开发前沿

序号	工程开发前沿	公开量	被引数	平均被引数	平均公开年
1	低维护分散型水处理技术与装备	881	586	0.67	2020.8
2	基于大数据挖掘的多介质污染溯源与风险管控	448	1 426	3.18	2021.1
3	碳封存建筑储能材料	608	1 438	2.37	2021.7
4	面向智慧水处理的水质动态监测与反馈技术	821	1 771	2.16	2021.2
5	智能模型在气象海洋领域中的应用	2	6	3.00	2022.5
6	基于深度强化学习的自主水下航行器路径规划技术	120	1 489	12.41	2021.1
7	数字孪生技术在气候研究中的应用	18	72	4.00	2022.7
8	新型食品微生物资源创新利用	489	1 757	3.59	2021.5
9	纳米绿色印刷技术	995	742	0.75	2021.0
10	纤维基太阳能电池	804	1 300	1.62	2020.3

表 7.16　环境与轻纺工程领域 Top 10 工程开发前沿核心专利逐年公开量

序号	工程开发前沿	2018	2019	2020	2021	2022	2023
1	低维护分散型水处理技术与装备	78	121	160	230	169	123
2	基于大数据挖掘的多介质污染溯源与风险管控	45	49	55	86	108	105
3	碳封存建筑储能材料	39	35	35	82	173	244
4	面向智慧水处理的水质动态监测与反馈技术	73	87	114	143	174	230
5	智能模型在气象海洋领域中的应用	0	0	0	0	1	1
6	基于深度强化学习的自主水下航行器路径规划技术	9	12	19	32	20	28
7	数字孪生技术在气候研究中的应用	0	0	0	1	4	13
8	新型食品微生物资源创新利用	28	40	65	85	92	179
9	纳米绿色印刷技术	66	69	141	304	317	98
10	纤维基太阳能电池	164	147	128	118	129	118

苦咸水/海水淡化技术等。相比于传统净水工艺，以上工艺具有水处理效果好、病原菌去除率高、工艺流程短、占地面积小等优点，且易于装备化，避免了土建施工等复杂流程。针对分散型污水处理，当前主要研究方向包括一体式膜生物反应器、高负荷生物滤池、生物转盘、人工湿地等技术。虽然以上水处理工艺效能已在实际村镇分散型工程中得到验证，但其推广应用依然受到诸多因素影响，包括当地水质条件、经济发展情况、技术管理水平等。为进一步提升村镇分散型供排水保障能力，未来技术发展趋势包括：① 开发原位加药技术与装置，降低药耗与维护工作量；② 结合人工智能技术，开发自动控制程序，提高水处理工艺智能化运行水平；③ 开发水处理模块化装备，构建装配式水厂；④ 建立分散型水处理技术与装备的评估体系，促进产业标准化发展。

（2）基于大数据挖掘的多介质污染溯源与风险管控

污染溯源是指通过科学的方法和技术手段，追踪和识别环境污染的来源及其扩散路径的过程，能够准确地分析并研究出污染的源头与迁移扩散路径，是有效开展污染修复与风险管控的重要手段。目前，国内外对于污染溯源主要采用遥感技术、同位素技术、地球化学分析、污染运移模型等方法。在实际场污染地中，污染物来源广泛且种类繁多，不同类型污染物的迁移扩散机制相差甚远，且在环境介质分布的随机性和不确定性的耦合条件下，污染源识别和管控的难度大大增加。尽管现阶段国内外普遍使用多技术联合的手段，如结合分子指纹技术和机器学习的方法以提高污染溯源的精确程度，但不同技术的选取在人为权重的影响下也会使分析结果产生较大的差别。

大数据挖掘技术通过搜取整合所需要的数据形成数据集，应用机器学习、深度学习、统计分析等技术，综合考虑多个环境介质如大气、地表水、土壤、地下水等的污染情况，进行污染源追踪和风险评估，在保证数据时效性的同时深度全面地分析不同数据之间的影响和相关关系，弥补人为分析的差异性和不全面性，从海量数据中挖掘出潜在的污染源、污染物的扩散路径和趋势，进而提出更高效且更有针对性的管控手段。然而，大数据挖掘所得到的数据的质量以及不同算法对数据的权重和相关性的判断也会导致分析结果的不同。基于大数据挖掘的多介质污染溯源与风险管控对解决世界上污染物与存在介质耦合的复杂情况下的防治与修复具有重要意义，也是未来环境科学与工程研究的重要方向之一。确保数据来源的准确性以及对数据挖掘算法的修正将是该领域的研究热点。

（3）碳封存建筑储能材料

2022 年，建筑行业在全球与能源和流程相关的“营运碳”排放量当中占 37%，达到近 100 亿吨。混凝土是世界上使用最广泛的建筑材料。混凝土可以在施工后通过碳化过程将碳隔离和储存。在混凝土中封存碳可采用碳固化策略。碳固化参数（如初始固化条件，碳固化持续时间，CO_2 压力、来源和浓度）可影响碳封存的效果；混凝土中黏结剂的组成对混凝土的固碳潜力起着至关重要的作用；混凝土中采用新型骨料也可提高固碳能力。

混凝土中碳封存和储存的最佳策略是利用所引入的材料和方法的混合优势。然而，围绕碳固化各参数的确定、黏结剂的选择、新型骨料的开发等方面仍有大量工作可做。这些工作对于指导未来将建筑视为碳汇，满足可持续发展至关重要。

（4）面向智慧水处理的水质动态监测与反馈技术

饮用水和污废水等水处理过程的各环节常面临来水和出水水质波动，其中工业废水处理面临的水质波动往往频率更高、幅度更大。在传统水处理厂，为应对水质波动冲击问题，操作人员常采用过量投加药剂等方式来保障出水水质达标，导致运行成本升高和资源浪费。近年来，以实时监测、机器学习、动态反馈、模型预测和调控为主要创新的智慧水处理技术大量涌现并快速发展。智慧水处理技术可以实现对水处理过程各个环节的自动控制和优化，通过实时监测和反馈机制，根据水质变化和需求动态调整参数和工艺，从而提高水质净化效率，降低运行成本，减少资源和能源浪费，削减碳排放。其中，动态监测与反馈技术的开发对智慧水处理的实现发挥着至关重要的支撑作用，开发方向主要包括：① 面向生化需氧量（BOD）、微量特征污染物等传统实验室分析检测耗时较长的水质指标的现场快速监测技术，包括传感器、软件、自动化装备等；② 基于光谱测量的特定水质指标的快速估测与动态反馈技术；③ 基于机器学习、大数据模型的工艺参数优化和调控技术。中国在该领域的核心专利占比为 88.5%，表明我国已成为该前沿的需求来源、创新高地和主要市场。

（5）智能模型在气象海洋领域中的应用

智能模型是指使用人工智能技术构建的计算模型，能够模仿人类的认知功能，如学习、推理、识别模式等。智能模型在气象和海洋学领域发挥着重要作用。例如，在天气预报方面，其可提高短期和长期天气预报的准确性，更精确地识别风暴系统和其他天气模式；在气候模拟方面，其可用于优化综合考虑大气、海洋、海冰等多种因素的气候模型，从而更准确地再现现实世界；在极端天气气候事件预测方面，其可用于识别极端天气气候事件（如飓风、洪水）发生规律，并提前发出预警；在海流预测方面，其可用于预测海流的变化，帮助理解污染物扩散的方式；在海洋生态系统监测方面，其可从遥感数据中提取海洋表面温度、盐度等信息，识别海洋生物的声音信号，帮助跟踪特定物种的迁徙模式；在海平面上升方面，其可预估未来几十年海平面可能上升的程度；在海洋污染检测方面，其可用于检测海洋污染区域，并评估其严重程度等。智能模型促进了气象、海洋、计算机等多学科的交叉融合，加深了我们对地球系统的理解。随着技术进步和数据积累，智能模型在气象海洋领域的应用预计将持续优化和提升，为更精准的预测和更高效的服务提供有力支撑。

（6）基于深度强化学习的自主水下航行器路径规划技术

随着水下装备技术的快速发展，自主水下航行器（autonomous underwater vehicle，AUV）在渔业养殖、水下救援、海洋环境监测、海洋生物调查、海洋地质勘探等领域展现出广阔的应用前景。海洋环境复杂多变，安全、精确的路径规划是 AUV 在海洋中高效执行任务的重要保障。深度强化学习（deep reinforcement learning，DRL）算法由于其强大的感知和决策能力，成为当前解决未知动态环境下 AUV 路径规划最具潜力的方法。DRL 算法的优化和综合利用是提升 AUV 运行自主性和高效性的关键问题，对于助力 AUV 海洋探测开发走向深远海，推动海洋强国战略的实施具有重要意义。

目前，基于深度强化学习的自主水下航行器路径规划技术的研究主要包括：DRL 算法的训练速度和路径规划准确率的提升，DRL 算法的自适应性、实时性和鲁棒性的提升，以及 AUV 在未知动态环境中全局规划能力的改进等。未来的发展趋势主要包括以下方面：一是突破单一 AUV 执行任务的局限性，利用深度强化学习协同规划 AUV 集群的无冲突作业路径，提高多 AUV 协同作业效率；二是拓展 DRL 算法多目标优化能力，实现长期或远程任务下的有效规划路径和长期能源管理；三是开展真机实海场景测试验证，提升 DRL 算法的复杂环境适应能力，为 AUV 的水下作业保驾护航。

（7）数字孪生技术在气候研究中的应用

数字孪生是指通过数学建模、仿真和数据驱动的技术，将实物对象或系统的数字化副本与其现实世界的对应物相结合。数字孪生技术在气候研究中的应用是近年来的一个重要发展方向，主要包括以下方面：① 气候模拟，通过构建高精度地球模型模拟大气、海洋、陆地和海冰之间的相互作用，提供气候变化的详细信息；② 极端天气气候事件预测，通过对历史数据的分析，识别极端天气气候事件的发生模式，提前预警潜在的自然灾害；③ 气候变化影响评估，评估气候变化对生态系统、农业、水资源等方面的影响，以及城市热岛效应、空气质量等城市化带来的环境问题；④ 适应策略制定，通过模拟不同的气候变化情景，制定适应性策略，以缓解气候变化带来的负面影响；⑤ 智慧农业，用于创建农田的虚拟副本，以优化灌溉、施肥等；根据实时数据调整操作，提高农作物产量的同时减少资源消耗；⑥ 公众教育与意识提升，通过可视化的方式向公众展示气候变化的潜在影响，增强公众对环境保护的认识。未来数字孪生技术除将继续加深与 AI、高性能计算等技术融合，推动气候研究的创新发展外，还将促进气候研究的国际合作、推动气候研究的进步和成果共享。

（8）新型食品微生物资源创新利用

新型食品微生物创新利用技术结合微生物学、合成生物学等前沿科技，开发、优化和改造食品生产中的微生物，旨在提升食品的营养价值、风味和安全性。这一技术不局限于传统发酵，还包括基因改造、代谢调控和人工微生物群落构建等手段，用于提高食品加工效率及功能性食品开发。

主要研究方向有以下几个方面：① 发酵技术创新，通过多菌种共发酵和控制微生物群落结构，提升发酵食品的口感和功能性；② 基因编辑与合成生物学，应用 CRISPR 等工具定向改造微生物的代谢途径，使其生产特定功能性成分，如益生元、活性肽、维生素等；③ 微生态调控，利用益生菌调节人体肠道微生物群，增强免疫力并改善健康；④ 绿色与可持续发展，利用微生物将农业废弃物转化为高营养食品，推动绿色生产体系的建设，减少资源浪费。

未来，食品微生物技术将向精准优化发展，通过基因组学和蛋白质组学等技术深度解析微生物功能，实现精准应用；个性化食品将成为趋势，根据个体微生态特征开发定制化功能食品；智能发酵技术结合人工智能将实现生产过程的优化与控制；同时，绿色微生物技术将进一步整合，助力食品工业的可持续发展和生态转型。

（9）纳米绿色印刷技术

印刷术是我国古代四大发明之一，记录着人类文明的发展与变迁。然而，基于感光和刻蚀工艺的传统印刷技术在版材生产、印刷制版及油墨挥发等过程中会排放大量的重金属离子、有机物和有毒气体等，不利于印刷行业的可持续发展，并造成环境污染问题。此外，电子出版的兴起也给传统印刷技术带来了一定的压力与挑战。因此，印刷技术的变革是我国印刷行业发展的必然趋势。近年来，研究者们将纳米技术应用于印刷技术中的版材、制版和油墨工艺，不仅从源头上解决了环境污染问题，还提升了现代印刷技术水平。在版材工艺中，通过在版材表面涂布纳米功能涂层构造特殊的微纳结构，可实现印刷过程中的浸润性调控，解决传统电解、氧化等电化学工艺过程能耗大和污染重的问题。在制版工艺中，利用无机纳米颗粒作为转印材料打印至具有微纳复合结构的版材表面，避免了感光液的排放。在油墨工艺中，利用绿色环保的油墨替换传统的溶剂型油墨，从而减少了干燥过程中的挥发性有机物（VOC）排放。纳米绿色印刷技术不仅有效解决了传统印刷技术存在的瓶颈问题，还可进一步拓展应用于制备新型光电器件。未来，仍需进一步在印刷精度、印刷效率、功能化拓展等方面进行技术创新与应用研究，以推动纳米绿色印刷技术形成完整的产业链，最终实现产业技术的变革。

（10）纤维基太阳能电池

纤维基太阳能电池是一种将太阳能转换为电能的新型可穿戴能源设备，它们通常基于柔性的纤维或织物结构，具有轻质、可弯曲和可编织等特点。这种太阳能电池的核心在于将光敏材料和电极整合到纤维结构中，使其能够在保持纺织品舒适性和可穿戴性的同时，实现能量转换和存储。

当前的研究主要集中在提高纤维基太阳能电池的能量转换效率、稳定性以及与纺织品的兼容性上。研究者们正在探索不同的光敏材料，如有机聚合物、染料敏化材料和钙钛矿材料，以及它们在纤维基底上的沉积技术。此外，如何通过结构设计和材料选择来增强电池的机械稳定性和环境适应性，也是研究的重点。

在发展趋势方面，未来的纤维基太阳能电池将更加注重与智能纺织品的集成，实现多功能化和智能化。例如，通过将太阳能电池与其他传感器和电子组件结合，可以开发出能够监测健康参数、环境条件或提供通信功能的智能服装。此外，随着制造技术的进步，纤维基太阳能电池的大规模生产和商业化也将成为可能，这将进一步推动可穿戴能源设备的发展。

7.2.2 Top 3 工程开发前沿重点解读

7.2.2.1 低维护分散型水处理技术与装备

据统计，全球超过 30 亿人口居住在农村地区，且多数地区经济水平较差，部分偏远地区饮用水源分散、管网覆盖率低、缺乏必要的净水设施与专业维护人员。提高农村饮用水安全保障与污水处理水平，是保障人类健康和社会福祉的基本要求。开发适用于分散型水处理场景的低维护技术，并实现工艺的模块化与装备化，降低运行维护成本，具有巨大的工程应用需求。

面对低维护饮用水净化需求，膜技术具有出水水质好、病原菌去除率高、工艺流程短、易于装备化等优点。针对常规地表水水源，采用絮凝 – 浸没式超滤实现有机物、颗粒物、微生物等污染物的高效去除；针对苦咸水及硝酸盐等无机污染物超标地下水，一般采用超滤 – 反渗透技术；针对仅存在某些无机离子（如砷、氟、铁、锰）超标的地下水，可省去膜工艺，直接采用絮凝 / 吸附 – 砂滤工艺，以降低建设与运行成本。为解决膜运行过程中存在的膜污染、高药耗等问题，有研究者开发出基于电化学 – 砂滤 / 膜技术的装配式饮用水厂，通过电化学单元原位产生絮凝与氧化物种，结合砂滤和 / 或膜单元实现高品质出水，同时降低膜污染。

面对低维护村镇污水净化需求，当前研究方向聚焦于生物强化工艺与装备，包括一体式膜生物反应器、高负荷生物滤池、生物转盘、人工湿地等。其中，一体化膜生物反应器工艺通过将活性污泥法与膜分离相结合，提高活性污泥浓度，从而强化生物反应器的功能并省去二沉池，具有出水水质高、占地面积小等优势。高负荷生物滤池与生物转盘均属于生物膜法，通过将微生物负载至滤料表面，提高微生物稳定性，降低水力负荷冲击影响。人工湿地是一种生态型水处理技术，通过合理构筑土壤、人工介质结构，强化植物和微生物对污染物的降解效果，该技术运行管理简单，但占地面积较大。

从国际范围来看，“低维护分散型水处理技术与装备”核心专利的主要产出国家中，中国在核心专利公开量上排名第一，占比为 99.55%，与其他国家相比，在数量上有绝对优势（表 7.17）。与之相比，印度、德国等国家专利公开量远小于中国。这表明，中国在低维护分散型水处理技术与装备方面的研究和创新数量不断上升，已成为国际上该领域的领先国家。

在该工程开发前沿中核心专利的主要产出机构方面，前十位机构全部来自中国（表 7.18）。其中，凌志环保股份有限公司的核心专利公开量为 10 件，排在第一位，核心专利平均被引数为 0.60，处于平均水平。除环保公司外，中国环境科学研究院、生态环境部华南环境科学研究所等科研机构也贡献了一定量的核心专利产出。由专利平均被引数可以看出，与科研机构相比，企业影响力与开创性仍需进一步提升。此外，各机构间几乎不存在合作关系。为提升相关技术的研发与应用水平，应进一步强化高校、科研机构企业之间的产学研结合，构建政府、行业、社会多元参与的可持续商业模式，促进相关工程技术领域的长足发展。

展望低维护分散型水处理技术与装备发展趋势，未来应进一步加强膜污染控制技术及抗污染型膜材料研究，开发低维护 – 短流程膜法净水工艺与装备。面向偏远村镇供排水场景，开发智能加药与少 / 无药剂供排水处理技术，并关注近自然净水技术、工艺及其配套装备研发。此外，通过引入机器学习与 5G 信息技术，开发水处理工艺的数字化模拟算法与平台，研制无人值守型智能化装配式水厂，实现运行工况实时监测、净水效能在线优化、工艺调节远程操控、工艺升级数字模拟，保障高品质村镇供水与可持续污水处理（图 7.10）。

表 7.17 “低维护分散型水处理技术与装备”工程开发前沿中核心专利的主要产出国家

序号	国家	公开量	公开量比例 /%	被引数	被引数比例 /%	平均被引数
1	中国	877	99.55	586	100.00	0.67
2	印度	2	0.23	0	0.00	0.00
3	德国	1	0.11	0	0.00	0.00
4	埃塞俄比亚	1	0.11	0	0.00	0.00
5	俄罗斯	1	0.11	0	0.00	0.00

表 7.18 “低维护分散型水处理技术与装备”工程开发前沿中核心专利的主要产出机构

序号	机构	公开量	公开量比例 /%	被引数	被引数比例 /%	平均被引数
1	凌志环保股份有限公司	10	1.14	6	1.02	0.60
2	浙江康城环保科技有限公司	9	1.02	1	0.17	0.11
3	中国建筑股份有限公司	8	0.91	0	0.00	0.00
4	中国环境科学研究院	6	0.68	8	1.37	1.33
5	中国电力建设集团有限公司	6	0.68	3	0.51	0.50
6	生态环境部华南环境科学研究所	5	0.57	9	1.54	1.80
7	湖北水云涧环保工程有限公司	5	0.57	6	1.02	1.20
8	四川省生态环境科学研究院	5	0.57	5	0.85	1.00
9	同济大学	5	0.57	4	0.68	0.80
10	中凌水环境设备有限公司	5	0.57	0	0.00	0.00

图 7.10 “低维护分散型水处理技术与装备”工程开发前沿的发展路线

7.2.2.2 智能模型在气象海洋领域中的应用

智能模型在气象学和海洋学领域的应用日益广泛且深入，这些应用显著提升了气象预测的准确性和效率，为科学研究、环境保护、灾害预警等多个方面提供了有力支持。智能模型在气象和海洋领域的应用历史可以追溯到计算机科学和人工智能技术的早期阶段。随着时间的推移，这些技术逐渐发展并被引入气象学和海洋学的研究与实践中。当前气象学与海洋学的智能模型开发越来越多地涉及计算机科学、数学、物理学等多个学科的交叉融合，世界各国也相继推出了多个大模型。例如，在气象领域，中国气象局推出三款 AI 气象大模型系统：“风清”“风雷”和“风顺”。这些系统通过融合人工智能与气象学知识，实现了高效的气象预测。“风清”模型全球预报天数可达 10.5 天，超越欧美主流模型；“风雷”模型显著提升了雷达回波的预报能力；“风顺”模型则专注于解决长期气候预测难题，能提供未来 60 天的全球基本要素和极端事件的确定性与概率预报。在海洋领域，国家海洋信息中心牵头实施的“十四五”国家重点研发计划项目中，构建了海表温度、海面高度、三维温盐、海洋声场、海浪和海雾 6 种智能预报模型，以及中尺度涡、海洋锋和跃层 3 种智能识别模型，实现了海洋环境的快速轻量智能预报。

表 7.19 是“智能模型在气象海洋领域中的应用”工程开发前沿中核心专利的主要产出国家。从表中可以看出，无论是公开量比例还是被引数比例，都仅有中国有公开发布的专利，说明中国在该领域具有较强的研究优势，但与其他国家的合作仍有待加强。

表 7.20 是该工程开发前沿中核心专利的主要产出机构。核心专利排名第一的机构为华北电力大学，其次是中环宇恩（广东）生态科技有限公司。两个机构间没有合作关系。

智能模型在气象和海洋领域的应用未来 5~10 年的发展将受到多种因素的影响，包括技术的进步、计算能力的提升、数据可用性的增加，以及跨学科合作的深化等。主要的发展方向包括：① 技术进步与模型优化；② 数据处理和管理机制；③ 实时与交互式预报；④ 数字孪生技术的应用；⑤ 可解释性与伦理问题；⑥ 跨学科合作与开放科学；⑦ 教育与公众参与。随着技术的不断进步和社会需求的增加，预计未来智能模型在气象和海洋领域的应用将会更加广泛和深入（图 7.11）。

表 7.19 “智能模型在气象海洋领域中的应用”工程开发前沿中核心专利的主要产出国家

序号	国家	公开量	公开量比例 /%	被引数	被引数比例 /%	平均被引数
1	中国	2	100.00	6	100.00	3.00

表 7.20 “智能模型在气象海洋领域中的应用”工程开发前沿中核心专利的主要产出机构

序号	机构	公开量	公开量比例 /%	被引数	被引数比例 /%	平均被引数
1	华北电力大学	1	50.00	5	83.33	5.00
2	中环宇恩（广东）生态科技有限公司	1	50.00	1	16.67	1.00

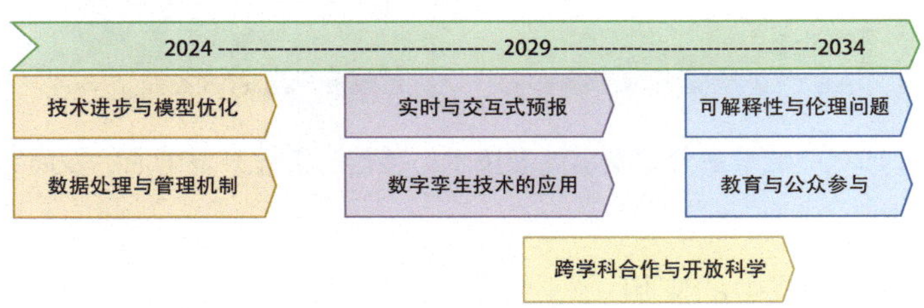

图 7.11 “智能模型在气象海洋领域中的应用”工程开发前沿的发展路线

7.2.2.3 新型食品微生物资源创新利用

消费者对健康、营养和安全食品的需求不断增长，推动了功能性食品和个性化营养食品的发展。微生物作为功能性成分（如益生元、活性肽、维生素、氨基酸等）的生产者，具有广泛的应用潜力。通过挖掘和优化食品微生物资源，可以开发出符合现代消费者需求的具有高营养价值和特殊健康功能的食品。此外，利用微生物将低价值或废弃物转化为高价值的营养产品，是减少资源浪费、降低碳排放的食品生产方式，符合全球可持续发展目标。随着现代“组学”技术（基因组学、代谢组学、蛋白质组学等）和生物信息学的快速发展，研究人员对微生物功能、代谢途径和生态系统的理解显著提升，使得对微生物的定向优化和改造成为可能。

如表 7.21 所示，近年来中国和韩国在“新型食品微生物资源创新利用”相关专利产出方面表现突出，两国的专利公开数量合计占全球的 87.73%，远超美国、日本和法国等发达国家。其中，中国专利公开量为 193 件，位居全球第二，仅次于韩国的 236 件。在专利被引数方面，中国居全球首位，达到 688 次，占比为 39.16%，显著高于韩国的 28.57%，表明中国在该技术领域的认可度较高。然而，中国的专利平均被引数仅为 3.56，远低于美国、法国、丹麦和意大利，反映出中国在新型食品微生物资源创新利用技术领域的原创性相对较弱，创新深度和技术影响力有待提升。

在专利产出机构方面，中国的江南大学、内蒙古伊利实业集团股份有限公司等多家机构位居全球前列，但其专利平均被引数普遍偏低，表明其技术影响力尚待加强（表 7.22）。图 7.12 和图 7.13 展示了主要国家和机构间在该技术领域的合作网络。可以看出，国家间的研发合作关系较为薄弱，只有韩国与美国之间存在显著的合作。机构间的合作则集中于韩国，例如韩国食品研究院与韩国建国大学、钟根堂生物制药株式会社等机构之间具有紧密合作关系。

总体而言，中国应进一步加强与其他国家在食品微生物资源创新利用技术领域的国际合作，推动产学研协同创新，提升技术创新能力。同时，应摒弃“唯数量论”的评价标准，优化科研产出的质量和影响力评估体系，激励科研机构产出更多具有国际影响力的高质量技术，促进相关技术和产业的可持续发展。

未来，新型食品微生物资源的创新利用将聚焦以下几个关键领域。首先，功能性食品的开发将依托微生物生产益生元、活性肽、功能性脂质和抗氧化剂等有益成分，以提升食品的健康益处，如改善肠道健康、增强免疫力和预防慢性病；基于个体微生物组和基因组数据提供量身定制的个性化营养方案，满足不同个体的健康需求；通过合成生物学和基因编辑技术（如 CRISPR）高效改造微生物，以生产高附加值的食品成分，提升生产效率和产品功能性；开发利用微生物将低价值或废弃物资源转化为高价值食品和生物产品，推动可持续发展和资源高效利用。随着消费者对健康和个性化食品的需求增加，新型食品微生物资源创新利用技术的应用前景广阔。技术进步将提升微生物改造的精确性和效率，增强技术的商业价值。新型食品微生物资源的创新利用将在功能性食品、个性化营养和绿色生产等方面实现突破，推动食品产业的现代化和可持续发展（图 7.14）。

表 7.21　“新型食品微生物资源创新利用”工程开发前沿中核心专利的主要产出国家

序号	国家	公开量	公开量比例 /%	被引数	被引数比例 /%	平均被引数
1	韩国	236	48.26	502	28.57	2.13
2	中国	193	39.47	688	39.16	3.56
3	日本	25	5.11	93	5.29	3.72
4	丹麦	7	1.43	124	7.06	17.71
5	意大利	5	1.02	68	3.87	13.60
6	美国	5	1.02	52	2.96	10.40
7	法国	4	0.82	89	5.07	22.25
8	荷兰	3	0.61	101	5.75	33.67
9	波兰	3	0.61	4	0.23	1.33
10	瑞士	2	0.41	2	0.11	1.00

表 7.22 “新型食品微生物资源创新利用”工程开发前沿中核心专利的主要产出机构

序号	机构	公开量	公开量比例 /%	被引数	被引数比例 /%	平均被引数
1	韩国食品研究院	40	8.18	48	2.73	1.20
2	江南大学	30	6.13	167	9.50	5.57
3	韩国建国大学	14	2.86	12	0.68	0.86
4	首尔大学 R&DB 基金会	13	2.66	43	2.45	3.31
5	钟根堂生物制药株式会社	11	2.25	28	1.59	2.55
6	韩国农村振兴厅	10	2.04	8	0.46	0.80
7	内蒙古伊利实业集团股份有限公司	7	1.43	61	3.47	8.71
8	高丽大学研究与商业基金会	7	1.43	12	0.68	1.71
9	全南国立大学产业基金会	7	1.43	4	0.23	0.57
10	丹麦赫斯霍尔姆公司	5	1.02	106	6.03	21.20

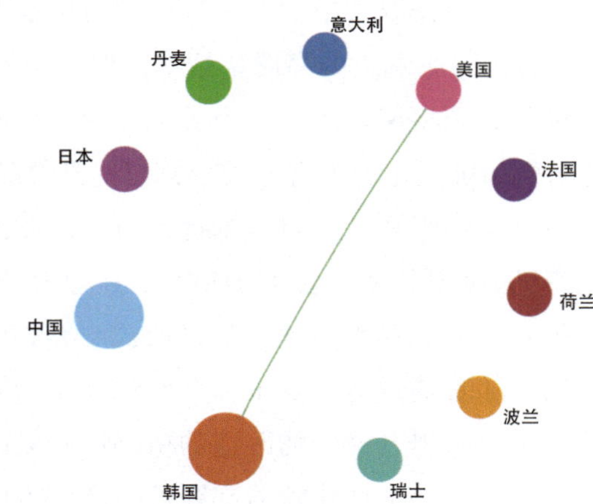

图 7.12 “新型食品微生物资源创新利用”工程开发前沿主要国家间的合作网络

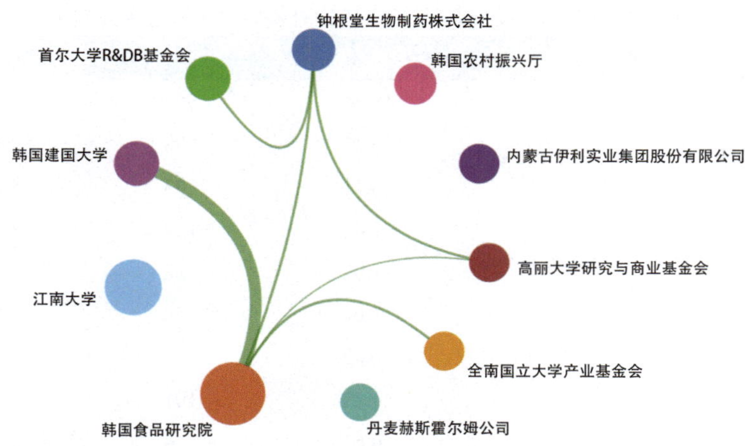

图 7.13 “新型食品微生物资源创新利用”工程开发前沿主要机构间的合作网络

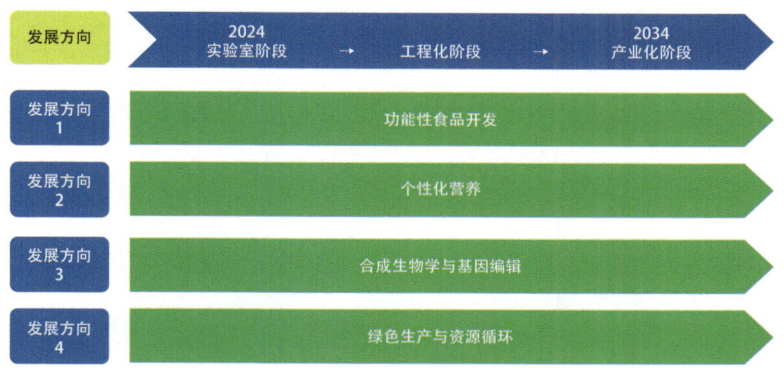

图 7.14　“新型食品微生物资源创新利用”工程开发前沿的发展路线

领域课题组成员

课题组组长：郝吉明　曲久辉

专家组：

贺克斌　魏复盛　张全兴　杨志峰　张远航　吴丰昌　朱利中　潘德炉　丁一汇　徐祥德　侯保荣
张　偲　蒋兴伟　任发政　庞国芳　孙晋良　俞建勇　陈克复　石　碧　瞿金平　陈　坚

工作组：

黄　霞　鲁　玺　胡承志　张　姣　李　彦　许人骥　陈宝梁　潘丙才　席北斗　徐　影　宋亚芳
白　雁　马秀敏　李　洁　郭慧媛　刘元法　刘东红　范　蓓　覃小红　黄　鑫

办公室：

王小文　朱建军　张向谊　张　姣　郑　竞　高　岳

执笔组：

黄　霞　鲁　玺　胡承志　李　彦　潘丙才　单　超　席北斗　白军红　陆克定　姜永海　贾永锋
尚长健　古振澳　盛雅琪　谢　湉　邱继琛　于建钊　郑　菲　许人骥　徐　影　石　英　王知泓
白　雁　李　洁　马秀敏　许　冬　罗　琳　冯　洋　郭慧媛　陈　冲　胡　瑶　覃小红　张弘楠
黄　鑫　肖涵中　梁　杰

第八章　农业前沿

8.1 工程研究前沿

8.1.1 Top 10 工程研究前沿发展态势

农业领域 Top 10 工程研究前沿体现了农业研究更多地关注分子生物学、营养健康的特征，包括：① 动植物性状和品质形成机理的研究，如“作物重要性状形成及环境适应性遗传解析”“林木重要性状环境适应性机制”“畜禽重要性状形成的调控机制”“高品质园艺作物分子设计理论”；② 影响人类生活的微生物和环境的研究，如“动物源细菌耐药性产生、传播与控制机理研究”“野生动物病原谱与流行病学研究”“农业多污染物复合危害效应及绿色防控机制”“畜禽肠道微生物组与饲料营养互作的网络机制”；③ 对新兴技术和热点的研究，如“农业自主无人作业系统研究”和“植物免疫受体发掘及其信号传导机制研究”。农业领域工程研究前沿的核心论文数区间为 14~482 篇，平均为 121 篇，比往年有所增加；篇均被引频次区间为 18.62~210.88，平均约为 89.65；核心论文出版年度以 2019 年和 2020 年为主，其中“畜禽重要性状形成的调控机制”“植物免疫受体发掘及其信号传导机制研究”“畜禽肠道微生物组与饲料营养互作的网络机制”“野生动物病原谱与流行病学研究”“林木重要性状环境适应性机制”“高品质园艺作物分子设计理论”6 个研究前沿的核心论文平均出版年以 2019 年为主，“作物重要性状形成及环境适应性遗传解析”“动物源细菌耐药性产生、传播与控制机理研究”“农业自主无人作业系统研究”3 个研究前沿的核心论文平均出版年以 2020 年为主；而“农业多污染物复合危害效应及绿色防控机制”的核心论文平均出版年以 2022 年为主，其 2023 年的核心论文数就达到了 20 篇，较其他入选前沿的核心论文更贴近当前时间（表 8.1 和表 8.2）。

表 8.1 农业领域 Top 10 工程研究前沿

序号	工程研究前沿	核心论文数	被引频次	篇均被引频次	平均出版年
1	作物重要性状形成及环境适应性遗传解析	482	24 285	50.38	2020.8
2	动物源细菌耐药性产生、传播与控制机理研究	34	633	18.62	2020.7
3	农业多污染物复合危害效应及绿色防控机制	35	2 654	75.83	2022.6
4	畜禽重要性状形成的调控机制	327	14 892	45.54	2019.2
5	农业自主无人作业系统研究	35	4 165	119.00	2020.0
6	植物免疫受体发掘及其信号传导机制研究	76	12 399	163.14	2019.5
7	畜禽肠道微生物组与饲料营养互作的网络机制	14	1 259	89.93	2019.3
8	野生动物病原谱与流行病学研究	100	21 088	210.88	2019.4
9	林木重要性状环境适应性机制	89	4 339	48.75	2019.4
10	高品质园艺作物分子设计理论	18	1 340	74.44	2019.3

表 8.2　农业领域 Top 10 工程研究前沿核心论文逐年发表数

序号	工程研究前沿	2018	2019	2020	2021	2022	2023
1	作物重要性状形成及环境适应性遗传解析	0	0	223	159	79	21
2	动物源细菌耐药性产生、传播与控制机理研究	5	3	8	6	6	6
3	农业多污染物复合危害效应及绿色防控机制	0	0	0	0	15	20
4	畜禽重要性状形成的调控机制	110	98	80	33	6	0
5	农业自主无人作业系统研究	3	9	14	5	3	1
6	植物免疫受体发掘及其信号传导机制研究	27	13	14	14	8	0
7	畜禽肠道微生物组与饲料营养互作的网络机制	3	5	5	1	0	0
8	野生动物病原谱与流行病学研究	24	28	35	9	4	0
9	林木重要性状环境适应性机制	24	25	21	15	4	0
10	高品质园艺作物分子设计理论	3	3	5	3	1	0

（1）作物重要性状形成及环境适应性遗传解析

气候变化、农业生态环境恶化、各种非生物逆境及病虫害严重影响农作物的产量，同一品种在不同种植环境下的产量水平波动较大，高产同时稳产是在产量性状遗传网络解析基础上要实现的重大目标。作物重要性状形成及环境适应性遗传解析是指通过对作物重要性状形成过程中的遗传基础和调控网络进行深入解析，探索作物在不同环境条件下的适应性遗传机制，以实现对作物产量、品质、抗逆性等重要性状的精准改良和优化。随着生物技术和基因组学等领域的迅速发展，作物重要性状形成及环境适应性遗传解析的研究趋势呈现出以下几个方面的发展趋势：① 随着大规模基因组测序技术的不断成熟和普及，研究者可以更深入地解析作物基因组中与重要性状相关的基因，并探索其功能和调控机制；② 多组学数据整合和生物信息学方法的应用使研究者能够更全面地分析作物重要性状形成的遗传网络，揭示不同基因间的相互作用和调控关系；③ 随着对作物适应不同环境需求的不断增加，环境适应性遗传解析在作物遗传改良中的重要性日益凸显，未来研究将更加注重作物在气候变化、土壤质量、病虫害压力等方面的适应性遗传机制研究。综上所述，作物重要性状形成及环境适应性遗传解析是当前作物遗传改良和品种选育中的重要研究领域，将推动作物品种的精准改良和适应性提升，从而为实现粮食安全和可持续农业发展做出重要贡献。

（2）动物源细菌耐药性产生、传播与控制机理研究

细菌耐药性又称抗药性，是指细菌对抗菌药物作用的耐受性，即抗菌药物对细菌的疗效下降甚至无效。当前，细菌耐药性已成为全球重大公共卫生问题，尤其是动物养殖业中兽用抗菌药物的广泛使用，使动物成为耐药菌和耐药基因的重要来源及储库。动物源细菌耐药菌的流行不仅影响动物健康和畜产品供应，其还可通过环境和食物链在人类与动物之间传播，严重威胁人类健康及公共卫生安全。因此，亟须加强对动物源细菌耐药性的产生、传播与控制机理的研究，通过解析耐药表型的遗传基础，揭示新型耐药蛋白的结构与功能，阐明耐药病原的适应性变化和调控机制；探明耐药基因的持留机制及其在不同宿主和介质之间的跨界传播规律，建立精准的耐药性风险评估模型；通过发现并研究抗耐药病原的新靶点，筛选具有潜在抗耐药性的蛋白先导化合物，推动新型抗生素前体和精准药物递送体系的研发等。相关成果将为细菌耐药性防控技术及产品的开发奠定理论依据，助力遏制细菌耐药性蔓延、保障动物和人类健康。

（3）农业多污染物复合危害效应及绿色防控机制

共存于农田土壤中的不同污染物之间会发生协同、拮抗或加合等相互作用，从而对生态系统和周围环境产生比单一污染更为复杂的危害效应。随着工农业的快速发展，农药、微塑料、抗生素、重金属等污染物大量进入农田环境。这些污染物在物理、化学和生物过程中的交互作用，使复合污染的环境效应变得更为复杂，可能会对土壤的理化性质、动植物生长、土壤微生物群落等产生协同、拮抗，甚至加和等复杂的危害效应。目前，关于多污染物的研究主要集中于海洋和淡水环境，主要研究方向包括：① 水体环境中复合污染物对水生动植物的影响；② 水体中多污染物的协同或拮抗作用。然而，目前对农田环境中复合污染物的吸附–解吸机制、共迁移行为、驱动因素以及绿色防控技术的研究仍然匮乏。未来需进一步厘清农田复合污染物的共迁移机制，开发绿色防控技术，并关注其对人体健康的潜在风险，这对农田生态系统的绿色可持续发展具有重要意义。

（4）畜禽重要性状形成的调控机制

畜禽重要性状形成的调控机制研究是指通过整合基因组、转录组、蛋白组等多种生物学技术，研究畜禽生长发育、肉质、抗病性等重要经济性状的遗传基础及其调控网络。这是我国农业生物设计育种工作的重要前提，也是我国畜产品安全与健康科技创新的战略保障。我国畜禽品种资源丰富、生产类型多样、生态适应幅度广、优异性状突出，但依然存在种质资源挖掘不足，性状特征、遗传特性描述不清，品种鉴定边界不明，表型收集效率低，测定准确度差等问题，造成畜禽分子设计育种在理论、技术以及规范化方面依然存在诸多瓶颈。高通量测序等生物学技术的快速发展为解析畜禽重要性状的形成和调控机制提供了强有力的工具，将有助于更加精确地筛选与重要性状相关的变异位点。另外，我国畜禽养殖业正随着社会的进步和行业的发展而快速进步，养殖与环境矛盾、动物福利问题，以及自动记录设备和各类传感器在畜牧场中的大规模应用都给我国畜禽养殖带来了很多挑战，应运而生的新性状机制研究与解析也是行业发展的必然势头，对适应当前环境变化大趋势下的农业可持续发展具有重要意义。

（5）农业自主无人作业系统研究

农业自主无人作业系统是指能够主动感知信息并做出科学决策，且由智能农机和农业机器人等自主无人作业装备实现全天候、全过程、全空间的农业无人化生产作业技术与系统集成。该系统是智慧农业的实现方式，也是解决“谁来种地和怎样种地”的有效途径。针对农场非结构化复杂农场环境，农业自主无人作业系统重点突破如下关键理论与技术：① 自主无人作业装备、作业环境和作业对象的信息精准感知机理和传感技术；② 基于多源感知异构信息的物景认知方法，以及基于作业流程和机器学习的全地形、多遮挡和动态农业场景下的自主决策、规划与控制技术；③ 融合先进农艺的作业装置、末端执行器和机械臂设计与精准高效作业技术；④ 自主无人作业装备群体实时通信、群体自主协同和人机共融关键技术；⑤ 实现全过程的自主无人作业装备集成实现农场生产全天候、全过程、全空间的无人化生产作业模式。农业自主无人作业系统是最先进的农业新质生产力，可彻底解放农业劳动力，极大地提高生产率、资源利用率和产出率，实现农业智慧生产。

（6）植物免疫受体发掘及其信号传导机制研究

植物抗病性的产生在很大程度上是由免疫受体所介导的，这些免疫受体包括细胞膜上的受体和细胞内的受体两类。细胞膜上的典型免疫受体其基本结构是由胞外结构域、跨膜结构域和胞内结构域组成。胞外结构域是结合和识别病菌的主要结构，其识别病菌分子后引起胞内结构域的修饰，通常是自磷酸化修饰；修饰导致受体激活，并引起识别信号向下游传递，最终推动抗病基因的表达。细胞内的受体主要由 NBS 结构域、LRR 结构域，以及位于前端的 CC 结构域或 TIR 结构域组成。这类受体识别病菌分泌的蛋白，通常能引起侵染部位植物细胞的死亡，从而抑制病菌扩展。由于这两类受体具有较为典型的特征，基因组测序结合生物信息学分析能够帮助快速鉴定出哪些是潜在的抗病免疫受体。然而，证实这类潜在的受体是否是抗病免疫受体需要从生化功能上进行分析。受体的激活机制、结合的配体以及下游的信号转导组分鉴定是全面揭示免疫受体功能并加以利用的前提。

自 2019 年由清华大学柴继杰教授和中国科学院遗传发育生物学研究所周俭民研究员合作解析了免疫受体复合物“抗病小体”晶体结构以来，免疫受体的激活和信号传递机制已成为植物抗病领域研究最前沿的领域。很多重要的细胞内的免疫受体复合物的晶体结构已被解析，包括其结合病菌分泌蛋白后的构象变化、激活方式以及下游的辅助免疫蛋白（helper NLR）等。在对这类免疫受体激活方式的认识基础上，实现了对免疫受体的改造，人为创制出了新型抗病植物材料。此外，对细胞膜上的受体激活机制的认识、免疫激活过程中新参与组分的鉴定，以及这类受体如何鉴别有益微生物也是近年来的关键科学问题和研究方向。

（7）畜禽肠道微生物组与饲料营养互作的网络机制

肠道微生物组是指栖息在畜禽肠道中的微生物群体，它们通过与宿主及饲料中的营养物质进行复杂的相互作用，影响着畜禽的生长发育、健康状况以及饲料转化效率。肠道微生物组与饲料营养之间的相互作用主要通过几个方面来实现。首先，肠道微生物组能够分解复杂的饲料成分，如纤维素、木质素和其他非淀粉多糖，发酵分解后产生的代谢产物不仅能为畜禽提供能量，还能调节肠道环境，促进肠道健康。其次，肠道微生物组可以合成某些宿主不能自行合成的必需营养物质，如维生素 K 和一些氨基酸，这些营养物质对畜禽的生长发育至关重要。此外，饲料成分的变化也会显著影响肠道微生物组的组成和功能。例如，高纤维饲料可以促进纤维分解菌的繁殖，而高蛋白饲料则可能增加产气菌和产氨菌的比例，从而影响肠道环境和畜禽的消化吸收效率。肠道微生物组与饲料营养的网络机制表现为一个复杂的多层次调控系统，不仅涉及微生物的代谢路径、基因表达调控，还包括微生物与宿主之间的互动。利用单组学技术或多组学联合技术，可进一步揭示这些复杂的网络机制，这些发现有助于优化饲料配方，改善畜禽的营养吸收，提升养殖效率和动物健康水平。

（8）野生动物病原谱与流行病学研究

随着全球人口的快速增长、人类活动范围的极大扩张、自然环境的破坏，以及人类与野生动物和媒介生物的频繁接触，细菌、真菌、病毒、寄生虫等病原体逐渐打破宿主种间屏障，全球范围内新发再发人兽共患病不断出现。野生动物是诸多新发再发人兽共患病原体的传染源和储存宿主，超过 70% 的人类新发传染病来源于野生动物和与之有关的媒介，野生动物病原已成为未来人类必须面对的重大挑战。携带人兽共患病原的野生动物涵盖哺乳动物、鸟类、昆虫等各种生物。由于野生动物携带的病原种类多样，传播途径及循环系统复杂，常规病原检测手段很难准确识别新型病原。因此，应用宏基因组测序技术系统性地开展全国野生动物病原谱调查，并在此基础上对重要新型病原体进行研究，建立基因数据库，评估跨种感染人类风险，为后续病原体研究提供原始毒株，为未来传染病的发生提供快速的追踪溯源分析，对新发人兽共患病原的监测预警与早期诊断具有重要意义。

（9）林木重要性状环境适应性机制

林木在维持地球生态系统稳定健康以及提供可再生资源中发挥着极其重要的作用，高品质多样化功能林木对于人类的生存和可持续发展尤为重要。而林木的多年生使其容易受到气候环境变化的影响，以致发生品质、功能、产量等重要性状的改变。而这些改变如何产生，如何与人类的目标需求适配，已成为国际关注的重大科学命题。系统研究林木品质功能等重要性状的环境适应性机制是解答该命题的关键基础。通过解析林木品质和功能等性状对温度、光照、水分和二氧化碳水平等环境因子变化的响应特征，以及林木干细胞在气候和环境变化下的定向分化的分子遗传途径，发掘协同控制林木生长、品质形成、环境适应性与功能等多性状的特异性分子模块元件和调控网络等关键因子，阐明协同调控林木生长发育、品质、抗逆等重要性状形成以及适应环境变化的生物学机制，进而提出气候和环境变化条件下定向调控林木品质、功能等重要性状形成的生物育种策略，源头驱动全球气候变化背景下林木优异品种选育技术的突破，为我国制定应对气候和环境变化的林木种业对策提供科学依据，服务于碳中和等国家重大战略的实施。

（10）高品质园艺作物分子设计理论

随着人们对园艺作物品质要求的日益提高，包括更佳的口感、更高的营养价值和更好的外观，这些已逐渐成为新的育种目标。分子设计育种作为一种融合现代生物技术与传统育种的方法，是培育高品质园艺作物的关键途径。分子设计育种的核心理念是基于对作物基因组和功能基因组的深入理解，利用基因编辑、分子标记辅助选择等技术，精准调控与品质相关的基因，优化作物的外观、营养成分和风味性状。目前，分子设计育种在园艺作物领域面临诸多挑战，如多倍体和杂合基因组的复杂性、品质性状评估的困难以及技术平台的不足。在技术层面，利用质谱、高光谱等技术手段，精准、高效、可重复地对品质性状进行评价和鉴定，明确品质性状的成因和影响因素，是在基因组水平实现分子设计的基础条件。基于全基因组选择，特别是泛基因组的育种策略，是研究复杂品质性状驯化、形成和应用的重要方向。通过对作物资源的收集、评价和挖掘，鉴定物种内全部的基因多样性，发掘与品质性状相关的新基因，并结合 CRISPR-Cas9 等新型基因编辑工具，可以为育种提供更全面的遗传资源。通过多组学数据（基因组、转录组、代谢组和表型组）的整合利用，构建品质性状的多层次调控网络，可以精准识别关键基因和代谢途径。在此基础上，引入人工智能和机器学习，应用深度学习、随机森林等机器学习算法，预测基因型与品质性状之间的复杂关系，从而在更高维度上赋能分子设计育种。

8.1.2 Top 3 工程研究前沿重点解读

8.1.2.1 动物源细菌耐药性产生、传播与控制机理研究

（1）研究意义

细菌耐药性又称抗药性，是指细菌对抗菌药物作用的耐受性，即抗菌药物对细菌的疗效下降甚至无效。耐药细菌可破坏正常微生物群与其宿主、生态环境之间的动态平衡，进而造成正常菌群转化为条件致病菌，使微生态系统的结构和功能发生改变，降低机体免疫力，诱发各种疾病，造成治疗失败率及死亡率的增加等。当前，细菌耐药性已成为全球高度关注的重大公共卫生问题。养殖业频繁使用抗菌药物，尤其是将其作为促生长剂添加到饲料中持续使用，这造成耐药菌 / 耐药基因的大量出现与广泛传播，使养殖场成为耐药菌 / 耐药基因的主要来源地，动物则成为耐药菌 / 耐药基因的重要贮库。动物源耐药菌 / 耐药基因的广泛传播不仅增加了动物疾病的防控难度，还可能通过食物链和环境传播给人类，对生态环境和人类健康造成重大威胁。当前，细菌耐药问题具有复杂性、隐秘性和长期性，仍存在形成机制不明、传播规律不清、监测预警薄弱、风险评估不足、防控技术落后等问题。因此，亟须加强对动物源细菌耐药性产生、传播与控制机理的深入研究，这对遏制细菌耐药性蔓延、保障畜牧业可持续发展、保护生态环境以及维护食品安全和全

球公共卫生安全具有重要的战略意义。

（2）研究现状

细菌耐药性具有产生迅速、耐药谱不断扩大、耐药强度不断增强和传播速度加快四大基本特征。动物养殖业被认为是耐药菌/耐药基因的重要来源之一。据统计，人类大约有60%的病原菌来自动物源病原菌的感染。耐药基因的水平转移是这些耐药菌广泛流行的主要原因。耐药基因通常位于可移动的遗传元件上，如质粒、转座子或整合子，能够通过接合、转化、转导等方式在细菌之间水平转移。例如，编码超广谱β-内酰胺酶（ESBL）的基因可水解大多数青霉素类和头孢菌素类抗生素，目前已发现600余种变体，多位于可移动质粒上，可以通过接合转移在不同细菌间快速传播，尤其是CTX-M型菌株在养殖业中广泛流行。尽管碳青霉烯类药物未被批准用于动物养殖，但碳青霉烯酶细菌（如NDM等）已在养殖环境和动物源性食品中扩散，表明抗菌药物的使用对耐药基因产生了选择压力。黏菌素是临床治疗多重耐药菌感染的最后一道防线，但其在畜牧业中的广泛应用导致了可转移的黏菌素耐药基因 *mcr*-1 的出现与传播。自2016年被首次发现以来，*mcr*-1 已在全球60多个国家的动物和人类中广泛流行。替加环素是第三代人医专用四环素类药物，但在2019年和2020年我国在动物中首次发现了质粒介导的替加环素耐药基因 *tet*(X3)/*tet*(X4) 和 *tmexCD1-toprJ1*。酰胺醇类抗菌药氟苯尼考在动物养殖中的广泛使用导致多重耐药基因 *cfr* 和 *optrA* 及其变异体相继被发现，其还可以介导人医临床抗革兰氏阳性菌的“最后一道防线”药物噁唑烷酮类药物耐药。

上述耐药菌/耐药基因在动物及其养殖环境中的广泛流行受多种因素共同作用，包括养殖水平差异、抗菌药物残留、重金属污染、消毒剂使用、环境媒介等。其中，抗菌药物在动物养殖中的长期、大量使用导致其在环境中残留，促使耐药菌/耐药基因的筛选与累积，成为耐药性产生和传播的主要驱动力。高密度养殖和动物流通也增加了耐药菌的交换频率，加速了耐药性扩散。此外，抗菌药物随排泄物进入环境，对微生物施加选择性压力，促进环境中细菌耐药性的扩展。重金属如铜、锌等在饲料中的使用也为耐药菌提供了选择压力，协同促进耐药性的产生和传播。鼠、鸟、苍蝇等媒介对耐药基因的机械传播起到了一定作用。研究还表明，耐药基因可通过屠宰、加工和物流扩散至农贸市场和社区环境，进一步加剧传播。

控制机理研究是遏制耐药性发展的关键，包括新药筛选、抗菌靶点机制研究等。开发新型抗菌药物仍是实现有效防控细菌耐药性产生与蔓延的最有效手段。全球范围内407项临床前抗菌项目开发中小分子化合物占比超过70%，且以中小型企业和学术机构为主。然而，近15年来，尚未有基于新抗菌靶点的抗菌药物被批准进入临床使用，美国食品药品监督管理局（FDA）批准的13种小分子抗菌化合物均属于目前临床上常用的抗菌药物类别，交叉耐药率极高。此外，开发替代现有抗菌药物的创新疗法，有望为控制耐药性传播提供解决方案。例如应用靶向基因编辑技术清除细菌中的耐药基因，利用CRISPR-Cas9系统对特定耐药基因进行切割和抑制，这为抑制耐药基因的传播提供了新的可能；此外，抗菌药物的替代物研究也取得了进展，包括中兽药（植物提取物）、益生菌（微生态制剂）、抗菌肽、噬菌体、疫苗以及酶制剂等受到广泛关注，已成为耐药性控制研究的热点。

（3）未来研究方向与创新点

细菌耐药性涉及“动物－环境/食品－人群”全链条，因此，基于“One Health”策略，推动跨行业、跨部门、跨学科的合作研究，将是遏制耐药性蔓延的关键。在耐药性产生方面，聚焦重要动物病原菌，解析重要耐药表型的遗传基础；阐明新型耐药蛋白的结构与功能，揭示病原耐药与致病的关联及调控机制，探明耐药病原与基因的持留机制。在耐药性传播方面，开展系统性、持续性调查，获取动物源细菌耐药性本底数据和动态数据，解析耐药菌 / 耐药基因产生机制及其在不同生态位中跨宿主 / 介质传播的机制和驱动因素，揭示耐药基因在“动物 – 环境 / 食品 – 人群”中的流行分布与适应性变化规律，发展耐药菌 / 耐药基因传播的干预手段，建立病原菌耐药性风险评估方法与模型。在耐药性控制方面，开展基于靶标的新兽药分子发现、设计和结构改造，解析靶点与小分子互作机制，发现并确证抗耐药病原新靶点，筛选天然或化学合成靶向新靶点的配体分子群；获得抑制耐药蛋白功能及抗菌增效作用的先导化合物和抗耐药病原的新型抗生素前体，将为新型抗菌药物创制提供理论依据和技术支撑；开发新型兽用抗生素替代品、新型消减耐药制剂，研究抗耐药病原的复方配伍理论，解析组合药物的减毒增效关键机制，建立微囊化、纳米化等新型药物精准递送体系，开发新型复方制剂等也将为控制细菌耐药性提供解决方案。

“动物源细菌耐药性产生、传播与控制机理研究”工程研究前沿中，核心论文的主要产出国家见表 8.3，核心论文数排名前三的是中国（占 23.53%）、美国（占 20.59%）和德国（占 8.82%）；篇均被引频次分布在 5.00~69.00。该前沿中核心论文的主要产出机构见表 8.4，其中柏林自由大学和孟加拉国农业大学核心论文数及被引频次较多。主要产出国家间的研究合作较为普遍，其中中国与埃及之间的合作相对更紧密（图 8.1）。主要产出机构间的合作网络（图 8.2）方面，各机构间的合作关系相对较少。施引核心论文的主要产出国家有中国、美国和德国等，中国占比超过 1/4，美国占比为 23.95%（表 8.5）。施引核心论文的

表 8.3 “动物源细菌耐药性产生、传播与控制机理研究”工程研究前沿中核心论文的主要产出国家

序号	国家	核心论文数	论文比例 /%	被引频次	篇均被引频次	平均出版年
1	中国	8	23.53	141	17.62	2020.1
2	美国	7	20.59	256	36.57	2020.4
3	德国	3	8.82	207	69.00	2019.7
4	埃及	3	8.82	60	20.00	2020.3
5	日本	3	8.82	58	19.33	2019.7
6	沙特阿拉伯	3	8.82	17	5.67	2022.0
7	巴西	2	5.88	36	18.00	2021.0
8	孟加拉国	2	5.88	35	17.50	2020.5
9	英国	2	5.88	21	10.50	2021.5
10	西班牙	2	5.88	10	5.00	2022.5

表 8.4 “动物源细菌耐药性产生、传播与控制机理研究”工程研究前沿中核心论文的主要产出机构

序号	机构	核心论文数	论文比例 /%	被引频次	篇均被引频次	平均出版年
1	柏林自由大学	2	5.88	207	103.50	2018.0
2	孟加拉国农业大学	2	5.88	35	17.50	2020.5
3	萨格吉奇大学	2	5.88	31	15.50	2020.5
4	美国农业部	2	5.88	16	8.00	2021.5
5	动物卫生研究中心	2	5.88	10	5.00	2022.5
6	堪萨斯州立大学	1	2.94	176	176.00	2018.0
7	硕腾全球治疗研究	1	2.94	176	176.00	2018.0
8	查尔斯大学	1	2.94	51	51.00	2018.0
9	千叶大学	1	2.94	51	51.00	2018.0
10	中国科学院微生物研究所	1	2.94	51	51.00	2018.0

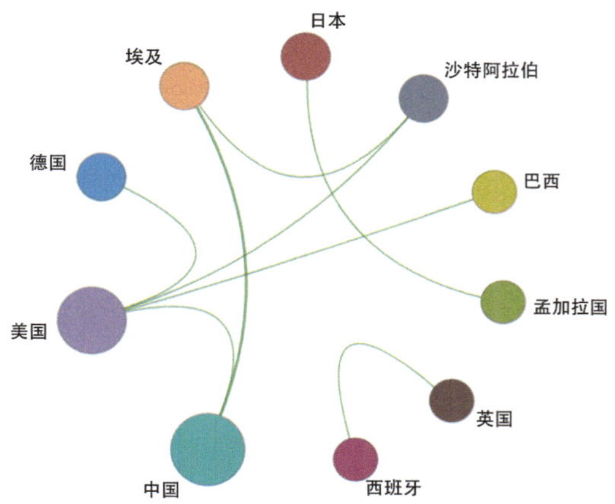

图 8.1　“动物源细菌耐药性产生、传播与控制机理研究”工程研究前沿主要国家间的合作网络

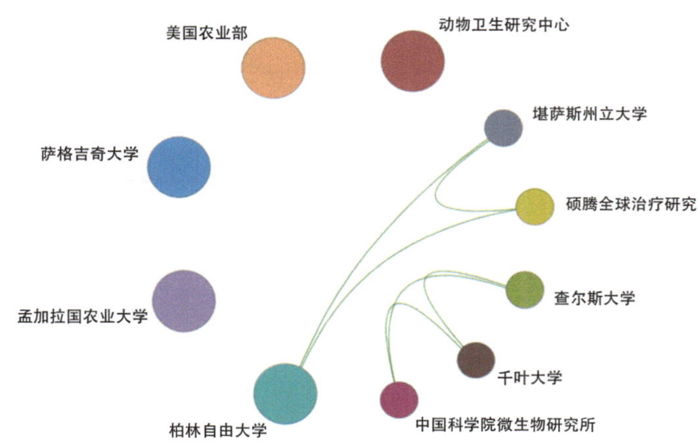

图 8.2　“动物源细菌耐药性产生、传播与控制机理研究”工程研究前沿主要机构间的合作网络

表 8.5　“动物源细菌耐药性产生、传播与控制机理研究”工程研究前沿中施引核心论文的主要产出国家

序号	国家	施引核心论文数	施引核心论文比例 /%	平均施引年
1	中国	136	26.05	2021.9
2	美国	125	23.95	2021.7
3	德国	45	8.62	2021.6
4	埃及	40	7.66	2022.1
5	巴西	37	7.09	2021.6
6	孟加拉国	32	6.13	2021.9
7	沙特阿拉伯	22	4.21	2022.5
8	英国	22	4.21	2021.3
9	澳大利亚	21	4.02	2021.6
10	意大利	21	4.02	2022.2

主要产出机构（表 8.6）方面，孟加拉国农业大学、柏林自由大学和查尔斯大学的施引论文数排在前三位。图 8.3 为“动物源细菌耐药性产生、传播与控制机理研究”工程研究前沿的发展路线。

表 8.6 “动物源细菌耐药性产生、传播与控制机理研究”工程研究前沿中施引核心论文的主要产出机构

序号	机构	施引核心论文数	施引核心论文比例 /%	平均施引年
1	孟加拉国农业大学	22	15.38	2021.7
2	柏林自由大学	19	13.29	2021.4
3	查尔斯大学	14	9.79	2021.1
4	浙江大学	14	9.79	2022.2
5	德国汉诺威兽医学大学	12	8.39	2020.2
6	坦塔大学	12	8.39	2022.4
7	韦斯特迪克真菌生物多样性研究所	11	7.69	2021.2
8	马来亚大学	10	6.99	2022.3
9	圣保罗大学	10	6.99	2020.7
10	捷克科学院	10	6.99	2021.1

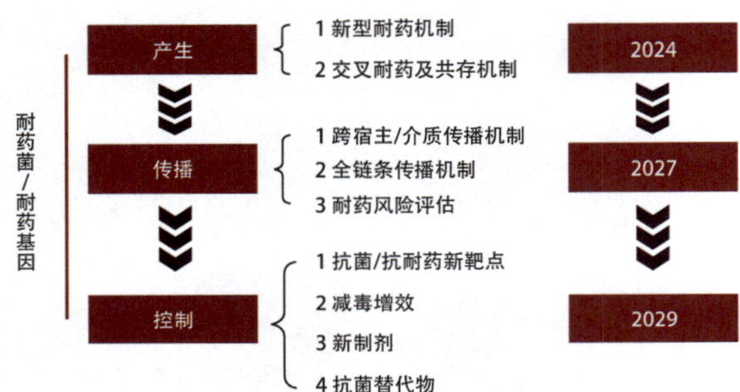

图 8.3 “动物源细菌耐药性产生、传播与控制机理研究”工程研究前沿的发展路线

8.1.2.2 农业多污染物复合危害效应及绿色防控机制

（1）研究意义

农业多污染物复合，其含义是共存于农田土壤中的不同污染物之间会发生协同、拮抗或加合等相互作用，从而对生态系统和周围环境产生比单一污染更为复杂的危害效应。随着工农业的快速发展，农药、微塑料、抗生素、重金属等污染物大量进入农田环境。一方面，微塑料作为新型环境持久性污染物，其高吸附能力可成为其他污染物的载体，对环境介质产生复合危害效应，从而加剧或减缓有机污染物对生物的毒性作用。另一方面，重金属和农药作为环境中普遍存在的两类重要污染源，因其易积累、难降解的特性在土壤环境中富集，且两者之间存在一定的协同或拮抗作用。重金属复合污染不仅影响土壤微生物的呼吸、酶活性、微生物种群数量和群落结构，还通过改变土壤结构或影响植物根际土壤酶活性等方式间接或者直接影响植物的正常生长。此外，抗生素分子中含有的大量羧基、羟基等基团，可与金属离子发生络合作用，从而会不同程度地改变复合污染中污染物的环境行为及毒理效应。综上，农业多污染物在物理、化学和生物过程中的交互作用，使复合污染的环境效应变得更为复杂，可能会对土壤的理

化性质、动植物生长以及土壤微生物群落等产生协同、拮抗，甚至加和等复杂的危害效应。农业多污染物复合危害效应及绿色防控机制的研究对推动农业绿色发展具有重要意义，不仅有助于保护和改善农业生态环境，确保农产品质量安全，而且有助于提升农业生态系统的稳定性和生产力。因此，研究农业多污染物的复合危害效应及合理的绿色防控机制对评估农业生态安全和土壤健康具有重要价值。

（2）研究现状

微塑料、农药、抗生素、重金属在农用土壤中广泛存在，目前这些污染物在水体环境中已被证实存在相互复合及影响的可能。研究发现，与单独接触罗红霉素相比，微塑料可增强罗红霉素在鱼类组织中的生物积累。聚苯乙烯微塑料和抗生素的联合暴露对斜生栅藻的生长及各项指标具有显著的抑制作用，且对于大型溞来说，联合暴露会对其超氧化物歧化酶活性产生相加作用。在农田土壤中，由于畜禽粪有机肥的资源化利用，抗生素、重金属与微塑料在土壤中同时存在，形成的复合污染效应较海洋和淡水环境更为复杂。然而，农田复合污染物的相关研究仍较为欠缺，复合污染的危害效应亟待进一步探究。现有研究发现，当微塑料、抗生素和重金属在土壤中共存时，微塑料降低了抗生素的降解速度，增加了抗性基因的丰度，重金属加大了微塑料对土壤动物的负面影响，但复合污染并没有加深抗生素本身的积聚，甚至通过改变重金属形态降低了一些重金属的生物利用率。因此，微塑料与抗生素、重金属有无毒性协同作用存在争议，其作用机制还有待进一步深入研究。目前研究的不足主要有以下几点：① 关于微塑料对重金属、农药、抗生素等农田土壤典型污染物的吸附 – 解吸行为有待进一步揭示；② 微塑料在农田土壤中可发生横向或纵向迁移，但其与重金属、农药、抗生素等农田土壤典型污染物的共迁移行为以及驱动因素尚不清晰；③ 缺乏针对微塑料与重金属、农药和抗生素等复合污染的绿色防控技术研究。

（3）未来研究方向与创新点

农业多污染物复合危害效应及绿色防控机制的研究需从以下几个方向进一步提升：① 关注微塑料、重金属、农药、抗生素等农田土壤典型污染物的共迁移，从界面过程等方面进一步厘清复合污染物在土壤环境中的相互作用机制以及在土壤生态系统中的环境行为，加强农田中多种污染物的吸附 – 解吸行为研究，探明内在机制及影响因素；② 关注农田中复合污染物对土壤生态系统的综合影响及其绿色防控技术，将土壤性质和土壤生态系统中的要素纳入考量，以此来评估复合污染的毒性效应，并开发复合污染的阻控技术，为未来土壤防治与修复提供技术支持；③ 关注农田复合污染的环境暴露途径及其对人体健康的潜在风险，通过揭示复合污染的整个暴露过程评估其造成的人体健康风险。

“农业多污染物复合危害效应及绿色防控机制”工程研究前沿中，核心论文的主要产出国家见表 8.7，核心论文数排名前三的是美国（占 31.43%）、中国（占 31.43%）和澳大利亚（占 20.00%）；篇均被引频次分布在 41.73~118.25，其中意大利的篇均被引频次超过了 100。该前沿中核心论文的主要产出机构见表 8.8，其中开罗大学、法尤姆大学和德里大学的核心论文数及被引频次较多。主要产出国家间的研究合作较为普遍，其中中国与澳大利亚之间的合作相对更紧密（图 8.4）。主要产出机构间的合作网络（图 8.5）方面，各机构间均存在一定的合作关系。施引核心论文的主要产出国家有中国、印度和美国等，中国占比超过 1/3，印度占比为 12% 以上（表 8.9）。施引核心论文的主要产出机构（表 8.10）方面，中国科学院、沙特国王大学和中国农业大学的施引论文数排在前三位。图 8.6 为“农业多污染物复合危害效应及绿色防控机制”工程研究前沿的发展路线。

表 8.7 "农业多污染物复合危害效应及绿色防控机制"工程研究前沿中核心论文的主要产出国家

序号	国家	核心论文数	论文比例 /%	被引频次	篇均被引频次	平均出版年
1	美国	11	31.43	764	69.45	2022.5
2	中国	11	31.43	459	41.73	2022.6
3	澳大利亚	7	20.00	536	76.57	2022.4
4	印度	6	17.14	551	91.83	2022.3
5	西班牙	6	17.14	421	70.17	2022.7
6	埃及	6	17.14	277	46.17	2022.3
7	巴基斯坦	5	14.29	297	59.40	2022.8
8	意大利	4	11.43	473	118.25	2022.2
9	英国	4	11.43	313	78.25	2022.5
10	阿联酋	3	8.57	239	79.67	2022.3

表 8.8 "农业多污染物复合危害效应及绿色防控机制"工程研究前沿中核心论文的主要产出机构

序号	机构	核心论文数	论文比例 /%	被引频次	篇均被引频次	平均出版年
1	开罗大学	3	8.57	159	53.00	2022.0
2	法尤姆大学	3	8.57	118	39.33	2022.3
3	德里大学	2	5.71	214	107.00	2022.5
4	西澳大利亚大学	2	5.71	120	60.00	2022.5
5	佐治亚大学	2	5.71	106	53.00	2022.0
6	中国农业大学	2	5.71	102	51.00	2022.5
7	莫道克大学	2	5.71	96	48.00	2022.0
8	南京师范大学	2	5.71	96	48.00	2022.0
9	乌尔库拉大学	2	5.71	96	48.00	2022.0
10	阿联酋大学	2	5.71	96	48.00	2022.0

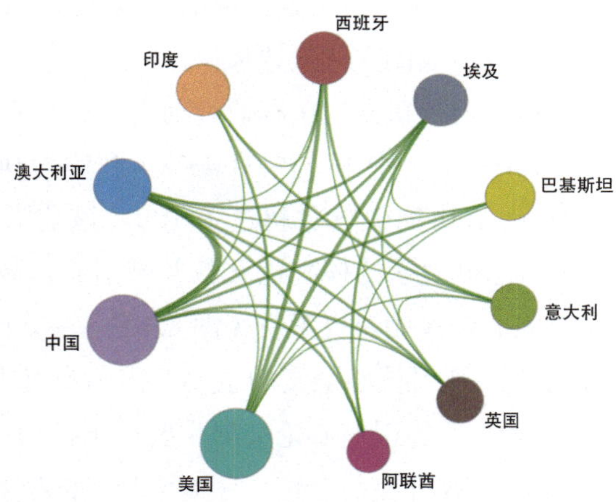

图 8.4 "农业多污染物复合危害效应及绿色防控机制"工程研究前沿主要国家间的合作网络

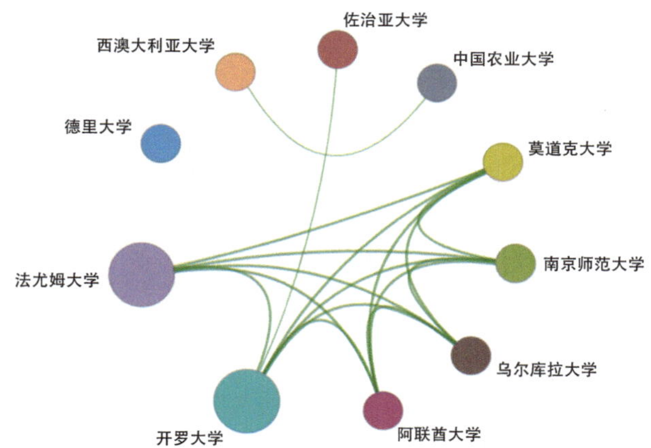

图 8.5　“农业多污染物复合危害效应及绿色防控机制”工程研究前沿主要机构间的合作网络

表 8.9　“农业多污染物复合危害效应及绿色防控机制”工程研究前沿中施引核心论文的主要产出国家

序号	国家	施引核心论文数	施引核心论文比例 /%	平均施引年
1	中国	889	38.82	2023.0
2	印度	280	12.23	2023.0
3	美国	270	11.79	2022.9
4	沙特阿拉伯	141	6.16	2023.0
5	意大利	121	5.28	2023.0
6	英国	112	4.89	2022.9
7	韩国	107	4.67	2023.0
8	澳大利亚	100	4.37	2022.9
9	西班牙	94	4.10	2023.0
10	巴西	88	3.84	2023.0

表 8.10　“农业多污染物复合危害效应及绿色防控机制”工程研究前沿中施引核心论文的主要产出机构

序号	机构	施引核心论文数	施引核心论文比例 /%	平均施引年
1	中国科学院	120	30.30	2022.9
2	沙特国王大学	50	12.63	2023.0
3	中国农业大学	40	10.10	2023.0
4	浙江大学	35	8.84	2022.9
5	中国农业科学院	28	7.07	2023.0
6	佛罗里达大学	23	5.81	2023.0
7	西北农林科技大学	22	5.56	2023.0
8	哈立德国王大学	21	5.30	2023.0
9	上海交通大学	20	5.05	2022.9
10	奥胡斯大学	19	4.80	2022.9

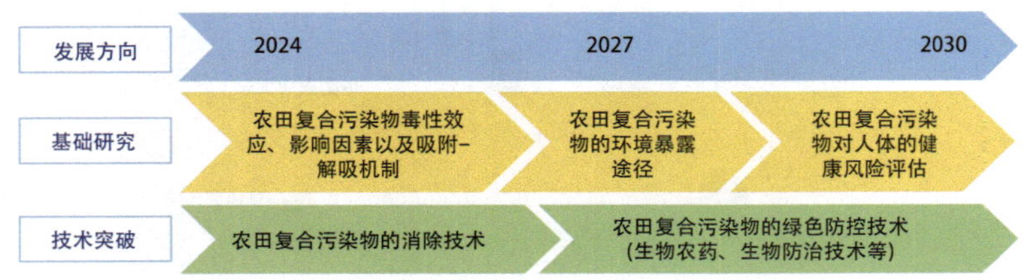

图 8.6 “农业多污染物复合危害效应及绿色防控机制”工程研究前沿的发展路线

8.1.2.3 畜禽重要性状形成的调控机制

（1）研究意义

畜禽重要性状形成的调控机制研究是指通过整合基因组、转录组、蛋白组等多种生物学技术，研究畜禽生长发育、肉质、抗病性等重要经济性状的遗传基础及其调控网络。这是我国农业生物设计育种工作的重要前提，也是我国畜产品安全与健康科技创新的战略保障。我国畜禽品种资源丰富、生产类型多样、生态适应幅度广、优异性状突出，但依然存在种质资源挖掘不足，性状特征、遗传特性描述不清，品种鉴定边界不明，表型收集效率低，测定准确度差等问题，造成畜禽分子设计育种在理论、技术以及规范化方面依然存在诸多瓶颈。高通量测序等生物学技术的快速发展为解析畜禽重要性状的形成和调控机制提供了强有力的工具，将有助于更加精确地筛选与重要性状相关的变异位点。此外，我国畜禽养殖业正随着社会的进步和行业的发展而快速进步，养殖与环境矛盾、动物福利问题，以及自动记录设备和各类传感器在畜牧场中的大规模应用都给我国畜禽养殖带来了很多挑战，应运而生的新性状机制研究与解析也是行业发展的必然势头，对适应当前环境变化大趋势下的农业可持续发展具有重要意义。

（2）研究现状

目前，畜禽重要性状形成的调控机制研究主要集中在对畜禽基因结构和功能注释，以及基因、遗传变异对表型和表型变异的影响及其机制上。近 30 年来，国内外围绕猪、牛、羊以及各类家禽的产量、品质、繁殖和健康等性状形成的分子机制开展了大量研究。通过全基因组关联分析，已发现了大量与畜禽各类性状和疾病关联的分子标记，筛选了许多候选基因，鉴定了一些重要的数量性状基因座。例如，国内研究人员对杜洛克猪开展了全基因组关联分析，揭示了杜洛克猪在生长和肉质性状上与其他品种的区别；对北京地区大量中国荷斯坦奶牛进行检测，结果表明，*RPL23A*、*ACACB* 两基因位点可通过直接或间接的途径影响奶牛的乳脂或乳蛋白性状，对产奶性状起到重要调控作用。国外科学家对 3 个波兰绵羊品种的繁殖性状进行了全基因组关联分析，揭示了 *EPHA6* 基因对绵羊高产的重要性。

通过全基因组关联分析发现的很多显著候选基因及突变位点并不能确定是否影响蛋白质的形成，导致很难进行精确的致因变异研究。因此，对分析得到的 DNA 标记和数量性状基因座作进一步深度挖掘，才能鉴定出决定性状的数量性状基因座，从而阐明性状变异的根本原因。与单纯基于基因组变异数据的预测模型相比，多组学数据能补充基因组层面难以捕获到的与表型相关的细微特征，提高基因组预测复杂性状的准确性。目前，国际上正在尝试在全基因组选择模型内加入其他多组学数据，利用整合多组学分析畜禽重要性状形成的调控机制。西北农林科技大学姜雨团队构建了牛、羊、猪、鸡、鸭的泛基因组，并基于泛基因组进行了多个重要经济性状的基因挖掘；国内外研究团队相继定位了一批与畜禽生长发育、繁殖、毛色、抗病等重要性状形成及演化相关的基因，且其中一些功能基因在不同农业动物中发挥着共性作用。与此同时，以深度学习为代表的人工智能已成为挖掘多组学数据的高效工具。基于深度学习的多组学数据整合算法已在疾病调控网络构建等领域取得了优异的预测性能，并利用人工智能模型准确预测相关遗传位点，为畜禽分子育种精准设计提供靶位点。

复杂性状首先受遗传或基因控制，这种遗传变异也被认为是第一层次的控制；然而，遗传信息一致的生物也会因染色质修饰的不同表现出不同的性状，这种表观变异被认为是第二层次的控制；同一个生物在遗传和表观修饰一致的情况下，仍然会在不同的环境中表现出不同的性状，这种由生物与环境互作产生的环境变异被认为是第三层次的控制。遗传变异、表观变异和环境变异三个层次的协同互作，精准控制了复杂性状的形成，决定了物种的不同表型。此外，在性状决定中，不同性状存在一定关联和相互影响。其根本原理是各个性状决定中多维度控制之间的相互作用及耦合，例如在奶牛中突变 *DGAT1* 和 *GHR* 位点增加产奶量的同时，可能会使其脂肪和蛋白质含量百分比下降。因此，发掘和解析控制畜禽复杂性状形成的多维控制机制并将它们有效地耦合，是实现畜禽复杂性状精准改良的基础。育种原始创新在由单一性状的一维控制向综合性状的多维精准耦合转变，深入研究复杂性状的精准控制将为阐释物种多样性和精准育种奠定理论基础。综合性状的多维精准耦合已成为性状形成调控机制研究以及分子育种的新方向。

（3）未来研究方向与创新点

未来，畜禽重要性状基础研究的方向主要包括畜禽优异种质资源形成与演化机制、畜禽重要性状关键基因和调控网络、高通量功能基因挖掘和鉴定技术等方向，主要内容如下：① 构建畜禽核心种质全景组学特征，揭示农业动物从野生种到地方品种再到现代品种发展过程中重要性状的形成与演化规律，挖掘优异性状形成的关键调控基因；② 建立我国畜禽品种标准样品库，研发表型高通量鉴定技术和基因型高通量鉴定技术；③ 研究畜禽高产、优质、抗病、高繁、饲料转化率等重要性状杂种优势形成的生物学基础，挖掘与鉴定亲本与杂种间等位基因特异表达的功能基因和调控元件，解析基因互作与杂种优势的关系及分子调控机制，阐明农业动物重要性状杂种优势形成的遗传和分子机理；④ 整合表型组 – 基因挖掘 – 功能解析 – 性状选择，深入系统地解析性状的遗传规律和形成机制，提升畜禽优良种质创制的关键理论和技术。

“畜禽重要性状形成的调控机制”工程研究前沿中，核心论文的主要产出国家见表 8.11，核心论文数排在前三的是中国（占 29.36%）、美国（占 24.16%）和意大利（占 9.17%），加拿大、澳大利亚和爱尔兰的篇均被引频次较高。核心论文的主要产出机构见表 8.12，西北农林科技大学、萨格吉奇大学和中国农

表 8.11　“畜禽重要性状形成的调控机制”工程研究前沿中核心论文的主要产出国家

序号	国家	核心论文数	论文比例 /%	被引频次	篇均被引频次	平均出版年
1	中国	96	29.36	4 197	43.72	2019.4
2	美国	79	24.16	3 766	47.67	2019.2
3	意大利	30	9.17	1 457	48.57	2019.0
4	埃及	29	8.87	1 312	45.24	2019.0
5	加拿大	28	8.56	2 016	72.00	2019.1
6	德国	28	8.56	1 277	45.61	2019.0
7	澳大利亚	26	7.95	1 668	64.15	2019.3
8	英国	24	7.34	926	38.58	2019.2
9	爱尔兰	23	7.03	1 262	54.87	2018.8
10	巴西	23	7.03	993	43.17	2019.2

业大学的核心论文数及被引频次较多。主要产出国家间的研究合作较为普遍，其中中国、美国、加拿大之间的合作相对更紧密（图 8.7）。主要产出机构间的合作网络（图 8.8）方面，各机构间均存在一定的合作

表 8.12 “畜禽重要性状形成的调控机制”工程研究前沿中核心论文的主要产出机构

序号	机构	核心论文数	论文比例 /%	被引频次	篇均被引频次	平均出版年
1	西北农林科技大学	29	8.87	1 360	46.90	2019.1
2	萨格吉奇大学	19	5.81	939	49.42	2019.0
3	中国农业大学	18	5.50	655	36.39	2019.2
4	阿尔伯塔大学	15	4.59	1 298	86.53	2018.7
5	爱尔兰农业与食品发展部	15	4.59	764	50.93	2018.9
6	奥胡斯大学	14	4.28	726	51.86	2018.6
7	奎尔夫大学	13	3.98	785	60.38	2019.4
8	榆林学院	12	3.67	564	47.00	2019.2
9	美国农业部	11	3.36	645	58.64	2018.7
10	华南农业大学	11	3.36	447	40.64	2019.1

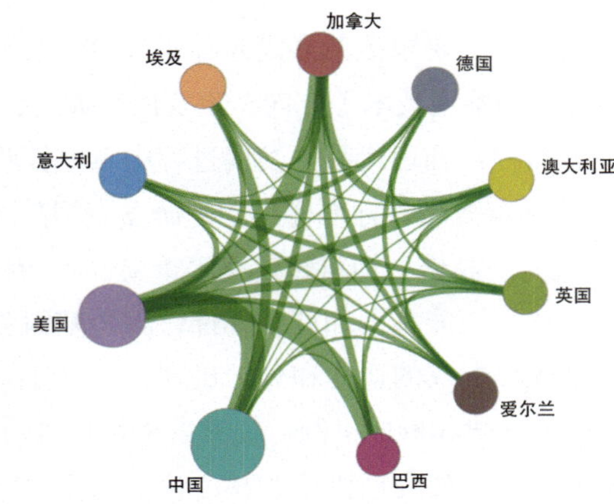

图 8.7 “畜禽重要性状形成的调控机制”工程研究前沿主要国家间的合作网络

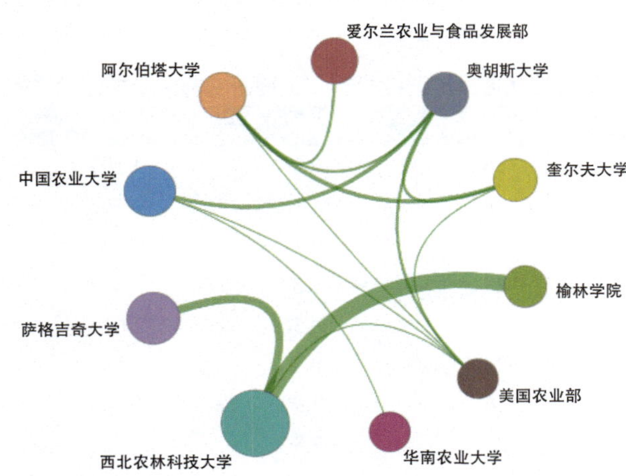

图 8.8 “畜禽重要性状形成的调控机制”工程研究前沿主要机构间的合作网络

关系。施引核心论文数排名前两位的国家是中国和美国，中国占比超过 1/3（表 8.13）。施引核心论文的主要产出机构（表 8.14）方面，中国农业科学院、中国农业大学和西北农林科技大学的施引论文数排在前三位。图 8.9 为“畜禽重要性状形成的调控机制”工程研究前沿的发展路线。

表 8.13 “畜禽重要性状形成的调控机制”工程研究前沿中施引核心论文的主要产出国家

序号	国家	施引核心论文数	施引核心论文比例 /%	平均施引年
1	中国	3 117	34.01	2021.8
2	美国	1 608	17.55	2021.6
3	意大利	726	7.92	2021.5
4	英国	549	5.99	2021.5
5	巴西	536	5.85	2021.6
6	加拿大	479	5.23	2021.5
7	德国	468	5.11	2021.4
8	澳大利亚	432	4.71	2021.5
9	埃及	432	4.71	2021.6
10	法国	414	4.52	2021.3

表 8.14 “畜禽重要性状形成的调控机制”工程研究前沿中施引核心论文的主要产出机构

序号	机构	施引核心论文数	施引核心论文比例 /%	平均施引年
1	中国农业科学院	431	17.39	2021.7
2	中国农业大学	371	14.97	2021.6
3	西北农林科技大学	368	14.84	2021.4
4	中国科学院	181	7.30	2021.7
5	萨格吉奇大学	178	7.18	2021.4
6	美国农业部	174	7.02	2021.4
7	奎尔夫大学	171	6.90	2021.6
8	爱丁堡大学	157	6.33	2021.2
9	圣保罗大学	152	6.13	2021.4
10	华南农业大学	152	6.13	2021.6

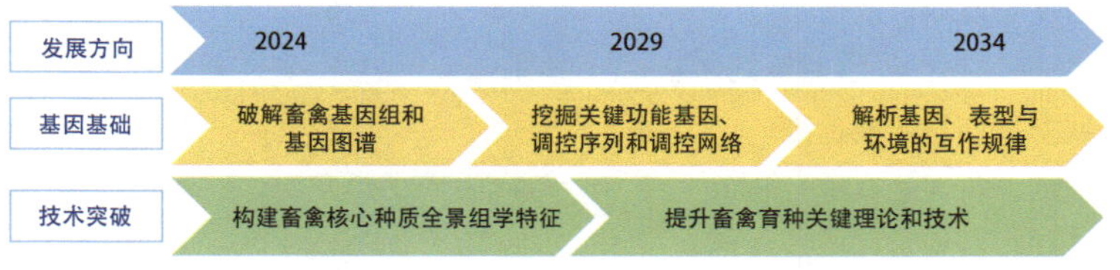

图 8.9 “畜禽重要性状形成的调控机制”工程研究前沿的发展路线

8.2 工程开发前沿

8.2.1 Top 10 工程开发前沿发展态势

农业领域的 Top 10 工程开发前沿主要集中在人工智能和绿色高效农业方面（表 8.15）。① 人工智能的前沿有“作物智能设计与合成生物育种技术”“农药大数据整合与智能追溯”“基于大数据的园艺作物育种标记开发”“作物水肥精准耦合与智能系统及装备”“深远海智能养殖平台与装备”；② 绿色高效农业的前沿有“有机废弃物资源利用与生态环境治理技术”“木材多维结构调控与功能复合材料构筑技术”“蛋白饲料生物合成与高效利用”；③ 动物与食品安全的前沿有“新型动物疫病诊断试剂研发”“动物源性食品中危害物高性能检测试剂创制”。以上各开发前沿在2018—2023年期间的核心专利公开情况见表 8.16。“基于大数据的园艺作物育种标记开发”的核心专利公开量有 88 件，而其被引数高达 4 273、平均被引数高达 48.56，说明农业领域近年来与大数据、智能化相融合的方向得到了科研人员的广泛关注。“作物水肥精准耦合与智能系统及装备”的核心专利最多，公开量达 255 件。相比较发现，“动物源性食品中危害物高性

表 8.15　农业领域 Top 10 工程开发前沿

序号	工程开发前沿	公开量	被引数	平均被引数	平均公开年
1	蛋白饲料生物合成与高效利用	29	45	1.55	2021.8
2	作物智能设计与合成生物育种技术	94	288	3.06	2021.5
3	新型动物疫病诊断试剂研发	191	1 038	5.43	2021.2
4	动物源性食品中危害物高性能检测试剂创制	27	64	2.37	2019.5
5	农药大数据整合与智能追溯	52	215	4.13	2021.4
6	作物水肥精准耦合与智能系统及装备	255	440	1.73	2020.8
7	有机废弃物资源利用与生态环境治理技术	139	161	1.16	2020.9
8	深远海智能养殖平台与装备	9	12	1.33	2021.9
9	基于大数据的园艺作物育种标记开发	88	4 273	48.56	2020.7
10	木材多维结构调控与功能复合材料构筑技术	18	20	1.11	2021.2

表 8.16　农业领域 Top 10 工程开发前沿核心专利逐年公开量

序号	工程研究前沿	2018	2019	2020	2021	2022	2023
1	蛋白饲料生物合成与高效利用	1	0	2	7	11	8
2	作物智能设计与合成生物育种技术	5	6	8	23	20	32
3	新型动物疫病诊断试剂研发	20	26	17	26	29	73
4	动物源性食品中危害物高性能检测试剂创制	10	7	2	2	6	0
5	农药大数据整合与智能追溯	3	2	12	9	9	17
6	作物水肥精准耦合与智能系统及装备	35	27	41	46	64	42
7	有机废弃物资源利用与生态环境治理技术	16	21	16	23	34	29
8	深远海智能养殖平台与装备	0	0	1	2	3	3
9	基于大数据的园艺作物育种标记开发	10	10	18	19	18	13
10	木材多维结构调控与功能复合材料构筑技术	2	0	3	4	6	3

能检测试剂创制”的核心专利近年来较少，2023 年未出现核心专利。

（1）蛋白饲料生物合成与高效利用

传统的蛋白饲料主要来自植物、动物副产品和微生物等，这些蛋白源在通过适当的处理和加工后用于畜禽饲养。随着全球对动物蛋白需求的增加，开发高效、可持续的蛋白饲料资源已成为关键。蛋白饲料的生物合成主要利用生物技术和发酵技术将低价值的农业副产品、食品工业废料或特定的培养基转化为高质量的蛋白质。微生物发酵是其中一个重要的技术途径。通过发酵过程，特定菌株可以将低价值的碳氮废料转化为微生物蛋白（也叫单细胞蛋白）。这类蛋白质不仅氨基酸组成均衡，而且生产过程环保且高效。在蛋白饲料的高效利用方面，蛋白饲料的品质和动物的消化吸收效率是关键。通过优化饲料加工工艺，如膨化、酶解和发酵等，可以提高蛋白质的消化率和生物利用度。同时，向蛋白饲料中添加某些酶制剂、益生菌或有机酸，可以进一步促进其在畜禽体内的消化吸收，降低氨气排放。此外，通过精确计算畜禽的营养需求，科学搭配不同来源的蛋白质，也可以有效提高饲料利用率，降低饲养成本。未来，随着分子生物学、基因工程和精准营养技术的不断进步，蛋白饲料的生物合成与高效利用将不断改进。这一进步不仅有助于降低饲料成本，还能减少对天然资源的依赖，推动畜牧业朝着更可持续和环保的方向发展。

（2）作物智能设计与合成生物育种技术

作物智能设计与合成生物育种技术是指利用计算机科学、信息技术和生物学等多学科知识，对作物基因组和代谢通路等进行重构设计，从基因到分子层面进行创新的新型育种理念和技术。这一技术主要通过解码和分析作物转录组、基因组、表观遗传组等多组学数据，开展全基因组水平的作物性状预测与设计，用于从种质资源中发掘优异等位变异，指导作物精准杂交育种；或设计自然界不存在的优异等位变异或功能核酸 / 蛋白元件，指导作物基因编辑育种，以实现精准新品种的定向设计与开发。近年来，随着计算机科学、信息技术和生物学等多学科知识的增加，这一技术得到快速发展。世界各国开始出台相关发展规划，重点支持相关研发项目。同时，多家国际种业公司通过大数据、机器学习、全基因组选择、基因编辑等技术的融合，实现育种技术的智能化升级。未来 5~10 年，随着人工智能、基因编辑等前沿技术的成熟，作物智能设计与合成生物育种技术将在定向设计优异等位变异、设计生物元件以及实现“智能育种”新模式三个方面取得新的发展，成为推动农业科技进步的主要动力。这一技术已成为国际农业科技竞争的重要领域。

（3）新型动物疫病诊断试剂研发

我国畜牧业总产值占全国农业总产值的 30% 以上，在国民经济中占有重要地位，在保障城乡食品价格稳定、促进农民增收方面发挥了至关重要的作用。然而，随着畜牧业的快速增长，动物疫病种类不断增多，多种外来疫病传入给畜牧业发展造成的风险日益突出，新发再发人兽共患病严重危及公共卫生安全，影响人民生活健康和社会稳定。在这种严峻的动物疫病防控形势下，动物疫病及时确诊、快速诊断和监测净化是保障畜牧业生产安全、动物源性食品安全和公共卫生安全的首要前提。而我国动物疫病诊断技术及产品的核心原料创新不足、生产工艺稳定性较差、产业化程度偏低、与国际水平差距较大。因此，完善动物疫病诊断检测技术国家标准、行业标准以及相关技术规范，构建重大动物疫病和人畜共患病的标准物质库，加强病理学、血清学、分子生物学、病原分离鉴定等诊断检测技术的引进和研发，引导动物疫病诊断检测试剂产业化发展，实现动物疫病诊断检测快速、准确、现地、多组分、高通量的目标，这对疫病防控、公共卫生、国际贸易等具有重要意义。

（4）动物源性食品中危害物高性能检测试剂创制

我国是动物源性食品生产、消费和贸易大国。食品安全事关国计民生、社会和谐和人民健康，是建设健康中国的必要组成部分。随着政府、行业和消费者对动物源性食品安全的持续关注和国际食品贸易的进一步发展，食品安全限量标准越来越严格，监管要求和技术壁垒越来越高，对检测效率和检测性能提出了更高的要求。因此需要创制危害物高性能检测试剂，以满足动物源性食品安全检测的高要求。针对动物源性食品中的兽药、非法添加物、霉菌毒素及食源性微生物等化学性和生物性危害因子，应开展基于基因编辑、蛋白质工程的高性能生物识别材料创制；研发基于量子点、金属有机框架、纳米酶等新型探针的发掘与分子设计；基于微阵列、微流控、纳米芯片等高通量检测模式，开发面向应用一线的低成本、便携式、自动化检测装备，实现动物源性食品从农场到餐桌，“生产 – 加工 – 储存 – 流通”各环节的全链条实时监控，保障食品安全。

（5）农药大数据整合与智能追溯

农药是确保粮食稳产、丰产的核心战略性生产资料，是强化“藏粮于技”战略的物质基础。然而，农药的使用也会产生有害生物抗药性、生态环境安全、食品安全等问题。农药大数据整合与智能追溯在于利用现代信息技术手段对农药生产、流通和使用过程中产生的海量数据进行系统化的整合、分析、利用和追溯，构建农药使用的全生命周期数据链，对农药全过程进行科学监控和智能管理，以更好地追溯农产品中农药的变化，掌握农药施用情况和效果，从而指导农民合理使用农药，减缓有害生物抗药性发生和发展，减少农药给环境安全和食品安全带来的潜在风险，同时推动农业智能化风险评估技术的应用与发展，实现农药安全使用和风险可控。农药大数据整合与智能追溯的实施可推动农业生产向智能化、精准化发展，为农药科学管理和安全使用奠定了良好的基础，也将助力监管部门更好地了解农药的生产、销售和使用情况，及时发现和解决存在的问题，提高监管效率，对农药行业的发展、粮食安全、环境安全和健康安全具有重要意义。

（6）作物水肥精准耦合与智能系统及装备

作物水肥精准耦合是指根据不同作物的水分和养分需求特性，以及土壤环境条件，通过精确控制灌溉水量、施肥种类、施肥量、施肥时间等，实现水分和养分在作物生长发育过程中的最佳配合，以提高作物产量、改善品质、节约资源、保护环境为目标的一种现代农业技术。水肥耦合强调的是水分与养分管理的精准性和协调性，旨在通过研究不同作物在不同生长阶段的水分和养分需求特性，优化水肥管理制度，充分挖掘节水节肥作物生产潜力。智能系统及装备则是指集成了感知、分析、决策、执行等功能的智能化设备和系统。构建作物水肥管理智能决策支持系统，根据作物生长需求和土壤环境条件，自动生成最优的水肥管理方案，实现水肥管理的自动化和精准化。这些系统和装备通常包括土壤水分和养分检测设备、基于大数据和人工智能技术的智能灌溉控制系统、精准施肥机等。通过物联网、大数据、人工智能等先进技术，实现对作物生长环境的实时监测、数据分析、决策支持和精准调控。

（7）有机废弃物资源利用与生态环境治理技术

废弃物资源化利用与生态环境治理是农业可持续发展的重要内容。有机废弃物资源利用与生态环境治理技术旨在将有机废弃物肥料化、能源化、材料化、饲料化、基质化，同时实现废弃物减量、节能减排与绿色环保的目标。主要技术方向包括好氧 / 兼氧堆肥技术、厌氧发酵产甲烷技术、厌氧发酵定向产酸技术、水热炭化技术、昆虫转化技术等。无动力兼氧堆肥技术，粪便、粪水贮存发酵稳定技术，固液体粪肥就地就近利用技术，粪便接种强化高温堆肥技术，粪水微氧辅助生物发酵技术，商品有机肥精准施用技术，秸秆在满足肥料和饲用基础上高值染料化、材料化及化学品创制技术，厨余垃圾高值化社区就地就近分散处理技术是未来有机废弃物资源利用发展方向。

（8）深远海智能养殖平台与装备

水产养殖为人们提供了优质的蛋白质和脂肪，水产养殖业的可持续发展是关系粮食安全的重要基础。深远海养殖是拓展水产养殖空间、减少近海环境污染负担的重要途径之一。然而，深远海养殖产业组织程度低、投资风险大，养殖装备智能化水平不足等问题仍需要解决。发展机械化、自动化、信息化、智能化的深远海智能养殖平台与装备，研制成本低廉、安全可靠的渔业装备，将从硬件上支撑深远海养殖产业发展。在理论研究和配套技术方面，智能化精准化投饲技术、养殖尾水处理技术、机械化采捕技术等集成性不够，养殖经济效益、生态效益的数据模型研究缺乏。在养殖对象方面，可选择品种较少，部分品种与近海养殖品种重叠，部分品种种源依赖进口，仍有较大提升空间。随着智能化技术、人工智能技术、大数据技术、云端控制技术、绿色能源技术的突破，深远海养殖平台配套新品种的成功培育，相关装备支撑能力和配套系统的完善，深远海智能养殖平台与装备有望实现装备的全自动化，相关研究成果必将为深远海养殖提供重要指导和技术支撑。

（9）基于大数据的园艺作物育种标记开发

随着生物信息学和大数据技术的快速发展，利用大数据开发园艺作物的育种标记已成为当代育种的重要策略。大数据在园艺作物育种中主要来源于基因组、表型组、环境数据、多组学数据等不同维度和尺度的信息。育种标记的开发依赖于对作物复杂性状的精准解析，涉及多基因调控、基因–环境互作等复杂因素。大数据技术通过高通量测序、组学分析等手段，能够提供海量的遗传信息、生理信息和环境信息等，帮助鉴定出与重要性状相关的基因或标记。大数据驱动的育种标记开发可以通过以下几个方面进行实践：① 利用全基因组关联分析（GWAS）、基因组选择（GS）、表达数量性状位点（eQTL）分析和基于代谢组的全基因组关联分析（mGWAS）等方法，可定位影响作物品质、抗性和适应性的关键基因或标记；② 通过构建饱和遗传变异数据库的方法，大规模创制园艺作物突变材料，关联变异表型与突变基因，建立明确的功能基因数据资源库；③ 利用基因组、转录组、代谢组等多层次数据进行整合，识别关键基因和代谢路径，深入理解性状形成的分子机制，帮助开发功能标记；④ 利用机器学习算法从大数据中挖掘隐藏的模式和关系，预测基因型与表型的关联，并通过监测和引入环境数据的方法，在更高维度上捕捉基因型与表型外的非线性关系，提高预测精度。将人工智能与育种标记开发深度融合，自动化、智能化地分析海量数据，识别关键节点信息，优化育种方案，构建智能育种系统。大数据与现有分子标记辅助育种体系的深度融合，将为智能化、数据驱动的现代育种奠定坚实基础。

（10）木材多维结构调控与功能复合材料构筑技术

我国是木材加工和消费大国。近年来，随着优质木材供需矛盾的日益突出，木材结构调控与功能化作为木材提质增效的关键手段，需求迫切。由于木材复杂的多维结构，难以将其作为均质材料进行加工，因此高效的木材功能化技术应针对其多维结构进行定向调控。木材的多维结构包括宏观结构、微观构造、细胞壁超微结构以及组分化学结构。传统木材功能化技术包括物理热处理、化学浸渍等，但这些手段靶向目标相对单一，忽视了不同维度上功能界面的构筑。如今，随着对木材超分子结构的深入解析和纳米技术的发展，不仅能够精准调控木材的多维结构，还能靶向构筑新型复合界面，大幅提升木材的耐用性，显著改善其尺寸稳定性、阻燃性和耐腐蚀性，同时赋予木材电磁屏蔽、压电传感、高效热管理等新功能。木材多维结构调控与功能复合材料构筑研究，将丰富我国木材高效利用基础理论，为实现木材高值化利用和促进产业转型升级提供科技支撑，对发展新质生产力等国家战略具有重大的科学价值和实践意义。

8.2.2 Top 3 工程开发前沿重点解读

8.2.2.1 蛋白饲料生物合成与高效利用

蛋白饲料生物合成与高效利用的工程开发是应对全球粮食安全、环保需求和动物养殖业可持续发展等问题的重要研究方向。传统蛋白饲料如鱼粉和大豆饼粕面临资源有限、价格波动和环境压力等挑战，因此，通过生物技术手段合成新型蛋白饲料，并优化其在动物体内的高效利用，成为现代农业和生物工程领域的研究热点。当前，研究的前沿包括微生物发酵、昆虫蛋白生产、单细胞蛋白（SCP）和人工肉等新兴领域。这些技术不仅能减少对传统蛋白源的依赖，为养殖业提供稳定且高效的蛋白质来源，提高生产效率。除此之外，这些技术有助于减少传统蛋白饲料生产对土地和水资源的消耗，降低环境负担，还能降低养殖过程中的碳足迹，降低养殖环境污染。从 20 世纪中期开始，微生物发酵技术被引入蛋白饲料的生产中，通过发酵过程大规模生产单细胞蛋白。随后，昆虫蛋白因其高效的蛋白质转化率和丰富的营养价值，逐渐成为替代蛋白源的研究焦点。近年，随着合成生物学和基因工程的迅速发展，科学家们开始利用基因编辑技术设计高效合成蛋白质的微生物菌株，并开发出一系列新型蛋白饲料。截至目前，蛋白饲料的生物合成技术已经取得了显著进展，例如通过酵母、大肠杆菌等微生物生产的单细胞蛋白，以及基于昆虫如黑水虻的蛋白生产系统。此外，人工肉的开发也是蛋白饲料领域的重要突破，通过细胞培养技术可以直接生产出可供动物和人类食用的蛋白质。蛋白饲料生物合成与高效利用的主要研究方向包括：① 微生物蛋白生产；② 昆虫蛋白开发；③ 单细胞蛋白；④ 蛋白饲料的高效利用。

“蛋白饲料生物合成与高效利用”相关核心专利的主要产出国家如表 8.17 所示。美国排名第一，拥有 16 件核心专利，占 55.17%；中国排名第二，有 6 件，占 20.69%；加拿大排名第三，有 3 件，占 10.34%。其他国家如韩国、丹麦、新加坡分别有 2、1、1 件专利。各主要产出国家之间无合作关系。在主要产出机构（表 8.18）方面，美国的 Prairie AquaTech 公司以 12 件核心专利位居第一，占 41.38%；其次是南达科他州理事会，有 4 件，占 13.79%；中国的南京致润生物科技有限公司排名第三，有 2 件，占 6.9%。被引数比例最高的机构为美国的 Prairie AquaTech 公司（60%）、南达科他州理事会和丹麦的诺维信有限公司分别为 35.56% 和 11.11%。南京致润生物科技有限公司、安琪酵母股份有限公司和中国食品发酵工业研究院有限公司的专利被引用比例均为 8.89%。主要产出机构间的合作网络如图 8.10 所示，Prairie AquaTech 公司与南达科他州理事会合作紧密，安琪酵母股份有限公司与中国食品发酵工业研究院有限公司合作较多。

图 8.11 为“蛋白饲料生物合成与高效利用”工程开发前沿的发展路线。未来 10 年内研究将集中于以下几个方向：① 合成生物学与基因工程，通过基因编辑技术，优化微生物菌株和昆虫的蛋白质合成路径，

表 8.17 “蛋白饲料生物合成与高效利用”工程开发前沿中核心专利的主要产出国家

序号	国家	公开量	公开量比例 /%	被引数	被引数比例 /%	平均被引数
1	美国	16	55.17	28	62.22	1.75
2	中国	6	20.69	8	17.78	1.33
3	加拿大	3	10.34	1	2.22	0.33
4	韩国	2	6.90	2	4.44	1.00
5	丹麦	1	3.45	5	11.11	5.00
6	新加坡	1	3.45	1	2.22	1.00

提高蛋白产量和质量。重点是开发能高效利用废弃物或非食品原料的微生物系统，以减少对传统农业资源的依赖。② 多组学整合与代谢工程，利用多组学技术（基因组学、转录组学、代谢组学等）解析蛋白质合成过程中的关键调控机制，进一步改良和优化生产工艺。③ 环保与可持续性，重点发展低碳、低能耗的蛋白饲料生产工艺，推动循环经济，利用农业和工业副产品作为发酵基质，实现资源的最大化利用。未来，蛋白饲料的生产将趋向规模化和自动化，伴随合成生物学技术的进步，新型蛋白源的开发将不断涌现。同时，随着全球对环境友好型产业的需求增加，绿色生产工艺将成为主流。基于微生物发酵和昆虫蛋白的饲料将在市场中占据越来越重要的位置，人工肉和植物基替代品也将继续扩展其应用领域。蛋白饲料生物合成与高效利用领域具有巨大的发展潜力。随着技术的成熟和生产成本的降低，这些新型蛋白饲料将逐步取代部分传统蛋白源，不仅缓解全球蛋白质供应压力，还推动农业和养殖业向可持续方向发展。此外，随着消费者对绿色和健康食品需求的增加，这些新型蛋白饲料在市场中的接受度和应用前景将不断提升。新型蛋白饲料的应用场景广泛，包括家畜、家禽和水产养殖等领域，特别是在资源匮乏或环境压力较大的地区，这些蛋白饲料的应用前景更为广阔。此外，在人类食品领域，人工肉和植物基产品的开发也为蛋白饲料技术提供了新的市场机遇。

表 8.18　“蛋白饲料生物合成与高效利用”工程开发前沿中核心专利的主要产出机构

序号	机构	公开量	公开量比例 /%	被引数	被引数比例 /%	平均被引数
1	Prairie AquaTech 公司	12	41.38	27	60.00	2.25
2	南达科他州理事会	4	13.79	16	35.56	4.00
3	南京致润生物科技有限公司	2	6.90	4	8.89	2.00
4	Smallfood 公司	2	6.90	1	2.22	0.50
5	诺维信有限公司	1	3.45	5	11.11	5.00
6	安琪酵母股份有限公司	1	3.45	4	8.89	4.00
7	中国食品发酵工业研究院有限公司	1	3.45	4	8.89	4.00
8	福力德泰克有限公司	1	3.45	1	2.22	1.00
9	Sophie’s BioNutrients 有限公司	1	3.45	1	2.22	1.00
10	朝鲜大学	1	3.45	0	0.00	0.00

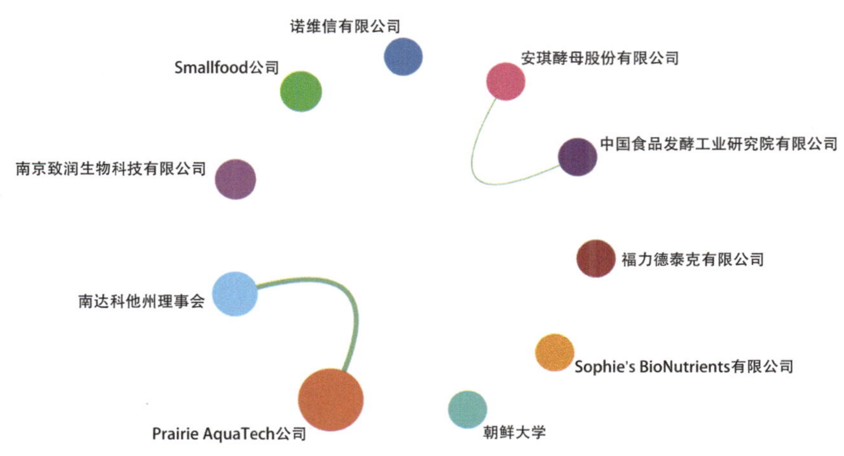

图 8.10　“蛋白饲料生物合成与高效利用”工程开发前沿主要机构间的合作网络

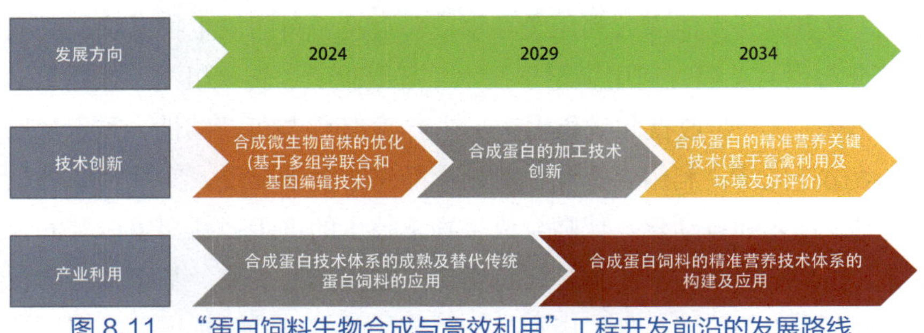

图 8.11 “蛋白饲料生物合成与高效利用”工程开发前沿的发展路线

8.2.2.2 作物智能设计与合成生物育种技术

作物智能设计与合成生物育种技术是指利用计算机科学、信息技术和生物学等多学科知识，对作物基因组和代谢通路等进行重构设计，从基因到分子层面进行创新的新型育种理念和技术。它通过解码和分析作物转录组、基因组、表观遗传组等多组学数据，开展全基因组水平的作物性状预测与设计，从种质资源中发掘优异等位变异，指导作物精准杂交育种；设计自然界不存在的优异等位变异或功能核酸 / 蛋白元件，指导作物基因编辑育种，实现精准新品种的定向设计与开发。

这一技术近年来发展迅速，并在重大作物品种改良中发挥重要作用。首个充分利用作物智能设计技术开发的案例为“黄金大米”，其通过引入外源基因重构维生素 A 合成通路，优化了胚乳的营养成分。当前，世界各国与机构对该技术重视程度日增，美国、德国、以色列等国家相继出台智能育种战略规划，并成立相关联合体或开展协同创新项目。近年来多家国际种业公司的重组与并购，本质上是大数据、机器学习、图形图像解析等人工智能技术与基因编辑、基因组学、生物信息学等生物技术的多元化融合，实现育种技术的智能化升级。例如，孟山都公司在 2013 年以 9.3 亿美元收购了一家气象大数据创业公司 Climate，2014 年收购了数字农业公司 Precision Planting。2018 年，拜耳作物科学公司完成与孟山都公司的重组整合。同年，陶氏杜邦公司完成业务板块的拆分，成立了科迪华农业科技公司。2019 年，中国化工集团有限公司完成对先正达公司的并购。同时，多家技术融合型种业公司诞生，如 Google 和 Flagship Pioneering 投资的 Inari，以及 Benson Hill CropOS 等，主要应用大数据、机器学习、全基因组选择、基因编辑等技术整合育种研发链条。

未来 5~10 年，随着人工智能、基因编辑、单细胞测序等前沿技术的不断成熟，作物智能设计与合成生物育种技术将迎来新的发展阶段。首先，基于全基因组和表观组数据，利用机器学习等算法全面解析作物遗传控制网络，开展更精准的全基因组水平设计。其次，随着基因编辑技术的不断成熟，将可定向精准设计和修饰大量位点，并有望将重要功效基因或调控元件引入其他作物，实现跨物种功能转移。最终形成集智能设计、细胞工程与生态工程于一体的“智能育种”新模式，成为未来主导作物改良的主流技术。随着多学科融合与关键技术成熟，智能设计与合成生物育种技术将真正改变产品开发方式，成为推动农业科技进步的主要动力。

“作物智能设计与合成生物育种技术”相关核心专利的主要产出国家、主要产出机构分别见表 8.19 和表 8.20。核心专利公开量排名前三的国家是中国（82 件，占比为 87.23%）、美国（11 件，占比为 11.7%）和韩国（1 件，占比为 1.06%）。国家间没有合作关系。核心专利产出最多的机构是湖北工业大学（13 件），先锋国际良种公司和华南农业大学分别排在第二和第三位。被引数比例排名前三的机构是先锋国际良种公司（14.58%）、湖北工业大学（12.5%）和国家电网有限公司（7.64%）。平均被引数最高的机构是国家电网有限公司，为 11.00 次；平均被引数排名第二的机构是先锋国际良种公司，为 10.50 次。

图 8.12 为“作物智能设计与合成生物育种技术”工程开发前沿的发展路线。在未来 10 年，“作物智能设计与合成生物育种技术”工程开发前沿有望在以下三个方面取得进展。第一，通过从种质资源中发掘优异等位变异，深度学习模型将发挥关键作用。这些模型通过学习基因组序列与表型关系，能够高效地预测功能变异，从大量自然变异中发现影响农艺性状的基因变异，为育种提供精准指导。这种方法有望加速优质作物品种的培育，提高作物产量和抗逆性。第二，在设计未见于自然的优异等位变异方面，随着基因编辑技术的成熟，深度学习预测等位变异对分子表型和田间表型的影响，有望帮助研究人员设计出新的优异等位变异，为基因编辑育种服务。这种方法有助于创造出更具市场竞争力和适应性的农作物品种，推动农业生产的现代化和可持续化发展。第三，设计自然界不存在的新型生物元件将成为另一个重要发展方向。例如生成模型技术的应用能够设计出新的抗菌肽和 Bt 蛋白等生物元件，这对合成生物学在作物育种中的应用潜力巨大。这种创新将为作物育种领域带来全新的可能性，为创造更具抗病虫害能力和适应性的作物品种打开新的途径。综上所述，未来，“作物智能设计与合成生物育种技术”工程开发前沿将在发掘种质资源、设计未见于自然的优异等位变异以及创新新型生物元件等方面迎来更加精彩的发展。这些进展将为农业领域带来更多机遇和挑战，需要持续的研究和创新来推动这一领域的进步。

表 8.19　“作物智能设计与合成生物育种技术”工程开发前沿中核心专利的主要产出国家

序号	国家	公开量	公开量比例 /%	被引数	被引数比例 /%	平均被引数
1	中国	82	87.23	232	80.56	2.83
2	美国	11	11.70	56	19.44	5.09
3	韩国	1	1.06	0	0.00	0.00

表 8.20　“作物智能设计与合成生物育种技术”工程开发前沿中核心专利的主要产出机构

序号	机构	公开量	公开量比例 /%	被引数	被引数比例 /%	平均被引数
1	湖北工业大学	13	13.83	36	12.50	2.77
2	先锋国际良种公司	4	4.26	42	14.58	10.50
3	华南农业大学	4	4.26	12	4.17	3.00
4	中国农业大学	4	4.26	11	3.82	2.75
5	之江实验室	3	3.19	12	4.17	4.00
6	青岛农业大学	3	3.19	6	2.08	2.00
7	南京农业大学	3	3.19	2	0.69	0.67
8	国家电网有限公司	2	2.13	22	7.64	11.00
9	广东奥博信息产业股份有限公司	2	2.13	19	6.60	9.50
10	江苏省气候中心	2	2.13	12	4.17	6.00

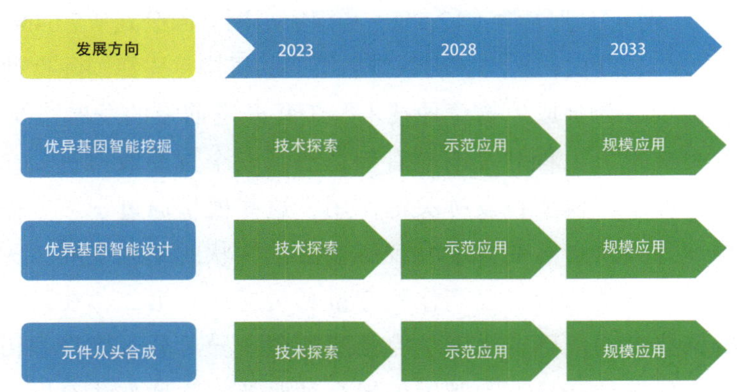

图 8.12 “作物智能设计与合成生物育种技术”工程开发前沿的发展路线

8.2.2.3 农药大数据整合与智能追溯

农药是确保粮食稳产、丰产的核心战略性生产资料，是强化“藏粮于技”战略的物质基础。然而，农药的使用也会产生有害生物抗药性、生态环境安全、食品安全等问题。利用现代信息技术手段对农药生产、流通和使用过程中产生的海量数据进行整合、分析、利用和追溯，促使更好地把握农产品中农药的追溯变化，可以更好地掌握农药施用情况和效果，从而指导农民合理使用农药，减少对环境安全和食品安全造成的潜在风险，也将推动农业智能化风险评估技术的应用与发展，实现农药安全使用和风险可控。农药大数据整合与智能追溯的实施可推动农业生产向智能化、精准化发展，为农药科学管理和安全使用奠定良好的基础；也将助力监管部门更好地了解农药的生产、销售和使用情况，及时发现和解决存在的问题，提高监管效率，对农药行业的发展、粮食安全、环境安全和健康安全具有重要意义。

农药的基本特性、防治对象、作用靶标、毒性评价以及环境行为以结构化、半结构化和非结构化形式储存在数据库中，以此构成农药大数据。大数据在农药管理中可用于追溯农药的生产、流通、使用与残留，以及预测农药使用的潜在影响和风险。美国最早在国家层面系统开展农药大数据监测，自 1991 年起，美国农业部执行农药残留监测计划，并发布年度报告。英国于 1996 年启动整合农药数据库项目，2007 年推出农药性质数据库（PPDB）。欧盟 2002 年成立欧洲食品安全局，统一管理农药监测等工作，所有实验室数据需符合 96/23/EC 号法令，并通过 Data Collection Framework 平台汇交。我国虽起步晚，但体系规模大。农业农村部按《中华人民共和国农产品质量安全法》与《农产品质量安全监测管理办法》，构建了覆盖四级农业部门的农药残留检测体系，由国家农产品质量安全风险监测信息平台提供信息化支持，所有数据按统一标准汇总，蔬菜类产品年监测数据 12 000 个。目前国际上比较常见的农药风险评估与智能追溯模型主要由欧美和中国研发。但与欧美国家相比，我国农药大数据整合与智能追溯的发展和研究在农药数据方面存在质量不高、共享性差、利用率低、数字化水平低等问题；同时，在分析评价和智能追溯模型方面也与欧美国家存在一定差距。

“农药大数据整合与智能追溯”相关核心专利的主要产出国家、主要产出机构分别见表 8.21 和表 8.22。中国核心专利公开量排名第一，45 件，占比为 86.54%；印度排名第二，2 件，占比为 3.85%；美国、澳大利亚、巴西和德国并列第三名（1 件，占比为 1.92%）。各主要产出国家之间没有合作关系。全球有 43 个机构产出核心专利，其中产出量大于 1 件的机构 7 家，我国占 6 家，北京合众恒星检测科技有限公司和中国检验检疫科学研究院并列第一位（5 件）。被引数比例排名前三的机构是北京合众恒星检测科技有限公司（53.49%）、中国检验检疫科学研究院（53.49%）和武汉大学（39.53%）。平均被引数最高的机构是武汉大学，达到 28.33 次。主要机构间的合作网络如图 8.13 所示。

图 8.14 为“农药大数据整合与智能追溯”工程开发前沿的发展路线。在未来 10 年，为进一步推动农药大数据整合与智能追溯技术在绿色农业发展中发挥作用，在实现数据实现互联互通、追溯标准和规范一致的基础上，还需从以下几个方向进一步提升：① 智能追溯与溯源溯标，将人工智能技术应用于农产品的追溯溯源，实现对农产品的自动识别和溯源信息的提取，为监管部门和消费者提供更直观、便捷的产品信息检索方式；② 数据挖掘与预测，利用现代数据挖掘技术和机器学习算法，对农药使用数据进行深入分析，以预测作物生长、害虫防控和疾病发生的趋势，指导农业生产决策，减少农药的滥用，提高农产品质量；③ 智能感知与调控，结合物联网和传感技术，开发智能农业管理系统，实现对农田环境的实时监测和作物生长情况的智能感知，从而实现对农药施用量的实时调控，提升经济效益和环境安全；④ 区块链技术在追溯中的应用，探索利用区块链技术构建农产品生产信息的不可篡改的分布式账本，确保生产数据的安全性和可信赖性，增强农产品追溯体系的透明度和可追溯性。总之，农药大数据整合与智能追溯在不断创新和发展，旨在通过技术创新实现智能化、精准化、高效化、安全化的农药生产。这一领域仍然面临着许多挑战，需要不断探索和创新才能取得更大的进展。

表 8.21 “农药大数据整合与智能追溯”工程开发前沿中核心专利的主要产出国家

序号	国家	公开量	公开量比例 /%	被引数	被引数比例 /%	平均被引数
1	中国	45	86.54	194	90.23	4.31
2	印度	2	3.85	0	0.00	0.00
3	美国	1	1.92	19	8.84	19.00
4	澳大利亚	1	1.92	1	0.47	1.00
5	巴西	1	1.92	1	0.47	1.00
6	德国	1	1.92	0	0.00	0.00

表 8.22 “农药大数据整合与智能追溯” 工程开发前沿中核心专利的主要产出机构

序号	机构	公开量	公开量比例 /%	被引数	被引数比例 /%	平均被引数
1	北京合众恒星检测科技有限公司	5	9.62	115	53.49	23.00
2	中国检验检疫科学研究院	5	9.62	115	53.49	23.00
3	武汉大学	3	5.77	85	39.53	28.33
4	江苏省农业科学院	3	5.77	6	2.79	2.00
5	农业农村部农药检定所	2	3.85	26	12.09	13.00
6	拜耳公司	2	3.85	0	0.00	0.00
7	大连神奇视角网络科技有限公司	2	3.85	0	0.00	0.00
8	Rapiscan Systems 公司	1	1.92	19	8.84	19.00
9	广州海睿信息科技有限公司	1	1.92	11	5.12	11.00
10	中追信息科技有限公司	1	1.92	11	5.12	11.00

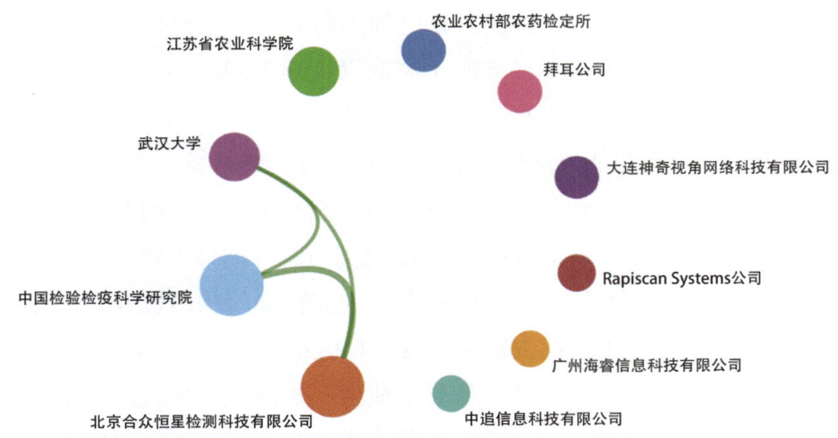

图 8.13 “农药大数据整合与智能追溯”工程开发前沿主要机构间的合作网络

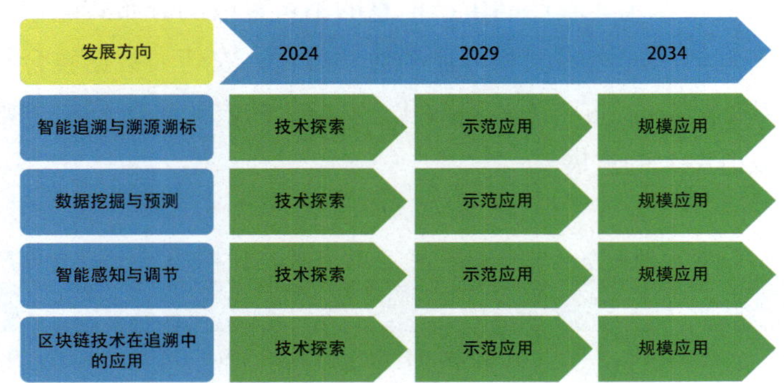

图 8.14 “农药大数据整合与智能追溯”工程开发前沿的发展路线

领域课题组成员

课题组组长：孙其信

专家组：

陈源泉 戴景瑞 戴兆来 董朝斌 高 辉 高元鹏 韩丹丹 韩建永 韩 军 胡 炼 蒋剑春
李道亮 李德发 李 虎 李九玉 李天来 李扬阳 刘新刚 刘德俊 刘 军 刘 俊 刘少军
刘 杨 罗锡文 倪中福 齐明芳 沈建忠 申建波 孙洪磊 汤陈宸 王桂荣 王 晖 王军辉
王军军 王 奎 王小艺 王战辉 韦 维 魏海燕 魏 可 吴孔明 吴普特 武振龙 叶 俊
臧 英 张福锁 张海鹏 张洪程 张守攻 张 帅 张小兰 张彦龙 张 涌 赵金标 周 毅
朱齐超

课题组：

初晓一　陈卫国　董朝斌　郜向荣　韩丹丹　胡　盼　李红军　李云舟　刘德俊　刘　军　刘晓娜　齐明芳　师丽娟　孙会军　王军军　姚银坤　臧　英　张晋宁　张海鹏　赵　杰　周丽英　周　毅　朱齐超

执笔组：

董朝斌　戴兆来　高　辉　高元鹏　韩丹丹　胡　炼　刘德俊　刘　军　刘　俊　刘　旭　刘新刚　刘　杨　李　虎　李扬阳　罗锡文　潘　健　齐明芳　孙洪磊　孙世坤　王　锴　王桂荣　王军军　王　奎　王小艺　王战辉　韦　维　魏海燕　魏　可　武振龙　叶　俊　张　帅　张彦龙　张　涌　赵金标　周　毅

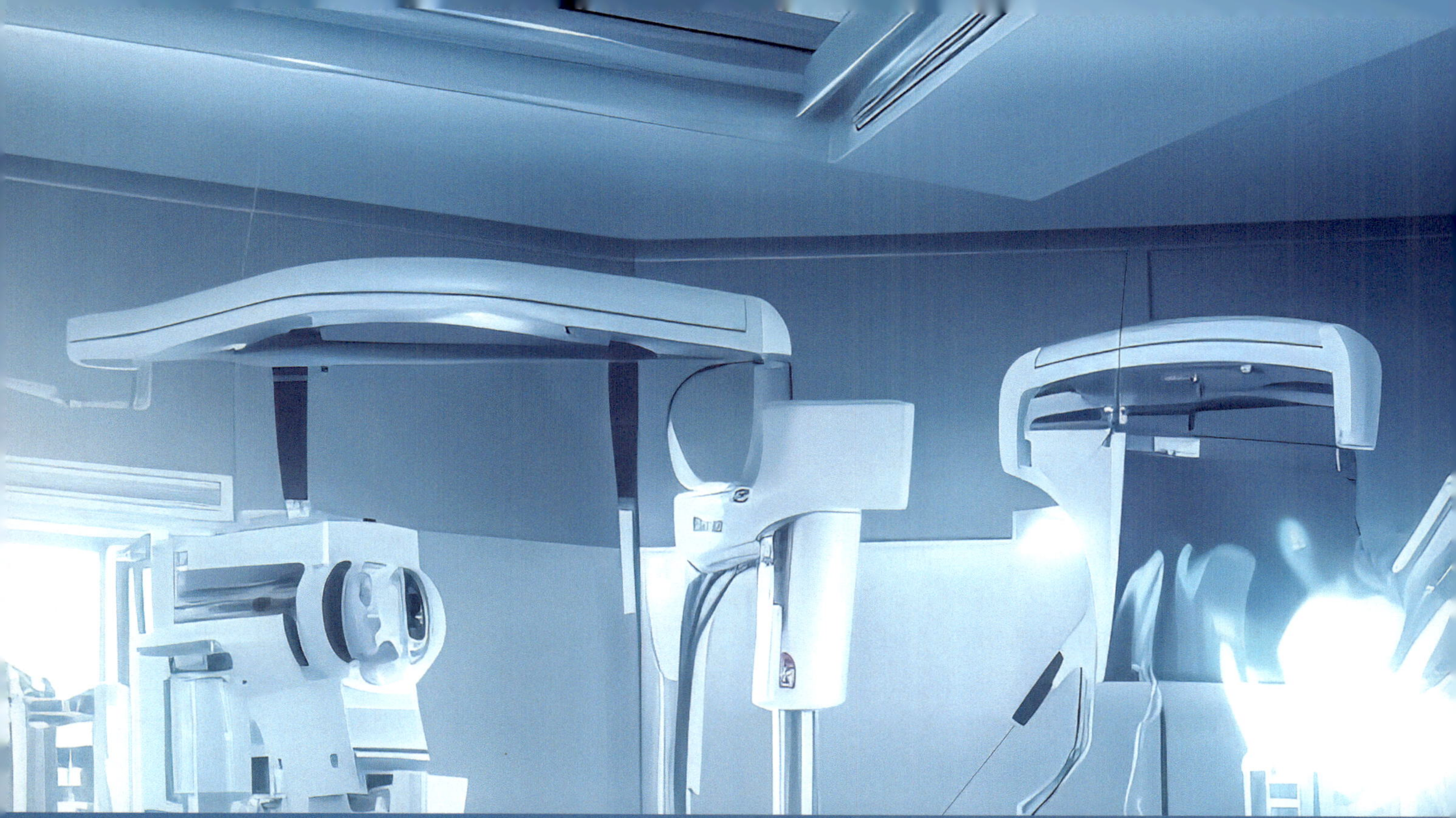

第九章　医药卫生前沿

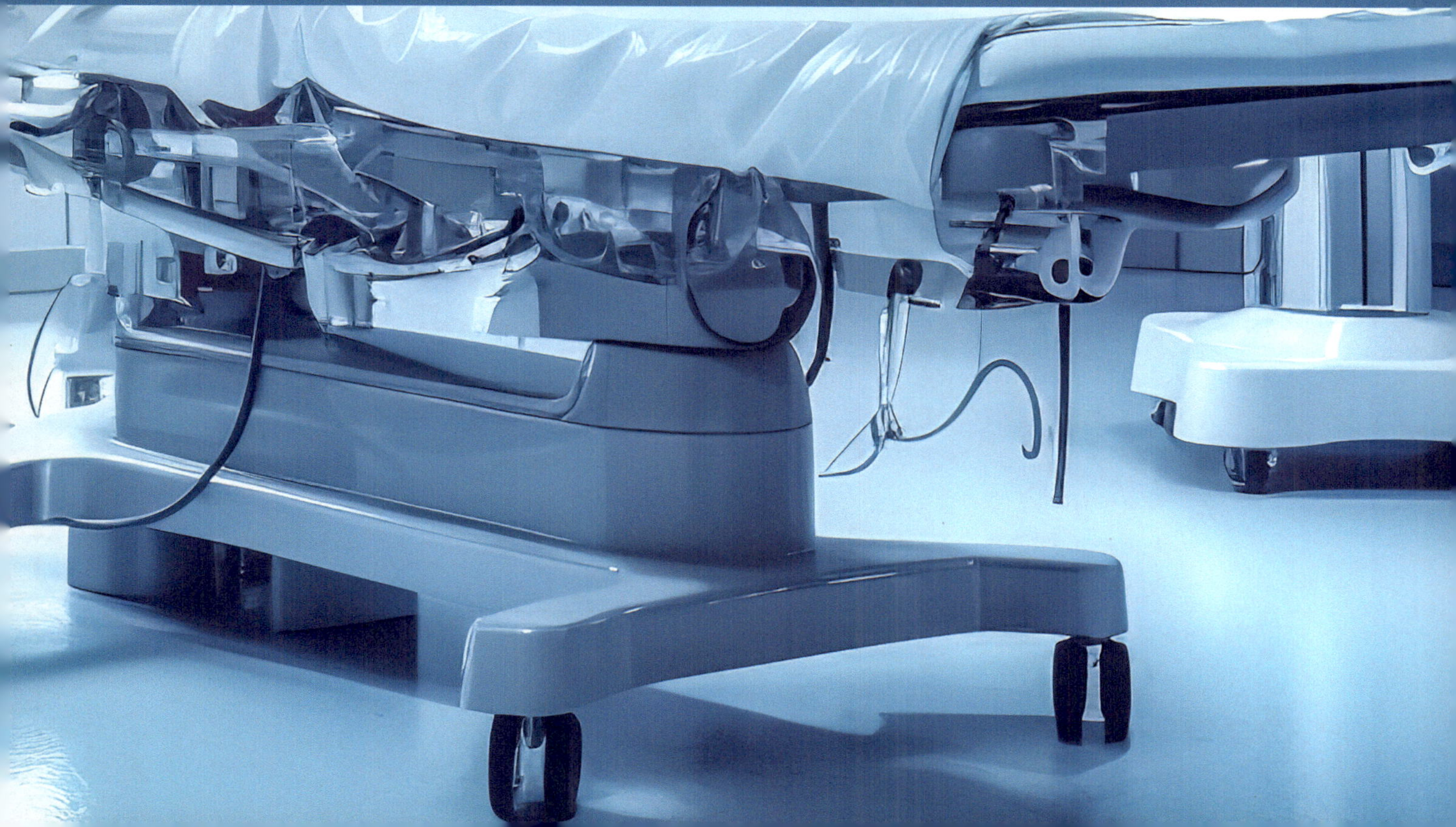

9.1 工程研究前沿

9.1.1 Top 10 工程研究前沿发展态势

医药卫生领域组所研判的 Top 10 工程研究前沿见表 9.1，涉及基础医学、临床医学、生物医学工程、生物信息学、免疫学和发育生物学等学科方向，包括“人体免疫力：解码、评估、干预和重建”“重大疾病队列大数据体系构建与应用”“全组织细胞图谱”“肿瘤免疫治疗抵抗”“人类组织再生受限的表观遗传学机制”“跨物种器官移植研究”“衰老评估和预警”“全生命周期综合暴露与健康”“靶向膜蛋白或核受体的新药研发”“中药活性成分的生物合成”。各前沿所涉及的核心论文 2018—2023 年的发表情况见表 9.2。

（1）人体免疫力：解码、评估、干预和重建

近 60 年来，研究者对免疫力概念的认知发生了革命性变化：从既往认为免疫力是“抵御外界病原侵袭”转变为“保持机体自稳”；从免疫力主要依赖于抗体转变为以 T 细胞为核心的细胞免疫是免疫力的最核心基础；作为中枢免疫器官，胸腺衰老最早、最快，导致年龄相关的中枢自稳力下降、中枢免疫耗竭、全因发病率和死亡率升高；疾病状态下，抗原和炎症的持续存在导致外周免疫耗竭，进一步促进中枢免疫耗竭，成为免疫治疗的“死结”；放疗、化疗、手术、组织和器官移植的终极后果取决于免疫重建程度。但目前国际上偏重模型动物、单因素、横断面、非科学且系统的研究，使得获取可应用知识和开发具有工业化潜力的变革性技术的效率较低。在过去 20 年中，中国在免疫学领域实现了跨越式发展，具备了“开辟新赛道、打造领先地”的条件。因此，中国免疫学会在全球率先发布“人类免疫力解码计划（Human Immunity

表 9.1　医药卫生领域 Top 10 工程研究前沿

序号	工程研究前沿	核心论文数	被引频次	篇均被引频次	平均出版年
1	人体免疫力：解码、评估、干预和重建	551	62 706	113.80	2019.6
2	重大疾病队列大数据体系构建与应用	800	80 225	100.28	2019.6
3	全组织细胞图谱	503	64 860	128.95	2015.6
4	肿瘤免疫治疗抵抗	822	129 089	157.04	2019.6
5	人类组织再生受限的表观遗传学机制	107	14 682	137.21	2019.3
6	跨物种器官移植研究	314	19 375	61.70	2019.3
7	衰老评估和预警	1 000	77 398	77.40	2020.3
8	全生命周期综合暴露与健康	71	8 250	116.20	2019.1
9	靶向膜蛋白或核受体的新药研发	88	4 327	49.17	2019.3
10	中药活性成分的生物合成	1 316	1 438	1.09	2021.0

表 9.2 医药卫生领域 Top 10 工程研究前沿核心论文逐年发表数

序号	工程研究前沿	2018	2019	2020	2021	2022	2023
1	人体免疫力：解码、评估、干预和重建	138	144	130	86	45	8
2	重大疾病队列大数据体系构建与应用	163	243	211	138	41	4
3	全组织细胞图谱	113	143	112	93	34	7
4	肿瘤免疫治疗抵抗	194	212	198	153	53	12
5	人类组织再生受限的表观遗传学机制	36	32	20	13	5	1
6	跨物种器官移植研究	115	88	51	38	14	8
7	衰老评估和预警	0	216	406	248	106	24
8	全生命周期综合暴露与健康	25	24	14	6	1	1
9	靶向膜蛋白或核受体的新药研发	29	22	22	9	6	0
10	中药活性成分的生物合成	4	8	5	1 297	2	0

Atlas, HIA）”，旨在以“组织解码、细胞解码、分子（蛋白）解码、基因解码”连锁解码的新范式，解析人体生理、病理、疾病过程，提升疾病诊治分辨率，推动生物医学革新达到新高度。通过解码，发展“从0到1”的人体免疫力评估技术体系，定量、分级、分期评价个体免疫力，从而为康养、疾病伴随诊断、疗效预测提供新标杆；发展通过拯救中枢免疫耗竭来拯救外周免疫耗竭的治疗新策略，解决肿瘤等目前“免疫”检查点治疗中存在 80%“陪绑”的痛点；发展“从 0 到 1”的免疫力重建技术，满足先天和获得性免疫缺陷病、慢性耗竭性炎症疾病、高龄康养和突发疫情防控的重大需求。

（2）重大疾病队列大数据体系构建与应用

队列研究（cohort study）是流行病学中最基本的观察性研究设计之一。它通过追踪和比较暴露组与非暴露组在特定结局发生率上的差异，评估暴露因素与结局之间的因果关系及关联程度。队列研究的主要目的是检验病因假说，探讨暴露因素对健康的效应，并探索基因–基因及基因–环境的复杂交互作用。因此，它是生成本土化、高质量病因学证据的重要资源平台。近年来，在“十三五”国家重点研发计划“精准医学研究”的支持下，我国逐步建立了一系列系统化、大规模且研究内容广泛的人群队列。然而，随着技术的迅速发展，我国的队列研究正面临模式变革的挑战。未来 5~10 年，我国需要在国家层面加强顶层设计，优先支持已具规模的大型队列，推动其可持续发展并形成共享机制。为了提高队列研究的标准化水平，需要先行制定行业标准和数据治理要求。引入多学科运维机制是必然趋势，这包括促进传统流行病学与生命科学、信息技术的结合，融合先进的数据处理技术，推动队列大数据、高通量组学数据和医疗大数据的整合分析。此外，队列建设还需整合多渠道的健康医疗数据，打通各部门的数据接口，并推动队列随访数据的多源建设。同时，要强化个人隐私保护，以确保数据的安全和合法使用。作为国家战略资源，队列大数据需要加强顶层制度设计和底层技术支撑，以进一步推动医学研究成果的转化，提升疾病防控技术。

（3）全组织细胞图谱

细胞是生命的基本组成单位，不同空间位置的细胞具有不同的基因表达，并通过协同工作执行各种组织和器官的生理功能。细胞异常也是各种疾病发生和发展的基础。因此，深入研究各种组织和器官中细胞基因表达的时空分布，对解析疾病原因和关键靶点、探索有效预防和干预策略具有重要意义。随着单细胞蛋白质组学、单细胞代谢组学、空间转录组等组学测序技术的不断发展和成熟，通过高通量测序绘制各组织和器官的高分辨率细胞时空图谱，并最终构建人体全组织细胞分布图谱，成为研究生命科学、解析疾病机制、探索医学技术的重要研究前沿方向。绘制全组织细胞图谱是一个全球性的浩大的工程，世界多国均对其有较大的研究投入，并广泛开展了不同国家间、不同组织机构间的合作研究。相比国际同类研究，我国处于跟跑态势，还需进一步加大研究投入、增加样本资源、加强机构合作，结合更高通量和更高分辨率的单细胞解析技术，全面绘制人体组织细胞时空图谱，深入探索组织细胞图谱在生命科学和医学中的实际应用。

（4）肿瘤免疫治疗抵抗

免疫治疗通过调动人体自身免疫系统杀灭肿瘤，是最有可能实现彻底治愈肿瘤的疗法。肿瘤免疫治疗抵抗是肿瘤通过调控炎性、脉管、微生态、代谢微环境以及神经内分泌系统和宿主免疫能力等多维度机制而使免疫治疗无法起效的现象，是亟待解决的科学难题。

目前肿瘤免疫治疗抵抗机制研究主要聚焦在以下三大方向。一是聚焦于肿瘤细胞自身特性所介导的免疫治疗抵抗，例如在免疫编辑压力下的肿瘤新抗原缺失、抗原呈递机制缺陷等；二是聚焦于肿瘤免疫微环境特征所介导的免疫治疗抵抗，例如干扰素信号的缺失、细胞毒性 T 细胞的排斥、免疫抑制因子的上调、免疫抑制组分的富集、免疫逃逸信号的上调及 T 细胞失能等；三是聚焦于宏观环境失调所介导的免疫治疗抵抗，例如肠道菌群平衡破坏所介导的免疫耐受、机体代谢调控异常所介导的免疫抑制、宿主神经内分泌异常所导致的免疫力丧失等。

近年来，国内外科学家在以上三大方向均有所突破，并在逆转肿瘤免疫治疗抵抗上取得了初步成效。然而，大多数研究干预仅局限于单一免疫治疗抵抗环节，缺乏肿瘤整体生态观视角，因此疗效提升有限，尚待免疫全景视角指导下的免疫治疗抵抗机制探索，鉴定免疫疗效预测的新型标志物和新型免疫调控分子，开发新型的免疫疗法并拓展免疫联合治疗新策略。

（5）人类组织再生受限的表观遗传学机制

组织再生在生命体中并不罕见，如蝾螈断肢可以再生。而人体再生能力受限，组织损伤后常以纤维化的方式修复，造成组织和器官结构和功能损害。表观遗传学是指在 DNA 序列不变的情况下，可以决定基因表达与否并可稳定遗传的调控密码，包括 DNA 甲基化、组蛋白修饰和非编码 RNA 等。表观遗传密码作为基因表达“开关”构成了基因和表型间的关键信息界面，在细胞发育、组织再生和疾病发生发展过程中起到重要调控作用。目前组织再生的表观遗传学调控机制研究主要集中在以下三个方面。第一，组织再生关键基因的表观遗传信息解码和动态变化，以及与之关联的染色体结构、染色质开放度改变。第二，将细胞信号网络与表观遗传修饰、染色质重塑乃至基因表达等不同层面的调控网络整合，深入认识从表观遗传调控到基因表达时序再到组织再生的分子机制。第三，运用基因编辑等技术改写组织再生关键基因的表观遗传密码，使相关基因能够按照组织再生不同阶段的需求稳定、有序地表达与关闭。总体上，我国在表观遗传学领域已形成一定的研究规模，并显示出参与国际前沿学科竞争的能力。创伤或病损组织的原位再生类似“战后重建”，病理生理过程复杂，研究难度高，在全球范围内都尚未取得突破性进展。解码人类组织再生受限的表观遗传图谱及其“关联信息”将为组织再生研究提供重要的参考和启示。

（6）跨物种器官移植研究

异种移植是一门新兴的交叉学科，被誉为“全球十大潜在突破性技术之一”，并“有望引领下一场医学革命”，其发展能够有效解决目前器官移植领域供需紧张的困境，对促进医疗技术创新、保障人民生命健康具有重要意义。2002 年，世界首个关键异种抗原敲除（GTKO）基因编辑猪诞生，克服了超急性排斥反应。随之，跨物种器官移植领域取得了一系列突破性进展。特别是 2012 年，新一代基因编辑技术被广泛应用，基因编辑猪的培育变得更简单、更高效，成本大幅降低，开启了以基因编辑猪为供体的异种器官移植新时代。

近年来，异种器官移植发展经历了三个阶段：① 临床前研究阶段，即猪–非人灵长类动物移植；② 亚临床研究阶段，即猪–脑死亡受者移植；③ 临床研究阶段，即猪–临床患者移植。临床前研究阶段：肾移植受体的最长存活时间为 758 天；心脏移植受体的最长存活时间为 264 天；肝移植受体的最长存活时间为 34 天；肺移植受体的最长存活时间为 31 天。亚临床研究阶段：肾移植方面，全球目前共完成了 9 例基因编辑猪–脑死亡患者肾移植（美国 6 例、中国 3 例），移植后最长的观察时间为 2 个月，移植肾脏功能良好，未出现排斥反应；心脏移植方面，全球目前共完成了 2 例基因编辑猪–脑死亡患者心脏移植（美国 2 例），移植后观察了 3 天，移植心脏功能良好，未出现排斥反应；肝移植方面，全球目前共完成了 1 例基因编辑猪–脑死亡患者肝移植（中国 1 例），移植后观察了 10 天，移植肝脏功能良好，未出现排斥反应；此外，美国完成基因编辑猪–脑死亡患者体外肝脏灌注 1 例，效果良好。临床研究阶段：心脏移植方面，全球目前共完成了 2 例基因编辑猪–心衰患者心脏移植（美国 2 例）。第一例患者最终存活了 2 个月，怀疑猪巨细胞病毒感染导致了移植心脏出现排斥。第二例患者最终存活了 40 天，移植心脏也出现排斥。肾移植方面，全球目前共完成了 2 例基因编辑猪–肾衰患者肾移植（美国 2 例）。2024 年 3 月，哈佛大学实施了世界首例基因编辑猪–人肾移植，患者康复出院，50 天后死于心脏病发作，但移植肾脏未见排斥反应。另一例患者在术后 47 天因移植的猪肾血流灌注压力不足，导致功能减退，被迫切除移植的肾脏，患者恢复血液透析状态。肝移植方面，全球目前共完成了 1 例基因编辑猪–肝癌患者肝移植（中国 1 例），术后 50 天，移植的猪肝被切除。目前，尽管异种器官移植取得了一定的成功，但也发现了一些新的问题，需要医生和科学家共同努力，改善移植患者的短期和长期临床预后。

（7）衰老评估和预警

衰老评估和预警是应对全球人口老龄化挑战的重要研究领域。这一领域旨在通过多学科交叉融合，深入解析衰老的复杂机制，开发能够精准量化衰老进程及预测衰老相关疾病风险的评估体系。它不仅涵盖生理性衰老的自然过程，还着重于病理性衰老的早期识别与预警干预，从而助力实现健康老龄化。当前，衰老评估和预警研究正处于快速发展阶段，为了推动衰老生物学基础研究向临床医学转化，提升我国在国际长寿医学研究领域的竞争力，我国学者自发组成了研究联合体，基于跨物种、多尺度、系统性、高分辨率的研究体系，在体液、影像学、行为学等多层次水平发现了多组织和器官的系列多维衰老生物标志物，并利用人工智能技术等方法系统刻画并定义了中国人群生物学年龄的复合时钟和精确识别衰老细胞的新方法，用于评估和预警衰老程度。然而，衰老评估及预警研究仍面临诸多挑战。例如，衰老本身的生物标志物研究尚显不足，缺乏评估增龄伴随的器官退行节点的相关指标，个体异质性、遗传背景及环境的差异性增加了开发标准化度量工具的难度。此外，尽管已有研究利用多维组学和人工智能技术取得了初步进展，例如系统鉴定了多组织和器官的衰老生物标志物，并构建了评估复杂系统衰老的综合指标，但与实现精准、无创、实时的衰老监测和管理仍有较大距离。

未来，衰老评估及预警研究将更加注重跨学科整合与技术创新。通过进一步加强基础研究与临床应用的紧密结合，推动完善衰老生物标志物的系统鉴定与验证体系，开发更加精准、便捷、无创的衰老评估手段。

在此基础上，充分利用大数据、大语言模型等先进技术，构建基于多中心人群队列的衰老数据库与预警系统，建立衰老度量标准，实现评估衰老进程、程度和速度的实时监测与远程智能管理，预测衰老向疾病演变的关键拐点以及干预衰老和相关疾病的重要窗口。随着研究的深入，逐步形成基于复合类型风险因素的衰老防治指南和策略，为全球健康老龄化和构建人类卫生健康共同体提供有力支撑、贡献中国智慧。

（8）全生命周期综合暴露与健康

全生命周期综合暴露与健康研究关注个体从出生到死亡整个过程中所接触的各种环境因素（包括物理、化学、生物和社会环境等）对健康的影响，特别强调生命早期的环境因素和不良经历暴露对近期、远期健康可能产生的影响，并且指出在不同的生命阶段，人体对不同暴露源的敏感性可能会发生变化。利用多组学，尤其暴露组学技术，分析人体通过空气、水、食物、消费品等多种途径暴露于环境污染物的特征，以及生命不同阶段膳食营养、身体活动、生活方式等暴露情况，揭示其对生物学过程影响的作用路径。应用全生命周期环境流行病学方法和人工智能技术，建立复合环境暴露下的风险评估模型，识别关键时间窗口，并探讨环境暴露因素之间的交互作用。此外，利用多组学技术揭示健康损伤机制，寻找干预靶点，为疾病（慢性病、不良生育健康结局、神经退行性疾病、肿瘤等）的预防和干预提供科学依据。近年来，国际上开始通过大型队列研究和多中心随机对照干预试验，追踪个体的生命历程，降低人体暴露于环境危害因素的水平，并评估这些因素对健康的影响，通过多学科交叉研究，探寻新的生物标志物、探讨损伤机制，全面阐释暴露与健康之间的复杂关系。在国内，虽然全生命周期健康管理逐渐受到重视，但相关研究仍分散在不同的学科领域，缺乏系统的整合与统一框架的指导。

（9）靶向膜蛋白或核受体的新药研发

靶向膜蛋白或核受体的新药研发是当前药物研发领域的热点之一，这些靶点在新药研发中具有重要的战略意义。靶向膜蛋白的药物研发是指针对细胞膜上的蛋白质，如 G 蛋白偶联受体（GPCR）、离子通道、转运蛋白和激酶等，开发能够特异性结合膜蛋白并调节其功能的药物。这些膜蛋白在细胞信号转导和物质运输中起着关键作用，其功能异常与多种疾病相关，因此成为药物开发的重要靶点。靶向膜蛋白的新药研发的主要研究方向包括：G 蛋白偶联受体、离子通道、转运蛋白、抗体偶联药物、创新抗原制备等。靶向膜蛋白的抗体药物研发已经取得了一些进展，例如针对 GPCR 的抗体药物 Mogamulizumab 和针对离子通道的抗体 Erenumab 等已经获批上市；MegaR 技术实现了小分子 GPCR 及其与配体或药物形成复合物的结构解析，加速了药物研发；针对 EGFR 等膜蛋白的蛋白降解靶向嵌合体（PROTAC）药物已进入临床试验阶段，显示出良好的抗肿瘤活性。

靶向核受体的药物研发是指针对细胞核内的受体蛋白，这些受体在与特定的配体（如激素、维生素等）结合后，能够调控基因的表达，从而在多种生理和病理过程中发挥作用。在前列腺癌和乳腺癌治疗领域，靶向核受体的药物研发尤其活跃。例如，雄激素受体（AR）和雌性激素受体（ER）分别是前列腺癌和乳腺癌治疗的重要靶点。在靶向膜蛋白或核受体的新药研发过程中，结构生物学提供了重要的工具，利用结构生物学技术解析膜蛋白或核受体的结构，以指导新药的设计和开发。通过这些研究，期望未来会有更多靶向膜蛋白或核受体的药物进入临床，为患者提供更多的治疗选择。

（10）中药活性成分的生物合成

中药活性成分的生物合成是揭示中药原动植物（以植物为主）中生物活性成分的代谢合成机制，并通过基因的组装重构实现其异源合成的新兴研究领域，是合成生物学的重要内容。植物成分一直是国际上创新药物发现的重要来源，中药活性成分更是我国新药研究的优势与特色。目前，中药活性成分的获取主要依赖于提取分离，存在周期长、效率低、消耗植物资源等问题。获取困难已经成为阻碍其新药研究与开发的瓶颈问题，而生物合成为中药成分的获取提供了新途径。中药活性成分的生物合成需要多学科技术方法的深度融合，主要开展以下三方面的研究。一是建立基因组、转录组、代谢组等多组学关联的分析方法，探索高效解析中药成分生物合成途径的新策略。二是整合结构生物学、计算化学、机器深度学习等技术方法，构建理性设计模型，实现催化酶的精准设计与定向进化，为构建高效、智能的生物合成体系提供充足的生物元件。三是构建拓展性强的底盘细胞、表达调控元件和基因编辑工具，用于各种结构类型中药成分的生物合成，打造通用性技术平台。近年，我国在该领域发展比较迅速，我国科学家取得了系列突破性进展。但因起步较晚，关键技术体系尚不成熟，在国际上优势不显著。今后需要充分发挥我国的药用植物资源优势，加强产业化推广应用，有望在 10~15 年内跻身世界前列。

9.1.2　Top 3 工程研究前沿重点解读

9.1.2.1　人体免疫力：解码、评估、干预和重建

免疫学经历了 2500 年的发展，近 60 年来进入了快车道，免疫学研究成果每 4 年翻一番，人们对人体免疫的认知发生了革命性改变。免疫力与全因发病率、全因死亡率、生命长度密切相关，其核心是自稳力，机体外部和内部的“风雨”只是人体恢复自稳的一种反应。深入认识、干预和重建人体免疫力，对生命全周期及健康全过程的健康保障具有关键作用。然而，国际上的研究偏重动物模型、单因素、横断面且缺乏科学性和系统性，导致获取可应用知识和开发具有工业化潜力的变革性技术的效率较低。目前，已形成“人类免疫力评估”“人类免疫力干预”“人类免疫力重建”的三大支柱产业，成为免疫力产业和免疫力经济的策源。

虽然国内外已开展人类免疫力解码相关研究，但尚未形成国际和国家层面的解码研究学术组织，未建立统一的组织和器官三维坐标系、解码技术标准、数据标准、数据处理技术、可视化技术、数据共享等规则，使得各自为政的研究结果存在不能互相印证的情况；人体免疫力解码需要发展组织解码、细胞解码、分子解码、基因解码和连锁解码等系列新技术，需要基于过程理论的数学和信息学新领域的协同攻关，应进一步加强学科交叉融合和有组织的科研合作；人体免疫力解码不是也不能仅限于目前广泛应用的单细胞测序、多组学研究，需要发展连锁解码新技术；人体免疫力评估不是目前的免疫学检测；免疫干预、免疫力重建则需要发展出基于免疫力解码新认知的创新技术和产品。通过人类免疫力解码、评估、干预和重建研究，在 3~5 年内就有可能产生“出技术、出产品、出标准、达全球”的新质产业和新质经济，率先在先天性和获得性免疫缺陷病、肿瘤和自身免疫病等慢性消耗性炎症性疾病、生物安全、危重症救治等重大领域提供变革性工业化技术，也为疾病精准伴随诊断、康养技术、干细胞治疗、民族医药治疗提供可靠的评价手段。

当前，“人体免疫力：解码、评估、干预和重建”工程研究前沿中，核心论文数排名前三位的国家分别是美国、中国和德国（表 9.3）。其中，中国的核心论文占比为 25.41%，是该前沿的主要研究国家之一。从主要国家间的合作网络来看，中国与美国之间合作密切，其他国家之间也有部分合作（图 9.1）。

“人体免疫力：解码、评估、干预和重建”工程研究前沿中，核心论文数排名前十位的机构来自美国、中国和荷兰。其中排名前三位的机构来自美国和中国，分别是哈佛大学、中国科学院和加州大学旧金山分校（表 9.4）。从主要机构间的合作网络来看，部分科研机构之间有合作关系（图 9.2）。

表 9.3 “人体免疫力：解码、评估、干预和重建”工程研究前沿中核心论文的主要产出国家

序号	国家	核心论文数	论文比例 /%	被引频次	篇均被引频次	平均出版年
1	美国	219	39.75	27 088	123.69	2019.6
2	中国	140	25.41	17 978	128.41	2019.9
3	德国	49	8.89	5 374	109.67	2019.7
4	意大利	45	8.17	4 866	108.13	2019.7
5	荷兰	44	7.99	5 284	120.09	2019.3
6	英国	43	7.80	6 208	144.37	2019.5
7	法国	34	6.17	4 592	135.06	2019.7
8	澳大利亚	27	4.90	3 113	115.30	2019.2
9	加拿大	27	4.90	2 640	97.78	2019.2
10	瑞士	24	4.36	2 358	98.25	2019.4

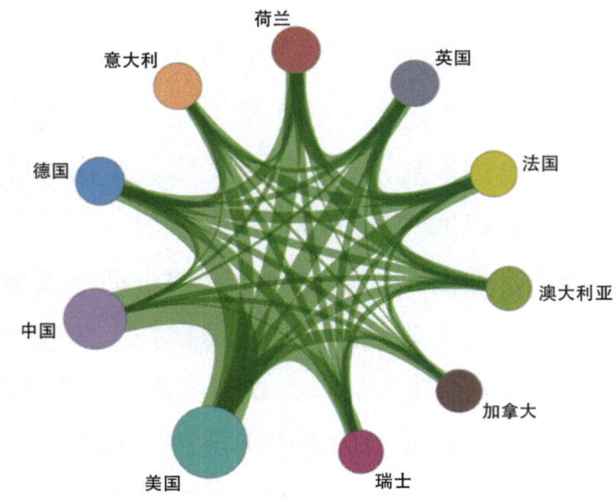

图 9.1 “人体免疫力：解码、评估、干预和重建”工程研究前沿主要国家间的合作网络

表 9.4 “人体免疫力：解码、评估、干预和重建”工程研究前沿中核心论文的主要产出机构

序号	机构	核心论文数	论文比例 /%	被引频次	篇均被引频次	平均出版年
1	哈佛大学	31	5.63	3 652	117.81	2019.9
2	中国科学院	22	3.99	2 601	118.23	2020.0
3	加州大学旧金山分校	14	2.54	1 442	103.00	2019.4
4	中山大学	12	2.18	1 386	115.50	2019.5
5	宾尼法尼亚大学	12	2.18	1 367	113.92	2019.1
6	陆军军医大学	11	2.00	2 789	253.55	2020.1
7	美国国家癌症研究所	11	2.00	885	80.45	2019.4
8	华中科技大学	10	1.81	1 141	114.10	2020.1
9	莱顿大学	10	1.81	1 031	103.10	2019.4
10	加州大学圣迭戈分校	9	1.63	1 568	174.22	2020.7

在国家或国际层面实施有组织的研究计划是关键，统一标准可增强研究的效率和数据的可靠性，预计5年内经济发达国家将出现类似的研究组织；组织解码和细胞解码技术及基于过程理论的连锁解码信息学分析是基础，预计5~10年内，将出现新的过程理论和解码新技术；技术转化是关键，该领域研究在出现传统业态的医疗器械、生物医药的同时，将出现电子药物、微流控芯片、组织器官芯片、以3D打印为基础的按需器官制造等新业态产品（图9.3）。

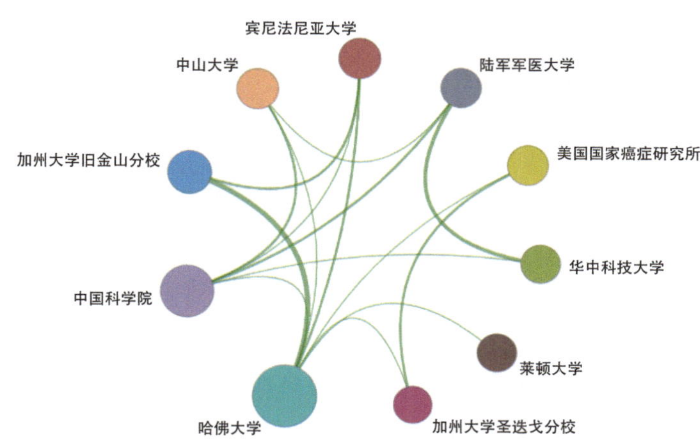

图9.2 “人体免疫力：解码、评估、干预和重建”工程研究前沿主要机构间的合作网络

图9.3 “人体免疫力：解码、评估、干预和重建”工程研究前沿的发展路线

9.1.2.2 重大疾病队列大数据体系构建与应用

队列研究（cohort study）是流行病学中最基本的观察性研究设计之一，它是通过追踪、观察并比较暴露组和非暴露组人群特定结局发生率的差异，进而评估暴露因素与结局之间的因果关系及其关联程度。根据研究对象的性质，可以将其分类为自然人群队列、专病队列和特殊人群队列（包含出生队列等）。不同类型的队列关注不同的健康结局。例如，自然人群队列以某行政区域内的自然人群为研究对象，通常旨在检验病因假说，探讨有害暴露的致病作用。专病队列则仅纳入患有特定疾病的研究对象，通过整合临床诊疗信息，探索疾病的发病机制、影响因素及药物疗效。出生队列则从生命早期开始收集健康相

关数据，持续动态地关注胚胎发育、胎儿期、婴儿期和幼儿期等各个生命阶段的健康结局，旨在探讨生命早期的环境与行为因素对亲代生殖和子代近期、远期健康的潜在影响。随着信息技术和大数据的发展，队列研究在数据收集、存储和分析方面的效率得到了极大提升，使研究模式从传统的“一因对多果”病因检验逐渐转向“多因对多果”病因探索。队列研究的应用范围已经超越了单一病因研究，扩展至基因–基因交互作用、基因–环境交互作用、多时点生物标志物分析、共病模式识别以及疾病网络预测等更为复杂的领域。

鉴于在病因学研究中的作用，队列研究已成为国际上公认的研究环境和遗传危险因素与疾病结局关联的流行病学方法之一。因此，队列研究不仅是转化医学研究的关键支撑平台，也是卫生决策的重要依据，对国民健康战略和国家安全战略具有深远影响。鉴于人群的独特性不可复制以及对国家遗传资源安全的高度重视，许多西方发达国家已经在政府主导下建立了国家级大型人群队列。具有代表性的大型队列包括欧洲癌症与营养前瞻性研究（EPIC，52.1 万）、美国国立卫生研究院–美国退休人员协会饮食与健康研究（NIH-AARP Diet and Health Study，56.6 万）、英国百万女性研究（UK Million Women Study，130.0 万）和英国生物样本库（UK Biobank，49.8 万）。此外，由美国精准医学计划重点布局的“All of Us”国家级大型队列也已完成百万美国居民的招募。这些成功经验表明，建立大型人群队列将对国家医学研究起到巨大的推动作用，从而持续产生改变卫生政策及临床实践的高水平研究证据。

我国的队列研究起步较晚，早期阶段呈现出区域分散、规模较小、随访时间较短等特征。近年来，在“十三五”精准医学研究重点专项的支持下，我国逐步建立了一系列更为系统化、规模更大、研究内容更广泛的人群和专病队列，包括国家级大型自然人群健康队列、重大疾病专病队列以及罕见病的临床队列，覆盖人群已达百万。在国家政策和经费的支持下，我国队列研究的建设规模、数量和发展速度迅速攀升。然而，随着技术的快速进步，我国队列研究正面临研究模式变革的挑战。如何加强顶层设计、确保队列质量、有效整合信息化技术，并打破壁垒以形成数据共享机制，已成为当前队列建设与研究必须思考的关键问题。

当前，“重大疾病队列大数据体系构建与应用”工程研究前沿中，核心论文数排名前三位的国家分别是美国、中国和德国。其中，中国的核心论文占比为 27.75%，是该前沿的主要研究国家之一（表 9.5）。从主要国家间的合作网络来看，核心论文数排名前十的国家之间合作密切（图 9.4）。

“重大疾病队列大数据体系构建与应用”核心论文数排在前十位的机构来自美国、中国、英国和瑞典。其中，前三位来自美国和中国，分别是哈佛大学、中国科学院和斯坦福大学（表 9.6）。从主要机构间的合作网络来看，美国科研机构之间有较强合作，中国科研机构之间也合作紧密，其他机构之间有部分合作（图 9.5）。

未来 5~10 年，我国人群队列在建设和应用上将面临以下几点挑战和突破：

1）国家层面推动顶层统筹设计：鉴于队列研究目的的差异性，以及队列研究的长期性和高成本，我国现有的队列研究尚缺乏国家层面的系统指导和长期发展规划。目前，队列建设呈现“多、小、散、乱”的局面，重复建设和盲目跟风的现象较为普遍，导致难以形成可持续的大型队列发展战略。因此，建议从国家层面加强对队列建设的引导与推动，特别是对那些已具规模和价值的大型队列，优先倾斜信息技术资源和资金投入，在促进其可持续发展的同时，形成高效合理的共享机制，推动队列建设和应用转化两方面发展。

2）学科层面推动队列标准化建设：由于队列人群各具特色，暴露和结局的操作方法、测量方法、参考标准、实施标准等不统一，使得各队列相对分散，数据结构各自独立，不能直接进行合并使用，限制队

表 9.5　“重大疾病队列大数据体系构建与应用”工程研究前沿中核心论文的主要产出国家

序号	国家	核心论文数	论文比例 /%	被引频次	篇均被引频次	平均出版年
1	美国	387	48.38	43 308	111.91	2019.5
2	中国	222	27.75	20 839	93.87	2019.7
3	德国	95	11.88	12 469	131.25	2019.7
4	英国	92	11.50	12 369	134.45	2019.8
5	荷兰	69	8.62	9 194	133.25	2020.1
6	韩国	63	7.88	6 061	96.21	2019.7
7	意大利	59	7.38	7 267	123.17	2019.9
8	加拿大	55	6.88	6 887	125.22	2019.7
9	瑞士	48	6.00	5 865	122.19	2019.6
10	日本	42	5.25	5 433	129.36	2019.4

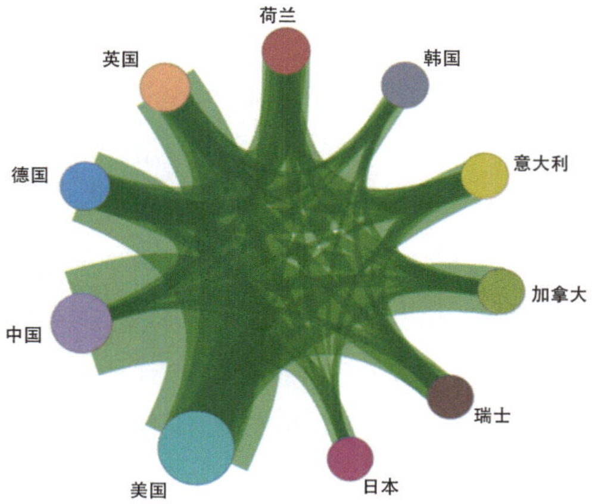

图 9.4　“重大疾病队列大数据体系构建与应用”工程研究前沿主要国家间的合作网络

表 9.6　“重大疾病队列大数据体系构建与应用”工程研究前沿中核心论文的主要产出机构

序号	机构	核心论文数	论文比例 /%	被引频次	篇均被引频次	平均出版年
1	哈佛大学	59	7.38	9 305	157.71	2019.4
2	中国科学院	47	5.88	4 314	91.79	2019.7
3	斯坦福大学	37	4.62	4 986	134.76	2019.3
4	中山大学	36	4.50	4 413	122.58	2019.9
5	卡罗林斯卡学院	21	2.62	3 196	152.19	2019.7
6	梅奥诊所	21	2.62	2 798	133.24	2019.8
7	伦敦大学学院	20	2.50	4 867	243.35	2019.7
8	加州大学旧金山分校	20	2.50	4 214	210.70	2019.2
9	哥伦比亚大学	20	2.50	2 086	104.30	2019.0
10	布莱根妇女医院	20	2.50	1 810	90.50	2019.4

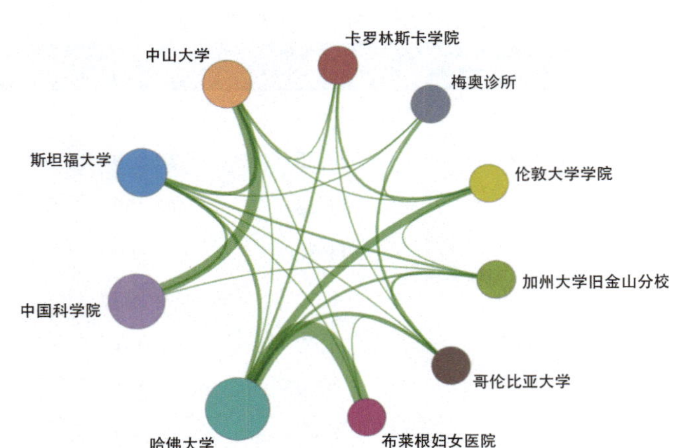

图 9.5 “重大疾病队列大数据体系构建与应用”工程研究前沿主要机构间的合作网络

列共建的成效和研究效率。因此建立队列研究领域的行业标准和数据治理要求势在必行。构建专病队列、出生队列、人群队列的标准或专家共识有助于我国队列标准化建设。队列研究也应当借鉴其他健康领域的经验和模式，如基因组标准联盟（2016 年）、国际标准化组织（ISO）的标准化范例。

3）引入多学科运维机制：随着生命科学与现代信息学技术的迅猛发展，队列数据与高通量组学数据、医疗大数据等数据集链接，已成为新型大型队列实践方向。高通量、多组学数据能够为复杂疾病病因学分析提供更多维、更高效的证据。此外，存储、清洗、分析多维度大数据需要更强大的处理器和存储器，以及更复杂的算法和云计算。因此，队列的建设和运维还需要引入生物信息学、信息技术、人工智能等专业学科，以利用最新信息技术处理队列数据。同时，还需要建立对多学科专业人才的多维评价体系。

4）打破数据孤岛：提高队列随访率是队列建设的核心任务。未来，医疗大数据系统的完善程度和开放程度将直接影响大型队列研究的可持续发展。在队列随访阶段，研究者可以从国家卫生健康委员会、医保部门等获取随访事件，但研究对象在不同医院就诊导致的信息隔离，以及各系统间的分散管理造成的信息孤岛，对随访数据的收集造成了极大的阻碍。可以考虑选择高质量的大型人群队列作为试点，打通疾控和医疗体系登记系统的数据通道，推动医疗大数据开放共享制度的建立。与此同时，将开放共享作为考评登记系统建设的重要标准，能够进一步促进我国医疗大数据的全面开放与共享。

5）法律和伦理规范与制度：大型队列的数据存储、共享、分析、挖掘等过程中存在个人信息权、隐私权可能受侵害的风险和数据安全的隐患。我国于 2019 年颁布了《中华人民共和国人类遗传资源管理条例》，并于 2023 年 6 月发布了《人类遗传资源管理条例实施细则》，对遗传数据安全与伦理规制进行了探索性尝试。今后仍需进一步加强监管机制，完善数据信息分类保护的法律规范，明确数据挖掘、存储、传输、发布以及二次利用等环节的权责关系，尤其需要强化个人隐私保护。

队列大数据是国家重要的基础性战略资源，打破区域性队列数据壁垒，实现多时点、多层次队列数据的交汇存储、安全管理、共享开放与整合挖掘，研发队列大数据前沿交叉与转化应用，是国家队列体系建设的重中之重（图 9.6）。队列研究为医学研究提供了丰富的数据资源和广阔的科研平台，基于全国性队列体系的构建，有望在多学科的共同参与下推动医学基础研究成果向公共卫生和临床实践的转化应用，提高疾病防控技术水平，促进健康发展，助力实现“健康中国”的美好愿景。

图 9.6　“重大疾病队列大数据体系构建与应用”工程研究前沿的发展路线

9.1.2.3　全组织细胞图谱

细胞是生命的基本组成单位，它们组成了各种组织和器官，协同工作以维持人体的正常生理功能。虽然机体全身细胞都共用同一套遗传编码信息，但是为了保证细胞能够正确执行特定组织和器官的生理功能，不同组织和器官中的细胞具有特定的基因表达模式，这也决定了细胞的多样性。以往科学家们通过形态学特征、组织来源和生理功能对细胞进行分类。然而，随着单细胞测序（single cell sequencing）的出现和发展，科学家开始对细胞有了更深入的了解。根据每一个细胞的转录组特征可以进一步把同一类细胞分成不同的亚群，不同细胞亚群之间的转录组差异也决定了它们之间的功能差异。细胞亚群的定义对发育生物学、神经科学、免疫学、癌症以及再生医学等多个领域产生了深远影响。研究特定细胞亚群在发育、疾病和再生过程中的生物学作用引起了科学家们广泛的兴趣，加深了研究者们在疾病机制、发育调控、细胞分化和损伤修复等领域的理解和认知。近年来，空间转录组（spatial transcriptome）的兴起与发展补充了细胞在组织和器官中的空间分布信息，让科学家们意识到细胞空间位置的重要性。空间转录组成为研究细胞在空间位置上相互作用的重要手段。此外，还涌现了其他单细胞分析技术，如单细胞蛋白质组学和单细胞代谢组学等，这些技术将进一步加深人们对细胞的认识。

全组织细胞图谱（tissue-wide cellular atlases）是一个全面的、高分辨率的细胞类型地图，它借助单细胞组学和空间组学等技术描绘了人体中所有组织和器官的细胞类型及其在空间上的分布，以及细胞的分子特征。全组织细胞图谱的目的是全面揭示人类细胞的多样性和复杂性，涉及人类发育、疾病和损伤多个方面，从而推动分子生物学、基因组学以及疾病研究的深入发展，为未来的医学创新奠定坚实的基础。构建人体全组织细胞图谱至少需要获得人体各组织和器官的单细胞测序，这意味着需要大量的人力、物力和财力投入。同时，珍贵的人体样本需要长时间的收集和处理，以及伦理审查、审批。因此，全组织细胞图谱需要通过广泛的合作和充足的资金支持才能得以进行。为了更全面地了解细胞的状态和功能，研究者们开始将多种组学数据进行整合，如转录组、蛋白质组和表观基因组等，多组学的整合可以更全面地洞察细胞分子特征，从而更深入地理解人类发育、疾病和损伤机制。除了单细胞层面的分析，研究者们也在努力提高细胞图谱的空间分辨率。通过改进空间转录组技术或结合成像技术，能够更精细地了解细胞在组织和器官中的空间分布及相互作用。随着细胞图谱数据量的不断增加，大数据分析和人工智能算法被广泛应用于数据处理和挖掘，这些技术可以帮助研究者发现隐藏在大量数据中的模式和关联，加速细胞图谱的构建和解析。然而，细胞图谱的发展仍面临一些挑战，例如数据标准化、数据分析的优化、数据的存储、细胞类型的定义和注释等。此外，细胞图谱的临床应用还需要时间的验证和转化。

人类全组织细胞图谱的应用价值主要体现在提高人们对组织和器官功能、人体发育、疾病机制和治疗干预、人体免疫系统和再生医学等方面的理解。首先，全组织细胞图谱能在分子和细胞水平上清晰地展示出组织和器官的细胞构成、细胞间相互作用以及细胞如何行使功能，这对体外器官制造具有指导作用，并有望解决器官移植中供体短缺的难题。同时，结合诱导性多能干细胞（induced pluripotent stem cell，iPSC）构建患者来源的组织和器官，有望解决器官移植中免疫排斥的难题。其次，利用细胞图谱在时间轴或空间位置上详细描述组织和器官的发育历程，对理解人类组织和器官发育是有极大益处的，并对体外组织和器官制造具有重要指导意义。因为从本质上来看，体外组织和器官制造就是尽可能地模拟人体组织和器官自身的发育过程。再者，通过详细绘制人体疾病的细胞图谱，尤其是癌症细胞图谱，将有助于提高人们对疾病机理的理解。例如发现某种癌症的特异性标志物并将其作为治疗靶点，可以降低药物的脱靶概率，提高治疗效果。并且通过深入研究跨组织的免疫系统，科学家们能够重新认识常见和罕见疾病，尤其是自身免疫性疾病，从而推动新的治疗方法的开发。此外，人类全组织细胞图谱的完成对促进个性化医疗的发展具有重要意义。每个细胞都携带有机体的一套基因组，通过基因序列图谱，研究者有机会找到个体与各种疾病和表型相关的“密码”，加快对疾病发生和发展的理解，有助于疾病诊断和个性化治疗。最后，人类全组织细胞图谱还将推动再生医学的进步。通过人类细胞图谱，研究人员可以详细比较人体全身的特定细胞，揭示新的细胞功能，为体外组织工程和再生医学研究提供了更多有用的信息。

当前，“全组织细胞图谱”工程研究前沿中，核心论文数排名前三位的国家分别是美国、中国和德国（表 9.7）。其中，中国的核心论文占比为 39.76%，是该前沿的主要研究国家之一。从主要国家间的合作网络来看，“全组织细胞图谱”核心论文数排名前十的国家之间均有密切的合作关系（图 9.7）。

“全组织细胞图谱”工程研究前沿中，核心论文数排名前十位的机构主要来自美国、中国、英国和瑞典。其中排名前三位来自美国和中国，分别是哈佛大学、斯坦福大学和中国科学院（表 9.8）。从主要机构间的合作网络来看，各机构之间有密切的合作（图 9.8）。

人类全组织细胞图谱的构建是一个全球性的科学项目，需要全世界科学家的共同努力。通过整合空间信息、多组学数据和人群分析，完美版的人类细胞图谱将能够为探索细胞命运决定机制提供资源宝库，对人体正常与疾病细胞状态的鉴定带来深远影响（图 9.9）。

表 9.7 “全组织细胞图谱”工程研究前沿中核心论文的主要产出国家

序号	国家	核心论文数	论文比例 /%	被引频次	篇均被引频次	平均出版年
1	美国	229	45.53	34 786	151.90	2019.9
2	中国	200	39.76	20 745	103.72	2009.4
3	德国	66	13.12	10 593	160.50	2020.0
4	英国	66	13.12	9 166	138.88	2020.2
5	瑞士	35	6.96	7 092	202.63	2019.8
6	加拿大	30	5.96	5 484	182.80	2020.0
7	瑞典	28	5.57	7 061	252.18	2020.0
8	日本	23	4.57	5 125	222.83	2019.6
9	荷兰	22	4.37	4 404	200.18	2019.7
10	法国	20	3.98	4 951	247.55	2019.7

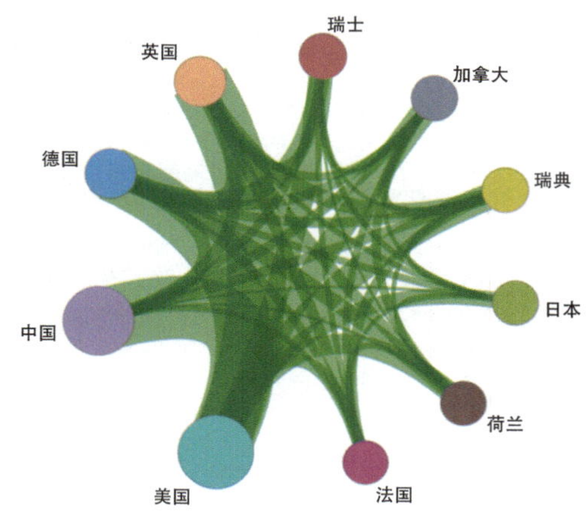

图 9.7　“全组织细胞图谱”工程研究前沿主要国家间的合作网络

表 9.8　“全组织细胞图谱”工程研究前沿中核心论文的主要产出机构

序号	机构	核心论文数	论文比例 /%	被引频次	篇均被引频次	平均出版年
1	哈佛大学	53	10.54	10 471	197.57	2020.2
2	斯坦福大学	35	6.96	7 019	200.54	2020.0
3	中国科学院	27	5.37	2 780	102.96	2020.4
4	加州大学旧金山分校	25	4.97	4 570	182.80	2020.6
5	麻省理工学院 – 哈佛大学布罗德研究所	22	4.37	4 464	202.91	2020.4
6	剑桥大学	21	4.17	3 912	186.29	2020.7
7	麻省理工学院	20	3.98	3 602	180.10	2020.2
8	卡罗林斯卡学院	19	3.78	5 292	278.53	2019.8
9	加州大学圣迭戈分校	18	3.58	2 795	155.28	2020.6
10	华盛顿大学	17	3.38	2 940	172.94	2019.8

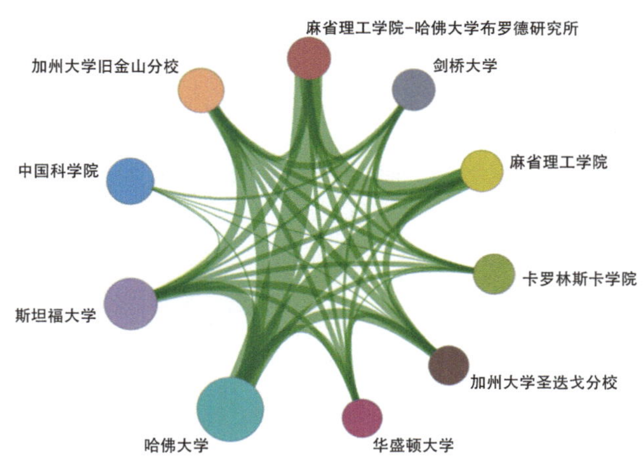

图 9.8　“全组织细胞图谱”工程研究前沿主要机构间的合作网络

图 9.9 “全组织细胞图谱”工程研究前沿的发展路线

9.2 工程开发前沿

9.2.1 Top 10 工程开发前沿发展态势

医药卫生领域 Top 10 工程开发前沿涉及基础医学、临床医学、药学、中药学、医学信息学与生物医学工程等学科方向（表 9.9）。其中，新兴前沿包括靶向插入大片段 DNA 的基因编辑技术、生命时空组学技术、人类表型组解析技术、通用型癌症疫苗、生物工程器官；作为传统研究深入的前沿包括人工智能辅助肿瘤早筛早诊、人工智能辅助手术导航系统、肿瘤类器官芯片在药物筛选中的应用、脑机接口芯片、大语言模型在医疗辅助决策中的应用。各前沿相关核心专利 2018—2023 年公开情况见表 9.10。

（1）靶向插入大片段 DNA 的基因编辑技术

通过基因编辑技术实现大片段 DNA 的高效精准靶向插入一直是科学界尚未完全攻克的重大难题。自 1980 年通过同源重组实现 DNA 插入以来，科学家们在基因组编辑领域不断探索。随着 CRISPR-Cas 系统的快速发展，在过去十年，大片段 DNA 插入的研究取得了显著突破。这一技术在基因和细胞治疗、

表 9.9 医药卫生领域 Top 10 工程开发前沿

序号	工程开发前沿	公开量	被引数	平均被引数	平均公开年
1	靶向插入大片段 DNA 的基因编辑技术	133	201	1.51	2021.4
2	生命时空组学技术	297	2 023	6.81	2021.7
3	人工智能辅助肿瘤早筛早诊	1 087	3 753	3.45	2021.2
4	人类表型组解析技术	1 630	3 977	2.44	2021.0
5	人工智能辅助手术导航系统	870	8 818	10.14	2020.8
6	通用型癌症疫苗	261	1 094	4.19	2020.9
7	肿瘤类器官芯片在药物筛选中的应用	535	1 432	2.68	2021.5
8	生物工程器官	165	318	1.93	2021.0
9	脑机接口芯片	184	546	2.97	2020.5
10	大语言模型在医疗辅助决策中的应用	420	1 310	3.12	2022.1

表 9.10 医药卫生领域 Top 10 工程开发前沿核心专利逐年公开量

序号	工程开发前沿	2018	2019	2020	2021	2022	2023
1	靶向插入大片段 DNA 的基因编辑技术	9	11	14	25	29	45
2	生命时空组学技术	19	17	32	40	63	126
3	人工智能辅助肿瘤早筛早诊	96	98	154	203	210	326
4	人类表型组解析技术	170	201	241	295	318	405
5	人工智能辅助手术导航系统	120	114	104	201	160	171
6	通用型癌症疫苗	29	34	43	45	59	51
7	肿瘤类器官芯片在药物筛选中的应用	28	37	71	92	120	187
8	生物工程器官	21	18	23	25	35	43
9	脑机接口芯片	33	26	32	28	36	29
10	大语言模型在医疗辅助决策中的应用	5	16	36	48	103	212

疾病建模、动植物育种等领域展现出巨大的潜力，吸引了广泛的关注和投入，“大片段 DNA 插入”入选 *Nature* 杂志发布的“2024 年值得关注的七大技术”。尽管取得了长足进展，大片段 DNA 插入技术仍面临挑战。首先，插入效率低下是亟待解决的问题。虽然 CRISPR 技术显著提高了小片段 DNA 的编辑效率，但对于大片段 DNA，其效率有限，难以满足需求。其次，插入的 DNA 长度受到限制，现有技术难以稳定地插入超过几十 kb 的大片段 DNA。再次，插入的精准度也有待提升，当前的基因编辑技术容易产生脱靶效应和副产物，影响编辑效果。此外，大片段插入往往需要细胞周期的参与。递送系统的优化是另一大挑战。有效递送 CRISPR 编辑工具和大片段 DNA 至目标细胞或组织是实现高效插入的关键。为解决这些问题，研究人员正集中力量攻克几个关键领域的技术难题。一方面，基因编辑新工具的开发不断涌现，为提高大片段 DNA 插入的效率和精准度提供了可能性。另一方面，深入研究外源 DNA 插入的机制，有助于克服现有技术的局限性。此外，优化递送系统，通过物理或化学方法提高基因编辑工具和 DNA 的递送效率。中国在基因编辑领域具有深厚的科研积累，尤其在基因治疗方面获得了政策和监管层面的高度重视与支持，为该领域的研究和应用提供了良好的环境，临床转化步伐正在加快。该技术的进一步发展，必将在基础研究、细胞治疗、动植物育种和合成生物学等领域带来新的突破和希望。

（2）生命时空组学技术

生命时空组学技术可以实现在连续时间和空间维度内精确检测组织细胞内的遗传分子表达特征，详细而全面地解析分子和细胞的定性、定量、空间、时间及方向特征，进而揭示复杂生命活动的通信网络和调控机制。自人类基因组计划完成以来，生命时空组学技术逐渐发展完善，其中空间维度解析技术在多组学领域发展较快，时间维度正处于起步阶段。生命时空组学技术已在全球范围内为发育生物学、复杂疾病、植物学和脑神经科学等重大研究领域带来了诸多重大突破，例如蝾螈脑再生的机制和小鼠胚胎发育的调控机制等。当前，生命时空组学技术的发展仍存在以下问题亟待解决：提升检测灵敏度和精度；解决多组学同解析问题；3D 空间检测技术问题；解决长度长技术在时空组学技术中的应用问题；解决在活体检测中的应用问题；解决与更多应用的样本类型兼容问题；解决更多检测通量、更低检测成本和广泛应用可及性问题；

解决生物信息学分析在大数据量上高效应用的问题；解决跨组学数据的通用分析手段构建问题；解决分析技术先进、用户使用友好的全面数据库构建问题；解决在临床方向的广泛应用问题；解决全球实验室广泛协作攻关重大科研项目的协作问题。中国是人类基因组计划的主要完成国之一，近年来在生命时空组学技术领域的发展趋势已从最初的跟随转变为同步共进，逐渐形成超越和引领的全球领导地位。在此过程中，中国积累了丰富的底层技术研发能力、广泛的科研应用能力和成熟的大科学攻关模式，必将在全球范围内引领生命时空组学技术的全面发展，这将加速推动临床检测和病理应用领域的产品转化与临床应用，为疾病诊断、药物研发和精准医疗带来全新突破与希望。

（3）人工智能辅助肿瘤早筛早诊

肿瘤作为全球主要的健康威胁之一，其早期发现和诊断对提高患者生存率、降低治疗成本至关重要。人工智能（AI）技术的迅速发展为肿瘤早筛早诊带来了新的机遇。通过深度学习算法，AI 能够从海量的医疗数据中提取有价值的信息，识别肿瘤的早期迹象。此外，AI 还能够分析患者的历史病历、基因组数据以及生物标志物，综合评估个体化风险，从而为医生提供更为准确的诊断依据。该领域涉及的主要技术包括：图像识别与分析技术，利用 AI 分析医学影像资料；机器学习，通过机器学习算法，AI 能够从大量数据中学习并识别癌症及某些良性病变的模式；自然语言处理，AI 可以处理和分析电子健康记录中的非结构化数据，以辅助评估、诊断和管理；预测模型，构建模型以预测个体罹患癌症的风险。当前，AI 技术在甲状腺癌、乳腺癌、肺癌、结直肠癌等肿瘤的早期筛查中应用广泛。AI 联袂物联网和元宇宙等即可拓展为新质生产力，将在肿瘤早筛早诊中展现出巨大潜力。但是，其也将面临一些挑战，例如数据隐私和安全性、算法的透明度和公平性、技术准确性、法律和伦理问题，以及数据中心化和难以共享等。相信随着技术的进一步成熟和相关法律法规的不断完善，AI 辅助肿瘤早筛早诊将在癌症防控中发挥越来越重要的作用。

（4）人类表型组解析技术

基因和环境相互作用决定人体特征，人体特征即表型（phenotype）。表型组（phenome）是生物体从胚胎发育到出生、成长、衰老乃至死亡过程中，形态特征、功能、行为、分子组成规律等所有生物、物理和化学特征的集合。表型包括宏观表型和微观表型。宏观表型包括影像学表征、体貌特征、疾病病征、健康状态、环境适应能力等。微观表型包括转录、蛋白质、代谢物、细胞免疫、微生物等。现代生命科学，经历了前基因组时代的单一遗传位点研究，到基因组时代的全基因组解析，已进入后基因组时代，即跨尺度多维度的人类表型组解析，人类表型组解析技术的重要性凸显。由我国学者发起的国际人类表型组计划建成了全球首个跨尺度、多维度的人类表型精密测量平台，全球首套多组学标准物质 Quartet，全球首个测量了 23 个类别 24 000 种表型的自然人群深度表型千人核心队列，并绘制出全球首张人类表型组导航图。对人类表型组一站式的测量与解析是表型组解析技术的主要趋势。目前，我国复旦大学与上海国际人类表型组研究院、美国系统生物学研究所与表型组健康组织、以色列魏茨曼科学研究所都建设了一站式表型组测量与大数据分析平台，并加速发展多模态数据人工智能模型。实现不同维度表型组在统一框架下的高通量深度覆盖检测与关联分析，将是人类表型组解析技术的关键。高度敏感且无创的分子影像可以提供机体可视化和量化的空间覆盖及分子过程；结合了分子生物学、组织学和成像技术的空间组学为表型组研究提供了空间解析能力。因此，分子影像和空间组学技术将是人类表型组解析技术未来重要的发展方向。同时，针对目前尚缺的跨尺度、多维度表型组关联解析，构建人类表型组解析技术的国际标准化体系，发展跨尺度、多模态大数据人工智能模型，深入理解健康与疾病机制，促进我国生物医药领域新质生产力跃升。

（5）人工智能辅助手术导航系统

人工智能辅助手术导航系统是在图像三维重建技术的基础上发展起来的一种术中辅助定位技术。该系统通过将术中实际所见与术前影像进行匹配，辅助医生在手术过程中更精准地定位病变的部位、范围及其与周围组织结构的毗邻关系，帮助医生在彻底切除病变的同时能够保护病变周围重要的结构和功能区，从而保障手术安全。因此，该系统不仅能够提高手术的精准性、减少手术并发症、缩短术后恢复时间，还能提高整体手术的安全性和手术疗效。随着科学技术的进步，人工智能辅助手术导航系统正经历快速发展并展现出广阔的应用前景。手术导航技术最初由 Roberts 等在 1986 年引入神经外科手术，后来在神经外科领域的临床应用价值越来越高，成为手术不可或缺的辅助设备。此外，手术导航系统在耳鼻喉科、头颈外科、脊柱外科、口腔科等都有广泛应用。Global Information 于 2023 年 6 月发布的一份市场调研报告预测，到 2030 年，全球神经导航系统的市场需求将从 2022 年的 43.3 亿美元增长至近 101.4 亿美元，预计该期间的年复合增长率为 10.0%。根据《2021 年我国卫生健康事业发展统计公报》，全国三甲医院有 1 651 家，仅占全国医院总数的 4.5%，目前仅有少数三甲医院拥有手术导航设备。这表明，导航系统在旺盛的临床需求与较低的普及率之间存在巨大的矛盾，而造成这种供需矛盾的主要原因包括产品价格昂贵、智能化程度低、配套部件较多、操作繁琐、占用空间大等。手术导航系统最早是在北美及欧洲市场发展起来的，以 Brainlab、Medtronic、Stryker 等为代表，核心技术大多被国外尖端医疗企业所垄断。相较于国外神经导航技术的发展，国内起步较晚，但近几年来发展迅速，但多是基于国外公司核心技术和模块的组装贴牌。

因此，研发具有智能化、高性价比、低误差和高直观性的人工智能辅助手术导航系统具有重大的社会和经济价值。导航总体研发思路应该是“硬件做减法、性能做加法”。一方面，通过优选设备器件和优化设备配置方案，简化系统硬件结构；另一方面，基于大数据和人工智能技术，通过开发新型算法和加强功能集成，提高计算效能、降低系统误差，从而提升系统整体性能。此外，AI 结合增强现实（AR）/ 虚拟现实（VR）技术，可以为医生提供实时的三维可视化导航，增强医生的空间感知能力；人工智能辅助手术导航系统与外科手术机器人系统相结合，手术导航系统通过实时数据反馈，帮助机器人完成更精确的操作，可以大幅减少医生操作的误差。未来的人工智能辅助手术导航系统通过更精确的定位与导航，使医生能够以更小的切口（损伤）进行复杂的操作，从而减少患者的手术创伤、恢复时间和并发症。AI 结合先进的成像技术可能推动无创干预手术的发展，利用微型机器人或纳米技术在体内进行诊断和治疗，进一步减少对人体组织的损伤。总之，人工智能辅助手术导航系统正在从传统的图像引导手术向智能化、个性化、自动化方向发展。未来，随着科学技术的进步，人工智能辅助手术导航系统有望大幅提升手术的安全性、效率和精准程度，并带来全新的医疗服务模式。然而，在技术发展过程中，解决数据质量和多模态数据的融合、系统实时性以及稳定性和安全性、医生与 AI 协同、伦理和责任等问题也同样关键。这些创新将进一步推动外科医学向高精尖和全自动化方向迈进。

（6）通用型癌症疫苗

通用型癌症疫苗是一种可激活人体免疫系统识别和攻击多种恶性肿瘤类型的癌症疫苗，其不单单仅针对一种恶性肿瘤类型发挥作用，旨在创造一种更通用、更广泛适用的癌症治疗方法。不同类型的恶性肿瘤组织存在异质性，通用型癌症疫苗的核心在于挖掘出现在多种恶性肿瘤类型中的共享肿瘤抗原，并将以多肽、蛋白、核酸（DNA/RNA）等形式应用到疫苗制剂中。此外，佐剂对于增强通用型癌症疫苗的有效性至关重要，它可增强人体对上述共同肿瘤抗原的免疫反应，提高对恶性肿瘤细胞的杀伤效果。通用型癌症疫苗可用于不同类型癌症患者的治疗，发挥抑制恶性肿瘤生长、降低恶性肿瘤转移、预防恶性肿瘤复发的作用，提高患者生活质量，延长患者生存期。由于全世界恶性肿瘤患者人数的逐年增加，我国和欧美发达国家均高度重视癌症疫苗的投入，然而目前的癌症疫苗多针对某单一肿瘤类型而开发，缺少通用型设计，目前仍无通用型癌症疫苗产品上市。共享肿瘤抗原的挖掘和先进佐剂的开发，将是促进通用型肿瘤疫苗技术突破的关键。通用型癌症疫苗技术与临床大数据、人工智能、免疫学、材料科学等的深度融合，将为众多癌症患者的康复带来新希望。

（7）肿瘤类器官芯片在药物筛选中的应用

类器官芯片（organ-on-chip, OOC 或 organoid chip），是一种结合类器官构建和微流控芯片或微孔板技术的微生理系统（microphysiological system，MPS）。肿瘤类器官芯片（cancer-on-chip, COC）是将利用患者肿瘤组织构建的类器官接种于微流控装置或者微孔板，模拟三维肿瘤结构甚至包括肿瘤微环境成分，在器官水平上模拟肿瘤的表型及生物学特征，是抗肿瘤药物敏感性分析和药物筛选的新型实验模型。肿瘤类器官芯片构建的关键技术包括患者来源（肿瘤组织）类器官（patient-derived organoid，PDO）构建、将 PDO 悬浮液注入微流控芯片或微孔板、载有 PDO 的芯片在 37 ℃培养箱内培养、确保芯片有培养基等营养物质和气体的持续灌流、向芯片 PDO 添加抗癌药物和评估药物对类器官的细胞毒性作用等。其中，类器官评估指标包括细胞形态学观察和生化指标等。类器官和类器官芯片技术已经被广泛用于药物毒性分析、药物敏感性分析和新型化合物药效筛选研究。该技术的问世颠覆了传统药物研发流程，大大降低了对实验动物的需求量。由于肿瘤类器官芯片更加接近人体的病理和生理微环境特征，有望成为肿瘤患者个性化治疗的试药替身。我国与欧美发达国家均高度重视肿瘤类器官芯片技术的研发与投入，以类器官芯片研制为主营业务的高科技企业逐渐形成规模。未来，肿瘤类器官芯片技术将从单一肿瘤细胞芯片向肿瘤 – 微环境（如癌相关成纤维细胞、血管细胞和免疫细胞）共培养芯片转变。此外，多器官、多型组织的组合式芯片（如 PDO+ 心、肝、肾等器官的组合芯片）等装置的成功开发，将有助于在药效筛选的同时明确对重要器官的毒副作用。因此，肿瘤类器官芯片技术在药物筛选、毒性测试、疾病建模和个性化医学中将发挥重要作用。

（8）生物工程器官

生物工程器官是利用工程学、生物学和再生医学等前沿技术，通过整合干细胞、生物材料、生化因子等要素构建器官，其目标是修复、替代或增强机体功能，解决器官移植供体短缺问题，并为疾病研究和药物筛选提供新策略。生物工程器官的关键技术问题主要体现在：种子细胞的选择与扩增，细胞的质量和数量决定构建器官的成功率与功能性；生物基质材料的设计与制备，基质材料的生物相容性和机械强度决定细胞生长与组织形成；细胞 – 基质材料的工程组装，宏微观结合的组装策略影响复杂器官的结构与功能；组织微环境的模拟与调控，关键理化信号引导细胞有序行为及功能维持。生物工程器官在医学等多个领域已展现出广泛的应用前景，不仅为器官修复和再生医学提供了新技术，也为疾病研究和药物筛评等提供了新工具、新模型。生物工程器官领域发展迅速，逐渐从实验室研究阶段向应用转化。中国及欧美国家均高度重视并积极投入，推动器官工程产品的转化应用。研究者正在探索更为复杂的实质性器官（如肝脏、肾脏、心脏等）的构建与移植。随着生物学、工程学和制造技术（如类器官、器官芯片、生物材料、3D 打印）的快速发展，复杂实质性器官的可控构建，将有望在再生医学及生物医药领域引发革新。

（9）脑机接口芯片

脑机接口（brain-computer interface，BCI）是在人或动物脑与计算机或其他电子设备之间建立不依赖于常规大脑信息输出通路的连接的一种全新通信和控制技术，是人机交互的最高形态。脑机接口芯片（BCI chip）作为脑机接口系统的核心硬件之一，扮演着至关重要的角色，它的主要功能是对脑电信号进行采集、放大、滤波、模数转换等处理，将其转换为计算机可识别的信号，通过对信号进行预处理、提取特征和模式识别，最后实现对外部设备的控制。脑机接口芯片按照功能主要分为采集芯片、编解码芯片、传输芯片和控制芯片。其中，采集芯片，主要负责从大脑中提取极其微弱的神经信号，并具有基本的放大、滤波、降噪等功能，高灵敏度、低输入噪声、强抗干扰能力是其基本要求；编解码芯片，又称计算芯片，具有高度的集成度和强大的数据处理能力，通过高能效的布线与设计，能够执行复杂的计算任务和控制管理功能，为神经电生理信号处理提供低功耗、高性能、高集成度、高灵活性的计算平台；传输芯片，负责将编解码芯片处理后的数据传输到外部设备或计算机，实现数据的实时共享和处理，高数据速率、低功耗、稳定可靠是其基本特点；控制芯片集成了处理器、存储器、输入 / 输出接口以及特定的控制算法等功能模块，可以自主运行程序，完成数据处理和控制任务，能够接收外部指令和数据，通过内部的逻辑电路和算法进行处理，并输出控制信号来驱动外部设备或系统。近年来，以美国 Neuralink 公司、比利时微电子研究中心（IMEC）、瑞士洛桑联邦理工学院，以及中国的天津大学、清华大学等为代表的国内外商业和学术机构在脑机接口芯片领域取得了一系列重大进展和突破，推动了脑机接口技术在脑活动记录、癫痫治疗、瘫痪患者康复、脑控打字等领域的商业化应用。未来，随着芯片设计、神经科学、计算机科学和人工智能等领域的不断发展，脑机接口芯片功能不断扩展，芯片将向着微型化、智能化、高集成、低功耗、高能效、高计算能力等方向发展，能够更准确地读取和解码大脑信号，从而提高设备的控制精度、响应速度和智能化程度，推动脑机接口技术更好地服务于人类生活。

（10）大语言模型在医疗辅助决策中的应用

大语言模型（large language model，LLM），是先进的人工智能系统，旨在理解、生成和解析复杂的人类语言。这些模型在大量文本数据的基础上进行训练，使它们能够准确、流畅地执行各种基于语言的任务。其关键技术问题包括：数据的质量与规模、模型架构与训练、理解与生成能力、模型的可解释性与透明性、模型对齐与人类反馈机制、多模态融合等。随着大语言模型在医疗领域的深入研究，它们将逐步应用于医疗辅助决策。临床诊断方面：通过分析患者描述的症状和病史，提供可能的诊断建议，帮助医生进行初步判断；结合图像识别技术，对 CT、MRI、病理图像等进行分析，辅助诊断疾病。同时，采用多模态技术（文本、影像和图像、检验报告等），可进一步提高临床诊断的准确性。治疗方案推荐：根据患者的具体情况（如基因数据、病史、生活习惯等），基于循证医学的原则推荐个性化的治疗方案，优化治疗效果；分析患者当前使用的药物，提示可能的药物相互作用，避免不良反应。健康监测和预防：结合可穿戴设备的数据，实时监测患者的健康状况，提供预警和健康建议；基于大数据分析，预测患者未来可能面临的健康风险并提供预防性干预措施。因其在医疗辅助决策领域的广阔前景，我国和欧美发达国家均高度重视对大语言模型技术研究的投入。大语言模型在临床辅助诊断、诊疗建议、健康监测和预防、医疗机器人等应用领域已初步形成规模，并且其市场规模持续高速增长。大规模多模态数据融合、高效的预训练和微调技术、具备可解释性和透明性的模型架构，将是推动大语言模型在医疗辅助决策中取得突破的关键。大语言模型与医学影像分析、基因组学、大数据分析、机器人技术等领域的深度融合，将为医疗健康领域带来革命性的改变。

9.2.2 Top 3 工程开发前沿重点解读

9.2.2.1 靶向插入大片段 DNA 的基因编辑技术

大片段 DNA 插入（large DNA fragment insertion）是指通过基因编辑技术在基因组的特定位点精确地插入较长的 DNA 序列（>1 kb 或者 >200 bp）。插入的 DNA 序列可包含各种信息，包括但不限于功能性基因、调控元件等。目前，针对单个或几十个碱基的精准编辑技术虽已取得显著进展，但仍然只能满足部分需求。在功能基因研究、非热点突变与序列缺失的基因治疗、疾病模型的构建以及动植物育种等领域，大范围的基因组插入在其中扮演关键角色。大片段 DNA 插入不仅推动了基础科学的深入研究，还为实际应用的发展提供了新的可能性，有望在未来带来广泛的科技进步和社会效益。靶向基因组大片段 DNA 插入技术的发展始于 1980 年的同源重组技术，可作为制造基因修饰动物的工具，但是效率极低。2013 年，CRISPR 技术成功用于哺乳动物细胞，实现了在部分细胞系中的大片段插入。近年来，CRISPR 衍生技术和整合酶系统在提高插入效率和准确性方面取得显著进展。殷昊团队在 PE 系统的基础上开发了无需细胞周期和外源 DNA 的高效精准的 DNA 插入工具 GRAND editing，实现了 200 bp~1 kb 级别的 DNA 插入。Gootenberg 团队和 David Liu 团队分别结合 PE 系统和整合酶，开发基因编辑工具 PASTE，实现了约 36 kb 的插入。在水稻和玉米中，高彩霞团队研发的 PrimeRoot 系统实现了长达 11.1 kb 的精准插入。大片段 DNA 插入的广泛应用推动了基因治疗和合成生物学的发展。

但是，目前的方案仍存在局限性。第一，100 kb 到 Mb 级别的插入仍然难以实现，限制了部分应用。第二，目前的方法在插入产物中留下瘢痕，不容易做到无痕插入。第三，大片段插入系统的普适性是一个重要问题。大片段插入机制和使用的工具酶一般比较复杂，过于复杂的体系往往导致大量的内源性位点效率低下，即展示出的数据不能代表全貌。第四，递送载体和方法的限制严重影响了在非模式细胞或生物中大片段插入的效率和长度。面对这些挑战，需要关注以下几个领域：① 探索可插入 100 kb 到 Mb 级别序列的新方法；② 探索无痕插入的新方法；③ 阐明限制目前大片段 DNA 插入工具酶的内源性分子机制，从而有针对性地提高效率；④ 优化现有递送方案，以及寻找新型递送方案。

2018—2023 年，“靶向插入大片段 DNA 的基因编辑技术”前沿方向的核心专利有 133 件，产出数量较多的国家有中国、美国和英国（表 9.11），而中国的专利占比达到了 68.42%，在专利数量方面居首位，是该工程开发前沿的重点研究国家之一；从主要国家间的合作网络来看，美国与中国、英国之间存在合作关系（图 9.10）。核心专利产出数量排名前列的机构是湖北大学、南方医科大学、中国医学科学院血液病医院和天津科技大学（表 9.12）；主要机构之间不存在合作关系。

靶向插入大片段 DNA 的基因编辑技术在未来的发展重点可以归纳为四个方向：一是技术本身进步，更为高效的新工具，可插入更大片段的工具，具备位点普适性工具和无痕工具；二是关联技术的进步，包括体内和体外的递送方法、大片段 DNA 的供体制备技术等；三是在医学方面的应用扩展，插入大片段 DNA 的基因编辑技术有望为数千种遗传性疾病的治疗带来革命性的进展，但目前的技术水平导致应用范围狭窄；四是在合成生物学和农业方面的应用前景极为广阔。

随着对靶向插入大片段 DNA 的基因编辑技术的研究，许多前沿技术将会涌现，例如原位核酸合成技术、无痕且无需切割的 DNA 插入方法、多元与组合编辑工具、新型 CRISPR-Cas 的挖掘和定向进化路径，以及新的载体与递送系统等。

在未来 5~10 年内，靶向插入大片段 DNA 技术的应用场景将大幅扩展，主要包括以下关键领域：基因与细胞治疗、合成生物学与基因回路设计、农业与动物育种，以及个人化医疗与精准医学。这些应用场景展示了靶向插入大片段 DNA 技术在推动医学、农业、工业和基础研究等领域的巨大潜力，预示着未来将带来的重大突破和变革（图 9.11）。

表 9.11 “靶向插入大片段 DNA 的基因编辑技术”工程开发前沿中核心专利的主要产出国家

序号	国家	公开量	公开量比例 /%	被引数	被引数比例 /%	平均被引数
1	中国	91	68.42	132	65.67	1.45
2	美国	34	25.56	62	30.85	1.82
3	英国	3	2.26	11	5.47	3.67
4	西班牙	2	1.50	2	1.00	1.00
5	日本	2	1.50	2	1.00	1.00
6	荷兰	1	0.75	1	0.50	1.00
7	加拿大	1	0.75	0	0.00	0.00
8	匈牙利	1	0.75	0	0.00	0.00

注：选择公开日期为 2018-01-01 至 2023-12-31，后同。

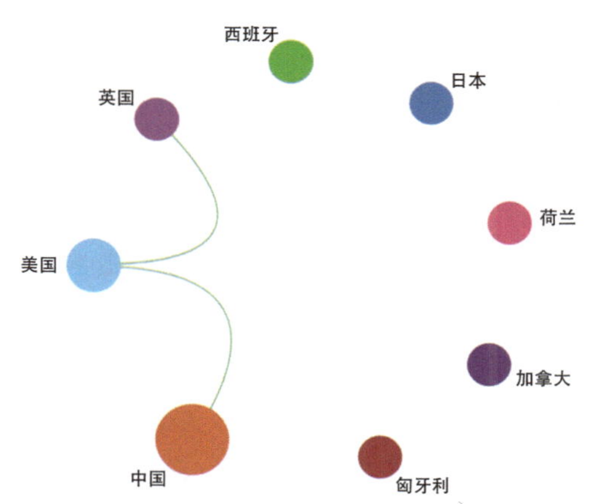

图 9.10 “靶向插入大片段 DNA 的基因编辑技术”工程开发前沿主要国家间的合作网络

表 9.12 “靶向插入大片段 DNA 的基因编辑技术”工程开发前沿中核心专利的主要产出机构

序号	机构	公开量	公开量比例 /%	被引数	被引数比例 /%	平均被引数
1	湖北大学	3	2.26	14	6.97	4.67
2	南方医科大学	3	2.26	9	4.48	3.00
3	中国医学科学院血液病医院	3	2.26	6	2.99	2.00
4	天津科技大学	3	2.26	3	1.49	1.00
5	哈佛大学	2	1.50	22	10.95	11.00
6	中山大学	2	1.50	18	8.96	9.00
7	华东理工大学	2	1.50	6	2.99	3.00
8	北京理工大学	2	1.50	5	2.49	2.50
9	Inscripta 基因编辑技术公司	2	1.50	4	1.99	2.00
10	中国药科大学	2	1.50	2	1.00	1.00

图 9.11 “靶向插入大片段 DNA 的基因编辑技术”工程开发前沿的发展路线

9.2.2.2 生命时空组学技术

生命时空组学（spatiotemporal omics）技术可以对生物体组织和器官在时间和空间维度内全面解析遗传分子表达特征，涵盖基因组、表观组、转录组和蛋白组等多组学水平。与传统的测序技术或检测技术相比，生命时空组学技术可以同步在连续的时间和空间维度进行检测，提供全新的解析视角，带来全新的发现和突破；精度高，可以实现亚细胞精度单细胞水平；视野大，可以实现大组织切片的检测；适应性强，可以适用不同的组织类型和状态。因此，生命时空组学技术在发育生物学、复杂疾病、植物学和脑神经科学等重大研究领域都有应用并获得了重大发现。自人类基因组技术出现以来，基于“拍照”的生命时空组学技术快速发展，并进一步发展为原位测序技术和原位杂交技术两种技术实现方案。2016 年，瑞典卡罗林斯卡研究所发布空间转录组学（spatial transcriptomics）技术，首次开启了基于测序的生命时空组学技术的赛道，展示了其强大的技术前景和应用潜力。2020 年，“空间转录组学技术”被 *Nature Methods* 杂志评为年度技术之一。2022 年，“空间组学”（spatial omics）技术被 *Nature* 杂志评为年度七大值得关注的“颠覆性”

技术之一。2022 年 5 月，由中国科学家完全自主研发的世界上首个亚细胞精度、厘米级视场的空间转录组学技术 Stereo-seq 在 *Cell* 杂志上首次全球公开发布，自此在生命时空组学技术领域，中国实现从追赶、同行再到超越和引领的突破，为推动世界范围内的生命科学时空技术发展引领方向和明确规范，加速该技术在重大科研方向以及临床的广泛应用。

生命时空组学技术领域拟解决的重要问题包括：提升检测灵敏度和精度，进一步解决遗传分子捕获时的弥散问题、捕获效率低的问题，以及提高空间分割精度到单细胞级别和亚细胞级别的问题，以完成空间单细胞尺度下的生物学特征精确解析；解决多组学同解析的问题，包括时间和空间维度同解析，基因组、表观组、转录组和蛋白组的同测序；解决 3D 空间检测技术的问题；解决长度长技术在生命时空组学技术中应用的问题；解决活体检测应用的问题；解决与更多应用的样本类型兼容的问题，包括新鲜冷冻样本、石蜡包埋样本以及多种方式固定样本；解决更多检测通量、更低检测成本和广泛应用可及性问题；解决生物信息学分析在大数据量上高效应用的问题；解决跨组学数据的通用分析手段构建问题；解决分析技术先进、用户使用友好的全面数据库构建问题；解决在临床方向的广泛应用问题；解决全球实验室广泛协作攻关重大科研项目的协作问题。对基于生命时空组学技术实际应用有关键影响的分支领域包括：① 推动时空组学底层检测技术的全方面性能提升；② 搭建生命时空组学大数据的高效化、规范化的生物信息分析手段、平台和数据库；③ 优化不同研究领域的应用场景，尤其在临床诊断和病理检测方向；④ 推动范式的国际化大科学攻关项目和培养领域精尖人才。

2018—2023 年，“生命时空组学技术”前沿方向的核心专利有 297 件，产出数量较多的国家是中国、美国和德国（表 9.13），其中中国的专利占比达到了 52.19%，在专利数量方面位居首位，是该工程开发前沿的重点研究国家之一；从核心专利主要产出国家间的合作网络来看，美国与德国、瑞典之间存在合作关系（图 9.12）。核心专利产出数量排在前列的机构是美国的 10x Genomics 有限公司、Prognosys 生物科学公司和麻省理工学院（表 9.14）；麻省理工学院 – 哈佛大学布罗德研究所、麻省理工学院和美国麻省总医院之间存在合作关系（图 9.13）。

迄今为止，生命时空组学技术已经广泛应用在诸多重要领域，包括发育生物学、复杂疾病、脑神经科学和植物学等。时空组学技术结合空间位置和表达特征观测生命进程，可以进一步区分表达相近但空间位置不同且功能不同的细胞类型 / 亚型；可以全面构建器官发育的单细胞分辨率的时空动态图谱；可以绘制细胞的时空发育轨迹。时空组学可以真实地检测细胞间的相对空间位置和微环境特征，进一步研究微环境对疾病的影响。通过空间信息的增加，可以精准重构疾病的分子分型，同时可以为精准治疗提供新的潜在靶点。对神经元的精确定位使转录组亚型能够与神经元投射相结合，从而更深入地揭示神经回路的功能机制。在神经疾病方面，已有研究使用空间组学技术进一步揭示疾病中的复杂机制，为未来更全面的疾病治疗提供了研究方向。时空组学通过组织学切片可以很好地解决细胞壁的干扰，有助于植物学研究在时空维度、单细胞水平的进一步发展。为了进一步回答重大生命问题，生命时空组学技术的前沿技术包括：空间多组学同检测技术、3D 空间组学技术、时间维度解析技术和活体 3D 检测技术等。前沿发展方向包括：探究模式生物、非人灵长类生物多器官发育的时空规律，构建人脑图谱、脑神经连接 3D 图谱，对不同物种、器官（如脑）的演化规律的研究，对皮肤毛囊损伤再生过程的机制研究，挖掘复杂疾病包括癌症在内的疾病发生的时空机制，开发时空组学技术在临床病理方向的应用方案（图 9.14）。

表 9.13 “生命时空组学技术”工程开发前沿中核心专利的主要产出国家

序号	国家	公开量	公开量比例 /%	被引数	被引数比例 /%	平均被引数
1	中国	155	52.19	331	16.36	2.14
2	美国	91	30.64	1 632	80.67	17.93
3	德国	22	7.41	25	1.24	1.14
4	俄罗斯	8	2.69	0	0.00	0.00
5	韩国	7	2.36	4	0.20	0.57
6	新加坡	3	1.01	5	0.25	1.67
7	英国	3	1.01	0	0.00	0.00
8	瑞典	2	0.67	253	12.51	126.50
9	法国	2	0.67	13	0.64	6.50
10	荷兰	2	0.67	13	0.64	6.50

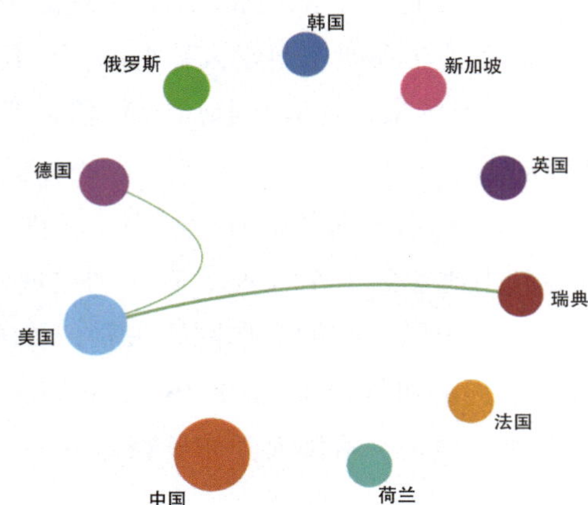

图 9.12 “生命时空组学技术”工程开发前沿主要国家间的合作网络

表 9.14 “生命时空组学技术”工程开发前沿中核心专利的主要产出机构

序号	机构	公开量	公开量比例 /%	被引数	被引数比例 /%	平均被引数
1	10x Genomics 有限公司	15	5.05	660	32.62	44.00
2	Prognosys 生物科学公司	12	4.04	558	27.58	46.50
3	麻省理工学院	8	2.69	87	4.30	10.88
4	东南大学	8	2.69	37	1.83	4.62
5	麻省理工学院 – 哈佛大学布罗德研究所	8	2.69	19	0.94	2.38
6	斯坦福大学	6	2.02	4	0.20	0.67
7	美国麻省总医院	5	1.68	16	0.79	3.20
8	西克公司	5	1.68	10	0.49	2.00
9	上海交通大学	5	1.68	8	0.40	1.60
10	应用材料公司	5	1.68	5	0.25	1.00

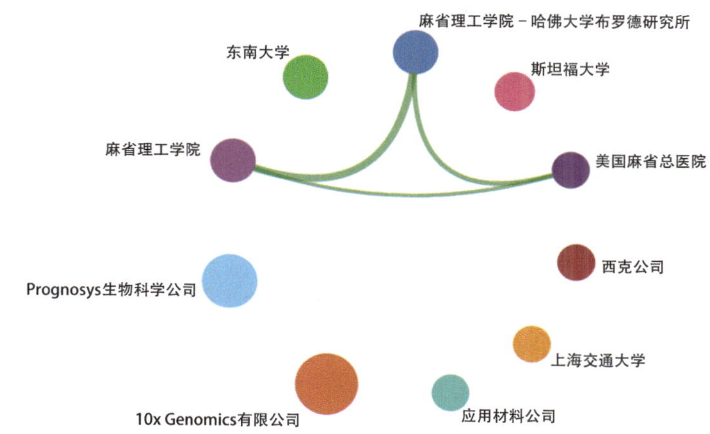

图 9.13 “生命时空组学技术”工程开发前沿主要机构间的合作网络

图 9.14 “生命时空组学技术”工程开发前沿的发展路线

9.2.2.3 人工智能辅助肿瘤早筛早诊

人工智能辅助肿瘤早筛早诊的发展历程可以追溯到 20 世纪 80 年代，最早研究的是简单的计算机辅助诊断（computer aided diagnosis，CAD）系统，主要依赖规则基础的方法，但是在肿瘤筛查中表现有限。20 世纪 90 年代，随着统计学和机器学习方法的发展，AI 技术开始应用于肿瘤数据分析。研究者利用简单的算法进行影像识别和预测模型构建，取得了一定成果。2010 年以后，深度学习技术的突破推动了计算机视觉的进步，使得 AI 在医学影像分析中的应用成为可能。多项研究证明，深度学习模型在 CT、MRI 和 X 线图像中识别肿瘤的准确率超过人类专家。随后，越来越多的 AI 工具经过临床验证并获得 FDA 或 CE 认证，开始在实际医疗中应用。AI 辅助的影像分析工具在肿瘤筛查中得到了广泛应用，提高了诊断效率和准确性。

近年来，研究者开始应用 AI 整合多种数据来源（如影像、基因组和临床数据），实现更全面的早期筛查和个性化风险评估。人工智能辅助肿瘤早筛早诊的主要研究方向包括：① 影像分析，利用深度学习技术提高 CT、MRI 和 X 线等医学影像中肿瘤的自动检测和分类准确性；② 生物标志物识别，开发 AI 算法分析基因组和血液样本数据，识别与肿瘤相关的生物标志物，辅助早期诊断；③ 多模态数据整合，结合影像、基因组、临床数据和患者历史，构建全面的风险评估模型，提升个性化筛查的效果；④ 自然语言处理（NLP），应用 NLP 技术分析电子健康记录和医生报告，从中提取关键信息，辅助临床决策；⑤ 实时监测与预警，研究基于 AI 的实时监测系统，及时发现疾病进展和复发风险，进行早期干预；⑥ 可解释性与伦理，关注 AI 模型的可解释性，确保其临床应用的透明性，并研究相关的伦理和隐私问题；⑦ 体系化数字医疗，复杂问题简单化，简单问题数字化，数字问题程序化，程序问题体系化。便于通过共识指南产生强基层广覆盖式全面提高医疗水平的效果。

人工智能辅助肿瘤早筛早诊是近年来医学领域的一个热点研究方向，并已在临床研究中取得了一些成功应用。例如，由阿里达摩院联合多家医疗机构开发的 PANDA（pancreatic cancer detection with AI）模型，通过“平扫 CT+AI”的方法，实现了大规模早期胰腺癌的筛查。伦敦帝国理工学院和剑桥大学的研究团队开发了一种 AI 模型，通过观察 DNA 甲基化模式，能够从非癌组织中识别出 13 种不同类型的癌症，准确率高达 98.3%。中国肺癌防治联盟研发的 PNapp 5A 则是体系化数字医疗的代表，先将共识指南融入其中，使“复杂问题简单化”；进一步通过 AI 使“简单问题数字化”；再通过 App 使“数字问题程序化”；最后应用物联网使“程序问题体系化”。

2018—2023 年，“人工智能辅助肿瘤早筛早诊”前沿方向的核心专利有 1 087 件，产出数量较多的国家是中国、美国和印度（表 9.15），其中中国的专利占比达到了 59.71%，在专利数量方面居于首位，是该工程开发前沿的重点研究国家之一；从核心专利主要产出国家间的合作网络来看，美国与澳大利亚、印度、中国等多个国家之间存在合作关系（图 9.15）。核心专利产出数量排在前列的机构有因美纳生物科技公司、中国医学科学院血液病医院和复旦大学（表 9.16）；南京世和医疗器械有限公司与中国医学科学院血液病医院、复旦大学均存在合作关系（图 9.16）。

目前，AI 已经开展多项临床验证，各类商业产品和研究平台相继推出，推动了肿瘤筛查的智能化发展。尽管仍面临数据隐私和伦理等挑战，但 AI 在肿瘤早筛早诊中的应用前景仍然被看好。未来，人工智能辅助肿瘤早筛早诊的重点发展方向和趋势包括：① 深度学习技术的进一步优化；② 影像、基因组、临床和生活方式多模态数据融合，开发综合性个性化评估诊断工具；③ 实时监测和预警系统，及时发现异常并

表 9.15 “人工智能辅助肿瘤早筛早诊”工程开发前沿中核心专利的主要产出国家

序号	国家	公开量	公开量比例 /%	被引数	被引数比例 /%	平均被引数
1	中国	649	59.71	1 749	46.60	2.69
2	美国	242	22.26	1 647	43.88	6.81
3	印度	62	5.70	2	0.05	0.03
4	韩国	54	4.97	55	1.47	1.02
5	澳大利亚	15	1.38	40	1.07	2.67
6	英国	14	1.29	63	1.68	4.50
7	加拿大	11	1.01	62	1.65	5.64
8	日本	10	0.92	18	0.48	1.80
9	德国	8	0.74	33	0.88	4.12
10	以色列	6	0.55	7	0.19	1.17

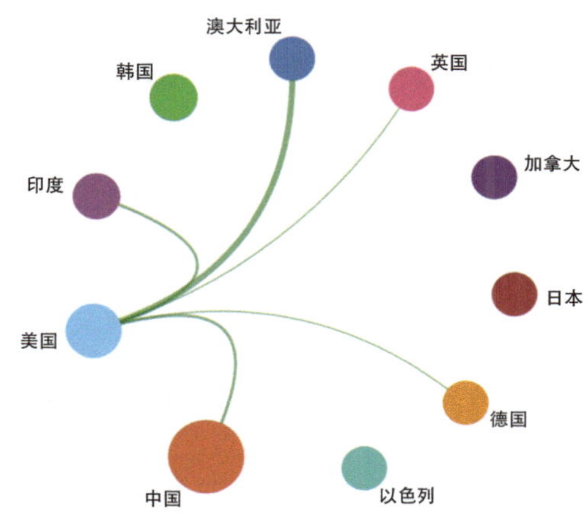

图 9.15 “人工智能辅助肿瘤早筛早诊”工程开发前沿主要国家间的合作网络

表 9.16　“人工智能辅助肿瘤早筛早诊”工程开发前沿中核心专利的主要产出机构

序号	机构	公开量	公开量比例 /%	被引数	被引数比例 /%	平均被引数
1	因美纳生物科技公司	32	2.94	332	8.85	10.38
2	中国医学科学院血液病医院	26	2.39	91	2.42	3.50
3	复旦大学	19	1.75	30	0.80	1.58
4	南京世和医疗器械有限公司	18	1.66	41	1.09	2.28
5	浙江大学	18	1.66	38	1.01	2.11
6	中山大学	17	1.56	69	1.84	4.06
7	Guardant Health 公司	15	1.38	183	4.88	12.20
8	北京泱深生物信息技术有限公司	14	1.29	10	0.27	0.71
9	瑞士罗氏公司	13	1.20	18	0.48	1.38
10	南方医科大学	11	1.01	22	0.59	2.00

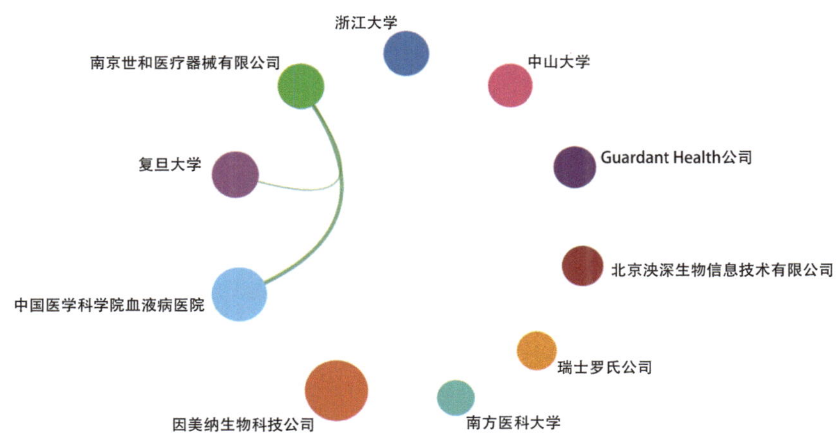

图 9.16 “人工智能辅助肿瘤早筛早诊”工程开发前沿主要机构间的合作网络

进行预警；④ 可解释性 AI，增强临床信任度；⑤ 虚拟助手和智能决策支持，协助医生进行诊断和治疗方案选择；⑥ 扩展应用场景，提升基层医疗水平，加强基层医院的覆盖广度；⑦ 元宇宙医学赋能，提高医疗和大健康水平；⑧ 去中心化数据共享，为一站式“医疗大健康”铺平道路；⑨ 由 AI、物联网医疗、元宇宙医疗（含 GPT）组成的医学新质生产力，形成符合新发展理念的先进生产力质态；⑩ 建立、健全伦理和法规框架，确保患者数据隐私和安全。这些发展方向将推动 AI 在肿瘤早筛早诊中的应用，提升医疗服务质量和效率（图 9.17）。

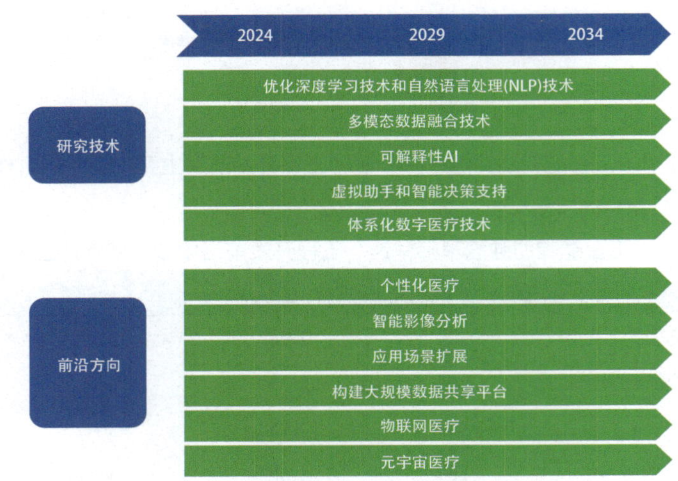

图 9.17 “人工智能辅助肿瘤早筛早诊”工程开发前沿的发展路线

领域课题组成员

领域课题组组长：陈赛娟 张伯礼

院士专家组：

吴玉章 刘陈立 周荣斌 曾 文 刘光慧 武桂珍 黄晓军 余学清 陈 翔 于 君 徐瑞华
张抒扬 吴德沛 李为民 江 涛 张宏家 王振宁 徐万海 林天歆 虞先濬 郝继辉 李青峰
刘 争 金子兵 王锡山 张 伟 吴 晨 夏宁邵 胡志斌 詹思延 阚海东 王超龙 李 颖
尹遵栋 徐宏喜 郝海平 陈士林 钱忠直 刘保延 李 梢 叶 敏 崔文国 李 舟

工作组：

丁 宁 赵西路 奚晓东 严晓昱 陈银银 任鹏宇 褚敬申

文献情报组：

仇晓春　邓珮雯　吴　慧　樊　嵘　寇建德　刘　洁　陶　磊　江洪波　陈大明　陆　娇　毛开云
袁银池　范月蕾　张　洋

报告执笔组：

吴玉章　胡志斌　曾　文　徐瑞华　李青峰　张艺凡　张　玄　刘光慧　宋默识　詹思延　徐华强
叶　敏　殷　昊　徐　讯　白春学　田　梅　刘　晗　王任直　魏　炜　秦建华　明　东　刘秀云
刘加林

第十章　工程管理前沿

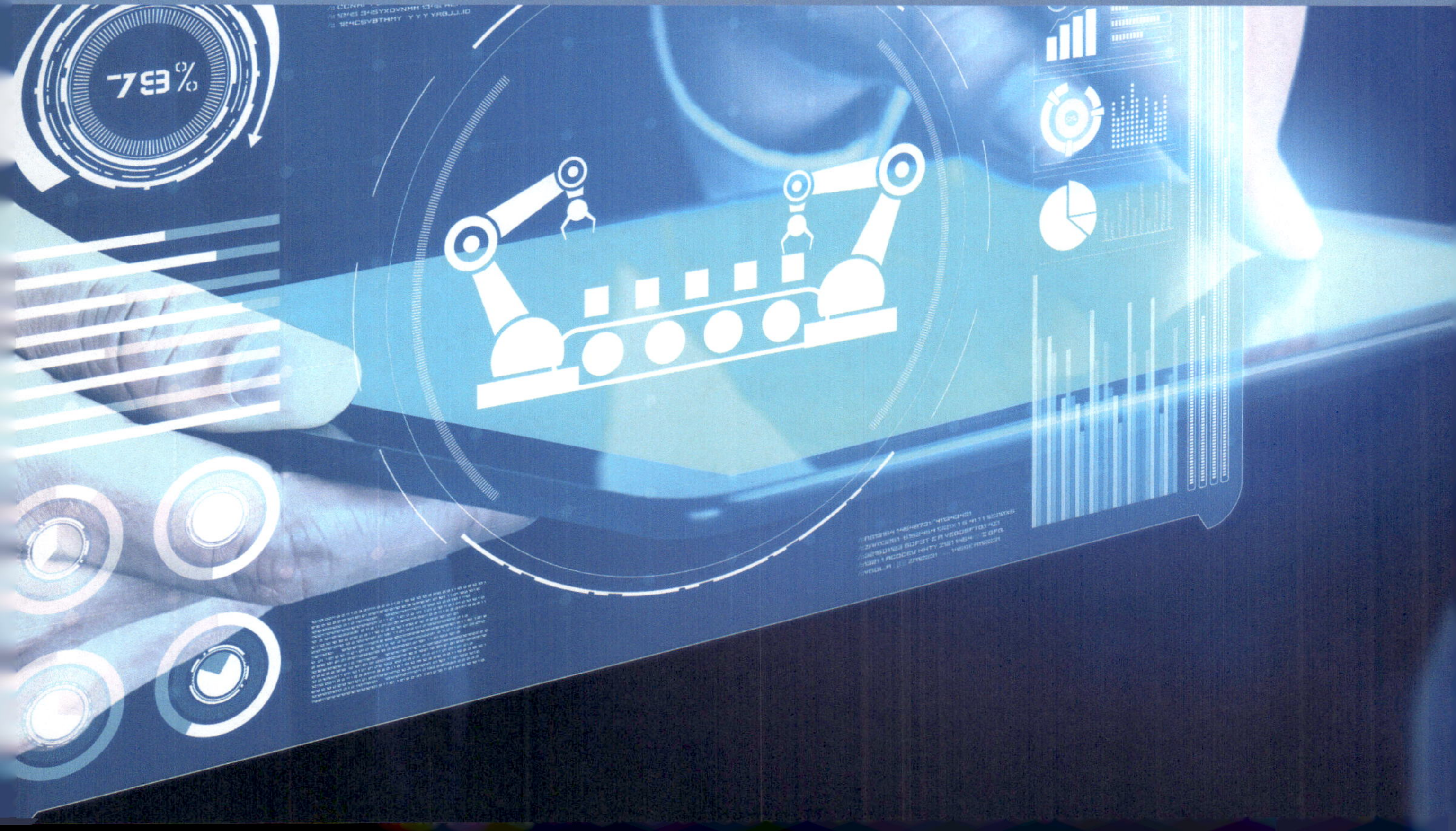

10.1 工程研究前沿

10.1.1 Top 10 工程研究前沿发展态势

在工程管理领域，本年度 10 个全球工程研究前沿分别是：基于生成式人工智能的工程管理优化问题研究，机器行为与人工智能大模型对人类决策行为的长期影响研究，城市系统物理－信息－社会建模与韧性提升，绿色能源系统综合优化与评估，数字化碳排放监测测算方法及时空特征演化研究，复杂社会信息网络下公共风险感知研究，建筑（群）数字孪生模型推演与虚实交互方法研究，碳中和目标下供应链管理与优化策略研究，气候金融资产定价与风险管理研究，生成式人工智能算法伦理研究。其核心论文发表情况见表 10.1 和表 10.2。其中，基于生成式人工智能的工程管理优化问题研究、机器行为与人工智能大模型对人类决策行为的长期影响研究、城市生命体系统物理－信息－社会建模与韧性提升、绿色能源系统综合优化与评估为重点解读的前沿，后文对其目前发展态势以及未来趋势进行详细解读。

（1）基于生成式人工智能的工程管理优化问题研究

随着技术的飞速发展和项目的日益复杂，工程管理在确保项目顺利进行与成功完成方面发挥着至关重要的作用。现代工程项目往往涉及多方协作、资源配置、风险控制等多个方面，这就要求工程管理者具备全面的专业知识和管理技能。然而，由于思想与理念难以充分落实，加之现实条件的制约，工程管理的实际效果与预期目标之间仍然存在较大差距。这种差距不仅可能导致项目延期和预算超支，还可能影响到工程质量和安全。在这样的背景下，生成式人工智能的颠覆性进展为工程管理带来了变革的契机。当前，生成式人工智能技术在工程管理优化领域仍处于简单集成和初步应用阶段，尽管如此，它们已经显示出巨大

表 10.1　工程管理领域 Top 10 工程研究前沿

序号	工程研究前沿	核心论文数	被引频次	篇均被引频次	平均出版年
1	基于生成式人工智能的工程管理优化问题研究	18	455	25.28	2021.3
2	机器行为与人工智能大模型对人类决策行为的长期影响研究	43	578	13.44	2020.9
3	城市系统物理－信息－社会建模与韧性提升	8	204	25.50	2021.1
4	绿色能源系统综合优化与评估	30	1 474	49.13	2019.3
5	数字化碳排放监测测算方法及时空特征演化研究	23	833	36.22	2020.3
6	复杂社会信息网络下公共风险感知研究	29	765	26.38	2020.9
7	建筑（群）数字孪生模型推演与虚实交互方法研究	29	627	21.62	2021.0
8	碳中和目标下供应链管理与优化策略研究	20	419	20.95	2022.2
9	气候金融资产定价与风险管理研究	16	637	39.81	2021.2
10	生成式人工智能算法伦理研究	16	140	8.75	2022.7

表 10.2　工程管理领域 Top 10 工程研究前沿核心论文逐年发表数

序号	工程研究前沿	2018	2019	2020	2021	2022	2023
1	基于生成式人工智能的工程管理优化问题研究	1	3	2	1	5	6
2	机器行为与人工智能大模型对人类决策行为的长期影响研究	4	7	4	11	8	9
3	城市系统物理 – 信息 – 社会建模与韧性提升	1	1	1	0	3	2
4	绿色能源系统综合优化与评估	1	2	2	0	3	5
5	数字化碳排放监测测算方法及时空特征演化研究	2	8	3	4	4	2
6	复杂社会信息网络下公共风险感知研究	3	3	2	12	4	5
7	建筑（群）数字孪生模型推演与虚实交互方法研究	3	6	2	4	5	9
8	碳中和目标下供应链管理与优化策略研究	0	0	1	2	8	9
9	气候金融资产定价与风险管理研究	2	1	2	3	2	6
10	生成式人工智能算法伦理研究	0	0	0	2	1	13

的潜力。这些技术通过数据分析、预测模型和自动化流程等手段，在工程咨询、工程营销、工程运营等业务中，能够提供更加科学和高效的解决方案。

（2）机器行为与人工智能大模型对人类决策行为的长期影响研究

伴随着智能技术的飞速发展，在人们的日常工作和生活中，机器作为行为主体的出现愈发频繁，其重要性也日益提升。机器行为，即对智能机器所展现出来的行为研究，从提出伊始便得到了广泛的关注和进一步的研究。由于智能机器的应用无所不在，类别千变万化，特别是伴随着以 ChatGPT 为代表的生成式人工智能大模型的出现，智能机器更进一步对人类在不同层面上产生影响。以往的研究不仅进行了实证研究，收集和分析数据，验证人机协同决策的有效性，以及在实际应用中的表现和影响，还探究了人机交互中的决策过程的影响因素，包括沟通模式、任务分配和角色定义；基于认知科学的发现，探究了利用对人脑认知过程的理解来提升人机系统的协同效率；探索了将人的直觉、判断和决策能力与机器的数据处理、模式识别和学习能力相联合，实现更为高效和准确的决策。在以上研究基础上，进一步指导人机交互系统的实现，让机器能够理解并响应人类用户的指令和需求，同时人类用户也能有效地监控和指导机器的行为。此外，还进一步探讨了在人机协同决策中如何确保伦理原则得到遵守，以及如何平衡技术发展与社会责任。

（3）城市系统物理 – 信息 – 社会建模与韧性提升

城市是经过长期建设发展形成的由自然环境、建筑与基础设施以及人构成的有机生命体。随着城镇化的加速和自然灾害的频发，提升城市韧性，确保城市系统在受到扰动时能维持或迅速恢复功能，已成为城市可持续发展的关键。城市可以被视为由物理（实体要素）、信息（信息数据）、社会（人类活动）三个维度组成的“三度空间”。三度空间中的城市子系统相互关联、相互作用，共同支撑城市的运转，其对灾害的抵御和恢复能力，共同决定了城市的韧性水平。随着城市系统日益复杂，灾害影响往往会出现“系统间传递”和“维度间扩散”，如供电系统损坏导致供水系统和通信系统功能受损，进而影响医院等关键社会服务设施的运转。然而，传统研究与实践通常针对单一子系统，无法揭示子系统间的交互机制及其破坏后对社会维度的影响机制，也就无法从城市全局上确定需要重点防护的关键基础设施，无法将有限的防灾减灾资源最优地配置到城市的各个子系统中。因此，跨物理 – 信息 – 社会维度的城市系统建模与韧性提升已成为当前城市韧性领域的前沿。现有前沿研究主要从以下不同维度融合的角度推进城市系统韧性的建模与提升工作：首先，城市系统物理－信息建模研究主要通过实时数据采集、云计算、大数据分析的建模与优化方法，提升城市物理系统的运行安全与稳定性；其次，城市系统社会－信息建模主要通过分析社会行为与信息传播机制，优化应急资源配置与社区自组织水平，增强城市系统在灾害情境下的响应能力；再次，物理－社会系统研究主要聚焦物理－社会系统的相互作用机制，探索灾害情景中的复杂动态过程，提升城市应急管理与风险评估的准确性；最后，在跨维度建模基础上，通过情景推演，评估城市系统在冲击下的韧性表现，制定优化策略，提升系统韧性。未来，研究将进一步聚焦物理－信息－社会系统的协同演化机制，推动跨学科、跨领域的创新发展，特别是在数据安全、智能化、集成化和精细化建模等方向，探索新兴技术对提升城市韧性的潜在价值。

（4）绿色能源系统综合优化与评估

在全球能源转型与可持续发展的大背景下，绿色能源系统的综合优化与评估已成为应对气候变化、保障能源安全和推动环境保护的关键举措。通过整合可再生能源技术，绿色能源系统不仅逐步降低了传统化石能源的供能比例，也实现了多种能源的高效利用和低碳发展。如何优化整体性能，并在经济性、可靠性和环境可持续性之间取得平衡，成为绿色能源系统研究的核心。一方面，随着可再生能源渗透率的不断提高，多能源系统的集成与优化面临严峻挑战。虽然多能转换与多元储能技术极大地提高了系统运行的灵活性和能效，但也显著增加了系统运行的复杂性，并对其稳定性带来了极大挑战。为此，通过建立高效的优化策略及多维评估指标，实现多能协同调度，并最小化能源生产、传输、存储和消费的全周期成本，是目前研究重点。另一方面，绿氢作为未来能源的重要载体，正在迅速全面崛起。氢能生产、储存与应用技术的突破也为构建新型低碳能源系统提供了重要支撑。研究者们正积极探索经济的绿氢生产方式、高效的系统优化方法及全面的评价指标，以推动绿氢在未来能源系统中的深度应用。近期研究重点包括绿色能源系统电－热－气（氢）转换设施精细化建模、绿氢生产及综合能源系统多维度评估、电－热－气（氢）耦合优化调度及其可靠运行、多网络耦合系统规划及其设施配置、市场机制设计及可持续发展政策推广。

（5）数字化碳排放监测测算方法及时空特征演化研究

1958 年，在夏威夷莫纳罗亚天文台启动的长期大气二氧化碳观测首次确认二氧化碳浓度逐年上升。20 世纪 70—90 年代，碳排放概念逐步成型，主要通过能源消耗和工业活动的统计数据进行粗略估算，研究重点在于其对全球气候变化的影响。进入 21 世纪，卫星遥感技术被引入碳监测领域，发展出生命周期评价和碳足迹模型等定量分析工具。自 2010 年以来，信息技术的进步推动了传感器网络、大数据和云计算在碳排放监测中的应用，增强了对碳排放时空演化特征的研究。2020 年后，随着大数据和人工智能的迅速发展，重点行业的碳排放监测与管理逐步实现数字化，研究重心转向提高碳排放清单的精度与时空分辨率，以及探索碳排放与经济、社会、环境、政策等多因素间的复杂关系。当前碳排放监测的研究重点主要集中在几项关键技术的创新与应用上。智联网与数字孪生技术的结合，通过智联网设备实时采集碳排放数据，并利用数字孪生技术进行精确映射和趋势预测，实现精准的碳排放测算与评估；天－空－地一体化监测与数字地球平台的整合，融合卫星、无人机和地面监测数据，构建高分辨率、近实时的全景碳排放监测网络；超级计算与智慧大脑的结合，通过高效的数据分析和深度模式挖掘，支持智能化的碳排放管理与决策。这些技术方向正推动碳排放监测走向全面、精准和智能化的综合发展。未来十年，碳排放监测的发展目标是打造一个“天－空－地－海－人”多界面耦合、多源融合、可视化、高时空分辨率、动态系统一体化的碳排放立体监测网络。核心在于构建一个多源、多尺度数据智能融合的动态碳数据平台，并将其深度集成到能源系统中，成为智能能源系统的有机组成部分。这个系统将整合卫星、地面站、无人机、车载设备等多种监测手段，在“天 – 空 – 地”框架基础上，搭建一个高时空分辨率且可动态更新的碳通量网络。与现有的碳通量网络相比，这一能碳智联系统不仅显著提高了碳流监测的准确性和时空分辨率，还增强了对能源网络规划与运行的指导能力，为在碳中和约束条件下的能源网络运行和建设提供了更多的灵活性，从而更好地实现长时间、大尺度的碳中和目标。

（6）复杂社会信息网络下公共风险感知研究

公共风险感知是公众对某事物表达的担心或忧虑，体现了公众对特定风险状态进行主观评价的过程。随着大数据、大模型、大算力等信息技术的快速发展，有关突发事件或风险因素的信息扩散越来越受到人工智能生成内容（AIGC）技术和各类社交媒体平台的影响。公众对某类风险主题的风险感知在当前这种复杂社会信息网络情景下呈现出新特征与新规律。当前，复杂社会信息网络下的公共风险感知在管理学、灾害学、社会学、计算机科学、数据科学、工程科学、传播学等多个领域取得了显著进展，凸显了公共风险感知的动态性、关联性、复杂性、模糊性等新特征。现有的研究多通过信息化手段自动获取网络上多源异构开源数据，搜集社交平台、新闻媒体、购物平台、地理信息等网络中的开放数据资源，分析重大突发事件、新兴技术发展、特定社会或政策主题等方面的信息扩散模式与扩散网络、公众对其风险感知的特征提取与演变过程，以及相应责任主体的风险干预策略等。该领域未来的发展趋势包括：① 基于异质网络社区风险认知差异下的风险信息扩散模式及其风险感知的交互影响模式；② 基于 AIGC 的风险信息呈现方式、公共风险感知与信任水平的关系分析；③ 基于多源异构数据的公共风险感知的信息挖掘技术与定量计算模型；④ 公众对不同突发事件类型、重大项目活动、新兴技术趋势等重大变化因素的风险感知演变过程分析与全景信息呈现方式，并在此基础上开展基于多源信息平台的信息沟通策略研究。

（7）建筑（群）数字孪生模型推演与虚实交互方法研究

数字孪生是通过在数字空间对物理世界进行建模，构建出物理世界的映像，利用数字感知、传输和智能技术对物理世界产生的海量数据进行分析，形成实时、智能化的洞察和决策，进一步反馈于物理世界，从而实现对物理世界的持续优化和科学决策。自 2003 年提出以来，数字孪生被广泛应用于航空航天、工业制造等领域，并迅速拓展至城市建筑与建筑群的运维领域。目前，建筑（群）的数字孪生主要靠融合城市信息模型（CIM）、建筑信息模型（BIM）、地理信息系统（GIS）、物联网（IoT）、人工智能等技术来实现，其成熟度可分为：以虚仿实（1 级）、以虚映实（2 级）、以虚控实（3 级）、以虚预实（4 级）、以虚优实（5 级）和虚实共生（6 级）。其中，3~5 级涉及的数字孪生模型推演与虚实交互是当前亟待突破的核心问题。近年来，该领域的研究处于起步阶段，涉及信息采集与分析、数字孪生模型构建、虚实交互软硬件设计等的交叉融合，例如融合计算机视觉、物联网等的建筑施工与安全培训，基于虚拟现实等的人 – 机 – 环交互，基于大数据等的建筑设备调控等。相较而言，美国、欧洲等的城市数字孪生技术体系相对完善，制定了系列战略与底层标准，拥有 Autodesk 等知名厂商支持，形成了“虚拟新加坡”等领先探索实践。随着智慧城市建设需求的提高与信息化技术的发展，建筑（群）数字孪生技术的发展与前景更为广阔。未来研究趋势包括：建筑（群）数字孪生的技术体系建设；具有自主知识产权的数字孪生平台；面向建筑改造、能耗调控、服役安全、防灾与应急等多场景的高效感知、全要素识别跟踪、模型重建更新、高效推演调控等。

（8）碳中和目标下供应链管理与优化策略研究

近年来，围绕“碳中和目标下供应链管理与优化策略研究”这一主题，国内外学者的前沿研究主要集中在以下五大领域。第一，碳交易政策下的供应链减排决策与优化策略。碳交易政策对供应链中的制造商和消费者会产生不同影响，在惠及消费者的同时会降低制造商的盈余，但有利于提高整体社会福利。随着“碳中和”战略的提出，消费者对低碳生产的意识增强，政府碳交易机制和低碳消费补贴政策逐步出台，企业面临着良好的发展机遇。然而，政府如何合理制定碳交易政策，企业如何在供应链中实施最优的低碳生产决策，仍然是低碳转型发展研究中的关键问题。第二，碳交易政策驱动的供应链碳减排技术创新的影响。实现企业碳减排的最根本途径是对碳减排技术进行投资与创新。在碳交易政策驱动下，投资碳减排技术的供应链成员存在技术投资决策与纵向合作策略问题。碳交易政策的存在会使纵向合作的条件变得更加严格。然而，碳交易政策驱动的供应链碳减排技术创新对企业间的合作与资源共享、供应链碳减排成本效益优化、供应链监管与信息披露等方面的影响机制仍旧是未知的，是未来的重要研究趋势。第三，低碳供应链的融资模式。随着低碳经济的不断发展和推进，低碳供应链的资金约束问题不断放大，主要表现为企业转型、绿色产品研发、绿色产品推广和其他低碳行为等环境保护方面都需要资金作为保障。低碳供应链之间各方的整体融资协作不仅能够为消费者提供更多低碳产品，也能够有效提高供应链利润和总绩效。不同的低碳投资成本系数和生产成本对融资决策选择具有重要影响。因此，在碳排放限制的背景下，在不同融资模式下如何实现社会福利和制造商利润的双赢值得进一步深入研究。第四，数智技术和减碳技术在低碳供应链中的实施障碍。数智技术和减碳技术可充分赋能供应链中企业在“查碳、析碳、减碳”各环节的工作。然而，数智技术和减碳技术在低碳供应链的实施过程中，普遍存在碳排放数据采集和计算难度大等障碍。第五，低碳供应链的网络设计与优化。在碳中和发展的背景下，低碳供应链网络设计的关键挑战是如何在保持供应链网络利益最大化的同时，最大程度地减少碳排放。在低碳供应链网络设计中，需要考虑诸多因素，如供应链战略合作伙伴的选择、物流调度、能源资源的选择和利用、库存管理等。因此，利用优化设计方法，如何最大限度地提高企业在构建低碳供应链物流网络中的综合利益需要获得更多关注。

（9）气候金融资产定价与风险管理研究

气候变化不仅直接影响到自然生态系统，还严重威胁到全球经济发展和金融系统安全。气候金融是旨在减缓和适应气候变化，以支持经济社会绿色低碳转型、实现可持续发展而在全球范围内所进行的所有金融活动的统称。气候金融研究重点是在准确刻画气候变化的物理风险（如极端天气事件）和转型风险（如政策、技术创新和消费者偏好改变导致的经济结构调整）的基础上，探讨如何对相关金融资产进行气候风险定价，以及如何采取措施评估和管理气候风险引起的各种金融风险。深入研究气候金融资产定价与风险管理，对维护金融稳定以及促进全球经济的可持续发展具有重要意义。当前主要研究方向包括：① 气候风险量化与评估，主要包括通过自然灾害监控技术估计极端气候事件造成的资产损失，评估搁浅资产风险及其对金融稳定性的影响，采用文本分析和机器学习等方法构建市场和公司层面的气候风险相关指数；② 气候风险与资产定价，主要研究气候变化导致的物理风险和转型风险如何影响不同资产类别的价格，涉及的资产类别包括房地产、股票和固定收益证券等；③ 气候风险管理与投资策略优化，主要包括金融机构如何通过气候风险压力测试、金融工具创新管理气候风险，投资者如何构建投资组合以实现气候风险的有效对冲，政府如何通过金融政策防范和化解气候风险对经济或金融稳定性的影响。该领域未来发展趋势包括：考虑多源异构数据的气候风险精细化度量、新型气候金融工具开发与合理定价、气候金融系统与经济社会系统耦合关系及反馈机制、气候金融风险管理的创新国际合作机制构建。

（10）生成式人工智能算法伦理研究

生成式人工智能（generative artificial intelligence）是人工智能领域的一个重要分支。其以深度学习、概率模型、生成对抗网络等技术为基础，通过对数据内容、规律进行学习和模拟，实现文本、音频、视频、代码等内容的生成，能够极大地提高生产效率。随着生成式人工智能在影音娱乐、医疗卫生等领域的应用，其在实践过程中产生的伦理问题也成为社会关注的重点。现有的伦理研究主要从以下几个方面展开。其一，从人工智能的开发和训练层面进行分析，涉及人工智能的数据收集方式、数据训练内容、开发成本与开发人员的道德倾向等问题。其中，人工智能的数据收集涉及人工智能的监视问题、私人数据的商品化问题等。这类问题在私密性较高的医疗领域尤为突出。数据的质量、开发人员的训练方式以及道德倾向对人工智能生成的内容有着深刻影响，通常体现为人工智能生成内容的偏见问题。这一问题也使得对开发人员的伦理教育和跨学科培训成为伦理研究关注的重点之一。其二，从人工智能实际运用层面进行分析，涉及人工智能技术的滥用和人机协作问题。人工智能技术的滥用主要表现为虚假信息的制造和传播。人机协作问题可细分为人工智能属于工具还是创造者、生成的内容是否具有创新性、人工智能能否视为道德主体并承担道德责任等问题。未来的研究将进一步围绕着人机协作乃至人机融合展开，主要包括人工智能的权责分配问题、虚拟犯罪的认定与惩戒问题、人机融合的身份认同问题和主体价值问题等。

10.1.2　Top 4 工程研究前沿重点解读

10.1.2.1　基于生成式人工智能的工程管理优化问题研究

基于生成式人工智能的工程管理优化问题研究关注工程项目的全生命周期，主要集中在以下六个方面：① 工程咨询，使用生成式人工智能技术提供政策、法规、人力资源等方面的咨询支持；② 工程营销，辅助营销、售后等各项业务；③ 工程运营，实现人员智能调度；④ 财务审查，确保工程项目合法合规；⑤ 风险管理，通过生成式人工智能实时评估项目风险并提供预防措施；⑥ 研究与开发，评估设计合理性，解决技术难题。

“基于生成式人工智能的工程管理优化问题研究”工程研究前沿中，核心论文数排名前六的国家是中国、澳大利亚、美国、法国、英国和德国（表 10.3），主要产出机构包括法国国立高等工程学院、韩国科学技术院、淑归女子大学等（表 10.4）。已有研究结果显示，“基于生成式人工智能的工程管理优化问题研究”工程研究地区分布主要集中在亚洲和欧洲，法国与比利时、希腊、爱尔兰等国之间的合作较多（图 10.1）。在机构合作方面，多数为同一国家内高校之间的合作，澳大利亚和加拿大两个国家内的高校合作活跃，莫纳什大学、墨尔本大学、维多利亚大学、西悉尼大学之间的合作较为密切（图 10.2）。由表 10.5 可以看出，中国的施引核心论文数排名第一。表 10.6 显示，施引核心论文数排名前三的机构是麻省理工学院、清华大学和重庆大学。

图 10.3 为“基于生成式人工智能的工程管理优化问题研究”工程研究前沿的发展路线。在加快发展生成式人工智能落地应用、构建智能化工程管理平台，推进设计过程与工程管理有机融合的需求推动下，通过框架、技术、运行与管理标准体系等方面的持续建设，逐步实现工程项目智能化管理，达到资源高效利用、合理配置的效果。

表 10.3 "基于生成式人工智能的工程管理优化问题研究"工程研究前沿中核心论文的主要产出国家

序号	国家	核心论文数	论文比例 /%	被引频次	篇均被引频次	平均出版年
1	中国	6	33.33	30	5.00	2020.0
2	澳大利亚	2	11.11	195	97.50	2022.0
3	美国	2	11.11	22	11.00	2020.5
4	法国	2	11.11	18	9.00	2023.0
5	英国	2	11.11	5	2.50	2019.5
6	德国	2	11.11	1	0.50	2023.0
7	韩国	1	5.56	188	188.00	2019.0
8	比利时	1	5.56	18	18.00	2023.0
9	希腊	1	5.56	18	18.00	2023.0
10	爱尔兰	1	5.56	18	18.00	2023.0

表 10.4 "基于生成式人工智能的工程管理优化问题研究"工程研究前沿中核心论文的主要产出机构

序号	机构	核心论文数	论文比例 /%	被引频次	篇均被引频次	平均出版年
1	法国国立高等工程学院	2	11.11	18	9.00	2023.0
2	韩国科学技术院	1	5.56	188	188.00	2019.0
3	淑明女子大学	1	5.56	188	188.00	2019.0
4	莫纳什大学	1	5.56	184	184.00	2022.0
5	墨尔本大学	1	5.56	184	184.00	2022.0
6	维多利亚大学	1	5.56	184	184.00	2022.0
7	西悉尼大学	1	5.56	184	184.00	2022.0
8	芝加哥大学	1	5.56	22	22.00	2019.0
9	南京林业大学	1	5.56	20	20.00	2022.0
10	南京晓庄学院	1	5.56	20	20.00	2022.0

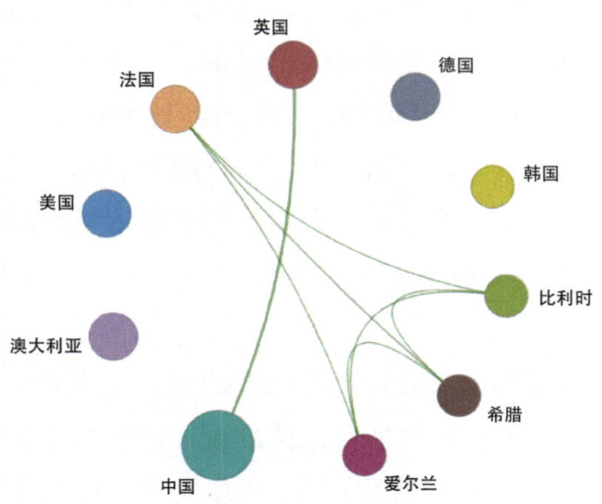

图 10.1 "基于生成式人工智能的工程管理优化问题研究"工程研究前沿主要国家间的合作网络

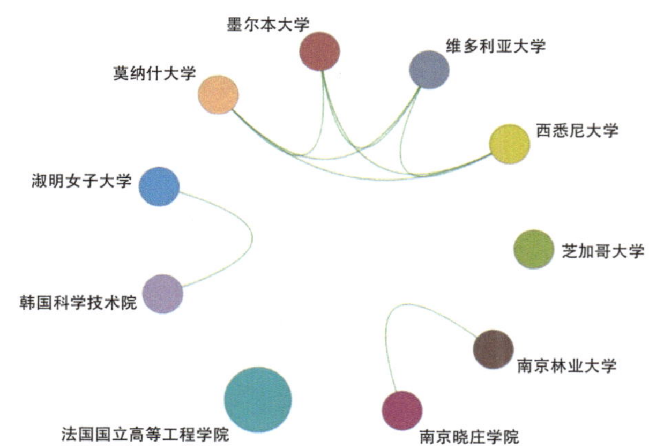

图 10.2 “基于生成式人工智能的工程管理优化问题研究”工程研究前沿主要机构间的合作网络

表 10.5 “基于生成式人工智能的工程管理优化问题研究”工程研究前沿中施引核心论文的主要产出国家

序号	国家	施引核心论文数	施引核心论文比例 /%	平均施引年
1	中国	113	24.84	2023.1
2	美国	87	19.12	2022.2
3	韩国	23	5.05	2022.6
4	印度	18	3.96	2023.4
5	澳大利亚	18	3.96	2023.3
6	德国	15	3.30	2022.7
7	加拿大	12	2.64	2023.3
8	马来西亚	8	1.76	2023.1
9	瑞典	8	1.76	2023.4
10	意大利	8	1.76	2022.5

表 10.6 “基于生成式人工智能的工程管理优化问题研究”工程研究前沿中施引核心论文的主要产出机构

序号	机构	施引核心论文数	施引核心论文比例 /%	平均施引年
1	麻省理工学院	11	2.42	2021.7
2	清华大学	7	1.54	2022.3
3	重庆大学	6	1.32	2023.2
4	北京工业大学	6	1.32	2023.0
5	国防科技大学	5	1.10	2022.6
6	得克萨斯大学奥斯汀分校	5	1.10	2022.2
7	慕尼黑工业大学	5	1.10	2022.4
8	中国科学院	4	0.88	2022.8
9	佐治亚理工学院	4	0.88	2022.8
10	同济大学	4	0.88	2022.5

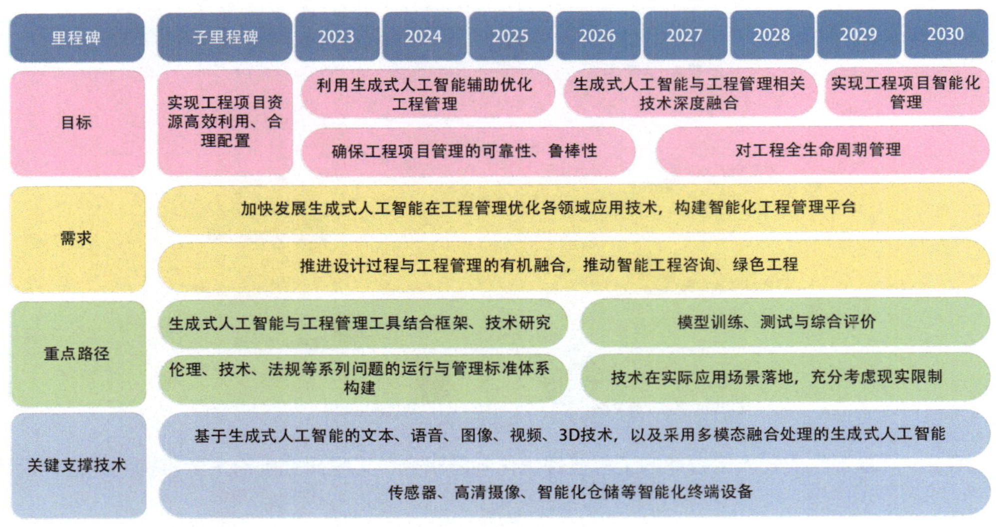

图 10.3　“基于生成式人工智能的工程管理优化问题研究”工程研究前沿的发展路线

10.1.2.2　机器行为与人工智能大模型对人类决策行为的长期影响研究

机器行为与人工智能大模型对人类决策行为的长期影响研究将呈现出多元化、深入化和应用导向的发展趋势。未来研究将更加注重跨学科融合、多维度分析、长期效应与动态变化的研究内容，并加强对伦理、法律问题的关注，以及政策、法规的制定。具体如下：

（1）人机协同决策增强

在不同行业（例如金融投资、医疗诊断等）、不同场景（例如灾难响应、医疗应急情况）下，通过利用人工智能（AI）大模型的数据处理能力，识别复杂的模式和趋势，为人类提供更为精准的预测和建议支持，从而提高决策效率，提升决策质量。从交互角度入手，可以通过人机交互的增强与协作，研究如何通过人工智能（AI）提高人机交互的质量，以及这种交互如何影响决策过程；研判 AI 辅助系统在复杂任务中的协作能力，以及它们如何影响人类的决策效率和准确性。从机器端，可以研究如何提高 AI 系统的可解释性，以便用户能够理解其决策逻辑和推荐，并探索透明度对于建立用户对 AI 系统的信任以及其决策行为的长期影响。从社会端，可以研究智能机器及智能决策系统在推动社会结构变化方面的作用，如就业结构、经济结构等，并探讨这些变化如何影响人类的决策行为和社会互动。

（2）决策过程的人机组织与分工

如何让机器聚焦于标准化和重复性的决策过程，减少人为错误，让人类将注意力集中在更需要创造性和战略性思考的决策上，并探究这些系统如何影响人类的决策过程、决策质量和决策满意度。探讨人机互动过程中人类的心理变化，如信任感、依赖感、自我认同感等，以及这些心理变化如何影响人类的决策行为。必要时，AI 系统可进行动态适应性调整，承担部分决策任务，从而减轻决策者的认知负荷，使决策者能够专注于更高层次的决策活动。更进一步，人机如何组织协调（例如责权利如何分配等）以完成决策任务成为新技术条件下的研究重点。人机协同条件下决策模式的转变也成为研究的关注点，特别是对 AI 决策支持的长期依赖可能导致人类决策模式的转变，人们可能更倾向于数据驱动的决策，而不仅仅凭经验或直觉，但这也可能导致对机器的过度依赖，从而引发认知能力下降等问题。

（3）决策的伦理与责任问题

随着 AI 在决策过程中的作用增加，伦理和责任归属问题也变得更加复杂，特别是当 AI 系统提供的建议导致不利后果时，责任应如何界定，成为当前研究的热点。关注智能机器及智能决策系统在收集、处理和使用个人数据时的隐私保护问题，研究如何加强数据安全和隐私保护技术，以减轻对个人隐私的威胁。探讨智能机器及智能决策系统在决策过程中涉及的法律法规和伦理规范问题，如责任归属、权利保护等，为技术的健康发展提供法律支持和伦理指导。

（4）技能和教育的适应

长期来看，人类与 AI 的协作可能会发展出新的工作模式和组织结构，这要求人类适应与智能机器共同工作的新环境。为了有效利用 AI 进行决策，人类需要学习新技能和知识，这会进一步推动教育体系和职业培训的改革。研究需要分析 AI 如何改变工作流程和职业角色；探索 AI 如何辅助教育和培训过程，支持人的发展；研判 AI 对员工满意度、工作绩效和职业发展的影响；探究 AI 系统如何影响用户的心理健康，包括压力、焦虑和决策疲劳，同时探索 AI 在提供心理健康支持和干预方面的潜力，在组织层面形成良好的人机关系。

（5）政策与法规

AI 在决策中的广泛应用可能会改变劳动力市场的需求，从而导致社会结构和劳动力市场的变化。为此，需要设计和实施长期研究，以监测和评估在个人和社会层面 AI 对人类决策行为的持续影响，并进一步研究如何制定有效的政策和法规，以管理 AI 在决策过程中的应用，确保其积极影响并减少潜在的负面影响。

从表 10.7 和表 10.8 可以看出，“机器行为与人工智能大模型对人类决策行为的长期影响研究”工程研究前沿中核心论文数排名前三位的国家是美国、中国和德国，核心论文的主要产出机构有佐治亚理工学院、南洋理工大学等。从主要国家间的合作网络来看，美国与其他国家间的合作较多，其次是中国、新加坡、

表 10.7　“机器行为与人工智能大模型对人类决策行为的长期影响研究”工程研究前沿中核心论文的主要产出国家

序号	国家	核心论文数	论文比例 /%	被引频次	篇均被引频次	平均出版年
1	美国	11	25.58	299	27.18	2019.9
2	中国	9	20.93	135	15.00	2022.2
3	德国	5	11.63	113	22.60	2020.0
4	英国	5	11.63	66	13.20	2020.4
5	意大利	4	9.30	59	14.75	2021.2
6	新加坡	3	6.98	129	43.00	2021.0
7	澳大利亚	3	6.98	60	20.00	2020.3
8	比利时	2	4.65	62	31.00	2022.0
9	丹麦	2	4.65	46	23.00	2020.5
10	荷兰	2	4.65	6	3.00	2022.0

澳大利亚（图 10.4）；从主要机构间的合作网络来看，南洋理工大学、香港理工大学、佐治亚理工学院和澳门大学四者之间的合作较为紧密（图 10.5）。在施引核心论文方面，中国的施引核心论文数排名领先于其他国家（表 10.9），而香港理工大学和清华大学则是机构的代表（表 10.10）。

图 10.6 为“机器行为与人工智能大模型对人类决策行为的长期影响研究” 工程研究前沿的发展路线。相关研究应以构建人机共融的未来社会为目标，在促进人机合作、增强人机协调、促进人机共进与和谐共生的不同层次上展开研究。未来研究应着力于人机交互、算法提升，并将相关研究结合不同具体场景加以应用，促进人机相互感知、相互理解，进而探究人机协同对人类社会的长期影响，并指导制定相关的法律法规，构建未来人机共生的社会。

表 10.8 “机器行为与人工智能大模型对人类决策行为的长期影响研究”工程研究前沿中核心论文的主要产出机构

序号	机构	核心论文数	论文比例 /%	被引频次	篇均被引频次	平均出版年
1	佐治亚理工学院	2	4.65	74	37.00	2020.0
2	南洋理工大学	2	4.65	72	36.00	2021.0
3	根特大学	2	4.65	62	31.00	2022.0
4	浙江大学	2	4.65	39	19.50	2021.5
5	明尼苏达大学	1	2.33	97	97.00	2021.0
6	萨尔兰大学	1	2.33	97	97.00	2021.0
7	香港理工大学	1	2.33	71	71.00	2021.0
8	澳门大学	1	2.33	71	71.00	2021.0
9	梅西大学	1	2.33	67	67.00	2020.0
10	坎特伯雷大学	1	2.33	67	67.00	2020.0

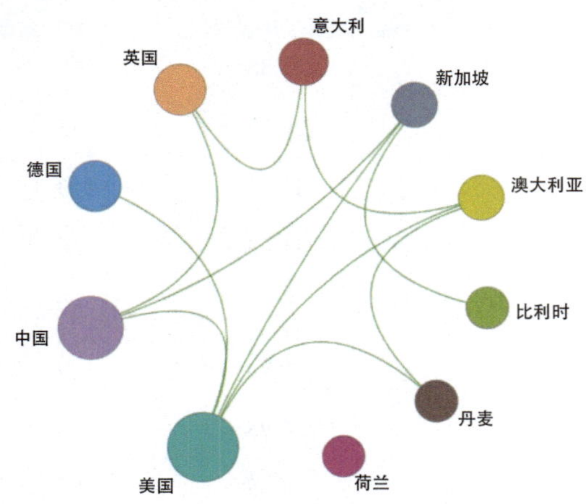

图 10.4 “机器行为与人工智能大模型对人类决策行为的长期影响研究”工程研究前沿主要国家间的合作网络

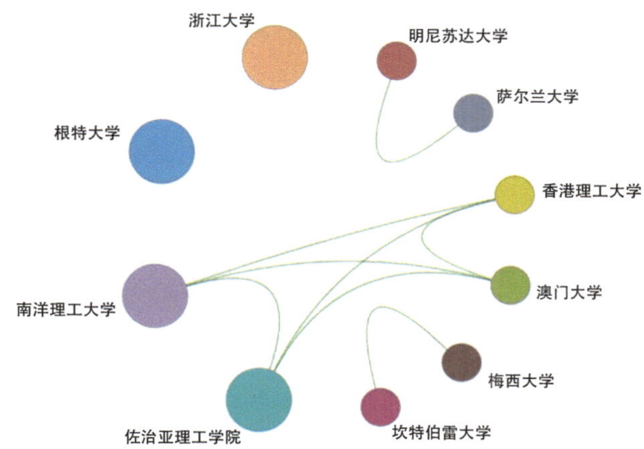

图 10.5 “机器行为与人工智能大模型对人类决策行为的长期影响研究”工程研究前沿主要机构间的合作网络

表 10.9 “机器行为与人工智能大模型对人类决策行为的长期影响研究”工程研究前沿中施引核心论文的主要产出国家

序号	国家	施引核心论文数	施引核心论文比例 /%	平均施引年
1	中国	165	29.31	2022.5
2	美国	88	15.63	2022.2
3	德国	70	12.43	2022.5
4	英国	51	9.06	2022.4
5	澳大利亚	45	7.99	2022.4
6	意大利	37	6.57	2022.4
7	印度	33	5.86	2022.3
8	加拿大	23	4.09	2022.4
9	荷兰	21	3.73	2022.4
10	芬兰	15	2.66	2022.4

表 10.10 “机器行为与人工智能大模型对人类决策行为的长期影响研究”工程研究前沿中施引核心论文的主要产出机构

序号	机构	施引核心论文数	施引核心论文比例 /%	平均施引年
1	香港理工大学	16	18.82	2022.1
2	清华大学	11	12.94	2022.4
3	梅西大学	8	9.41	2021.6
4	新加坡国立大学	7	8.24	2022.9
5	科廷大学	7	8.24	2022.6
6	锡拉丘兹大学	6	7.06	2021.2
7	同济大学	6	7.06	2022.3
8	剑桥大学	6	7.06	2021.5
9	中山大学	6	7.06	2023.0
10	埃因霍芬理工大学	6	7.06	2022.7

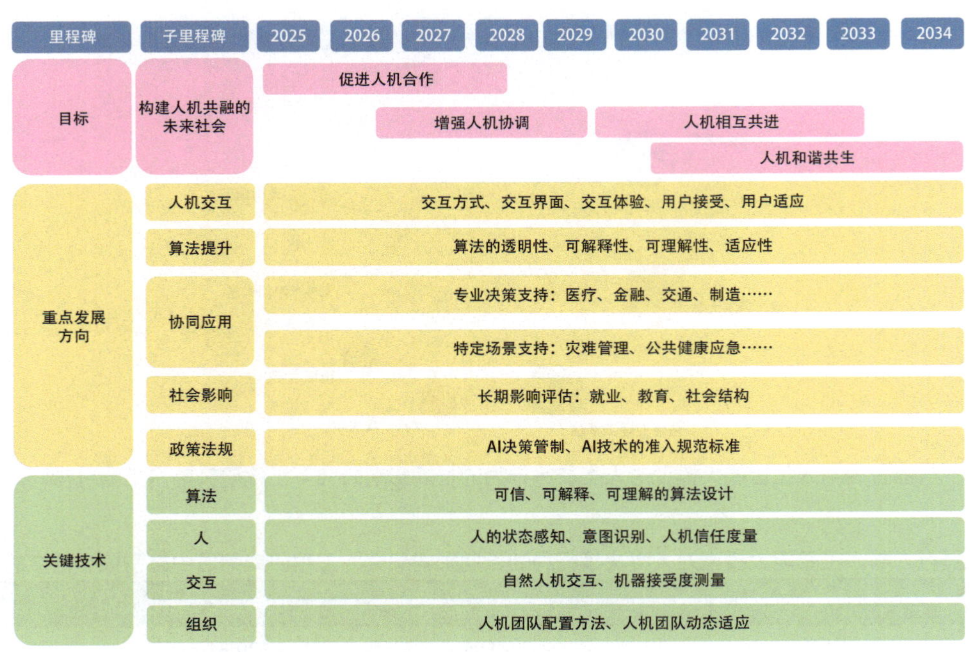

图 10.6 “机器行为与人工智能大模型对人类决策行为的长期影响研究”工程研究前沿的发展路线

10.1.2.3 城市系统物理 – 信息 – 社会建模与韧性提升

城市系统物理–信息–社会建模与韧性提升的主要研究方向有城市系统物理–信息建模、城市系统社会–信息建模、城市系统物理 – 社会建模、城市系统韧性提升等。具体如下：

（1）城市系统物理 – 信息建模

城市系统物理 – 信息建模研究旨在探究如何通过实现城市物理系统与信息系统的紧密融合，优化城市资源配置，保障城市物理系统的安全稳定运行。当前研究与实践集中于两个方向。首先是通过城市信息系统收集物理系统实时数据，基于数据分析方法，对物理系统运行状态建模，进而优化物理系统在突发情况下的运维管理策略。其次是关注物理系统与信息系统耦合带来的级联风险。例如，城市供水系统通过调度中心来提升供应效率，但当调度中心受到网络攻击等冲击失效后，供水系统的供应能力会显著下降，影响城市正常运转。因此，构建具备跨维度、跨系统的风险抵抗和恢复适应能力的城市物理 – 信息系统成为了研究前沿：如通过异常检测、主动防御等技术，基于实时监测网络流量，及时发现潜在的网络攻击威胁；或通过冗余设计、修复机制来提高城市物理 – 信息系统的容错能力。未来，城市物理 – 信息建模将向智能化方向继续发展，包括：① 提升系统建模在不同场景下的泛化能力；② 发展 CIM 等数字孪生技术作为城市系统韧性管理工具。

（2）城市系统社会 – 信息建模

城市系统社会 – 信息建模旨在基于城市信息系统收集的数据刻画社会系统在冲击下的动态响应，作为提升城市系统韧性的基础。现有研究聚焦于利用大数据、人工智能等计算方法，对灾中和灾后城市中人的行为模式进行建模与分析。通过挖掘互联网社交媒体数据和移动网络的手机信令数据等多源数据，刻画出城市中个体与群体的时空分布和行为演化规律，了解冲击下社会网络结构与集体行为的涌现机制。社会 – 信息模型可应用于城市韧性建设的全周期：灾前，可通过分析历史数据识别高风险区和脆弱人群，为制定针对性减灾政策提供依据；灾中，可预测受灾人群撤离迁移轨迹，优化救援力量调度，提高应急响应效率；

灾后，可监测重建进展和社会秩序恢复情况，为调整资源投入和工作重点提供决策支持。未来，城市系统社会 – 信息建模研究还将进一步关注以下问题：① 深入探讨城市社会系统数据采集、共享中的安全和隐私保护问题，平衡数据价值和风险；② 建立跨层级、跨部门的社会 – 信息协同模型，打通数据融合路径；③ 基于社会 – 信息模型，推动群体行为和社会治理模型创新，提高公众参与韧性建设的广度和深度。

（3）城市系统物理 – 社会建模

城市系统物理 – 社会建模旨在揭示城市物理系统与社会系统之间的交互机制，强调以人为本的韧性城市建设思路。传统的物理模型难以刻画灾害冲击下人的应急行为和决策过程对城市物理子系统状态的反馈调节作用，如居民的疏散行为对交通系统的影响。因此，物理 – 社会建模通过引入行为模型、多智能体系统等方法，表征个体行为以及由个体行为相互作用构成的社会系统的涌现特性和规律，进而分析社会系统与物理系统的交互。研究人员通过整合遥感、统计普查、社会调查等多源异构数据，构建灾时建筑物毁坏、交通中断等因素对人员疏散和经济损失的影响模型，评估灾害对城市物理系统和社会系统的冲击，以及社会系统变化对物理系统的反馈作用。一些学者还利用深度学习、强化学习等人工智能技术，对城市居民的风险感知、避险决策和自组织过程进行了个体和群体建模，动态模拟居民行为与物理系统之间的相互作用及其时空变化规律，增强模型对冲击下城市社会过程的描述能力。此外，关于社会资本对城市系统韧性影响的研究也受到关注，探讨了社区网络、互助行为等社会因素在灾后恢复重建中的积极作用。这些研究使物理 – 社会建模从静态建模走向动态模拟。未来，物理 – 社会建模研究将在以下几个方面进一步发展：① 构建个体与群体行为的多尺度描述方法，融合多源数据，加强对不同社会行为模式的理解和表征；② 拓展模型的应用场景，在灾害应急管理基础上延伸到城市规划、基础设施布局优化等更广泛的领域；③ 探索泛化能力更强的物理 – 社会耦合机制理论，提高建模精细化水平与泛化能力；④ 将“人在回路”纳入建模过程中，让利益相关者参与到模型的构建与应用中。

（4）城市系统韧性提升

城市系统韧性研究的核心目标是将理论模型转化为实际应用，从而提高城市应对各种冲击的能力。现有研究与实践主要是在构建综合考虑物理系统、信息系统和社会系统的交互作用的城市系统基础上，通过情景推演法评估不同外部冲击场景下的城市系统动力学特性，如评估关键基础设施的相互依赖性，预测级联故障风险等，为韧性提升决策提供依据。在情景分析的基础上，通过多准则决策分析、经济效益评估等方法，制定关键组件韧性提升策略、优化资源配置和应急响应管理机制、提升冲击下城市供应链韧性、推动跨部门和跨区域合作等。然而，随着城市系统复杂性的增加以及各类新兴风险的出现和累积，现有模型在应对多种冲击的复杂风险时，仍存在一定的局限性。因此，未来的研究将进一步构建具有综合性、泛化性的城市系统模型，以支撑更精准的城市系统韧性提升决策，包括：① 构建物理 – 信息 – 社会三维度耦合模型，以全面模拟复杂冲击下城市系统的响应机制；② 探讨复杂风险情景下的城市系统韧性评估方法。

“城市系统物理 – 信息 – 社会建模与韧性提升”工程研究前沿中，核心论文数排名前三位的国家是美国、中国和加拿大（表 10.11），核心论文的主要产出机构有中国香港大学、美国密西西比州立大学、捷克奥斯特拉瓦技术大学等（表 10.12）。从主要国家间的合作网络（图 10.7）来看，中国与其他国家的合作较为紧密；从主要机构间的合作网络（图 10.8）来看，捷克奥斯特拉瓦技术大学、托马斯 • 巴塔大学和日利纳大学三者之间的合作比较紧密。由表 10.13 可以看出，中国的施引核心论文数排名第一，美国位列第二。由表 10.14 可以看出，施引核心论文数排名靠前的机构是得克萨斯农工大学、香港理工大学和同济大学。

图 10.9 为“城市系统物理–信息–社会建模与韧性提升”工程研究前沿的发展路线。相关研究应以构建跨纬度、跨系统的城市系统模型为目标，通过需求分析，利用大数据、机器学习、人工智能等关键共性技术，在提升系统建模场景泛化能力、复杂风险场景下韧性评估方法、优化资源配置等方面展开研究。

表 10.11 “城市系统物理–信息–社会建模与韧性提升”工程研究前沿中核心论文的主要产出国家

序号	国家	核心论文数	论文比例 /%	被引频次	篇均被引频次	平均出版年
1	美国	14	46.67	782	55.86	2019.1
2	中国	10	33.33	442	44.20	2019.7
3	加拿大	5	16.67	180	36.00	2019.2
4	捷克	3	10.00	180	60.00	2019.0
5	斯洛伐克	2	6.67	145	72.50	2018.5
6	澳大利亚	2	6.67	111	55.50	2018.5
7	德国	1	3.33	41	41.00	2023.0
8	新加坡	1	3.33	41	41.00	2023.0
9	印度	1	3.33	33	33.00	2021.0
10	挪威	1	3.33	31	31.00	2020.0

表 10.12 “城市系统物理–信息–社会建模与韧性提升”工程研究前沿中施引核心论文的主要产出机构

序号	机构	核心论文数	论文比例 /%	被引频次	篇均被引频次	平均出版年
1	香港大学	4	13.33	196	49.00	2019.5
2	密西西比州立大学	3	10.00	250	83.33	2019.3
3	捷克奥斯特拉瓦技术大学	3	10.00	180	60.00	2019.0
4	上海财经大学	3	10.00	121	40.33	2018.7
5	南密西西比大学	2	6.67	189	94.50	2019.0
6	托马斯·巴塔大学	2	6.67	145	72.50	2018.5
7	日利纳大学	2	6.67	145	72.50	2018.5
8	华南理工大学	2	6.67	91	45.50	2019.5
9	普渡大学	2	6.67	86	43.00	2020.0
10	西安大略大学	2	6.67	82	41.00	2018.5

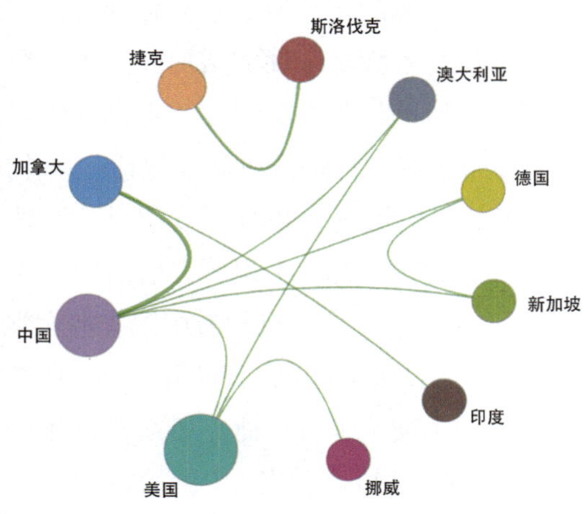

图 10.7 “城市系统物理–信息–社会建模与韧性提升”工程研究前沿主要国家间的合作网络

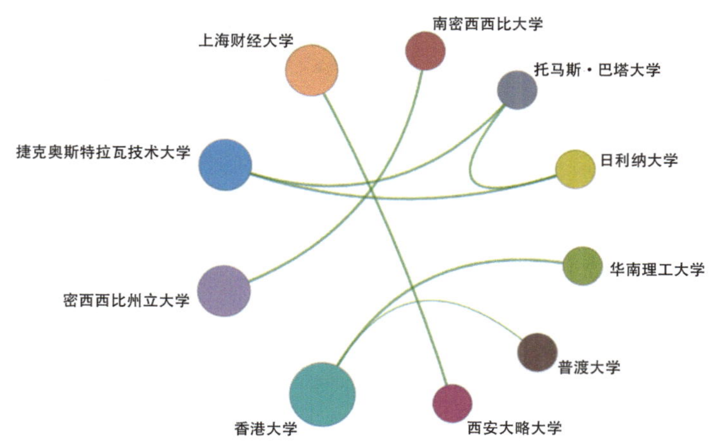

图 10.8 “城市系统物理 – 信息 – 社会建模与韧性提升”工程研究前沿主要机构间的合作网络

表 10.13 “城市系统物理 – 信息 – 社会建模与韧性提升”工程研究前沿中施引核心论文的主要产出国家

序号	国家	施引核心论文数	施引核心论文比例 /%	平均施引年
1	中国	410	31.76	2022.1
2	美国	400	30.98	2021.7
3	英国	91	7.05	2021.8
4	加拿大	72	5.58	2021.6
5	伊朗	60	4.65	2021.8
6	澳大利亚	51	3.95	2021.9
7	意大利	51	3.95	2021.5
8	印度	46	3.56	2021.9
9	德国	43	3.33	2021.7
10	荷兰	36	2.79	2021.5

表 10.14 “城市系统物理 – 信息 – 社会建模与韧性提升”工程研究前沿中施引核心论文的主要产出机构

序号	机构	施引核心论文数	施引核心论文比例 /%	平均施引年
1	得克萨斯农工大学	40	14.65	2021.3
2	香港理工大学	32	11.72	2022.2
3	同济大学	30	10.99	2022.0
4	清华大学	28	10.26	2021.5
5	陶森大学	27	9.89	2021.8
6	日利纳大学	25	9.16	2020.8
7	北京交通大学	20	7.33	2022.2
8	广州大学	19	6.96	2023.0
9	东南大学	18	6.59	2021.9
10	亚利桑那州立大学	17	6.23	2021.2

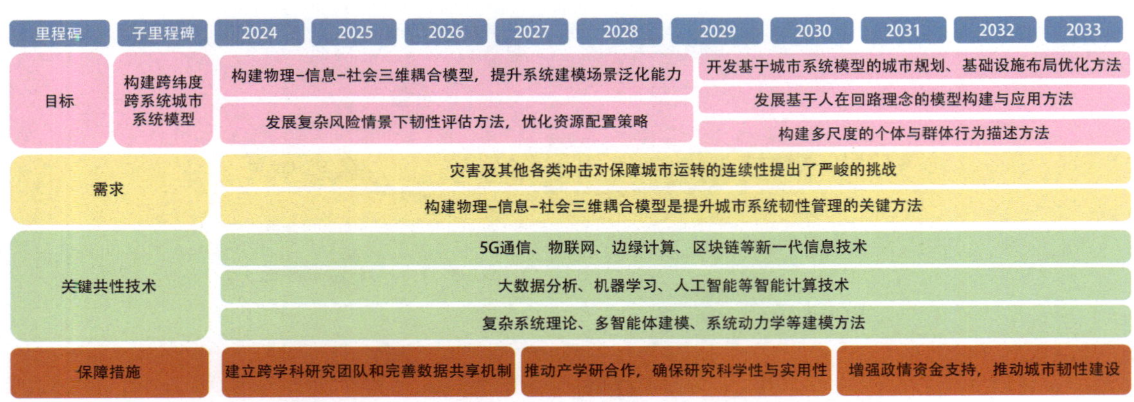

图 10.9　“城市系统物理 – 信息 – 社会建模与韧性提升”工程研究前沿的发展路线

10.1.2.4　绿色能源系统综合优化与评估

绿色能源系统综合优化与评估的主要研究方向有绿色能源系统电 – 热 – 气转换设施及其精细化建模、绿氢供应系统建模及其综合能源系统多维度评估、电 – 热 – 气（氢）系统优化调度及其可靠运行、多网络耦合系统规划及其设施配置、绿色能源市场机制设计及可持续发展政策推广等。具体如下：

（1）绿色能源系统电 – 热 – 气转换设施及其精细化建模

研究重点在于电 – 热 – 气多能耦合系统能源生产、转换、存储、消费等环节的精细化建模，实现电 – 热 – 气三网协同运行，提升能源利用效率，降低供能成本及其碳排放。研究内容主要包括光伏、风能、沼气等可再生能源设备建模与集成，多能耦合系统物理与经济属性融合的协同建模等。

（2）绿氢供应系统建模及其综合能源系统多维度评估

研究重点在于绿氢供应链的精细化建模及其在综合能源系统中的高效应用，尤其是通过质子交换膜、固体氧化物燃料电池等创新技术，提升制氢、用氢的效率与经济性。研究内容主要包括系统能效、经济效益、环境效益、社会效益、可靠性和灵活性等多维度评估，反映异质能源耦合、多环节协调互动的综合性能等。借助物联网、云计算和人工智能技术，提升多维度评估精准性，促进综合能源系统优化升级，为全球能源转型、社会经济和环境的可持续发展提供有力支撑。

（3）电 – 热 – 气（氢）系统优化调度及其可靠运行

研究重点在于协调电 – 热 – 气（氢）不同能量形式之间的耦合运行，提升源荷双侧不确定性，达到系统运行的灵活性、高效性和经济性目标。研究内容主要包括电 – 热 – 气（氢）转换设施定工况与变工况建模、绿色能源系统优化调度、模型差异性对调度的影响分析、不同时间尺度下绿色能源系统协同运行、季节性储能对系统低碳安全经济价值的影响分析、多能源负荷差异化需求响应下系统调度优化等。同时，借助人工智能、大数据及改进优化算法，提升高比例可再生能源并网后的绿色能源系统运行可靠性和调度灵活性。

（4）多网络耦合系统规划及其设施配置

研究重点在于多能流、多网络融合的互联形态及其建模，多时间尺度、多主体、多环节的互动机制设计，在低碳、安全和经济等多重目标下能源设备、网络投建地点和容量规划配置。研究内容主要包括考虑设备技术特性、投建状态、投资主体的电 – 热 – 气能量转换设备选址与定容，融合能量流、信息流和交通流的绿色能源系统扩展规划，考虑新能源出力和多能负荷多时间尺度不确定的系统可靠性规划，区域电 – 热 –

气（氢）绿色供能系统运行风险度量及韧性提升规划等。

（5）绿色能源市场机制设计及可持续发展政策推广

研究重点在于多主体参与、绿证 – 碳排放 – 电力多市场耦合的交易机制设计，在安全高效、清洁低碳等多目标下的绿色能源可持续发展政策。研究内容主要包括考虑电站成本结构的新能源电站上网电价机制设计，考虑能源区块链技术的点对点交易机制，考虑主体有限理性的绿色能源市场多主体博弈决策，绿证 – 碳排放 – 电力市场耦合机理分析与机制设计，促进清洁能源规划管理、技术升级、规模化消纳的绿色信贷政策制定，考虑不同政策组合对绿色能源系统发展影响的政策模拟平台构建等。

“绿色综合能源系统优化和评估”工程前沿研究中，核心论文数排名前三位的国家是中国、伊朗和丹麦（表 10.15），主要产出机构有奥尔堡大学、德黑兰大学、上海交通大学等（表 10.16）。从主要国家间的合作网络来看，丹麦与其他国家间的合作非常密切（图 10.10）；从主要机构间的合作网络来看，奥尔堡大学、印度理工学院瓦拉纳西校区、巴特那国立技术学院、阿卜杜勒阿齐兹国王大学与伊斯兰阿扎德大学之间的合作较为密切（图 10.11）。由表 10.17 可以看出，施引核心论文数排名第一的国家为中国，印度排第二。由表 10.18 可以看出，施引核心论文数排名靠前的机构是伊斯兰阿扎德大学、韩国工业技术学院和延世大学。

表 10.15　“绿色能源系统综合优化与评估”工程研究前沿中核心论文的主要产出国家

序号	国家	核心论文数	论文比例 /%	被引频次	篇均被引频次	平均出版年
1	中国	5	38.46	163	32.60	2019.6
2	伊朗	3	23.08	44	14.67	2022.7
3	丹麦	2	15.38	108	54.00	2021.0
4	英国	2	15.38	84	42.00	2021.5
5	韩国	2	15.38	82	41.00	2022.0
6	印度	1	7.69	64	64.00	2020.0
7	新加坡	1	7.69	55	55.00	2018.0
8	沙特阿拉伯	1	7.69	44	44.00	2022.0
9	突尼斯	1	7.69	44	44.00	2022.0
10	阿联酋	1	7.69	44	44.00	2022.0

表 10.16　“绿色能源系统综合优化与评估”工程研究前沿中核心论文的主要产出机构

序号	机构	核心论文数	论文比例 /%	被引频次	篇均被引频次	平均出版年
1	奥尔堡大学	2	15.38	108	54.00	2021.0
2	德黑兰大学	2	15.38	0	0.00	2023.0
3	上海交通大学	1	7.69	74	74.00	2020.0
4	爱丁堡大学	1	7.69	74	74.00	2020.0
5	印度理工学院瓦拉纳西校区	1	7.69	64	64.00	2020.0
6	巴特那国立技术学院	1	7.69	64	64.00	2020.0
7	北京航空航天大学	1	7.69	55	55.00	2018.0
8	新加坡国立大学	1	7.69	55	55.00	2018.0
9	伊斯兰阿扎德大学	1	7.69	44	44.00	2022.0
10	阿卜杜勒阿齐兹国王大学	1	7.69	44	44.00	2022.0

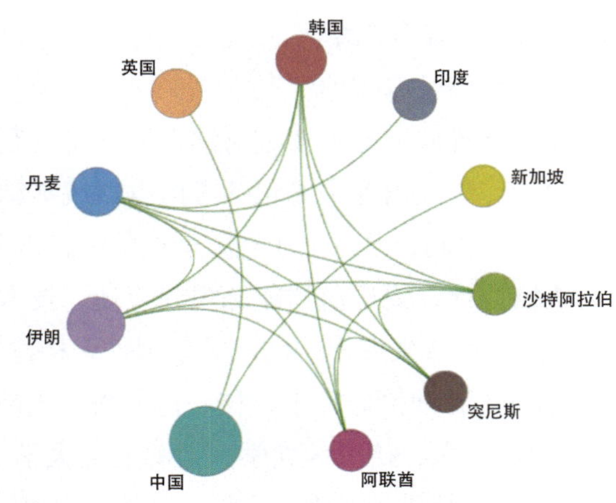

图 10.10 “绿色能源系统综合优化与评估”工程研究前沿主要国家间的合作网络

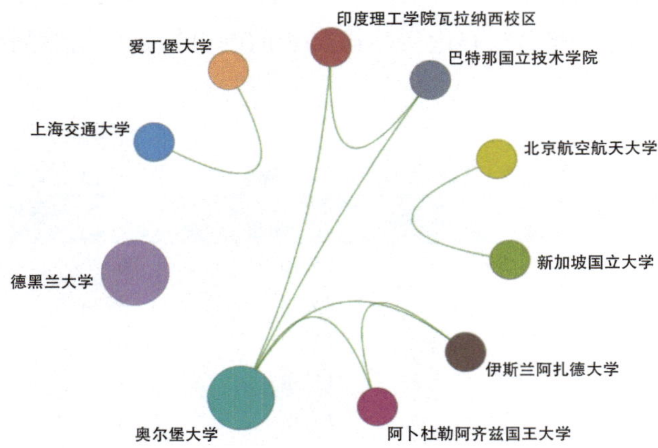

图 10.11 “绿色能源系统综合优化与评估”工程研究前沿主要机构间的合作网络

表 10.17 “绿色能源系统综合优化与评估”工程研究前沿中施引核心论文的主要产出国家

序号	国家	施引核心论文数	施引核心论文比例 /%	平均施引年
1	中国	130	38.01	2022.1
2	印度	33	9.65	2022.1
3	韩国	33	9.65	2022.7
4	伊朗	32	9.36	2022.7
5	美国	22	6.43	2022.1
6	英国	21	6.14	2022.5
7	意大利	19	5.56	2021.9
8	澳大利亚	16	4.68	2021.4
9	丹麦	13	3.80	2021.9
10	沙特阿拉伯	12	3.51	2022.2

图 10.12 为“绿色能源系统综合优化与评估” 工程研究前沿的发展路线。该前沿领域未来的发展将重点围绕绿色能源系统电－热－气（氢）转换设施精细化建模、绿氢生产及综合能源系统多维度评估、电－热－

气（氢）耦合优化调度及其可靠运行、多网络耦合系统规划及其设施配置、市场机制设计及可持续发展政策推广展开。发展趋势表明，随着多能耦合技术和多能协同优化策略的成熟，多能耦合建模将更加精细和具体，能源系统运行也将更加智能和高效。充分利用绿色能源系统中的大量历史数据，实现能源系统智能、可靠、低碳、经济运营，也将成为绿色能源系统发展的重要方向。

表 10.18 “绿色能源系统综合优化与评估”工程研究前沿中施引核心论文的主要产出机构

序号	机构	施引核心论文数	施引核心论文比例 /%	平均施引年
1	伊斯兰阿扎德大学	13	12.26	2022.6
2	韩国工业技术学院	13	12.26	2022.5
3	延世大学	13	12.26	2022.8
4	奥尔堡大学	12	11.32	2021.8
5	德黑兰大学	9	8.49	2022.6
6	庆南大学	9	8.49	2023.0
7	东南大学	8	7.55	2022.0
8	沙迦大学	8	7.55	2022.5
9	西安交通大学	8	7.55	2022.8
10	重庆大学	7	6.60	2021.7

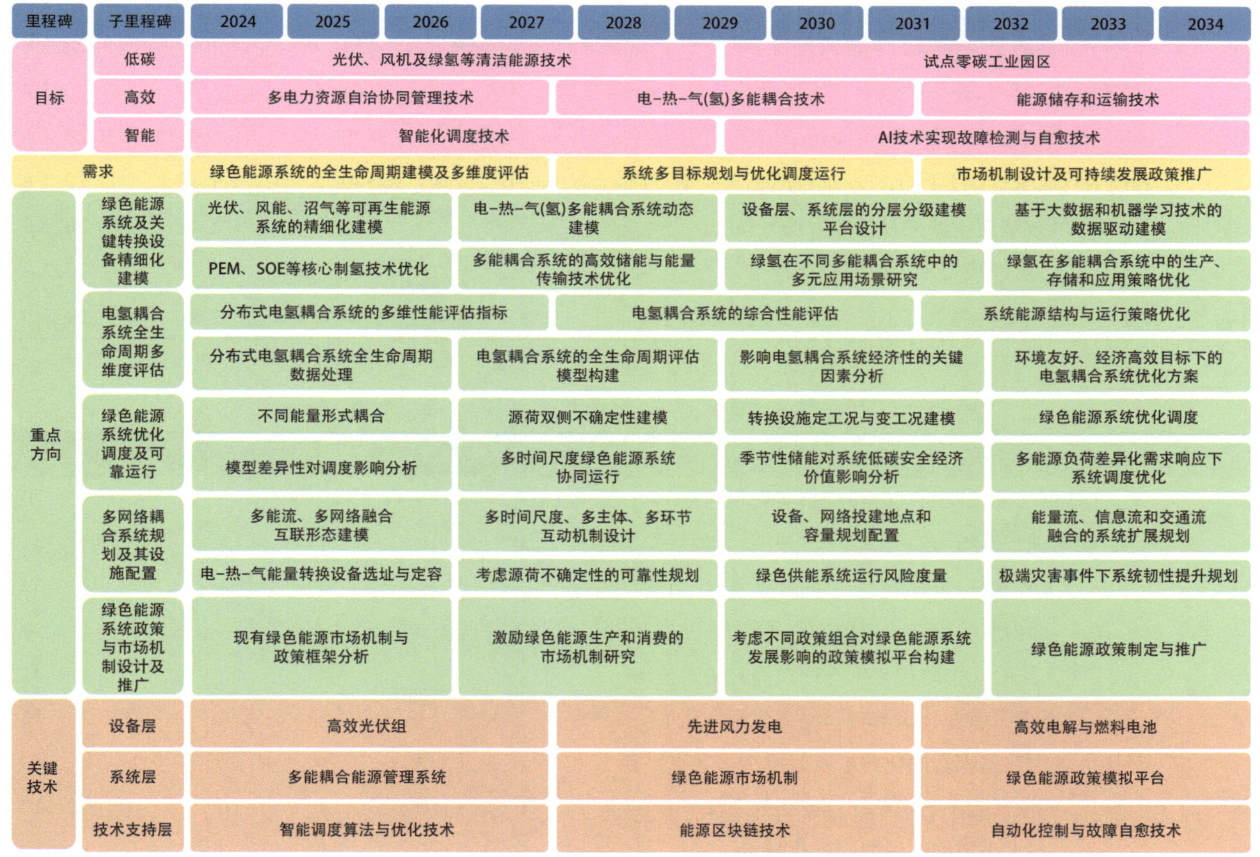

图 10.12 “绿色能源系统综合优化与评估”工程研究前沿的发展路线

10.2 工程开发前沿

10.2.1 Top 10 工程开发前沿发展态势

在工程管理领域中，本年度 10 个全球工程开发前沿分别是：数据与模型双驱动的智能数学规划算法，面向自动驾驶数据闭环的大模型技术开发与场景库构建，工程建造云边端数据协同管理平台，面向服务创新的情智兼备数字人，城市生态风险预警防控与生态韧性提升关键技术，城市街景感知技术与空间特征识别方法，环境大气大数据耦合同化技术及智能感知共享平台，环境智能中的隐私计算方法与系统，大小模型端云协同进化技术，复杂制造系统的多维态感知与优化调度关键技术。其核心专利情况见表 10.19 和表 10.20。这 10 个工程开发前沿涉及了医学、建筑、交通、计算机等众多学科。其中，数据与模型双驱动的智能数学规划算法、面向自动驾驶数据闭环的大模型技术开发与场景库构建、工程建造云边端数据协同

表 10.19 工程管理领域 Top 10 工程开发前沿

序号	工程开发前沿	公开量	被引数	平均被引数	平均公开年
1	数据与模型双驱动的智能数学规划算法	43	247	5.74	2021.1
2	面向自动驾驶数据闭环的大模型技术开发与场景库构建	54	885	16.39	2022.4
3	工程建造云边端数据协同管理平台	42	67	1.60	2022.4
4	面向服务创新的情智兼备数字人	54	57	1.06	2022.2
5	城市生态风险预警防控与生态韧性提升关键技术	81	81	1.00	2022.2
6	城市街景感知技术与空间特征识别方法	32	190	5.94	2021.6
7	环境大气大数据耦合同化技术及智能感知共享平台	95	140	1.47	2021.8
8	环境智能中的隐私计算方法与系统	33	180	5.45	2022.3
9	大小模型端云协同进化技术	18	51	2.83	2022.4
10	复杂制造系统的多维态感知与优化调度关键技术	18	40	2.22	2021.9

表 10.20 工程管理领域 Top 10 工程开发前沿核心专利逐年公开量

序号	工程开发前沿	2018	2019	2020	2021	2022	2023
1	数据与模型双驱动的智能数学规划算法	4	5	7	4	14	9
2	面向自动驾驶数据闭环的大模型技术开发与场景库构建	0	0	0	7	16	31
3	工程建造云边端数据协同管理平台	2	1	2	1	2	34
4	面向服务创新的情智兼备数字人	2	0	1	6	16	29
5	城市生态风险预警防控与生态韧性提升关键技术	0	1	4	12	23	41
6	城市街景感知技术与空间特征识别方法	2	1	5	4	8	12
7	环境大气大数据耦合同化技术及智能感知共享平台	6	3	10	10	23	43
8	环境智能中的隐私计算方法与系统	0	0	1	6	9	17
9	大小模型端云协同进化技术	0	0	0	2	6	10
10	复杂制造系统的多维态感知与优化调度关键技术	0	1	2	2	6	7

管理平台、面向服务创新的情智兼备数字人为重点解读的前沿，后文会对其目前发展态势以及未来趋势进行详细解读。

（1）数据与模型双驱动的智能数学规划算法

在管理科学领域，传统的决策方法常常分开处理模型与数据，这种分离可能导致优化目标与实际决策目标不一致，从而影响决策的效果和质量。为了克服这一限制，数据与模型双驱动的智能数学规划算法被提出。该算法的核心理念是将数据分析与数学建模紧密结合，以便在决策过程中同时调整和优化模型的参数，更好地适应动态变化的环境条件。此方法不仅提高了决策的精确性和效率，而且增强了模型的适应性和灵活性。主要研究方向包括：① 在线学习与优化，即在实时决策中不断更新模型，以反映新的数据输入；② 跨学科方法的探索，如结合机器学习技术与运筹学原理，以处理更为复杂和非线性的决策问题；③ 提高算法对特定数据分布和实际应用场景的适应性。随着技术的进步，尤其是大数据和人工智能技术的快速发展，数据与模型双驱动的智能数学规划算法在学术界和工业界越来越受到关注。未来的发展趋势将聚焦于提升算法的实时性和自动化程度，探索多模态数据处理和深度学习技术，以增强决策模型的自学习和自适应能力。此外，该算法预计将在电力系统优化、云计算资源调度等多个需要快速和准确决策的行业中得到广泛应用，为这些领域带来创新的解决方案和显著的效率提升。

（2）面向自动驾驶数据闭环的大模型技术开发与场景库构建

自动驾驶汽车因其在交通安全和机动性方面具有革命性的潜力，近年来受到广泛关注。开发和部署自动驾驶汽车的关键步骤是生成多样化场景、测试和评估其驾驶智能——能否在没有人工干预的情况下安全、高效地运行。大语言模型（large language model，LLM）和视觉语言模型（vision-language model，VLM）等基础模型的出现与发展，体现了其强大的理解、涌现与生成能力，为自动驾驶场景生成带来了新机遇。通过学习海量文本、视频数据，大模型能够生成复杂、细致且高保真的驾驶场景，并根据输入条件和反馈动态调整，显著提升了场景生成和测试的灵活性与全面性。目前主流的自动驾驶汽车测试方法采用 Agent 环境框架，通过软件仿真、闭轨测试和道路测试相结合。其基本思想是在真实的驾驶环境中测试自动驾驶汽车的智能体，观察其性能，并与人类驾驶员的性能进行统计比较。然而，现有的自动驾驶汽车测试的挑战来自三个不同的方面：第一，自动驾驶中的驾驶人通常是基于统计或人工智能算法开发的，限制了传统的基于逻辑的软件验证和确认技术的使用；第二，驾驶环境通常具有复杂性和随机性，为了表示环境的全部复杂性和可变性，高维的环境变量会造成“维数灾难”，同时，环境的随机性也会使传统的绝对安全的形式化方法失效；第三，驾驶智能测试中安全关键事件的稀缺性会导致测试极端低效。因此，如何构建一个能够准确、高效地测试驾驶智能的智能场景，兼顾高维性和安全关键事件的稀缺性，成为自动驾驶汽车安全性能测试问题的关键。研究重点包括场景建模与仿真、关键案例生成和场景测试分析。其中，场景建模与仿真关注如何创建逼真的驾驶环境进行测试；关键案例生成致力于在极端和罕见场景中验证系统的安全性；场景测试分析通过深入分析测试数据，评估系统性能并识别潜在问题。

（3）工程建造云边端数据协同管理平台

工程建造过程规模体量大、周期长、参与方多，产生的工程数据由于其多源异构、时效性强、噪声多等特征，在之前的研究中未被充分利用。随着智能建造创新模式的不断发展，先进的智能技术与新型建筑工业化建造模式持续深入融合，工程建造过程产生的海量数据得以实时地采集、分析和处理并发挥其价值，工程建造云边端数据协同管理平台也应运而生。该平台通过深度融合云计算、边缘计算、物联网、区块链等技术，实现工程建造过程中数据的高效协同与一体化管理，并为工程进度、资源配置和质量风险监管等各方面提供决策支持。现有研究主要围绕提升工程数据采集的实时性和全面性、多方数据云边端协同共享管理的联动性和安全性、多源异构数据分析处理的准确性和高效性、云边端平台的稳定性和可靠性等需求，重点落脚于工程数据采集–传输–分析处理一体化集成、云边端平台计算资源与任务调度优化、云边端平台数据协同共享隐私性保障等方面。然而，工程建造云边端数据协同管理平台在数据协同的高效性、数据分析处理的准确性、数据共享的隐私性和安全性等方面仍需提升，因此，工程建造云边端节点管理技术、端边协同与云边协同技术、云边数据分析与算法优化、云边计算任务卸载策略及优化、云边端与区块链融合技术等方面或将成为未来研究趋势的焦点。

（4）面向服务创新的情智兼备数字人

面向服务创新的情智兼备数字人，是指在数字人与人工智能技术融合的基础上，面向服务领域需求，创造出的具备人类外观、行为和情感特征的虚拟角色。这种数字人不仅能够模拟人类的外表和动作，还能实现自然的语言交流和情感表达，为用户提供更加丰富和真实的互动体验。这种数字人通常具备高度的拟人化特征，包括面部表情、语言沟通、情感识别和反馈等能力。面向服务创新的情智兼备数字人涉及的主要研究方向包括：① 3D 人体建模与动画技术，利用多视点、多光源精准采集或者人工智能技术，从 2D 图像或视频重建出高质量的 3D 人体模型，并驱动实现自然的动作和表情；② 多模态交互，结合语音、视觉、文本等多种交互方式，实现数字人与真实用户互动，提高数字人的交互自然度和智能水平；③ 情感计算，研究人类情感模型，通过人工智能技术，使数字人识别和模拟人类情感，并在交互中实现情感的自然表达；④ 自主学习和决策，在特定服务领域中，通过数据感知和机器学习算法，使数字人能够自主学习并做出决策，提高其适应性和个性化服务能力。随着需求场景的不断出现和技术的不断进步，情智兼备的数字人将在服务创新中扮演越来越重要的角色，为用户带来更加个性化和智能化的服务体验。同时，这一领域的发展也面临着真实感、个性化、交互性、伦理和隐私等方面的挑战，需要学术界和产业界的共同努力来克服。

（5）城市生态风险预警防控与生态韧性提升关键技术

城市是社会经济活动与资源环境要素密切交互的核心单元。精细化、现代化城市治理是我国重大战略需求。如何实现城市生态风险预警防控，提升城市生态韧性，是支撑城市“大应急”战略、保障城市生态安全的重大工程开发前沿问题。目前，该领域的主要进展包括：① 城市环境污染风险智能感知与预警大模型，聚焦多污染物、多尺度、跨介质复合污染治理，基于精准探测、智能关联感知、天空地一体化遥感等生态环境监测技术，实现城市环境风险自动感知与评估预警；② 城市极端气候灾害与次生风险评估系统，发展多元数据同化与模型硬连接技术，打通城市尺度气候–水文–生态–环境–健康–产业跨领域风险评估模式，发展极端气候事件灾害态势感知与多领域影响的风险动态仿真系统；③ 城市生态风险韧性提升关键技术与决策平台，面向环境健康、水能粮产业链、脆弱生态系统、关键基础设施等涉及城市生态环境安全的重要领域，构建环境污染、资源短缺、气候事件等多风险因素驱动的系统韧性提升技术库与决策推荐平台。未来的主要发展趋势包括：以行为调控为驱动，建设智能风险态势模拟调控大模型，提高城市重污染风险、环境违法、环境舆情的预警和应急能力；以过程安全为核心，实现生态风险在城市系统内部级联、耦合传导的精准与智能化研判；以服务决策为目标，构建风险适应决策支撑平台，追求成本效益最优、复杂情景最稳健、协同效益最大化等多维权衡。

（6）城市街景感知技术与空间特征识别方法

城市街景环境会对人们的感知和行为产生较大影响，五十多年来，城市设计师和学者都进行了广泛的研究，以了解人们如何看待各种城市街景设计，最终目标是提升整体城市体验。城市感知被定义为个人和团体对城市环境的解释和体验，一直是该领域的核心研究对象，其中城市视觉感知被视为城市感知的一个子集，其侧重于城市视觉元素对感知的影响。研究发现，城市视觉感知可以从以人为中心的角度为人类主观体验提供有价值的见解。计算机视觉等技术的最新发展，加上城市视觉数据源（例如街景图像、卫星图像、视频、虚拟现实和航拍图像等）的日益普及，使研究人员扩大了研究规模并增加了其量化人们感知建筑环境的机会，进一步导致了相关研究的激增。计算机视觉已成为提取城市街道属性的标准方法，使研究人员能够将此类数据与城市街景的研究直接或间接联系起来。如何量化用户对街景质量的评价是未来城市街景研究的难点，这需要结合人工智能的方法（例如采用计算机视觉技术识别街景图像来预测用户的感知）。统计数据时，丰富的街景场景和样本属性的多样化也至关重要。为了克服收集多样化数据的困难，可搭建一个有利于持续评估的开源数据平台，例如贡献者可以对图像进行评分，使城市感知研究民主化，并加深数据维度。此外，感知数据收集的娱乐化也提供了一种创新策略，这可以吸引更广泛的受众参与城市研究。

（7）环境大气大数据耦合同化技术及智能感知共享平台

环境大气大数据耦合同化及智能感知预测通过大数据技术、人工智能、区块链等数字技术在大气污染防治领域的创新应用，构建常规污染物、气溶胶组分、光化学观测、高分辨率模拟等数据的质量控制和同化综合分析系统，形成支撑大气污染精细化治理的综合同化数据集。开展环境大数据的快速融合、自动感知分析、人工智能挖掘和无碍共享，将环境大气监测数据与污染源、气象、模拟等多元数据进行耦合关联分析，快速感知大气污染事件、重污染过程、来源成因并提出调控建议。针对大数据与人工智能在大气环境应用中的数据瓶颈、模式模拟预报性能极限、复杂系统控制难题等关键共性问题，建立基于人工智能与动力学混合机制的大气环境新型模拟系统，动态预测突发性大气污染事件发展态势，开展人工智能赋能的无缝隙预报预测与深度优化控制，形成人工智能与大数据结合的大气环境模拟 – 预测 – 控制技术链条，构建基于重大科技基础设施和高性能计算平台的环境大气大数据耦合同化及智能感知的新型信息化系统，基于区块链等技术开展成果共享，加速数据和技术共享应用。未来，环境大气大数据耦合同化及智能感知预测技术发展将推动环境大气研究与管理范式变革，服务于美丽中国建设和全球环境治理。

（8）环境智能中的隐私计算方法与系统

隐私计算是一种在数据处理过程中保护数据隐私的技术集合。其核心目标是在不泄露敏感信息的情况下实现数据的有效利用。目前的主流隐私计算方法与系统可以概括为以密码学为核心的多方安全计算技术、融合隐私保护和联合机器学习建模的联邦学习技术，以及依托可信硬件的可信执行环境技术。虽然各种隐私计算技术蓬勃发展，但目前的主流方法仍存在异构场景和海量设备下学习与通信效率低、隐私保护资源开销高、隐私计算系统易受攻击导致隐私泄露等问题。例如，联邦学习技术适用于对性能和规模要求较高的建模场景，但易受梯度逆推等攻击的威胁造成隐私泄露，且无通用计算能力；多方安全计算技术的安全性更高，但计算逻辑复杂，且通信成本较高；可信执行环境技术可以支持更复杂的计算需求，但高度依赖特殊硬件计算环境，普适性较低。所以，从环境智能中的隐私计算应用需求来看，想要通过单一技术“包打天下”几乎不可能。未来隐私计算技术的发展必须根据具体的应用场景和特点，组合运用不同的隐私计算技术，在保证原始数据安全和隐私性的同时，完成对数据的计算和分析。另外，在应用实践中，隐私计算还应结合数据监管技术（例如区块链、智能合约等）来健全其在数字身份、算法、计算、监管等方面的信任机制，进一步完善数据要素的确权、定价与交易的可信体系建设。

（9）大小模型端云协同进化技术

大小模型端云协同进化技术是人工智能和分布式计算领域重要的前沿发展方向。该方向的兴起主要源自超大规模预训练模型的性能提升与能耗增长不成比例，限制了参数规模继续扩张，并凸显了在移动端等边缘垂直化智能应用中难以落地的瓶颈。后大模型时代的前沿创新路径已经从云侧大模型参数竞赛走向云侧大模型的强大推理能力与端侧小模型的低延时优势相结合，以提升整体系统的智能化水平与资源利用效率，推动人工智能广泛落地。该方向的研究主要集中在中国、美国、欧洲、印度等国家和地区，代表性高校和企业包括上海交通大学、浙江大学、清华大学、北京大学、麻省理工学院、加州大学伯克利分校、阿里巴巴、华为、谷歌、OpenAI、微软和苹果公司。这些机构不仅在算法理论研究方面有所贡献，也在推荐系统、自然语言理解、视觉目标检测与识别、自动驾驶等实际应用中进行了大量探索，具有产学研深度合作的特点。目前研究成果集中在模型降维压缩、端云同构模型聚合、隐私保护与安全、系统平台等方面，未来主要研究方向包括复杂模型弹性拆分、轻量模型个性增强、异构模型协同泛化等。该技术有望广泛应用于各类智能终端与物联网设备中，从而推动智慧新零售、智慧城市建设、智能家居、智能制造、智慧教育、智慧医疗等多个行业的智能化和数字化转型。

（10）复杂制造系统的多维态感知与优化调度关键技术

复杂制造系统具有设备异构、流程复杂、耦合性强等特点。其中，复杂制造系统的多维态感知是利用多种传感器与智能数据处理技术对系统中的设备状态、生产环境、工艺流程等多源异构、低质量、高噪声的海量工业多模态数据进行实时监测与分析。通过感知制造系统的多维度状态信息，结合智能调度算法，复杂制造系统智能调度技术能够达成动态调整工件排产、运输路径等生产制造过程，优化人力、设备、运力等资源分配，优化生产效率、能耗等生产效益指标的目标。随着工业互联网、边缘计算、大数据等技术的不断发展，相关技术由简单的数据采集、处理、生产流程控制和设备管理发展为生产状态数据驱动的生产调度和优化决策。该技术涵盖生产系统自下而上多维度数据感知和多环节智能调度，从而实现对复杂制造系统的高效管理与控制。当制造系统难以实现智能感知时，需构建设备终端、边缘及云计算协同的制造云控制系统；当复杂制造系统难以精确建模时，需实现数据驱动的跨域制造精准建模；当传统优化方法难以适应小批量、多品种生产的动态运行需求时，需设计异构场景智能动态优化调度策略及方法。因此，目前该领域的主要研究方向为围绕制造过程的数据感知、处理、优化、决策、执行全流程，进行多维制造终端状态数据实时智能感知、制造历史大数据隐含知识挖掘、跨域制造数据精准建模、异构场景智能动态优化调度，以及“云－网－边－端”等云控制系统构建等。该领域未来的研究方向包括多传感器数据融合、智能工厂云控制系统自主迭代，以及基于行业大模型的制造系统全流程数据感知、融合及优化调度等。

10.2.2　Top 4 工程开发前沿重点解读

10.2.2.1　数据与模型双驱动的智能数学规划算法

在传统的管理学研究和实践中，模型和数据常常是相互独立处理的。由于预测和优化的目标与实际决策目标不完全一致，所以将模型和数据单独考虑可能导致决策结果欠佳。因此，数据与模型双驱动的智能数学规划算法的重点在于如何将数据蕴含的规律与数学规划模型特征有机结合，共同驱动智能决策。其中，规划模型与算法是求解的理论根基，而数据规律是算法在应用场景中加速的关键。传统的数学规划模型往往是多种实践场景的统一抽象，并且在算法设计时需要考虑理论的最坏情况，以保证求解各类问题时的稳定性。然而，实践中某一类问题的数据往往呈现特定分布或规律。对数据规律的把握和利用能够弥补模型与算法设计时过于抽象和保守的缺陷。近年来，随着越来越多的场景面临着动态决策和数据变动的问题，数据与模型双驱动的智能数学规划算法逐渐获得运筹学和机器学习领域的关注，并且取得了长足的发展，涌现了以在线学习为代表的一系列方法。

在线学习是典型的数据与模型深度结合的数学规划方法。与传统的先用数据建模、再离线求解的离线优化框架不同，在线学习的数据生成伴随着优化过程同步进行，能够以损失少量最优性为代价，换取智能决策的高效运行。数据的非稳态问题以及外部的干扰往往会给在线学习和决策问题带来较大的挑战，即学习的对象可能随时间发生变化或策略性地进行反馈。这种情况会对在线学习中“探索”和“利用”之间的平衡构成很大的挑战。

实践中，常常使用机器学习（包括深度学习、强化学习等）对数据规律特征进行挖掘，所以“数据与模型的双驱动”也是机器学习和运筹优化的融合。Bengio 等（2021）总结了机器学习与优化算法结合的几类范式：机器学习预测最优解、机器学习帮助选取备选算法和算法参数、嵌入机器学习的优化算法。三个优化范式中机器学习的融合程度由浅及深，均在包括电力系统优化、云计算资源调度等各类工业生产中获得了广泛的应用。

“数据与模型双驱动的智能数学规划算法”工程开发前沿中，核心专利公开量排名前三的国家是中国、美国和日本（表 10.21）；从主要国家间的合作网络来看，韩国与波兰间存在合作（图 10.13）。核心专利的主要产出机构有昆明理工大学、中国有色金属工业昆明勘察设计研究院有限公司、国家电网有限公司、日立集团等（表 10.22）。其中，昆明理工大学与中国有色金属工业昆明勘察设计研究院有限公司存在一定合作（图 10.14）。

“数据与模型双驱动的智能数学规划算法”是数学规划从优化理论到高效实践落地的重要发展方向，未来的重点研究方向包括：① 应用拓展，许多行业的数字化还在发展中，数据还在积累，需要基于现有数据，为更多行业提供数据与模型双驱动的数学规划解决方案；② 技术革新，将在线学习与机器学习的最新研究成果（例如多模态大模型等）融入行业的实践中；③ 在数据与模型双驱动的基础上，引入硬件驱动，探索 GPU、量子计算等新兴计算平台助力数学规划算法的可能性。

表 10.21　“数据与模型双驱动的智能数学规划算法”工程开发前沿中核心专利的主要产出国家

序号	国家	公开量	公开量比例 /%	被引数	被引数比例 /%	平均被引数
1	中国	36	83.72	201	81.38	5.58
2	美国	3	6.98	38	15.38	12.67
3	日本	2	4.65	4	1.62	2.00
4	韩国	1	2.33	2	0.81	2.00
5	波兰	1	2.33	2	0.81	2.00
6	俄罗斯	1	2.33	2	0.81	2.00

表 10.22 “数据与模型双驱动的智能数学规划算法”工程开发前沿中核心专利的主要产出机构

序号	机构	公开量	公开量比例 /%	被引数	被引数比例 /%	平均被引数
1	昆明理工大学	16	37.21	124	50.20	7.75
2	中国有色金属工业昆明勘察设计研究院有限公司	9	20.93	12	4.86	1.33
3	国家电网有限公司	3	6.98	9	3.64	3.00
4	日立集团	2	4.65	4	1.62	2.00
5	广西电网有限责任公司电力科学研究院	1	2.33	23	9.31	23.00
6	浙江大学	1	2.33	12	4.86	12.00
7	国际商业机器公司（IBM）	1	2.33	10	4.05	10.00
8	广东工业大学	1	2.33	8	3.24	8.00
9	中国石油化工股份有限公司	1	2.33	7	2.83	7.00
10	天津大学	1	2.33	6	2.43	6.00

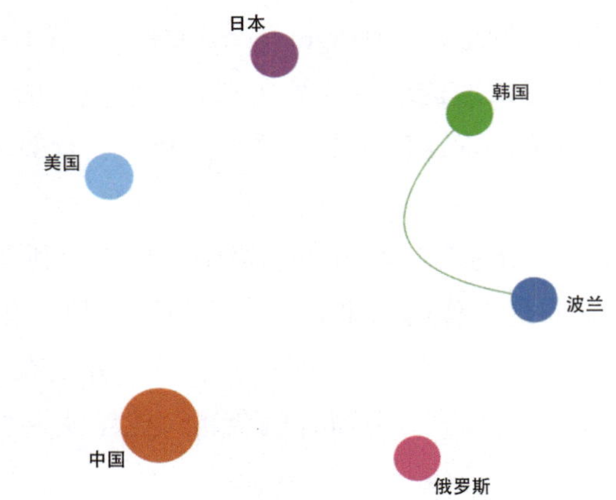

图 10.13 “数据与模型双驱动的智能数学规划算法”工程开发前沿主要国家间的合作网络

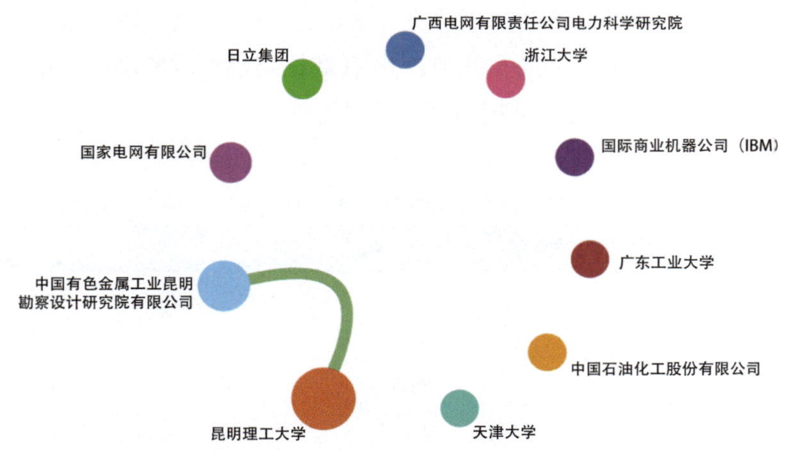

图 10.14 “数据与模型双驱动的智能数学规划算法”工程开发前沿主要机构间的合作网络

图 10.15 为“数据与模型双驱动的智能数学规划算法”工程开发前沿的发展路线。技术发展分为三个阶段，每个阶段都对应不同的目标与任务。第一阶段（2024—2026 年）旨在夯实理论基础，建立数据与模型双驱动的算法理论体系。第二阶段（2026—2028 年）聚焦于核心技术的突破，特别是在智能算法与新兴技术融合方面。第三阶段（2028 年及以后）则着眼于产业创新实践，将理论与技术应用于复杂系统和高吞吐平台。整个规划通过逐步实现算法体系、评价体系，以及工程管理方法的构建，最终推动技术的全面成熟与实际应用。

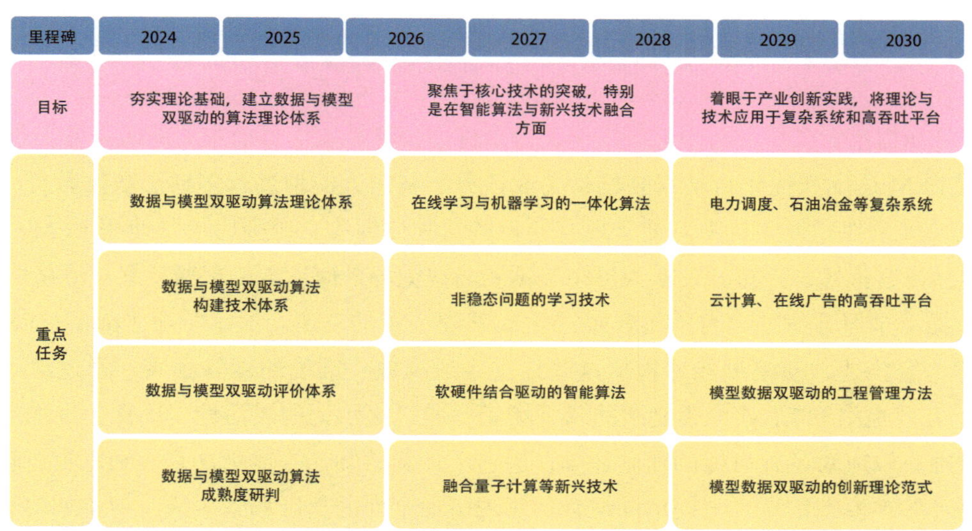

图 10.15 “数据与模型双驱动的智能数学规划算法”工程开发前沿的发展路线

10.2.2.2 面向自动驾驶数据闭环的大模型技术开发与场景库构建

限制自动驾驶汽车开发和部署的一个关键瓶颈是由于安全关键事件的稀缺性，在自然驾驶环境中验证其安全性所需的经济成本和时间成本高昂。自动驾驶汽车的高安全性能要求对安全关键事件数据进行全面感知收集、对周围道路使用者的行为进行精确建模及预测、对安全关键场景进行准确学习和决策，以及对智能驾驶安全性能进行高效验证和确认。现有的自动驾驶系统在理解复杂场景方面仍面临如下难题：

（1）传感数据融合难题

自动驾驶车辆通常使用多种传感器（如摄像头、雷达等）来感知环境，产生不同类型的环境数据，且难以保证数据的有效性。此外，自动驾驶汽车的安全关键感知任务面临比传统场景更为严重的数据不平衡问题，而现有的方法（如类重新平衡、信息增强和模块改进）只能处理有限的不平衡比率。

（2）动态场景预测难题

道路上的人类行为和其他车辆的动作具有非常大的随机性，现有的规则驱动和预设场景库方法难以覆盖复杂的现实动态场景，无法有效模拟多样化道路状况、不可预测的交通行为及复杂环境变量。因此，要在复杂且动态的场景中实现精准预测，不仅需要检测物体的位置和运动轨迹，还需要理解交通信号、人类意图等信息。

（3）长尾场景预测难题

现实中存在一些罕见或极端情况（如突然的道路障碍、突发的车辆失控、行人闯入等），而这类场景在训练数据中出现的频率较低。这种稀缺性可能导致现有的深度学习等模型出现严重的估计偏差，从而影响自动驾驶场景的生成与测试的有效性。

因此，如何提高机器学习模型的泛化和推理能力，以克服数据不足，在不依赖广泛的任务特定数据的情况下克服稀缺性诅咒，已成为目前自动驾驶场景生成与测试的前沿问题。这就要求人工智能体同时具备自下而上（感知数据驱动）和自上而下（认知预期驱动）的推理能力，弥合数据中未发现的信息鸿沟。近年来，大语言模型（LLM）和视觉语言模型（VLM）等基础模型通过使用全监督微调、语境学习和思维链等技术，在自然语言处理和视觉理解与推理方面表现出显著的泛化和推理能力。通过大规模参数和深层次的非线性结构，LLM 和 VLM 能够精准地捕捉数据中的潜在模式和细微差异。同时，LLM 和 VLM 具备较强的表征学习能力，通过预训练和迁移学习，能够在有限的标注数据下有效地在高维特征空间中发现稀有类别的规律，从而提高对长尾分布中低频安全关键事件的预测性能。目前主流的研究方向包括：

一是应用 LLM 适配和优化自动驾驶场景生成任务。利用大模型进行多模态数据融合，涵盖各种复杂的道路情况、天气条件和行人行为。结合现有的自动驾驶数据集、规则库等，使用 LLM 生成稀缺场景和动态场景的自然语言描述，并将其转换为可用于预测的视觉场景信息（如车辆意图、道路情况等）。

二是基于提示学习开发基于自然语言描述生成驾驶场景的方法。提示学习（prompt learning）通过提供简单的自然语言描述，使模型能够根据这些描述生成高效、准确的驾驶场景；通过设计和优化提示词（prompts），有效地引导 LLM 生成复杂的驾驶场景；通过提示词的灵活性，确保生成的场景具有足够的多样性和复杂性，以应对各种可能的驾驶环境；通过上下文感知，生成更加真实和富有逻辑的场景；通过引入视觉、语音等多模态信息，与提示词结合，实现更加全面的驾驶场景生成；探索如何利用自动提示生成技术，动态调整提示，以生成特定需求的场景，为场景模拟、系统测试和模型优化提供强大的支持。

三是构建可持续生成优化的数据闭环系统。将 LLM 生成的场景数据反馈给自动驾驶模型，分析模型在这些数据上的表现，并动态调整生成策略。例如，当模型在某类场景下表现不佳时，系统可以生成更多类似场景来增强模型的适应性，使其更加多样化，覆盖更广泛的驾驶条件，确保生成的数据不仅能提高模型的鲁棒性，还能有针对性地弥补模型在特定场景下的不足。

已有研究成果显示，“面向自动驾驶数据闭环的大模型技术开发与场景库构建”工程研究前沿中核心专利数排名前三的国家是美国、中国和日本，平均被引数排名前三的国家是中国、英国和以色列（表 10.23）。在核心专利主要产出国家 / 地区的合作网络中，中国、美国、日本的合作较多（图 10.16）。J. Zico Kolter 团队专注于机器学习与控制的结合，提出了一种闭环数据驱动的控制框架，使用强化学习和仿真驱动的反馈机制来提升自动驾驶车辆的规划和决策能力。Raquel Urtasun 团队利用大规模神经网络进行感知、预测和规划的整合闭环开发，通过连续的数据反馈进行场景感知和行为预测优化，利用生成对抗网络（GAN）等技术，提升了自动驾驶系统在不同环境中的鲁棒性，尤其在城市复杂场景的表现有显著改进。DeepMind 将 LLM 与自动驾驶的决策系统结合，特别是在多模态学习和场景解释方面。通过将语言模型与视觉和感知模型结合，自动驾驶系统能够从大量场景数据中提取语义信息，并以人类可解释的方式给出决策建议。Meta AI 团队通过 LLM 自动生成驾驶场景的语言描述，并通过与场景库的结合，提高了自动驾驶系统的场景理解能力和响应速度。核心专利数排名前三的机构是百度在线网络技术（北京）有限公司、PlusAI 公司和谷歌公司（表 10.24）。在主要产出机构的合作网络中，百度在线网络技术（北京）有限公司与阿波罗智能技术（北京）有限公司之间的合作较多（图 10.17）。

展望未来，面向自动驾驶数据闭环的大模型技术开发与场景库构建将以提升多源数据融合感知能力、增强复杂场景下的预测能力等为需求导向，利用自然语言处理、多模态场景识别等关键技术，推动其向多样性、可靠性和安全性发展。图 10.18 为“面向自动驾驶数据闭环的大模型技术开发与场景库构建”工程开发前沿的发展路线。

表 10.23 “面向自动驾驶数据闭环的大模型技术开发与场景库构建”工程研究前沿中核心专利的主要产出国家 / 地区

序号	国家 / 地区	公开量	公开量比例 /%	被引数	被引数比例 /%	平均被引数
1	美国	41	75.93	653	73.79	15.93
2	中国	5	9.26	201	22.71	40.20
3	日本	5	9.26	56	6.33	11.20
4	韩国	2	3.70	31	3.50	15.50
5	开曼群岛	2	3.70	2	0.23	1.00
6	英国	1	1.85	21	2.37	21.00
7	以色列	1	1.85	18	2.03	18.00
8	德国	1	1.85	2	0.23	2.00

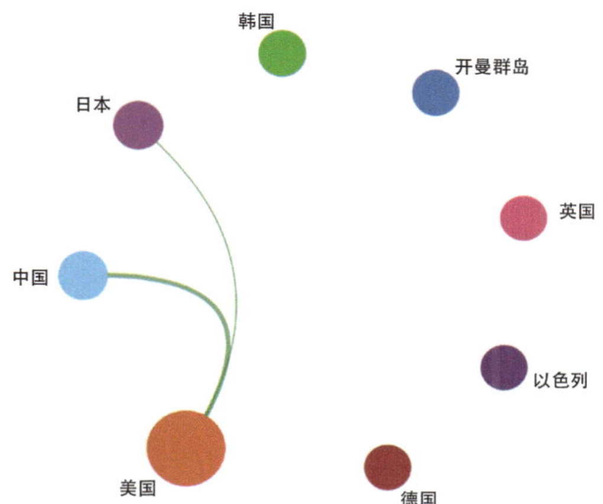

图 10.16 “面向自动驾驶数据闭环的大模型技术开发与场景库构建”工程开发前沿主要国家 / 地区间的合作网络

表 10.24 “面向自动驾驶数据闭环的大模型技术开发与场景库构建”工程研究前沿中核心专利的主要产出机构

序号	机构	公开量	公开量比例 /%	被引数	被引数比例 /%	平均被引数
1	百度在线网络技术（北京）有限公司	15	27.78	416	47.01	27.73
2	PlusAI 公司	8	14.81	127	14.35	15.88
3	谷歌公司	5	9.26	58	6.55	11.60
4	丰田汽车公司	4	7.41	68	7.68	17.00
5	特斯拉公司	2	3.70	28	3.16	14.00
6	图森未来公司	2	3.70	3	0.34	1.50
7	小马智行公司	2	3.70	2	0.23	1.00
8	阿波罗智能技术（北京）有限公司	1	1.85	120	13.56	120.00
9	英伟达公司	1	1.85	39	4.41	39.00
10	LG 电子公司	1	1.85	26	2.94	26.00

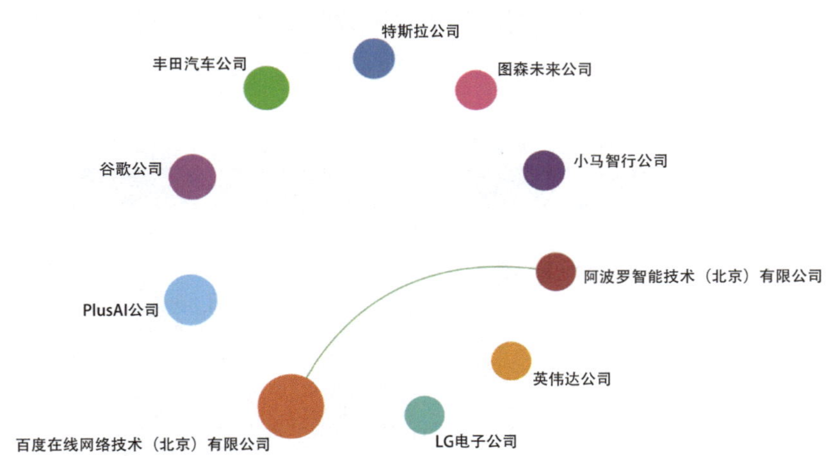

图 10.17 “面向自动驾驶数据闭环的大模型技术开发与场景库构建”工程开发前沿主要机构间的合作网络

里程碑	子里程碑	2018	2019	2020	2021	2022	2023	2024	2025	2026	2027
目标	构建互联高效、智能安全的自动驾驶汽车体系	推进以自主环境感知为主、网联信息服务为辅的部分自动驾驶应用		形成网联式环境感知能力，实现可在复杂工况下的有条件自动驾驶应用			推动可实现V2X协同控制、具备高度/完全自动驾驶功能的智能化技术				
							实现与交通、信息、互联网等领域充分协调，与智能交通、智慧城市产业深度融合				
需求		系统提升多源异构数据的感知融合能力，优化数据不平衡问题，实现具有高可靠性与安全性的数据感知过程									
		全面增强复杂动态场景中的预测能力，针对多样化道路状况、不可预测的交通行为及复杂环境变量提供有效应对方案									
		强化对极端罕见长尾场景的预测能力，克服稀缺数据引发的估计偏差，确保场景生成与测试的全面性与覆盖性									
重点方向	多模态数据融合与场景生成	涵盖复杂道路情况、天气条件及行人行为的多模态数据融合技术研究			基于提示学习和上下文感知的多模态复杂驾驶场景生成、模拟与测试技术研究				特定需求场景下自动提示生成技术的动态调整与优化研究		
	长尾场景预测与数据闭环系统	高泛化能力与推理能力的极端罕见安全关键事件学习与预测技术研究			高鲁棒性与适应性的动态场景生成策略优化研究				自动驾驶场景生成与测试下可持续的数据优化闭环系统的构建研究		
关键技术	感知模块	MVX-Net、PFF3D等前融合技术；ContFuse、EPNet等深度融合技术；CLOCs等后融合技术；MV3D、MLOD等不对称融合技术；F-ConvNet、Faraway-Frustum等弱融合技术					多模态Transformer场景识别与自然语言生成技术				
							基于多模态特征对齐与关联的大语言模型数据融合框架				
	规划模块	Dijkstra、A*、RPT等全局路径规划算法；DWA等局部路径规划算法；贝塞尔曲线、多目标优化、MPC等运动规划算法					基于自然语言理解、推理的路径及行为规划				
							多任务学习分解的实时动态路径优化算法				
	决策模块	FSM、MDP、RL等行为决策算法					基于语境学习、思维链和强化学习的复杂场景决策				
	控制模块	PID、MPC、LQR、SMC、模仿学习、深度强化学习等控制算法					基于自然语言的高精度控制指令生成技术				

图 10.18 “面向自动驾驶数据闭环的大模型技术开发与场景库构建”工程开发前沿的发展路线

10.2.2.3 工程建造云边端数据协同管理平台

工程建造云边端数据协同管理平台是一种以云边端协同架构为核心的智能建造数据管理系统，通过实时、全面地采集工程建造过程中各方的各类数据，深度挖掘数据背后的知识与价值，实现对工程进度、资源配置和质量风险的更准确、更及时的监管。从技术发展趋势来看，目前该领域的研究主要集中在以下几个方面：

（1）工程建造云边端节点管理技术

工程建造云边端节点管理技术通过云端和边缘节点的动态资源调度、终端节点的实时监控及访问控制，确保数据处理的及时性。通过系统各方的演化博弈和协调机理，激励机制优化资源分配和任务调度，促进各节点在性能和效率上的最佳平衡，从而提高工程建造过程中的资源利用效率。该技术的研究热点涵盖节点访问控制、系统各方演化博弈与协调机理等。

（2）工程建造端边协同与云边协同技术

工程建造端边协同技术通过终端实时数据采集与传输，边端数据同步与反馈、动态任务分配、数据安全保护等，实现终端设备与边缘计算节点之间的高效协作和低延迟的终端设备控制；工程建造云边协同技术通过动态任务分配与负载均衡、数据同步与传输、边缘缓存与预处理、协同调度与资源管理、实时反馈与控制等方式，实现高效的数据处理和系统优化，实现资源全局优化与智能决策支持。该技术的研究热点涵盖端边节点计算协同、云边计算任务协同、数据传输同步与分发等。

（3）工程建造云边数据分析与算法优化

工程建造云边数据分析与算法优化技术旨在采用先进的数据挖掘与机器学习算法提高云边端平台中数据协同处理的精度与速度，通过对海量工程数据进行深入分析，识别关键特征与趋势，为工程决策提供依据；算法的持续优化确保数据协同处理的实时性与准确性，为云边端平台能够动态分析处理各方数据提供支持，确保工程建造过程中的最优数据资源利用，提高整体工程效率与质量。该技术的研究热点涵盖数据挖掘分析算法开发、多源异构数据融合分析处理、数据质量评估与优化等。

（4）工程建造云边计算任务卸载策略及优化

工程建造云边计算任务卸载策略通过识别任务的计算需求和资源消耗，动态地将任务分配至云端或边缘节点，不仅确保计算任务的高效执行，还通过负载均衡减少系统的响应时间；策略的动态优化可以提升任务卸载的智能化水平，实现算力资源最优配置和充分利用；通过实时监控和反馈机制，云边端平台能够及时调整任务卸载策略，以适应不断变化的工程需求，保证数据协同管理的同时提升整个工程建造过程的灵活性和响应速度。该技术的研究热点涵盖计算任务调度与卸载策略优化、负载均衡与资源配置优化、实时监控与动态反馈机制。

（5）工程建造云边端与区块链融合技术

工程建造云边端与区块链融合技术是指将云边端架构与区块链结合，以解决在数据存储、计算、传输、系统管理等方面的安全性和可信问题。目前，其主要的研究方向包括：利用区块链的多副本存储机制保证数据的完整性；利用区块链智能合约为云边端构建可信的计算框架；利用区块链共识机制促进云边端系统各参与方之间数据可信共享；利用区块链的链式结构和哈希加密实现数据溯源等。然而，云边端与区块链融合仍然面临很多挑战，例如：云边端架构不同层次节点呈现的异构性和区块链网络中节点的对等地位相排斥；由于云边端与区块链系统中单点故障导致区块链副本数据的泄露，对用户的隐私性造成极大挑战；

区块链共识机制、智能合约等过程给边缘节点带来了更大的存储和计算成本等。这些困难和挑战仍然是云边端与区块链融合技术未来研究和发展的重点方向。

从专利数量来看，专利公开量最高的国家为中国，占比为 66.67%，平均被引数最高的国家为英国（表 10.25），各主要产出国家之间暂时没有建立相关合作关系；专利公开量排名靠前的机构为中国的国家电网有限公司和中科凡语（武汉）科技有限公司（表 10.26），各主要产出机构之间暂时没有建立相关合作关系。

展望未来，工程建造云边端数据协同管理平台将向着分析处理更精确、协同效率更高、数据安全更可靠的方向继续发展。人工智能大模型的发展将为云边端平台提供更多的数据分析处理功能，并依据数据特征更加自主地预测和提供决策支持；终端设备采集能力和边端设备计算能力的不断提升，将会持续提升云边端平台中各方数据传输效率和计算资源利用率；云边端架构与区块链融合技术将保障平台各参与方数据的隐私性并提升安全性，为云边端平台的可靠性和安全性提供保障。图 10.19 为“工程建造云边端数据协同管理平台”工程开发前沿的发展路线。

表 10.25　“工程建造云边端数据协同管理平台”工程开发前沿中核心专利的主要产出国家

序号	国家	公开量	公开量比例 /%	被引数	被引数比例 /%	平均被引数
1	中国	28	66.67	15	22.39	0.54
2	日本	5	11.90	30	44.78	6.00
3	美国	3	7.14	6	8.96	2.00
4	韩国	3	7.14	1	1.49	0.33
5	英国	1	2.38	15	22.39	15.00
6	德国	1	2.38	0	0.00	0.00
7	法国	1	2.38	0	0.00	0.00

表 10.26　“工程建造云边端数据协同管理平台”工程开发前沿中核心专利的主要产出机构

序号	机构	公开量	公开量比例 /%	被引数	被引数比例 /%	平均被引数
1	国家电网有限公司	3	7.14	0	0.00	0.00
2	中科凡语（武汉）科技有限公司	3	7.14	0	0.00	0.00
3	三菱电机株式会社	2	4.76	2	2.99	1.00
4	东芝株式会社	1	2.38	26	38.81	26.00
5	英国电信公司	1	2.38	15	22.39	15.00
6	山东阁林板建材科技有限公司	1	2.38	7	10.45	7.00
7	诺华集团	1	2.38	3	4.48	3.00
8	北京智蚁杨帆科技有限公司	1	2.38	2	2.99	2.00
9	广东泰一高新技术发展有限公司	1	2.38	2	2.99	2.00
10	Informatix 公司	1	2.38	2	2.99	2.00
11	Newman Cloud 公司	1	2.38	2	2.99	2.00

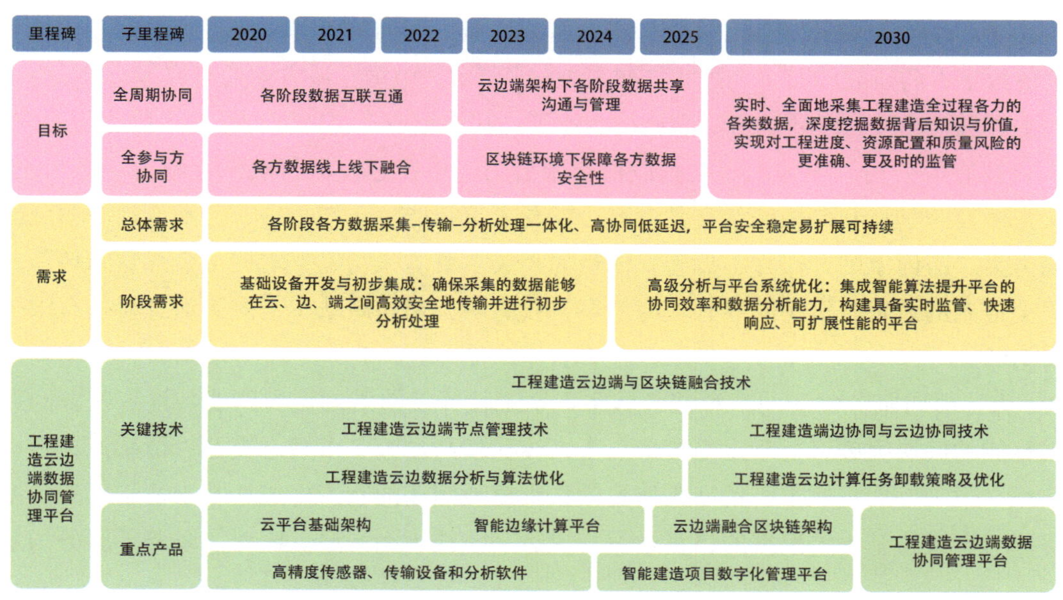

图 10.19 “工程建造云边端数据协同管理平台”工程开发前沿的发展路线

10.2.2.4 面向服务创新的情智兼备数字人

情智兼备数字人的核心在于模拟人类的情感和智慧，使机器能够进行更加自然和富有同理心的交互。作为人工智能领域的前沿技术，该技术正逐渐成为科学研究与产业应用的热点。它不仅涉及人工智能、人机交互、虚拟现实等技术，还包括情感计算等新兴领域，旨在创造出能够理解、学习和适应复杂社会环境的智能体。情智兼备数字人在多个领域具有重要的应用价值。在心理健康领域，可以用于认知能力、情感状态等感知和评估，提供个性化的陪伴、支持和干预。在教育领域，能够根据学生的情感状态调整教学策略，提升学习效率。在服务领域，能够提升用户体验，提升问题解决的效率。在娱乐领域，能够提供更加丰富、多样化和定制化的用户体验，如虚拟偶像和虚拟主播等。

数字人技术的发展经历了从简单的图形建模、渲染到复杂的情感交互的转变。早期阶段，数字人外观主要以卡通或者简易形态出现，其行为和动作主要来自预定义的数据库，而其模式主要为二维平面模式。图形学技术的发展推动了精细化建模和渲染的进步，尤其是对皮肤、毛发、五官部位的超精细建模、控制和渲染能力提升，使高逼真数字人呈现成为可能。此外，人工智能的发展也带动了数字人形象自动生成、数字人动作自动生成等方面的进步。目前，数字人技术已经能够实现高度逼真的外观和动作模拟，但在情感表达和交互两方面上仍有待提高。主要原因是上述问题涉及人类认知和心理认知科学等领域的基本规律，相关理论和关键技术尚未完善。随着人工智能技术的不断进步，未来的数字人将更加注重情感层面的模拟和表达。

情智兼备数字人作为虚拟数字人的高级形态，其涉及的研究方向既包括与虚拟数字人相关的方向，如外观建模、动作驱动、语音合成、真实感渲染等，还包括与“情”“智”相关的关键研究方向。对于“情”，当前的研究主要集中在情感建模、情感感知、情感编码和情感表达等方面。情感建模是构建数字人情感状态的基础；情感感知涉及如何通过多种传感器捕捉人类的情感信号；情感编码是将感知到的情感信息转换为可处理的数据；情感表达则是如何让数字人通过语言、表情和动作等方式表达情感。对于“智”，当前研究主要在数字人对环境的智能理解、智能决策、智能反馈、学习升级等方面。

情智兼备数字人的研究涉及多个国家，如表 10.27 所示，中国在该方面的研究远远领先于其他国家；机构方面，主要包括高校、科研院所、高科技企业等，其中企业（包括初创企业）的创新能力非常突出，如深圳追一科技有限公司、中国工商银行股份有限公司、中国建设银行股份有限公司等（表 10.28）。由于数字人是涉及跨学科和跨领域的交叉学科，需要人工智能、认知心理、艺术设计等领域的科学家和工程师共同努力。跨国家的合作并不显著，体现为相关主要国家均完整掌握了全部技术环节，在各国内部即可实现全链条的研发。机构间只有上海墨舞科技有限公司与魔珐（上海）信息科技有限公司有过相关合作（图 10.20）。

图 10.21 为“面向服务创新的情智兼备数字人”工程开发前沿的发展路线。情智兼备的数字人技术依托于人工智能的底层突破，近年来主要聚焦于人体建模与动画、多模态交互、情感计算和自主学习与决策四大领域。未来发展将侧重高精度人体建模、大模型驱动的行为生成、基于情景感知的主动交互、情感的编解码与生成、基于大模型的自主学习与决策。该技术在文旅、医疗、政务等服务场景中将具有广泛应用。

表 10.27 “面向服务创新的情智兼备数字人”工程开发前沿中核心专利的主要产出国家

序号	国家	公开量	公开量比例 /%	被引数	被引数比例 /%	平均被引数
1	中国	50	92.59	57	100.00	1.14
2	韩国	3	5.56	0	0.00	0.00
3	印度	1	1.85	0	0.00	0.00

表 10.28 “面向服务创新的情智兼备数字人”工程开发前沿中核心专利的主要产出机构

序号	机构	公开量	公开量比例 /%	被引数	被引数比例 /%	平均被引数
1	深圳追一科技有限公司	6	11.11	5	8.77	0.83
2	中国工商银行股份有限公司	4	7.41	9	15.79	2.25
3	中国建设银行股份有限公司	3	5.56	7	12.28	2.33
4	北京百度网讯科技有限公司	2	3.70	1	1.75	0.50
5	北京蔚领时代科技有限公司	2	3.70	1	1.75	0.50
6	世优（北京）科技有限公司	2	3.70	0	0.00	0.00
7	广州佰锐网络科技有限公司	2	3.70	0	0.00	0.00
8	韩国 Tricometek 有限公司	2	3.70	0	0.00	0.00
9	上海墨舞科技有限公司	1	1.85	6	10.53	6.00
10	魔珐（上海）信息科技有限公司	1	1.85	6	10.53	6.00

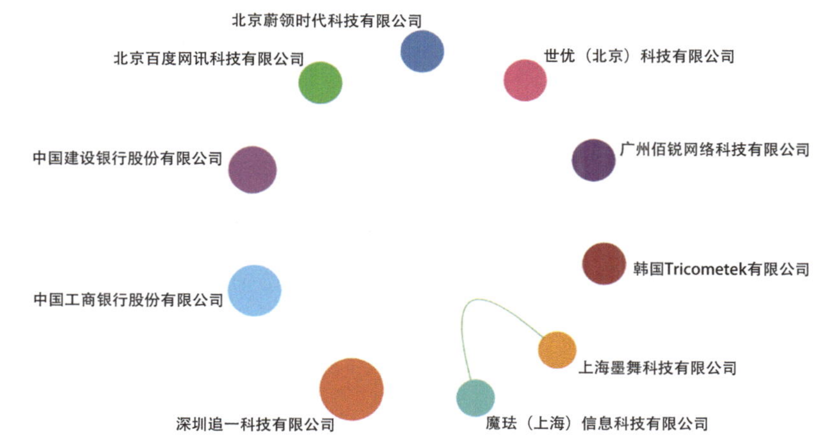

图 10.20　“面向服务创新的情智兼备数字人”工程开发前沿主要机构间的合作网络

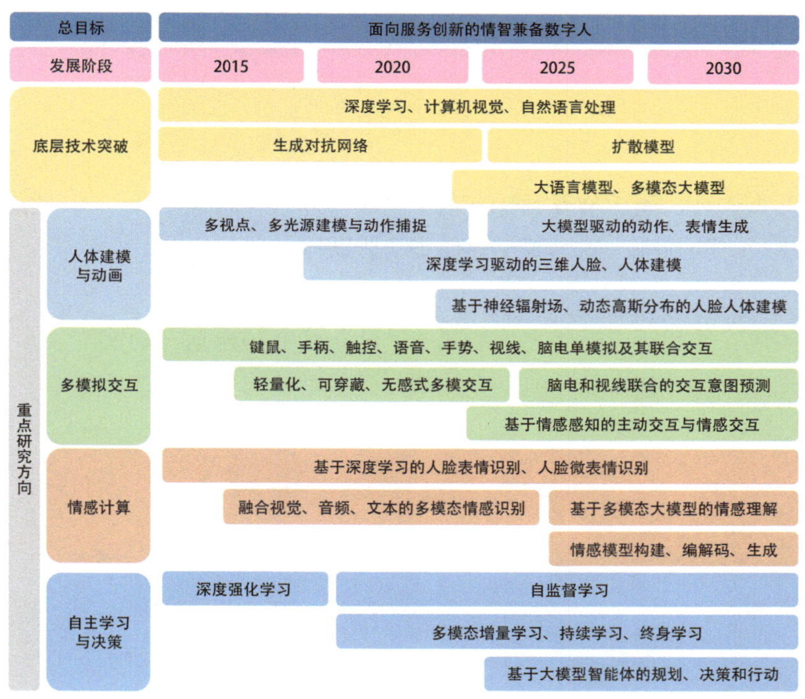

图 10.21　“面向服务创新的情智兼备数字人”工程开发前沿的发展路线

领域课题组成员

课题组组长：丁烈云　何继善　胡文瑞　向　巧

课题组：

陈晓红　柴洪峰　陈清泉　傅志寰　刘人怀　陆佑楣　栾恩杰　凌　文　孙永福　邵安林　王基铭
王礼恒　王陇德　汪应洛　王众托　薛　澜　许庆瑞　徐寿波　杨善林　殷瑞钰　袁晴棠　朱高峰
赵晓哲　Miroslaw Skibniewski　Peter E. D. Love　毕　军　蔡　莉　陈　劲　程　哲　丁进良
杜文莉　方东平　冯　博　高自友　胡祥培　华中生　黄季焜　黄　伟　黄思翰　江志斌　康　健
骆汉宾　李　恒　李永奎　李　政　李慧敏　李　果　李小冬　李玉龙　刘晓君　刘炳胜　刘德海
罗小春　吕　欣　林　翰　马　灵　欧阳敏　裴　军　任　宏　司书宾　唐加福　唐立新　唐平波
王红卫　王慧敏　王孟钧　王先甲　王要武　王宗润　魏一鸣　吴德胜　吴建军　吴启迪　吴泽洲
吴　杰　许立达　肖　辉　杨　海　杨洪明　杨剑波　叶　强　杨　阳　於世为　袁竞峰　曾赛星
周建平　张跃军　镇　璐　周　鹏　朱文斌

工作组：

钟波涛　王红卫　骆汉宾　聂淑琴　张丽南　李　勇　董惠文

执笔组：

研究前沿：

邢立宁　张　悦　宋彦杰　马　靓　马智亮　方东平　李　楠　李在上　汪　飞　曹思涵　杨洪明
鲁　玺　边少卿　魏玖长　陆新征　田　源　刘伟华　张跃军　段伟文

开发前沿：

葛冬冬　贾　宁　钟波涛　沈罗昕　潘　杏　胡啸威　陆　峰　杨建勋　刘苗苗　方　文　马宗伟
毕　军　叶可鸣　唐　晓　沈　超　吴　帆　夏元清　吴楚格　邹伟东　李怡然

总体组成员

顾问：周　济　陈建峰

项目组长：杨宝峰

项目组成员（排名不分先后）：

李培根　郭东明　潘云鹤　费爱国　元英进　谭天伟　黄　震　周守为
崔俊芝　聂建国　郝吉明　曲久辉　孙其信　张守攻　陈赛娟　张伯礼
丁烈云　卢春房　吴　向　延建林　周炜星　吉久明　蒋志强　郑文江
穆智蕊

综合组执笔：

穆智蕊　郑文江　延建林

数据支持：

科睿唯安

工作组：

组　长：黎青山　李冬梅　阳化冰
执行组长：吴　向　延建林
副组长：丁　宁　陈姝婷　张晓雪　杨　波　郑文江　周　源
成　员（排名不分先后）：
姬　学　高　祥　何朝辉　宗玉生　张　松　王小文　黄　勇　聂淑琴
穆智蕊　潘腾飞　李佳敏　刘宇飞　郭鹏远　周海川　宁丽梅　赵金楠
张铁煊

致谢：

感谢高等教育出版社有限公司、科睿唯安公司、中国工程院院刊（系列）编辑部、中国工程院战略咨询中心、中国工程科技知识中心、中国工程院各学部和学部办公室、哈尔滨医科大学、华东理工大学、华中科技大学、浙江大学、天津大学、上海交通大学、同济大学、清华大学、中国农业大学、上海交通大学医学院附属瑞金医院、《中国工程科学》杂志社的大力支持！